高 等 学 校 教 材

中国石油和化学工业优秀教材奖

简明结构化学教程

第三版

夏少武 编著

化学工业出版社

·北京·

本教材是《简明结构化学教程》的第三版，简明介绍了结构化学的相关理论知识，具体内容包括量子力学基础，原子的结构与性质，分子的对称性，分子轨道理论，价键理论，配合物的化学键理论，分子的物理性质及次级键，结构分析方法简介，晶体结构。力求做到基本概念、基本理论严谨，反映科学的进展，突出重点，深入浅出，有利于读者的学习和理解。

　　本教材适合用作高等院校结构化学课程教材，也可供相关科研人员参考使用。

图书在版编目（CIP）数据

　　简明结构化学教程/夏少武编著. —3版. —北京：化学工业出版社，2011.8（2021.6重印）
　　高等学校教材
　　中国石油和化学工业优秀教材奖
　　ISBN 978-7-122-12043-4

　　Ⅰ．简…　Ⅱ．夏…　Ⅲ．结构化学-高等学校-教材　Ⅳ．O641

　　中国版本图书馆 CIP 数据核字（2011）第 155948 号

责任编辑：杨　菁　　　　　　　　　　　　文字编辑：颜克俭
责任校对：顾淑云　　　　　　　　　　　　装帧设计：杨　北

出版发行：化学工业出版社（北京市东城区青年湖南街 13 号　邮政编码 100011）
印　　装：北京建宏印刷有限公司
787mm×1092mm　1/16　印张 15¼　字数 390 千字　2021 年 6 月北京第 3 版第 7 次印刷

购书咨询：010-64518888　　　　　　　　售后服务：010-64518899
网　　址：http://www.cip.com.cn
凡购买本书，如有缺损质量问题，本社销售中心负责调换。

定　　价：38.00 元

第三版前言

本书于 2001 年出版第二版，至今已过去 10 年了，今天看起来，书中有些内容需要更新，有些内容需要深入与加强，因此作者在原书的基础上进行了大幅度的修改与补充，甚至有的整章重新编写，作为第三版出版。

本书以化学键理论、结构与性质的关系、结构的测定方法三条主线编写，仍然保持简明的特点，突出主要内容，全书共分九章。

(1) 重写量子力学基础一章。①增加了量子力学实验基础一节，介绍了黑体辐射，光电效应内容；②原书以假设形式介绍量子力学基本原理，大部分是二十年前的写法。我们做了更新，选取张永德教授所著《量子力学》（2002 年）采用的五点假设，认为更具有科学性。由于态叠加原理可包含在波函数假设中，本章不再作为五点假设提出，引入平均值假设（测量假设）。因篇幅的限制，第五点假设选用泡利原理，不采用全同性原理。

(2) 修订了第二章（原子的结构和性质）。①重写了四个量子数的物理意义，更换了电子密度角度分布图；②增加了"原子体系的自洽场方法"，主要目的是介绍中心平均力场近似；重写了电子自旋假设；③说明了引入光谱项的原因：由于多电子原子体系薛定谔方程关于势能项的计算不够准确，因而解得的波函数精确度不够，所以应用波函数不能解释光谱的精细结构，采用角动量的耦合可较好地解释光谱精细结构。

(3) 修改第三章分子的对称性，引入点群分类表。

(4) 修订第四章分子轨道理论。①引入维里定理，讨论 H_2^+ 形成过程中动能与势能变化；②增加分子的电子组态和键级；③删掉三张图及相关内容。

(5) 修订第五章价键理论。增加了价键理论与分子轨道理论的比较。

(6) 修订第六章配合物化学键理论，重写了配合物分子轨道理论初步一节，增加了金属夹心配合物、硼烷和缺电子多中心键各一节。

(7) 修订了第七章分子的物理性质及弱化学键。重写了分子的磁学性质，增加了次级键内容，精简了分子电学性质与分子间作用力内容。

(8) 将第八章结构分析方法简介分成两部分：①分子光谱；②电子能谱（新增加的内容）；删去了多原子分子的振动光谱与紫外光谱中的部分内容。

(9) 重写了第九章晶体结构。①强调应用布拉维准则划分十四种空间点阵型式，不能用它划分晶系；②增加晶体的宏观特性；③重写了晶体微观对称性、X 射线分析方法，增加了单晶结构分析法；④重写了固体能带理论；⑤增加了等径圆球密堆积空隙。

本书各章习题详细解答，参见《简明结构化学学习指导（附习题及解答）》一书（化学工业出版社，2004 年）。

希望第三版的《简明结构化学教程》能够做到基本概念、基本理论严谨，反映科学的进展，突出重点，深入浅出，有利于读者的学习与理解。

感谢化学工业出版社杨菁编辑对修订教材出版给予的支持与帮助。

夏少武

2011 年 5 月于青岛科技大学

第二版前言

结构化学，主要是研究原子、分子和晶体结构以及结构与性能之间相互关系的一门基础科学。近几十年，这门科学获得迅速发展，结构化学观点不仅渗透到化学各个分支学科领域，同时在生物、材料、矿冶、地质等技术科学中也得到应用。

本书对第一版的内容进行了修改与补充，增加了分子对称性一章（第三章），重写了配合物分子轨道理论初步介绍（第六章四节）与金属键和金属的一般性质（第九章九节）两节。增加了习题答案和索引，改正了原书的印刷错误。

本书在内容的选材上突出了实用性。选择了化学键理论（第四、五、六章）、分子光谱（第八章）、晶体化学（第九章）等为主要内容，使学生通过对化学键理论的学习，为深入学习有关的知识打下基础；通过对分子光谱的学习，为应用红外、紫外-可见光谱对物质进行定性定量分析打下基础；通过对晶体组成结构与性能之间关系的学习，为催化、材料科学的学习打下基础。考虑到物质的物理性质在工程中应用较多，还编写了分子的物理性质及弱化学键一章（第七章）。其他章节的介绍都是为以上内容服务的。如第一章只讲清楚本书所必需的量子力学基础知识。第二章主要介绍构成化学键的基石——原子轨道。第三章通过对分子对称性的介绍，目的是认识分子结构的特点，以求说明分子的有关性质，并为深入学习、广泛应用化学键理论、光谱和晶体结构等打下基础。章末附有习题，便于学生学习。

结构化学所介绍的理论内容较深，开始学习有一定难度，尤其是第一章量子力学基础知识，它是本书的难点。根据多年的教学体会，以戴维逊-革末电子衍射实验为中心讲述电子的波粒二象性，阐明德布罗意波的统计解释；以假设形式介绍量子力学基本原理，是比较成功的。

本书主要是为 40 学时左右的选修课、65 学时左右的必修课编写的。对于有"＊"的标题，40 学时选修课可不讲；对有"＊＊"的标题，根据教学情况可讲部分内容。对于 65 学时必修课，则可考虑讲授本书的绝大部分内容。

本书的主要对象是化工类及有关专业的大学生、研究生。

在此特别要感谢南开大学赵学庄教授；福州大学陈天明教授；哈尔滨工业大学徐崇泉教授；北京化工大学曹维良教授；西北轻工业学院李临生教授；广东工学院黄柳书教授；华东理工大学马树人教授等提出的宝贵意见，作者根据这些意见对本书进行了修改和补充。

本书是山东省改革试点课程系列教材之一，获得 2001 年山东省教学成果奖。

由于本人水平有限，书中不当之处难免，敬请读者批评指正。

夏少武
2001 年于青岛

第一版前言

结构化学，主要是研究原子、分子和晶体结构以及结构与性能之间相互关系的一门基础科学。近几十年，这门科学获得迅速发展，结构化学观点不仅渗透到化学各个分支学科领域，同时在材料、矿冶、地质等技术科学中也得到应用。

自 1978 年化工类及有关专业开设结构化学课以来，还没有看到一本适合工科院校教学要求的教材。考虑到工科院校的培养方向，笔者根据自己十余年的教学体会，编写了这本书。

本书在内容的选材上突出了实用性。选择了化学键理论（三、四、五章）、分子光谱（七章）、晶体化学（八章）等为主要内容；使学生通过对化学键理论的学习，为深入学习有关的知识打下基础；通过对分子光谱的学习，为应用红外、紫外——可见光谱对物质进行定性定量分析打下基础；通过对晶体组成结构与性能之间关系的学习，为催化、材料科学的学习打下基础。考虑到物质的物理性质在工程中应用较多，还编写了分子的物理性质及弱化学键一章（六章）。其他章节的介绍都是为以上内容服务的。如第一章只讲清楚本书所必需的量子力学基础知识；第二章主要介绍构成化学键的基石——原子轨道。关于分子对称性，考虑化工类专业特点及时数限制则不予以介绍。至于点群，则在晶体学点群中简单讲述。每章最后一节为基本例题解。章末附有习题，便于学生学习。

本书的编写始终遵循理论来自实践又指导实践的原则。因此在讲述一些重要理论时，都要介绍理论的实验基础，并讲述理论在具体问题上的应用。

本书所介绍的基本概念、基本原理要求清晰准确。考虑工科院校课程设置多，学生阅读时间较少，因此对认为应该介绍的内容，力争作到较详细地叙述，多利用一些图表说明。文字要求深入浅出，尽量使学生不感到内容抽象难懂，便于读者自学。

笔者认为一本大学教材，不仅要介绍知识，而且要适当地介绍思考问题的方法。因此，在编写此书时对这一点作了初步尝试，即在讲述某些科学家的工作时，适当地介绍其创造性的思维方法，目的是培养学生用微观结构的观点和方法来分析、解决化学问题的能力。

结构化学所介绍的理论内容较深，开始学习有一定难度，尤其第一章量子力学基础知识，它是本书的难点。根据多年的教学体会，以戴维逊-革末电子衍射实验为中心讲述电子的波粒二象性，阐明德布罗意波的统计解释；以假设形式介绍量子力学基本原理，是比较成功的。

本书主要是为 40 学时左右的选修课、60 学时左右的必修课编写的。对于有"＊"的标题，40 学时选修课可不讲；对有"＊＊"的标题，根据教学情况可讲部分内容。对于 60 学时必修课，则可考虑讲授本书的绝大部分内容。

对于本书内容，曾在 1994 年 7 月青岛化工学院召开的"工科（师范）结构化学教学研究讨论会"上讨论过，代表们提出许多有益的建议。特别要感谢南开大学赵学庄教授；福州大学陈天明教授；哈尔滨工业大学徐崇泉教授；北京化工大学曹维良教授；西北轻工业学院李临生教授；广东工学院黄柳书副教授；化东理工大学马树人副教授；辽阳石油化工高等专科学校田春云、李昼副教授等提出的宝贵意见，作者根据这些意见对本书进行了修改和补充。

在此，还要特别感谢邓丛豪院士，他那献身于科学与教育事业的精神催人前进，是他使笔者对量子化学的学习深入了一个层次，进而走向科研之路，因此才有可能编写出本书。

由于本人水平有限，书中不当之处难免，敬请读者批评指正。

夏少武

1994.6 年于青岛

目　　录

第一章 量子力学基础

结构化学是研究原子、分子和晶体的微观结构，阐述分子和晶体的成因；研究结构与性能之间的关系；以及测定分子和晶体结构实验方法的学科。因此结构化学是化学各学科、各专业的重要基础理论课程。

量子力学是研究微观粒子（电子、原子、分子等）运动规律的理论，是深入探讨物质结构及其性能关系的理论基础。结构化学讨论的对象是分子结构，涉及电子、原子等微观粒子，这些粒子的运动规律服从量子力学基本原理，所以本章的内容是学习结构化学必备的基础知识。

一、量子力学产生的背景

人们把牛顿（Newton）力学、热力学、统计力学、麦克斯韦（Maxwell）电磁理论等称为经典物理学，将量子力学以及在其基础上发展起来的量子场论称为量子理论。

19 世纪末，经典物理学已发展得相当完善，大多数物理学家相信，理论上不会有什么新的发现，以后的工作只是如何应用现有的理论解决具体问题及提高计算结果的精确度。可是在 19 世纪末到 20 世纪初，发现了一些新的实验现象，例如黑体辐射、光电效应、原子线状光谱等，都是经典物理学无法解释的。这些现象揭示了经典物理学的局限性，暴露了经典物理学与微观粒子运动规律的矛盾，从而为量子力学的创立提出了要求和准备了条件。

1. 黑体辐射与光电效应

（1）黑体辐射与普朗克的量子论

实验证明物体在任何温度下都向周围发射电磁波，即产生辐射，物体发出的辐射能以及辐射能按波长的分布主要取决于物体的温度，所以称这种辐射为热辐射。热辐射是自然界普遍存在的现象。物体发射电磁波的同时也吸收周围其他物体所发射的电磁波。如果物体在单位时间辐射出的能量恰好等于吸收其他物体辐射出来的能量，则辐射过程达到平衡，称之为平衡热辐射。

对于外来的辐射，物体有反射或吸收作用。如果一个物体在任何温度下都能将投射于其上的辐射全部吸收而无反射，这种物体就称为绝对黑体，简称黑体。自然界没有真正的黑体，绝对黑体显然是一种理想模型。一个带有小孔的空腔可以近似看作黑体，如图 1-1 所示。所有射入该小孔的辐射会在空腔内经过多次反射才可能由小孔射出空腔，而每次反射，腔壁都吸收一部分能量，经多次反射后，仅有极微弱的能量从小孔逸出，实际上可以忽略不计，认为空腔中的辐射全部被吸收，因此可以把开有小孔的空腔视为黑体。

现在来研究被包围在空腔内的平衡辐射的性质。在恒定温度 T、单位体积中，频率在 ν 附近，单位频率间隔的辐射能量，称为辐射能量密度 E_ν。实验给出，辐射能量密度 E_ν 按频率 ν 的分布曲线如图 1-2 所示。许多人企图用经典物理学来解释这一能量分布规律，并试图推导出与实验结果相符合的能量分布公式，但都没能成功。维恩（Wien）公式（图 1-2 中虚线所示的 Wien 线）在 ν 比较大时与实验结果符合，而 ν 比较小时则明显不一致。瑞利（Rayleigh）和金斯（Jeans）公式（图 1-2 中虚线所示的 Ragleigh-Jeans 线）在 ν 比较小时与实验结果较符合，而 ν 比较大时与实验结果完全不符。它被认为是经典物理学遇到的一个灾难，称为"紫外灾难"，这些公式都是建立在能量连续变化基础上推导出来的。

图 1-1 黑体辐射示意

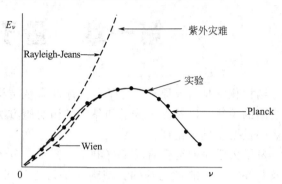

图 1-2 黑体辐射能量分布曲线

[黑点代表实验值（$T=1600K$），实线代表 Planck 公式线]

1900 年普朗克（Planck）为了解决上述困难，在认为辐射体系由带电谐振子组成的基础上假设：谐振子的振动能量是不连续的，只能取能量最小单位 E_0 的整数倍，即 E_0，$2E_0$，$3E_0$，$\cdots$，nE_0。E_0 的能量值为：

$$E_0 = h\nu \tag{1-1}$$

式中，ν 是辐射频率；h 是一个与频率无关，也与辐射性质无关的普适常数，后来称为普朗克常量，现在精确测定为：

$$h = 6.626176 \times 10^{-34} J \cdot s$$

黑体发射或吸收的能量只能是 E_0 的整数倍，这种能量的不连续变化被称为能量量子化，最小的能量单位 $E_0 = h\nu$ 被称为能量子，或简称量子。基于这个假设，Planck 得到了与实验结果符合得很好的黑体辐射公式（图 1-2 中实线所示的是普朗克线）。

式(1-1)在物理学史上犹如一颗闪烁灿烂光辉的明珠，成为量子理论发展的起点。因为它冲破了经典力学认为吸收或辐射能量只能是连续的思想束缚，首次提出能量量子化，开创了物理学的全新时代。

（2）光电效应与爱因斯坦的光量子假设

当一定频率的光照射到金属表面上，使电子从金属表面发射出来的现象称为光电效应，逸出来的电子称为光电子。

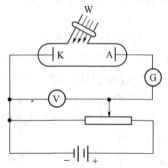

图 1-3 光电效应实验示意

研究光电效应的实验装置如图 1-3 所示。阴极 K 和阳极 A 被封闭在真空管内，在两极之间加一可变电压，用来加速或阻挡释放出来的电子。光通过石英小窗 W 照到阴极 K 上，在光的作用下，电子从阴极 K 逸出，并受电场加速而形成电流。

光电效应的实验结果可归纳成以下几点。

① 对于一定的金属，只有达到或超过某一频率 ν_0 的光才能使电子从金属表面上射出，低于 ν_0 的光，无论光多么强，都没有光电子产生。

② 在满足 $\nu > \nu_0$ 的情况下，光的强度越大，光电子数目越多，但光电子的动能只与光的频率 ν 有关，而与光的强度无关。

③ 光的照射与光电子的产生几乎同时发生，一般不超过 $10^{-9}s$。

光电效应的实验结果与光的波动性相矛盾。按照经典理论，认为光是电磁波。光的能量只取决于光的强度，而与光的频率无关。关于光照的时间问题，从波动观点来看，光能量是均匀分布在它传播的空间中的，由于电子截面很小，要想积累足够能量而释放出来，必须经过较长的时间（几十秒甚至几分钟）。这些都与实验结果不符。

1905 年，爱因斯坦（Einstein）推广了普朗克的能量子概念，提出光量子理论，认为光是由许多微粒组成的，这种粒子称为光量子。对于频率为 ν 的光，每个光量子的能量为：

$$E = h\nu \tag{1-2}$$

式中，h 为普朗克常量。当金属中一个电子吸收一个频率为 ν 的光子时，它立刻获得了这个光量子的全部能量 $h\nu$，如果这个能量大于挣脱金属对它的束缚而需要的功（脱出功）W 时，其中一部分能量用来克服脱出功 W，另一部分变成光电子的动能，按能量守恒定律有：

$$\frac{1}{2}mv^2 = h\nu - W = h\nu - h\nu_0 \tag{1-3}$$

式(1-3) 称为爱因斯坦光电效应方程。其中 m 为电子的质量，v 为其速度，$\nu_0 = W/h$ 称为光电效应的临阈频率。

应用式(1-3) 对光电效应的解释如下。

① 如果入射光的频率过低，以致 $h\nu < W$，那么电子就不可能脱离金属表面。既使入射光很强，也就是这种频率的光子数很多，也不会产生光电效应。只有当入射光的频率 $\nu > \nu_0$ 时，电子才能脱离金属。

② 对于给定金属来说，W 为常量，由式(1-3) 可以看出，光量子的频率 ν 越高，光电子的动能 $\frac{1}{2}mv^2$ 就越大，而与光的强度无关。

③ 入射光的强度表示单位时间到达金属表面的光子数。在满足 $\nu > \nu_0$ 的情况下，电子吸收光子的能量才能形成光电子，所以光的强度越大，光电子数目越多。

④ 因为金属中的电子一次吸收入射的光量子，所以光电效应的产生无须积累能量的时间。

1917 年爱因斯坦又指出光量子还有动量。光量子在真空中以速度 c 运动，根据相对论公式：

$$E = mc^2 \tag{1-4}$$

同式(1-2) 联立，求得质量：

$$m = h\nu/c^2,$$

动量

$$p = h\nu/c$$

波长 $\lambda = c/\nu$；所以光子的动量为：

$$p = h/\lambda \tag{1-5}$$

可以看出，光量子理论能对光电效应做出成功的解释。

式(1-2) 和式(1-5) 合起来称为普朗克-爱因斯坦关系。

爱因斯坦光电效应方程提出后，密立根（Millikan）花费了近十年的时间于 1916 年用精密实验证实了。密立根研究了 Na、Mg、Al、Cu 等金属的光电效应，测得了 Planck 常数 h 的精密数值，并与热辐射或其他实验中测得的 h 值很好地符合。密立根因在测量电子电荷和光电效应方面的研究成果而获得了 1923 年诺贝尔物理学奖。

（3）光的波粒二象性

关于光的本质，经历了两个多世纪的争论。早在 1672 年，牛顿（Newton）就提出微粒说，认为光是由微粒组成的。不久（1678 年），惠更斯（Huygens）提出光的波动说。19 世纪 20 年代，由干涉、衍射等实验证实了光的波动性，光的波动说才被人们普遍接受。19 世纪末，电磁场理论确定了光是电磁波。但是，黑体辐射、光电效应等实验结果又促使人们重新认识到光的粒子性，由光子理论所提出的光的粒子性较牛顿的微粒说深刻得多，是认识上的一个螺旋式上升。

分析大量的实验结果，可以归纳为凡是在与光传播有关的过程中，光表现为波动性；凡是在光与物质相互作用发生转移能量的过程中，光表现为粒子性。光具有双重性质，即波粒二象性。有些现象中光以波动性出现，另一些现象中又以粒子性出现。

光的波粒二象性，深刻地反映在光的能量与动量关系式中：

$$E = h\nu \qquad (1\text{-}6)$$
$$p = h/\lambda$$

式(1-6)等号左边的能量 E 和动量 p 体现了光的粒子性，等式右边的频率 ν 和波长 λ 体现了光的波动性，两者通过普朗克常量联系起来，光是粒子性和波动性的矛盾统一体。式(1-5)和式(1-6)称为普朗克-爱因斯坦关系式。

2. 实物粒子的波粒二象性

在相对论力学中，运动速度等于零的物体的质量，称为静止质量。光子总是按光速 $c = 2.998 \times 10^8 \text{m/s}$ 运动，所以光子静止质量为零。电子、原子、分子等粒子的静止质量不为零，凡是静止质量不为零的粒子称为实物粒子[1]。

(1) 德布罗意（de Broglie）波

关于光的波粒二象性的认识，人们从实验中发现了它的波动性，又发现了粒子性；但是对于实物粒子，如电子、原子、分子等，其粒子性（即有一定的质量、电荷，占有一定的空间位置等性质）早已被人们所了解，它们是否存在波动性呢？在普朗克-爱因斯坦的量子论的启发下，法国年轻物理学家德布罗意认为，在历史上对光的研究曾经只看到光的波动性，而忽略了它的粒子性；那么在研究实物粒子的问题上，很可能发生相反的错误，即过分看重其粒子性，而忽视波动性。1923 年 9～10 月他在法国科学院《会议通报》上发表了 3 篇短文，并于 1924 年 11 月向巴黎大学提交了题为《量子理论的研究》的博士论文，总结了他从前的工作，做了更完善的论证和提升。提出实物粒子具有波动性的假设，并称为物质波，以后称之为德布罗意波。对于质量为 m、运动速度为 v 的物体与波长 λ 的关系表述为：

$$\nu = E/h$$
$$\lambda = h/p \qquad (1\text{-}7)$$

式中，动量 $p = mv$，通常 $v \ll c$（c 是光速），这是具有深远意义的假设。式(1-7)就是著名的德布罗意关系式。它将公式(1-5)由仅适用于静止质量为零的光，推广到静止质量大于零的实物粒子。显然式(1-7)等号左边的频率 ν 和波长 λ 体现了实物粒子波动的性质，等号右边的能量 E 和动量 p 体现了实物粒子的粒子性质，两者通过普朗克常量联系起来。德布罗意把光的"波粒二象性"推广到实物粒子，为量子力学的创建开辟了道路[2]。

根据式(1-7)计算实物客体的波长。

一块石头的质量为 0.1kg，飞行速度 1m/s，德布罗意波的波长为：

$$\lambda = \frac{6.626 \times 10^{-34} \text{J} \cdot \text{s}}{0.1 \text{kg} \times 1 \text{m/s}} = 6.626 \times 10^{-33} \text{m}$$

这个波长 λ 与氢原子长度之比为 $\dfrac{1}{10^{23}}$（数量级之比），因此宏观物体的波动性不会表现出来，而粒子性则是主要的，所以用经典力学来处理宏观物体运动状态是恰当的。

---

[1] 实物粒子简称粒子。

[2] 最初德布罗意的工作很少为人所知，他的工作能受到科学界的重视，爱因斯坦起了重要作用。据德布罗意回忆：1923 年我写了博士论文，送给了朗之万，让他决定是否可以作为博士论文接受，他拿不定主意，请爱因斯坦评定。爱因斯坦认为我的博士论文很有价值，促使朗之万接受我的论文。不久之后爱因斯坦向柏林科学院递交了一篇论文，文中强调了我的博士论文思想基础的重要性。爱因斯坦的这篇论文引起了科学家对我的工作的注意。

一个电子的质量 $m=9.110\times10^{-31}$kg，如果电子在电势差为 100V 的电场中运动，德布罗意波长为：

$$E=\frac{1}{2}mv^2=\frac{p^2}{2m} \qquad p=\sqrt{2mE}$$

代入式(1-7)，则：

$$\lambda=\frac{h}{p}=\frac{h}{\sqrt{2mE}}$$

已知电子电荷 $q=1.602\times10^{-19}$C，电子的能量 E 为：

$$E=qV=1.602\times10^{-19}\text{C}\times100\text{V}=1.602\times10^{-17}\text{J}$$

因此有：

$$\lambda=\frac{6.626\times10^{-34}}{\sqrt{2\times9.110\times10^{-31}\times1.602\times10^{-17}}}=1.226\times10^{-10}\text{m}=122.6\text{pm}$$

这个结果就大不相同了，122.6pm 差不多相当于 X 射线的波长（数量级为 100pm），故可显示出波动性，并可以测量。

由此例可以看出德布罗意波的波长与粒子质量的 $\frac{1}{2}$ 次方成反比。由于分子、原子、质子的质量都比电子的质量大得多，所以它们的波长要比电子的波长短得多。

式(1-7) 也使我们进一步看清了普朗克常量的物理意义。普朗克在研究黑体辐射时引进这一常数，它的意义是量子化的量度。而现在，经过爱因斯坦和德布罗意的努力，人们认识到实物粒子也具有波粒二象性，而在实物粒子的波动性与粒子性之间起桥梁作用的又是普朗克常量，量子化和波粒二象性是量子力学中最基本的两个概念，而一个相同的常数 h，在这两个概念中起着关键作用，这一事实揭露了这两个重要概念之间有着深刻的内在联系。

普朗克常量 h 在所研究的问题中是否可忽略，取决于体系的波粒二象性是否能表现出来，所以普朗克常量是波粒二象性显现的标度。在任何表达式中只要有普朗克常量出现，就意味着有量子力学特征。

（2）戴维逊-革末（Davission-Germer）镍单晶衍射实验和汤姆逊多晶体衍射实验

由实验来检验德布罗意波假设的正确性。

已知衍射现象是波动的基本特征之一，运动电子若具有波动性，应该发生衍射现象。要观察到波的衍射，要求所设障碍的线度（即狭缝）必须相当于或小于这个波长。当时德国科学家劳尔（Laue）发现，X 射线通过晶体时能够发生衍射（晶体相邻原子间的距离与 X 射线波长相当）。

1927 年戴维逊-革末用电子代替 X 射线，其实验装置如图 1-4 所示。电子从灯丝 K 飞出，经过电压为 V 的加速电场，再经过一组小孔 D，成为一束平行的电子射线，射到单晶镍上，发生衍射。衍射电子束被探测器搜集，其强度由灵敏的电流计 G 测出。输入不同的电压 V，产生不同强度的衍射电子束，观察衍射电子束的强度与衍射角 θ 的关系，发现在 $V=54$V、$\theta=50°$ 时衍射电子束强度出现极大值。已知镍单晶相邻平面间距离 $d=0.215$nm，布拉格（Bragg）公式为：

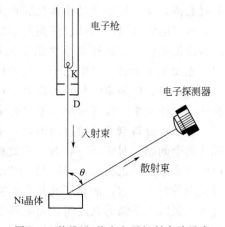

图 1-4　戴维逊-革末电子衍射实验示意

$$n\lambda = 2d\sin\theta$$

按此式计算的 $\lambda = 0.165\text{nm}$，与公式 $\lambda = \dfrac{h}{p} = -\dfrac{h}{\sqrt{2mqV}} = 0.167\text{nm}$ 计算结果基本一致。这就有力地证明了电子的波动性，证明了德布罗意假设的正确性。

汤姆逊（Thomson）将一定速度的电子束投射到 Au、Pt、Al 等金属箔片（多晶体）上，在照相底片上，得到的衍射图形是一系列明暗交替的同心环，如图1-5。这些底片，在世界上几所最大的物理实验室中受到仔细的检查，没有发现任何疑点，由此德布罗意波被实验出色地证实了。

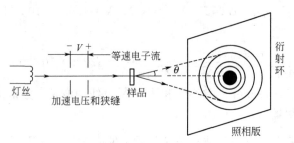

图 1-5　汤姆逊电子衍射实验示意

20世纪30年代以后，实验进一步发现质子、中子、氦原子、氢分子等粒子流，也观察到衍射现象，而且都符合式(1-7)。肯定了德布罗意波的假设，这说明波粒二象性是微观粒子普遍具有的属性。

微观粒子的波粒二象性属性，可以派生出三个重要概念：描述方式的概率特征、力学量常常离散取值的量子化现象、不确定关系式，它们构成了量子力学的基本特征。

3. 德布罗意波的统计解释

实物粒子的波粒二象性，与光的波粒二象性一样与经典概念相违背。在经典物理中不具有波动性的粒子，也不具有粒子性的波，波与粒子是无法统一在一起的。因此如何理解波粒二象性中波与粒子之间的关系，是人们亟待解决的问题。

有一种观点认为波是由一群粒子组成的，衍射图形是由组成波的粒子相互作用的结果。其根据是在粒子衍射实验中，当入射粒子很少时，照相底片上仅出现一些斑点，仿佛看不出什么规律来；只有入射很强的粒子流时，才能在底片上很快出现衍射图形。为了检验这种观点，实验时把粒子束的强度减弱，直到平均较长的一段时间内（例如电子飞跃时间的 3×10^4 倍）才有一个粒子通过晶体，即粒子逐个地射出，不可能有两个或两个以上的粒子同时通过晶体，每个粒子通过晶体在底片上只有一个感光点，但是它落到底片上某处是个偶然事件，可以落到这里，也可以落到其他地方，经过足够长的时间，当电子落到底片上的偶然事件多次发生后，在底片上也显示出同样的衍射图形。既然粒子单个射出，粒子间无相互作用，也发生了衍射，说明粒子的波动性不是粒子间相互作用的结果。

上述实验结果说明粒子的衍射图形不是粒子间相互作用的结果，而是许多粒子在同一实验中的统计结果，或者单个粒子在许多次相同实验中的统计结果。

进一步分析电子的衍射图形，并从"粒子"与"波动"这两个观点去解释实验结果即可说清这个问题。对于同一状态、大量粒子而言，在照相底片上能够看到亮环、黑环和发灰的地区（照片上则正相反）。从"粒子"观点来看，底片上亮环处表明有较多粒子到达，灰区有较少的粒子到达，而黑环处几乎无粒子到达；按"波动"的观点来看，亮环处表明波的强度大，灰区表明波的强度弱，而黑环处波的强度几乎为零。这就是说，在波强度小的地方，粒子出现的数目少；在波强度为零的地方，粒子几乎不出现；在波强度大的地方，粒子出现的数目多。如果关注一个粒子究竟落到底片什么地方，在衍射实验中，无法确切地回答，但显示了一定的规律性：就是到达亮环处的机会多，到达灰区机会少，到达黑环处几乎为零；即对每一个粒子而言，波强度大的地方粒子出现的概率大，强度小的地方粒子出现的概率小。也就是说，波的强度反映了单个粒子在对应点出现概率的大小。

根据以上分析能够看出，对于大量粒子而言，到达底片某处的粒子数表现为该处德布罗意波的强度；对单独一个粒子而言，只能给出粒子在对应点出现的概率。

已知在波动光学里光波的强度用共轭复振幅之积或实振幅的平方确定❶。在这一结果的启发下，量子力学也需要建立某种类似复振幅的概念（通常用 ψ 表示），玻恩（Born）于1926年将德布罗意波在 r 处的强度用 $|\psi(r)|^2$ 表示。但 $|\psi(r)|^2$ 的意义与经典意义根本不同，他做如下诠释：

$|\psi(r)|^2 d^3r$ 表示在 r 处体积元 d^3r（$d^3r=dxdydz$）中发现单一粒子的概率。因此称 $\psi(r)$ 为概率幅，它是量子力学中最基本、最重要的概念。由于概率幅是某个或某些变量（例如 r）的函数，亦称为波函数。

按这样的解释，粒子的波动性反映了具有波粒二象性的实物粒子运动的一种统计规律性，因此称德布罗意波为概率波。概率波概念真正地将实物粒子的波动性与粒子性统一起来。必须指出，玻恩提出的波函数的概率诠释，也是一个基本假设。概率波正确地把微观粒子的波动性与粒子性统一起来，经受住了无数实验的检验。

粒子的波动不同于经典波动，如：机械波（声波、水波）是质点的振动在媒质中的传播，电磁波是电场和磁场的振动在空间的传播，它们不具有粒子性。而实物粒子的波动性反映粒子运动的一种统计规律性，表明波动和粒子是联系在一起的，它被称为概率波。实物粒子的"粒子性"也不同于经典的"质点"。在经典力学中质点的位置、运动速度都能用确定值表示出来，质点通过与其相比拟的孔，也不会发生衍射，即不具有波动性。实物粒子的运动状态在指定时间不能同时用坐标和动量准确地表示出来，因而无确切的轨道。实物粒子是波粒二象性的。

现今为大多数物理学家所接受的解释是：实物粒子的波是一种具有统计性的概率波，它决定着粒子在空间某处出现的概率，但出现时必须是一个粒子的整体，而且集中在一个很小的区域内，因而表现为一个微粒。

二、不确定关系

1. 不确定关系的表述

在经典力学中，宏观物体的位置与动量完全可以同时确定。实物粒子由于具有波粒二象

---

❶　复振幅：选择简谐波为定态光波（振幅不随时间而变化，频率相同）的基本成分，谐振动波函数 $U(r, t)$ 可以表示为

$$U(r,t)=A(r)\cos[\omega t-\varphi(r)]$$

式中，$A(r)$ 为振幅；ω 为角频率；$\varphi(r)$ 为初相位。谐振动波函数复数形式为：

$$U(r,t)=A(r)e^{-i[\omega t-\varphi(r)]}=A(r)e^{i\varphi(r)} \cdot e^{-i\omega t}$$

定义：

$$\tilde{U}(r)=A(r)e^{i\varphi(r)}$$

为光波的复振幅。由此，引入光波复振幅概念。它的模为实振幅 $A(r)$、幅角为初相位 $\varphi(r)$ 的指数函数。用来描述光波的振幅和初相位随空间坐标的变化关系。

光强随空间坐标变化关系可用共轭复振幅之积或振幅的平方表示：

$$I(r)=\tilde{U}(r)\tilde{U}^*(r)=|A(r)|^2$$

性，粒子的位置和动量不可能同时有确定值，因此，经典力学描述运动状态的方法从根本上不适用了，而是用波函数描述粒子的状态。如果用位置和动量来描述粒子的运动状态，必然带来不确定性。1927 年海森堡（Heisenberg）首先提出不确定关系，也称测不准关系。不确定关系是物理学中一个极为重要的关系式，它包括多种表示式：

$$\Delta x \Delta p_x \geqslant \frac{h}{4\pi} \tag{1-8}$$

$$\Delta y \Delta p_y \geqslant \frac{h}{4\pi} \tag{1-9}$$

$$\Delta z \Delta p_z \geqslant \frac{h}{4\pi} \tag{1-10}$$

式中，Δx 表示在 x 方向的位置不确定量（Δy，Δz 相似）；Δp_x 为动量 p_x 的不确定量（Δp_y，Δp_z 相似）。有时，不确定关系式也用 $\Delta x \Delta p_x \geqslant h$ 表示，因为 4π 值不大，$\frac{h}{4\pi}$ 与 h 相比数量级改变不大。

式(1-8)～式(1-10) 表明，粒子在某一方向的位置不准确量和这个方向的动量分量不准确量的乘积永远大于或等于常数 $\frac{h}{4\pi}$。当试图提高位置测量的准确度时，如 Δx 变小，则该方向上的动量分量就愈不准确，即 Δp_x 增大；反之亦然。如果粒子的动量完全确定（$\Delta p_x \to 0$），则其坐标就完全不确定（$\Delta x \to \infty$），反过来也成立。总之，粒子的位置和动量不可能同时有确定的值（即 Δx 和 Δp_x 不能同时为零）。这就是经典力学位置与动量概念应用到粒子时所受到的限制。

有些书籍对不确定关系的叙述不够确切，将式(1-8)表述为：不能同时准确地测量位置坐标 x 及相应的动量 p_x。这种说法易误解为似乎粒子本身具有确定的坐标和动量，而是不能精确地测量它们。不确定关系来源于实物粒子的波粒二象性，是粒子基本特征的反映，它揭示的是一条重要的物理规律：粒子在客观上不能同时有确定的位置和动量，因此不能同时准确地测量它们，不是测量方法和主观能力产生的测量误差。从这个意义上讲，我们不赞成把式(1-8)～式(1-10) 称为"测不准关系"。

不确定关系式给出了经典力学的适用范围，普朗克常量 h 是把经典理论与量子理论划分开来的重要常量。对于任何具体问题，如果相对来说 h 可忽略不计，则 Δx 与 Δp_x 在物理上就可以同时为零，经典理论就完全适用；如果 h 不能忽略，就必须应用量子理论。因此说，h 是区别微观粒子与宏观物体运动规律的重要标志。

2. 应用

【例 1-1】 空气中的尘埃，设其质量 $m = 10^{-15}\,\text{kg}$，与原子、电子相比，属于宏观物体，设其坐标的不准确量 $\Delta x = 10^{-5}\,\text{m}$，求尘埃速度不确定量。

根据不确定关系式(1-8)：

$$\Delta v_x = \frac{h}{4\pi m \Delta x} = \frac{6.6262 \times 10^{-34}}{4 \times 3.14 \times 10^{-15} \times 10^{-5}} \approx 5 \times 10^{-15}\,\text{m/s}$$

这个数值说明速度的不确定度与尘埃的一般速度（约 0.1m/s）相比，完全可以忽略不计。因此不确定关系式所加的限制失去了作用，即可以用经典力学的方法来描述尘埃的运动。由本例题可见，Δv 之所以很小，是因为尘埃的质量 m 相对于 h 太大了。对尘埃尚且如此，那么，对于一般的宏观物体，更可以应用经典力学描述。

【例 1-2】 氢原子中的电子，其速度数量级约为 $10^6\,\text{m/s}$，已知电子质量为 $9.11 \times 10^{-31}\,\text{kg}$，其坐标不准确量是原子的限度，即 $\Delta x \approx 10^{-10}\,\text{m}$。由不确定关系式可算出电子速度不准确量为：

$$\Delta v_x = \frac{h}{4\pi m \Delta x} = \frac{6.6262 \times 10^{-34}}{4 \times 3.14 \times 9.11 \times 10^{-31} \times 10^{-10}} \approx 6 \times 10^5 \, \text{m/s}$$

这个数值与电子本身的速度差不多，显然是不能忽略的，因此原子或分子中的电子不能同时有确定的坐标和动量，不能用经典力学来处理，而只能用量子力学的方法。

以上介绍了导致量子力学诞生的实验基础，以及由这些实验所引出的一些基本概念，这些基本概念构成了量子力学的物理基础，体现了量子力学最本质的特征。

三、量子力学的基本假设

自然科学中的基本规律是根据大量的实践，经过归纳抽象并以假设的形式提出来的，经典力学的牛顿三定律、热力学三定律就是这样得到的，它们的正确性在于由这些定律导出的结果与事实完全一致，而得到证实。

量子力学同其他理论科学一样，它的基本原理只能以假设的形式提出。目前，量子力学通常采用五个假设。由它导出的公式、结论、预言同实验完全一致，证明了其正确性。下面介绍量子力学的基本假设，有时简述得来的线索切不要误以为是证明。

1. 波函数

宏观物体的运动状态，可用位置和动量（或速度）来描写，有关其他力学量，如能量、角动量等，它们是位置与动量的函数，当位置和动量确定之后，其他力学量也就随之确定了。但是粒子具有波粒二象性，其波性是一种具有统计意义的波——概率波。它表示在某一时刻，由波在某点 r 附近的强度，能够确定粒子出现在该点附近的概率大小，而不能确定粒子在什么时间到达什么地方，即不能用位置与动量的确定值来描写粒子运动状态。因此粒子的运动状态只能按概率波的特点来描写。不同时刻、不同地点粒子出现的概率是不一样的，因此，概率波应该是时间 t 和空间位置 r 的函数，故将这个函数写作 $\psi(r,t)$，称作波函数。

Born 指出在某一时刻 t 概率波在 r 点的强度用 $|\psi(r)|^2$ 表示。可是对概率波而言，波函数 ψ 本身却没有直接的物理意义，因为从衍射实验不能直接测得 ψ 的值，能测量的是概率波的强度，即测定的是 $|\psi|^2$。因此，有实际物理意义的是波函数模的平方。这样就引出了量子力学的第一个基本假设。

假设 1：一个微观粒子体系的运动状态，可以由波函数 $\psi(r,t)$ 来完全描述，也就是说，波函数 $\psi(r,t)$ 描写粒子的量子态。它是时间 t 和粒子位置 r 的函数；粒子在某一时刻出现在空间某点的概率等于波函数绝对值的平方，即 $|\psi|^2$。

$$\psi = \psi(r,t) \tag{1-11}$$

这一假设，可细分为三点内容：说明粒子的量子态可由波函数表示；波函数的统计解释；由此得出对波函数性质的要求。

量子态——微观粒子或粒子体系的状态，表明其能量变化是量子化的，所以波函数亦称量子波函数。

不含时间的波函数称为定态波函数，用 $\psi(r)$ 表示，本书主要讨论定态波函数。

（1）概率密度与波函数的性质

若对单个粒子体系进行测量，以 $d\omega$ 表示在某一时刻 t 出现在空间一点 $r(x,y,z)$ 附近 $x \to x+dx$、$y \to y+dy$、$z \to z+dz$ 的小体积元 $d^3r = dxdydz$ 内的概率，则 $d\omega$ 不仅与 $|\psi|^2$ 成正比，还与体积元 d^3r 成正比，所以得到如下关系式：

$$d\omega = K|\psi|^2 d^3 r$$

式中，K 为比例系数。如果令 $K=1$，可得：

$$\frac{\mathrm{d}\omega}{\mathrm{d}^3 r} = |\psi|^2 \qquad (1\text{-}12)$$

$\frac{\mathrm{d}\omega}{\mathrm{d}^3 r}$ 表示单位体积中粒子出现的概率，称为概率密度，即粒子在空间某一点 $r(x,y,z)$ 出现的概率，则 $|\psi|^2$ 表示在时间 t 出现在空间某一点 $r(x,y,z)$ 的概率或在此点附近的概率密度。由此看出，只要给出波函数 ψ 的具体形式，在某一时刻 t，空间各点的概率就确定了，概率分布就确定了，即粒子的量子态完全确定了。所谓粒子量子态的确定，就是概率分布的确定。换句话说，$|\psi|^2$ 是描写粒子概率分布的函数。

根据概率密度的定义，引出波函数一个重要的性质：将波函数 ψ 乘以常数 C（可以是复数），ψ 与 $C\psi$ 描写同一量子态，因为概率分布没有变化。由于粒子在空间各点出现的概率总和等于 1，故粒子的概率分布取决于波函数在空间各点的相对强度。换言之，对概率分布来说，重要的是相对概率分布。例如，在某一时刻处于位置 r_i 和 r_j 点的相对概率是一样的：

$$\frac{|\psi(r_i,t)|^2}{|\psi(r_j,t)|^2} = \frac{|C\psi(r_i,t)|^2}{|C\psi(r_j,t)|^2} \qquad (1\text{-}13)$$

这就是说，波函数可以含有一个任意的常数因子。在这一点上概率波与经典波有本质的区别。一个经典波的振幅增大一倍，则相应波动的能量将为原来的四倍，因而代表不同的波动状态。

（2）波函数的标准条件

要使 $\psi^*\psi$ 合理表示概率密度，要求 ψ 必须满足一定条件，称为合格条件或标准条件。

① 单值　$\psi^*\psi$ 表示在某一时刻 t，在空间一点 r，发现粒子的概率或在这点附近的概率密度，因此在这一点，$\psi^*\psi$ 应该只有一个数值，这要求 $\psi(r,t)$ 是单值函数，否则就失去概率密度的意义。

② 连续　ψ 与 ψ 对变数 r 的一阶导数，在 r 变化的全部区域内必须是连续的，否则对 r 的二阶偏导数就不存在，且使 Schrödinger 方程失去意义。

③ 有限　即平方可积。

由式(1-12)可写成：

$$\mathrm{d}\omega = \psi^*(r,t)\psi(r,t)\mathrm{d}^3 r$$

由于单一粒子在全空间出现的概率为 1，所以有：

$$\int_{全空间} \psi^*(r,t)\psi(r,t)\mathrm{d}^3 r = 1 \qquad (1\text{-}14)$$

只有在空间某点波函数的数值是有限的，单一粒子出现在整个空间的概率才能为 1，即 $\psi(r,t)$ 是归一化波函数，也就是平方可积的函数。一般在积分号下省略"全空间"。

如果式(1-14)的积分不等于 1，只要积分是有限值：

$$\int \psi^*(r,t)\psi(r,t)\mathrm{d}^3 r = k \qquad k \ll \infty \qquad (1\text{-}15)$$

可由常数 $C = \frac{1}{\sqrt{k}}$ 和 ψ 得：

$$\psi' = \frac{1}{\sqrt{k}}\psi \qquad \psi = \sqrt{k}\psi'$$

前面已经指出 ψ' 与 ψ 表示粒子的同一状态，将其代入式(1-15)得：

$$\int \sqrt{k}\psi'^* \ \sqrt{k}\psi'\mathrm{d}r^3 = k\int \psi'^*\psi'\mathrm{d}r^3 = k$$

可得

$$\int \psi'^* \, \psi' \mathrm{d}r^3 = 1$$

所以称 ψ' 为归一化波函数，求得 ψ' 的过程称为波函数的归一化。常数 C 称为归一化因子或归一化常数。

波函数一般是复数，而 $|\psi|^2$ 表示空间某点附近的概率密度，它是大于零且小于 1 的数，因此，要求 $|\psi|^2 = \psi^* \psi$，ψ^* 是 ψ 的共轭复数。因为概率密度不能是虚数，若 $\psi^* = a + ib$，则 $\psi = a - ib$，$\psi^* \psi = a^2 + b^2$，得到的结果是实数，而且是正数。

（3）量子态叠加原理

已知经典力学中波动具有可叠加性，认为德布罗意波同样具有可叠加性，服从·态·叠·加·原·理·。

设 ψ_1，ψ_2，$\cdots$，ψ_n 为某一微观体系的 n 个量子态，即体系可能处于 ψ_1，也可能处于 ψ_2，$\cdots$，ψ_n 态，由这些量子态线性叠加所得到的态 ψ，也是该体系的一个可能的量子态。

$$\psi = C_1 \psi_1 + C_2 \psi_2 + \cdots + C_n \psi_n = \sum_i C_i \psi_i \tag{1-16}$$

式中，C_1，C_2，$\cdots$，C_n 为系数，这就是量子态叠加原理。

从波函数的统计解释可知，$|\psi|^2$ 决定粒子某一时刻 t 在空间的概率分布：

$$|\psi|^2 = |C_1 \psi_1 + C_2 \psi_2 + \cdots + C_n \psi_n|^2$$

此式表明，当体系处于 ψ 量子态时，ψ 的性质不是态 ψ_1，ψ_2，$\cdots$，ψ_n 性质的平均，而是 ψ 可能只以 ψ_1 的形式出现，也可能只以 ψ_2 的形式出现，$\cdots\cdots$，也可能只以 ψ_n 的形式出现，但是出现的概率分别是 $|C_1|^2$，$|C_2|^2$，$\cdots$，$|C_n|^2$。这说明量子力学中的态叠加原理是概率波的叠加原理，它体现出德布罗意波作为一种波动必定要遵从叠加原理，又反映出概率波的特征。

经典物理学中的波与量子力学中的态都遵从叠加原理，两者在数学形式上完全相同，但在物理本质上则完全不同。经典波，例如光波、声波等几个波同时在空间某点相遇，各个波在该点引起的振动线性叠加，一般合成出一个新的波。但是，德布罗意波的叠加，是同一量子体系可能状态的叠加，给不出新的状态。例如两个态的叠加：

$$\psi = C_1 \psi_1 + C_2 \psi_2$$

假如体系处于 ψ_1 所描述的态下，测量某力学量 A 所得结果是一个确定值 a；又假设在 ψ_2 描述的态下，测量 A 的结果为另一确定值 b；则在 ψ 态下测量 A 的结果，一定是 a，b 中的一个，可能出现 a，也可能出现 b，绝对不会出现其他值，究竟是哪个值不能肯定。但是测得 a 或 b 的概率则完全确定，分别为 $|C_1|^2$ 或 $|C_2|^2$。也可以说，当体系处于 ψ 态时，体系部分处于 ψ_1 态，部分处于 ψ_2 态，这从经典物理概念来看是无法解释的。量子力学中态的叠加，导致在叠加态下测量结果的不确定性。

量子力学中的态叠加原理是与测量密切联系在一起的一个基本原理，它与经典波叠加概念的物理含义有着本质的不同，是由波粒二象性决定的。

例如，原子中的 s、p、d 轨道，根据态叠加原理，可以叠加成新的原子轨道（sp，sp^2，sp^3，$\mathrm{d}^2\mathrm{sp}^3$ 等杂化轨道），它是原子的可能量子态。

（4）自由粒子的波函数——平面德布罗意波

不受任何外场作用的粒子，即势能为零的粒子，称为自由粒子。因此自由粒子的动量 p 和能量 E 都是常数。由式（1-6）可见，同自由粒子相关波的频率 ν 和波长 λ 都是常数，这是平面波的特点。频率为 ν，波长为 λ 沿 x 方向传播的平面波用式（1-17）表示：

$$\psi_x = A\cos\left[2\pi\left(\frac{x}{\lambda} - \nu t\right)\right] \tag{1-17}$$

将德布罗意关系式 $E = h\nu$，$\lambda = \dfrac{h}{p_x}$ 代入式(1-17)，则得：

$$\psi_x = A\cos\left[\frac{2\pi}{h}(xp_x - Et)\right] \tag{1-18}$$

这一代入使式(1-18)的性质发生了根本的变化，它不再是经典的平面波，而是描述自由粒子一维运动状态的平面德布罗意波。在量子力学中，波函数应写成复数形式❶。

利用欧拉（Euler）公式则有：

$$\exp[ix] = \cos x + i\sin x$$

则式(1-18)可写成复数形式：

$$\psi_x = A\exp\left[-\frac{2\pi i}{h}(Et - xp_x)\right] \tag{1-19}$$

式中，ψ_x 叫做自由粒子的波函数或德布罗意平面波，它描述的是恒定动量为 p_x、能量为 E 的自由粒子沿 x 方向的运动状态。

自由粒子出现在空间一点 $r(x,y,z)$ 的概率或该点附近的概率密度为自由粒子波函数模的平方：

$$|\psi(r,t)|^2 = \psi^* \psi = A^* \exp\left[\frac{2\pi i}{h}(Et - rp)\right] A\exp\left[-\frac{2\pi i}{h}(Et - rp)\right] = |A|^2 \tag{1-20}$$

这是一个与时间、位置无关的常数，所以德布罗意平面波表示这样一种量子态，在空间任一点找到粒子的概率都相同，即位置是完全不确定的。已知式(1-20)表示动量完全确定的自由粒子（$\Delta p_x = 0$），根据不确定关系式(1-8)，它的位置应该是完全不确定的。显然这是一种极为特殊的情况，因为德布罗意平面波只能描述自由粒子的量子状态。当粒子受到外场作用时，就不再是自由粒子，其运动状态不能用平面波来描述，应该用较复杂的波来描述。这样，不同时刻在空间不同点找到粒子的概率未必相同。

2. 力学量的算符表示

在经典力学宏观物体的运动状态，可用位置和动量来描述，所谓状态的确定是指位置和动量同时有确定值。经典力学的力学量，包括坐标、动量、动能、势能、角动量等都是用来描述运动状态性质的。可以表示成位置、动量的函数。这些力学量都可以由实验测定，称为可观测的物理量。

量子力学同样也存在力学量，除沿用经典力学的力学量外，还有一些新的力学量，如自旋角动量等。它们都是描述微观体系运动状态性质的。由于微观粒子的波粒二象性，使粒子的位置与动量不能同时有确定值。这就使得微观粒子的量子态不能用动量、位置来描述，而是用波函数 ψ 来描写。$|\psi|^2$ 表示在某一时刻，发现单一粒子在空间某点的概率。波函数 ψ 包含体系的信息，就是说，已知任意波函数 ψ，可以确定该状态下测量力学量的可能值及其相应的概率。这表明不能用经典力学方法确定力学量，量子力学确定力学量的方法是对波函数进行某种运算，不同力学量用不同的计算方法，这种运算用一种符号表示，简称为算符，即量子力学的力学量用算符表示。

量子力学为了计算力学量而引进算符。算符是运算符号的简称，它表示一种运算规则。

---

❶ 注意这里的平面波是以复数表示的。在经典物理学中，一个波可以用实数表示，为了数学上方便，也可以用复数表示，只有实部才有物理意义。在量子力学中，波函数 ψ 必须用复数表示，原因之一是由于量子力学中波的运动方程是复数方程（假设3）。在量子力学中有测量意义的既不是波函数的实部，也不是它的虚部，而是波函数模的平方。

例如 $\dfrac{\mathrm{d}}{\mathrm{d}x}$ 就是一个算符,表示求导运算的符号。又如 $\sqrt{\quad}$、lg 等都是算符。在量子力学里任何力学量均可用相应的算符表示。这是量子力学的又一基本假设。

假设 2:微观粒子体系每个可观测的力学量对应一个算符。

(1) 几个重要的力学量算符

在经典力学中位置和动量是基本力学量,其余的力学量都是位置和动量的函数。在量子力学中,力学量的算符也以位置和动量算符作基本算符,其余力学量的算符由它们变换得来。在量子力学中算符常用上方加 "$\wedge$" 的字母来表示,如动量 p 的算符写成 $\hat{p}$。

① 基本力学量算符

a. 位置(x,y,z)算符

$$\hat{x}=x, \quad \hat{y}=y, \quad \hat{z}=z \tag{1-21}$$

b. 动量(p_x,p_y,p_z)算符

$$\hat{p}_x=-\mathrm{i}\hbar\frac{\partial}{\partial x}, \quad \hat{p}_y=-\mathrm{i}\hbar\frac{\partial}{\partial y}, \quad \hat{p}_z=-\mathrm{i}\hbar\frac{\partial}{\partial z} \tag{1-22}$$

式中

$$\hbar=\frac{h}{2\pi} \tag{1-23}$$

② 其他力学量算符

a. 动能分量(T_x)算符 在经典力学中动能与动量在 x 方向分量有如下关系:

$$T_x=\frac{1}{2}mv_x^2=\frac{p_x^2}{2m}$$

在量子力学中,动能与动量在 x 方向分量算符 $\hat{T}_x$ 与 $\hat{p}_x$ 也类似这一关系:

$$\hat{T}_x=\frac{1}{2m}(-\mathrm{i}\hbar\frac{\partial}{\partial x})^2=-\frac{\hbar^2}{2m}\frac{\partial^2}{\partial x^2} \tag{1-24}$$

b. 动能算符

$$\hat{T}=\hat{T}_x+\hat{T}_y+\hat{T}_z=-\frac{\hbar^2}{2m}\left(\frac{\partial^2}{\partial x^2}+\frac{\partial^2}{\partial y^2}+\frac{\partial^2}{\partial z^2}\right)=-\frac{\hbar^2}{2m}\nabla^2 \tag{1-25}$$

$\nabla^2=\dfrac{\partial^2}{\partial x^2}+\dfrac{\partial^2}{\partial y^2}+\dfrac{\partial^2}{\partial z^2}$ 称为拉普拉斯(Laplace)算符。

c. 势能 V 算符

$$\hat{V}=V \tag{1-26}$$

d. 能量 E 算符 体系的总能量等于动能与势能之和,若总能量用 E 表示,则有:

$$E=T+V$$

与总能量相对应的算符称为能量算符,通常用 $\hat{H}$ 表示,它可以表示为动能算符与势能算符之和:

$$\hat{H}=\hat{T}+\hat{V} \tag{1-27}$$

也称 $\hat{H}$ 为哈密顿(Hamilton)算符。将式(1-25)和式(1-26)代入式(1-27),得:

$$\hat{H}=-\frac{\hbar^2}{2m}\left(\frac{\partial^2}{\partial x^2}+\frac{\partial^2}{\partial y^2}+\frac{\partial^2}{\partial z^2}\right)+\hat{V}=-\frac{\hbar^2}{2m}\nabla^2+\hat{V} \tag{1-28}$$

(2) 力学量算符的本征值

在通常情况下,当体系处于任意量子态 ψ 时,对力学量 A 进行测量一般没有确定值,而是得到一系列力学量的可能值,每个可能值各以一定的概率出现。今提出力学量有确定值假定:

如果算符$\hat{A}$对波函数ψ的运算结果（或称作用），等于常数a乘以ψ，即：

$$\hat{A}\psi = a\psi \tag{1-29}$$

a是算符$\hat{A}$的本征值，ψ是算符$\hat{A}$的本征函数（也称本征态），式(1-29)称为算符$\hat{A}$的本征方程，力学量用算符表示假设的重要意义在于解算符的本征方程，则本征值就是此状态下该力学量的确定值。

知道算符$\hat{A}$的具体形式，根据一定的边界条件，解本征方程可求得本征函数和本征值。对于任意量子态，当对力学量A进行测量时，算符$\hat{A}$的本征值就是测量力学量A时所有可能出现的值，或者说，是力学量A的可能取值。当体系处于$\hat{A}$的本征态ψ时，力学量A有唯一确定值，这个值就是$\hat{A}$在ψ态中的本征值。例如自由粒子的波函数为：

$$\psi(x,t) = A\exp\left[-\frac{2\pi i}{h}(Et - xp_x)\right] = A\exp\left[-\frac{i}{\hbar}(Et - xp_x)\right] \tag{1-30}$$

动量x方向分量算符$\hat{p}_x = -i\hbar\frac{\partial}{\partial x}$，当以此算符作用于波函数$\psi(x,t)$，得：

$$-i\hbar\frac{\partial}{\partial x}\psi(x,t) = -i\hbar\frac{\partial}{\partial x}A\exp\left[-\frac{i}{\hbar}(Et - xp_x)\right] = p_x \cdot A\exp\left[-\frac{i}{\hbar}(Et - xp_x)\right] \tag{1-31}$$

$$\hat{p}_x\psi = p_x\psi$$

可见这是动量算符的本征方程，本征值为动量p_x，它有确定值。

3. 量子力学的基本方程

在经典力学中宏观物体的运动状态随时间的变化遵守牛顿方程，只要知道初始状态，原则上可由牛顿方程求出任一时刻的状态。

在量子力学中微观粒子的量子态用波函数$\psi(r,t)$来描述，$\psi(r,t)$随时间的变化应该满足和波动有关的新型方程，此方程就是薛定谔方程。应用这个方程，可由粒子的初始状态求得任一时刻描述体系状态的波函数。

薛定谔方程是量子力学的基本方程[❶]。它不是从某些理论推导出来的，而是在德布罗意波概念启发下，以假设的形式提出来的，它反映了微观粒子运动的基本规律。

通常微观体系受势场的作用随时间而变化，其势能$V(r,t)$是位置r与时间t的函数，相应的 Hamilton 算符也是r、t的函数（含时间），写成$\hat{H}(t)$。当体系受势场的作用不随时间而变化，势能$V(r)$仅仅是位置的函数，与时间无关，相应的 Hamilton 算符$\hat{H}$也只是r的函数（不含时间）；同样，波函数ψ也不随时间而变化，于是用ψ表示的状态称为定态，ψ称为定态波函数。描写定态的薛定谔方程称为定态方程。本书只应用定态薛定谔方程。

假设 3：微观粒子体系的定态波函数满足薛定谔（Schrödinger）方程。

$$\hat{H}\psi = E\psi \tag{1-32}$$

$$\hat{H} = -\frac{\hbar^2}{2m}\nabla^2 + \hat{V}$$

则式(1-32)可写成：

$$\left(-\frac{\hbar^2}{2m}\nabla^2 + \hat{V}\right)\psi = E\psi \tag{1-33}$$

---

❶ 1926年，奥地利青年物理学家薛定谔在一次学术会议上介绍了德布罗意的工作，德拜（Debye）对他说，你讲述了波动，但是波动方程在哪里？几个星期以后，薛定谔提出了一个波动方程。这就是量子力学的基本方程——薛定谔方程。

或写成：

$$\nabla^2\psi+\frac{2m}{\hbar^2}(E-\hat{V})\psi=0 \tag{1-34}$$

式中，E 为体系的能量，有确定值。根据式(1-29)可知，式(1-33)形式的薛定谔方程是能量算符 $\hat{H}$ 的本征方程。方程的解是波函数 ψ，它是能量算符 $\hat{H}$ 的本征函数，本征值 E 是该状态的能量。

定态波函数的性质：概率密度不随时间而改变；任意力学量的平均值不随时间而变化。

4. 平均值假设

在假设 2 中曾引入一个基本假定式(1-29)，当体系处于算符 $\hat{A}$ 的本征态 ψ 时，算符所表示的力学量有确定数值，这个数值是算符 $\hat{A}$ 在 ψ 态中的本征值 a。如果体系不处于 $\hat{A}$ 本征态，而是处于任一量子态 ψ[❶]，这时算符 $\hat{A}$ 所表示的力学量将如何求值呢？在"基本假定"中没有提到，因此，有必要引进新的假设。

假设 4：如果微观体系处于任一波函数 $\psi(r)$ 量子态，对可观测力学量 A 做一系列测量得到的是平均值（期望值）：

$$\overline{A}=\frac{\int\psi^*(r)\hat{A}\psi(r)\mathrm{d}^3r}{\int\psi^*(r)\psi(r)\mathrm{d}^3r} \tag{1-35}$$

式中，$\hat{A}$ 为力学量 A 的算符。若 $\psi(r)$ 是归一化的，则有：

$$\overline{A}=\int\psi^*(r)\hat{A}\psi(r)\mathrm{d}^3r \tag{1-36}$$

这个假设告诉我们，对于任一波函数 ψ，力学量可能得到平均值，得不到确定值。

已知量子力学的基本规律是统计规律，波函数 $|\psi|^2$ 只包含概率的意义，很自然，对于任何物理量，只有求出了与它对应平均值之后，才能与实验所观察到的量相比较。从薛定谔方程可以求得波函数，有了波函数，由式(1-35)可求平均值。

除第一假设外，这又是一个直接将量子力学对力学量的理论计算与实验观测联系起来的假设，它和波函数假设共同构成量子力学关于实验观测的理论基础。

5. 泡利（Pauli）不相容原理

在量子力学中全同粒子是指质量、电荷、自旋等性质都完全相同的粒子。例如，所有电子都是全同粒子，所有中子、所有质子等都分别是全同粒子。我们仅讨论多电子体系，为了方便，先讨论两电子体系。

已知电子不仅有轨道运动，还有自旋，因此，描述电子运动状态的变量不仅包括空间坐标（r），还应包括自旋变量（s_z），对两电子体系中的电子人为编号 1 与 2，则完全波函数可以表示为：

$$\psi(r_1,s_{z_1};r_2,s_{z_2})=\psi(q_1,q_2) \tag{1-37}$$

式中，q_1 与 q_2 分别表示第一个电子与第二个电子的空间坐标与自旋变量。当交换两个电子的坐标时，波函数变为 $\psi(q_2,q_1)$。对于全同粒子体系，由于粒子是波粒二象性的，无法"跟踪"两个电子各自的运动，即电子是不可区分的，因而两个电子的位置交换，其状态不变。也就是说 $\psi(q_1,q_2)$ 与 $\psi(q_2,q_1)$ 描述同一状态。又因为有物理意义的是 $|\psi|^2$（概率密度），所以两电子位置交换时 $|\psi|^2$ 应保持不变，即：

$$|\psi(q_1,q_2)|^2=|\psi(q_2,q_1)|^2 \tag{1-38}$$

---

❶ 这里 ψ 表示任意量子态，虽然与本征态符号 ψ 相同，但代表的意义不同。

等式两边开方，有如下关系：

$$\psi(q_1,q_2)=\pm\psi(q_2,q_1) \tag{1-39}$$

推广到一般有：

$$\psi(q_1,q_2,\cdots,q_i,\cdots,q_k,\cdots,q_N)=\pm\psi(q_1,q_2,\cdots,q_k,\cdots,q_i,\cdots,q_N) \tag{1-40}$$

上式取正号时，表示电子交换坐标后完全波函数不变，称为对称波函数；取负号时，表示电子交换坐标后完全波函数变号，称为反对称波函数。对于一个多电子体系，其波函数应该是对称的，还是反对称的，或者两者皆可？这个问题只能由实验来回答。

大量实验证明，用来描述多电子体系的完全波函数，对于交换其中任意两个电子的坐标后，波函数必须是反对称的，这一结论首先由泡利总结出来，称为泡利不相容原理。

由波函数的反对称性可以得到泡利不相容原理❶。

设由两个全同粒子组成的体系，在同一势场中运动，现以 He 原子的激发态 $1s^12s^1$ 为例来说明。如果忽略粒子间的相互作用，对电子人为编号 1 与 2，用 q_1、q_2 分别表示电子 1 与 2 的空间坐标与自旋变量。用 $\psi_{1s}(q_1)$ 表示编号为 1 的电子处于 $1s^1$ 量子态，用 $\psi_{2s}(q_2)$ 表示编号为 2 的电子处于 $2s^1$ 量子态。$\psi_{1s}(q_1)$、$\psi_{2s}(q_2)$ 都是单粒子波函数，分别表示单粒子基态与激发态。由于忽略电子间的相互作用，则 He 原子的激发组态波函数为：

$$\psi(q_1,q_2)=\psi_{1s}(q_1)\psi_{2s}(q_2) \tag{1-41}$$

交换粒子 1 与 2 的坐标，即第一个电子处于 $2s^1$ 态，第二个电子处于 $1s^1$ 态，同样可求得体系的波函数：

$$\psi(q_2,q_1)=\psi_{1s}(q_2)\psi_{2s}(q_1) \tag{1-42}$$

但是对于电子（费米子），式(1-41)与式(1-42)不满足全同粒子波函数交换反对称的要求，如果将两式组合成如下波函数，交换电子坐标 q_1 与 q_2 后，波函数 $\psi(q_1,q_2)$ 变号，即得到了反对称波函数：

$$\psi(q_1,q_2)=\frac{1}{\sqrt{2}}[\psi(q_1,q_2)-\psi(q_2,q_1)] \tag{1-43}$$

式中，$\frac{1}{\sqrt{2}}$ 是归一化系数。式(1-43)可以写成：

$$\psi(q_1,q_2)=\frac{1}{\sqrt{2}}[\psi_{1s}(q_1)\psi_{2s}(q_2)-\psi_{1s}(q_2)\psi_{2s}(q_1)] \tag{1-44}$$

由式(1-44)可看出，当 $\psi_{1s}=\psi_{2s}$ 时，即两电子处于同一态时，$\psi(q_1,q_2)=0$，$|\psi(q_1,q_2)|^2=0$，这表明体系中两个电子不能处于同一状态，这一结论称为双粒子体系的泡利不相容原理。

假设 5　泡利不相容原理：对于一个多电子体系，两个电子不能处于同一状态，或者说两个电子的量子数不能完全相同。

泡利不相容原理是极为重要的自然规律，是给出核外电子排布的基础理论之一。

最后指出，量子力学中的假设不能理解成数学中的公理，因为这些假设是对许多物理实验结果（包括引出的基本概念）的归纳、抽象而提出来的。随着实验手段和方法的不断改进，新的实验结果的出现以及物理学家对实验结果认识程度的深入，这些假设也将不断地修正，甚至有可能做较大的修正。

本章可以概括为以下几点。

---

❶　泡利不相容原理是在量子力学产生之前，也是在电子自旋假设发表之前提出来的。泡利发现，在原子中要完全确定一个电子的量子态需要四个量子数，并提出不相容原理——在原子中，每一个确定的量子态上，最多只能容纳一个电子。当时已知的三个量子数（n，l，m）只与原子核外电子的运动有关，而第四个量子数表示电子本身还有某种新的性质，泡利当时就预言：它只能取双值，且不能被经典物理所描述。后来用量子力学波函数的反对称性就可以推论出泡利不相容原理。对此做出贡献的有海森堡、费米和狄拉克。

量子力学的两个重要概念——量子化概念及波粒二象性概念。

量子力学的一个重要关系式——不确定关系。

量子力学两个重要原理——态的叠加原理，泡利不相容原理。

量子力学的两个最基本假设——波函数的统计解释及薛定谔方程。

量子力学的关键常量——普朗克常量 h。

四、一维无限深方势阱

前几节介绍了量子力学的基本概念、原理。现在以金属中自由电子为例来说明怎样将实际问题表述为薛定谔方程，如何解薛定谔方程求得波函数和能量，并对波函数和能量进行深入一步分析。这样会对波函数、算符、薛定谔方程等的认识变得具体化了。

原子中的电子、分子中的电子、金属中的电子的运动都有一个共同的特点，即粒子的运动都被限制在一个很小的空间范围内。为了分析其特点，首先介绍金属中自由电子的运动。

金属键最简单的模型是自由电子模型，模型认为金属中的原子或离子是有规律地排列着，具有周期性结构。电子在这一周期结构中自由运动，即势能为零[1]。运动范围在整个金属内部，只有当电子到达金属表面，才受到突然升高的势能"墙"的阻拦，不能逸出金属体外。为简单起见，只讨论一维情形，并设体系只有一个电子，沿 x 轴长度为 l 的线段内势能为零，粒子在其他区域势能为无穷大，势能 V 可写成：

$$V(x)=\begin{cases} 0 & 0<x<l \\ \infty & x\leqslant0, x\geqslant l \end{cases} \tag{1-45}$$

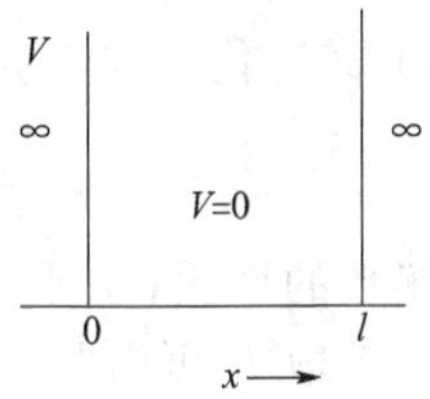

在此简化下，势能曲线如图 1-6 所示。可用一个抽象的物理模型一维无限深势阱或一维势箱表示。l 称为势阱宽度。就是说，粒子不会出现在势阱外，所以波函数在势阱外为零，即：

$$\psi(0)=0 \qquad \psi(l)=0 \tag{1-46}$$

图 1-6 一维无限深方势阱模型

即在势阱外不必求解薛定谔方程，而在势阱内由于 $V=0$，一维哈密顿算符：

$$\hat{H}=-\frac{\hbar^2}{2m}\frac{\partial^2}{\partial x^2} \tag{1-47}$$

因此薛定谔方程为：

$$-\frac{\hbar^2}{2m}\frac{d^2}{dx^2}\psi(x)=E\psi(x) \tag{1-48}$$

式中，m 为电子的质量；E 为总能量。

这是一个二阶常系数线性齐次微分方程，其通解形式是 $\psi=\exp[ax]$，将其代入式 (1-48)，得：

$$a^2+\frac{2mE}{\hbar^2}=0, \qquad a_{1,2}=\pm\frac{i\sqrt{2mE}}{\hbar} \tag{1-49}$$

将 a 代入 $\exp[ax]$ 中，得到两个独立的解，其通解为：

$$\psi(x)=A\exp\left[\frac{i}{\hbar}\sqrt{2mE}x\right]+B\exp\left[-\frac{i}{\hbar}\sqrt{2mE}x\right] \tag{1-50}$$

根据欧拉公式 $\exp[ix]=\cos x+i\sin x$，将式 (1-50) 写成适当的形式：

$$\psi(x)=C\cos\frac{1}{\hbar}\sqrt{2mE}x+D\sin\frac{1}{\hbar}\sqrt{2mE}x \tag{1-51}$$

利用边界条件确定 C、D。将 $x=0$ 代入式 (1-51)，得：

---

[1] 电子在金属内受正离子力场的作用，这个力场可近似地用一个不变的平均力场来代替，即势能 V 为一常数。由于势能零点的选择是任意的，比如选择金属内电子势能为零。

$$\psi(0) = C\cos 0 + D\sin 0 = 0 \tag{1-52}$$

若上式成立，则 C 必为 0。则式(1-51)变为：

$$\psi(x) = D\sin\frac{1}{\hbar}\sqrt{2mE}x \tag{1-53}$$

当 $x=l$，$\psi(l) = D\sin\frac{1}{\hbar}\sqrt{2mE}l = 0$，但式中 D 不能为零，否则 $\psi \equiv 0$，得到的只是零解。若 ψ 处处为零，电子就不存在，这与事实不符，故只能：

$$\sin\frac{1}{\hbar}\sqrt{2mE}l = 0 \tag{1-54}$$

由此求得：

$$\frac{\sqrt{2mE}}{\hbar}l = n\pi \qquad n = \pm1, \pm2, \cdots \tag{1-55}$$

必须指出，$n \neq 0$，若 $n=0$，则 $\sqrt{2mE}l/\hbar = 0$，也就是 $E=0$，则势阱中的 ψ 值处处为零，同样没有意义。

由式(1-55)，得出：

$$E_n = \frac{n^2\pi^2\hbar^2}{2ml^2} = \frac{n^2h^2}{8ml^2} \qquad n = 1,2,3,\cdots \tag{1-56}$$

将式(1-56)代入式(1-53)，得：

$$\psi_n(x) = D\sin\frac{n\pi x}{l} \qquad n = 1,2,3,\cdots \tag{1-57}$$

由波函数的性质，n 取正整数与负整数都表示同一状态，为了保证 $\psi_n(x)$ 单值，故只取正整数。系数 D 可由归一化条件决定：

$$\int_0^l |\psi_n(x)|^2 \mathrm{d}x = D^2 \int_0^l \sin^2\frac{n\pi x}{l}\mathrm{d}x = 1 \tag{1-58}$$

$$D = \sqrt{\frac{2}{l}} \tag{1-59}$$

将式(1-59)代入式(1-57)，得到能量为 E_n 的电子的归一化波函数为：

$$\psi_n(x) = \begin{cases} \sqrt{\dfrac{2}{l}}\sin\dfrac{n\pi}{l}x & (0 < x < l) \\ 0 & (x \leqslant 0, x \geqslant l) \end{cases} \qquad n = 1,2,3,\cdots \tag{1-60}$$

从式(1-56)和式(1-60)可以看出，能级和波函数都随量子数 n 而变化，用 ψ_n 表示量子数为 n 时粒子的状态，E_n 代表 ψ_n 状态下的能级。$n=1$ 时的能级 E_1 所对应的态是能级最低的态，称为基态，化学中所研究的稳定体系多处于基态。$n \geqslant 2$ 时所对应的态称为激发态，$n=2$ 时对应的态称为第一激发态，以此类推。

现对以上的结果进行详细的讨论。

1. 能量

(1) 能量量子化

从能量公式(1-56)看出，势阱中电子的能量 E_n 不是任意的，随 n 的变化取一些分立值 E_1，E_2，E_3，$\cdots$，即能量是量子化的，它是由于电子被束缚在势阱中引起的。这是一切处于束缚态粒子的共同特点。当 n 愈大时，相邻两能级的间隔 ΔE_n 也愈大。事实上，通过计算可以看出：

$$\Delta E_n = E_{n+1} - E_n = \frac{(n+1)^2 h^2}{8ml^2} - \frac{n^2 h^2}{8ml^2} = \frac{h^2}{8ml^2}(2n+1) \tag{1-61}$$

若 n 较大，则：

$$\Delta E_n \approx \frac{nh^2}{4ml^2} \qquad\qquad (1\text{-}62)$$

可见 ΔE_n 近似与 n 成正比。

从能量差公式(1-62)可以看出，当粒子的质量 m 和势阱宽度 l 变大时，能量差变小。若 m 和 l 增大到宏观尺度，ΔE_n 趋近于零。这时能量成为连续变化的量。但必须注意，由于 $\hbar$ 的数值非常小，因而即使对于粒子，只有当势阱宽度为原子大小时，能量的量子化才是明显的。例如，如果讨论的是电子（$m = 9.11 \times 10^{-31} \text{kg}$），它在宽为 $l = 10^{-9} \text{m}$ 的势阱中运动，由式(1-62)算得：

$$\Delta E_n \approx n \times 1.2 \times 10^{-20} \text{J}$$

ΔE_n 这个数值同 $\hbar$ 相比不算小，因而能量量子化是明显的。但是如果粒子在 $l = 0.01 \text{m}$ 这样一个宏观尺度的势阱中运动，则有：

$$\Delta E_n \approx n \times 1.2 \times 10^{-34} \text{J}$$

能量间隔如此之小，几乎可以认为能量是连续的。

（2）离域效应

在一定条件下，当粒子由较狭窄的活动范围过渡到较宽广的范围，即 l 增大时，可引起体系能量的降低，这一效应称为离域效应。离域效应在有机化学中非常重要。例如，丁二烯分子中 4 个 π 电子，可以看成由两个乙烯的 π 电子构成，由于在丁二烯中 π 电子活动范围不限于乙烯分子中的两个碳原子之间，而是扩大到 4 个碳原子较宽阔区域，从而使能量降低，这就是离域效应，所降低的能量称为离域能。

（3）零点能

能量公式要求 $n \neq 0$，说明体系最低能量不为零。因为势阱中 $V = 0$，所以此值为电子的动能，能够看出，只要势阱宽度 l 是有限值，则粒子动能恒大于零，当 $n = 1$ 时，其值为 $\dfrac{h^2}{8ml^2}$，该能量为一维势能箱自由电子的零点能。经典力学中无零点能概念，因为经典质点在势阱中完全可以处在动能为零的状态。

2. 波函数

（1）概率波

根据波函数的统计解释，能量为 E_n 的粒子在 x 到 $x + \mathrm{d}x$ 内发现的概率为：

$$\mathrm{d}\omega = |\psi_n|^2 \mathrm{d}x = \frac{2}{l} \sin^2\left(\frac{n\pi}{l}x\right)\mathrm{d}x$$

据此，作出了 $n = 1$，2，3，4 时 ψ_n 和 $|\psi_n|^2$ 随 x 的变化图形，见图 1-7。由图可见当电子处于基态时（$n = 1$），在势阱中心附近发现电子的概率最大，愈接近两壁概率愈小，在两壁上概率为零。这说明在势阱中各处发现粒子的概率是不均匀的，反映了概率波的特点。同时说明电子在势阱中没有经典的轨道运动。

对比图 1-7(a) 与 (b) 可以看出，ψ 与 $|\psi|^2$ 的图形是有差别的，前者图形中有"正"与"负"之分，后者都是正值。这正是描述状态的波函数与概率的区别。

（2）节点

当电子处于激发态时（$n = 2,3,\cdots$），在势阱中找到粒子的概率分布有起伏，波函数由正变负或由负变正的中间，必有等于零的点，称为节点。由图 1-7(a) 看出基态无节点，第一激发态有一个节点，而且 n 愈大，节点数也愈多，相对应的能量也愈高，节点数为（$n-1$）个。上述现象与宏观质点完全不同，对于一个宏观质点，它在势阱内各处被发现的概率是相同的，存在着节点是很难想象的。无法用直观模型解释。

（3）定态波函数的正交性

如果对应不同能量 E_i 和 E_j 两波函数 ψ_i 和 ψ_j 满足下列关系：

$$\int \psi_i \psi_j \,\mathrm{d}\tau = 0 \qquad \text{或} \qquad \int \psi_i^* \psi_j \,\mathrm{d}\tau = 0 \tag{1-63}$$

（实数）　　　　　　　　（复数）

其中 ψ_i^* 是 ψ_i 的共轭复数，对全空间积分，则称 ψ_i 和 ψ_j 两函数相互正交。

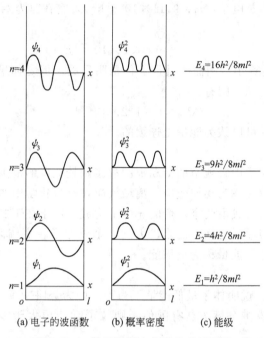

(a) 电子的波函数　　(b) 概率密度　　(c) 能级

图 1-7　一维无限深方势阱的有关图形

定态波函数有一重要性质，对应不同能量的波函数满足式（1-63）的正交关系。也就是说，这些波函数彼此是完全独立的。

假定 $n=a,b$，根据式（1-60）分别选取对应能量 E_a 与 E_b 的波函数 ψ_a、ψ_b 为：

$$\psi_a = \sqrt{\frac{2}{l}} \sin \frac{a\pi}{l} x \qquad \psi_b = \sqrt{\frac{2}{l}} \sin \frac{b\pi}{l} x$$

由于都是实函数，可直接代入式（1-63）：

$$\int_0^l \left(\sqrt{\frac{2}{l}}\right)^2 \sin\left(\frac{a\pi}{l}x\right)\sin\left(\frac{b\pi}{l}x\right)\mathrm{d}x = \frac{2}{l}\int_0^l \frac{1}{2}\left[\cos(a-b)\frac{\pi x}{l} - \cos(a+b)\frac{\pi x}{l}\right]\mathrm{d}x$$

$$= \frac{1}{\pi}\left[\frac{\sin(a-b)\frac{\pi x}{l}}{a-b} - \frac{\sin(a+b)\frac{\pi x}{l}}{a+b}\right]_0^l = 0$$

表明对应不同能量的定态波函数具有正交性。

合并式（1-14）与式（1-63）写成：

$$\int \psi_i \psi_j \,\mathrm{d}\tau = \begin{cases} 1 & i = j \\ 0 & i \neq j \end{cases}$$

此式称为波函数的正交归一关系，在许多问题中都用到。

五、基本例题解

（1）试计算（a）电子束在电位差为 110V 加速下的波长；（b）德布罗意波长为 150pm

电子的动能。

解 （a）
$$E = eV = \frac{p^2}{2m} \quad p = \sqrt{2meV}$$

$$\lambda = \frac{h}{p} = \frac{h}{\sqrt{2meV}}$$

已知 $h = 6.626 \times 10^{-34} J \cdot s$，电子质量 $m = 9.11 \times 10^{-31} kg$，电子电荷 $e = 1.602 \times 10^{-19} C$，$V = 110V$ 代入上式得：

$$\lambda = \frac{6.626 \times 10^{-34} J \cdot s}{\sqrt{2 \times 9.11 \times 10^{-31} kg \times 1.602 \times 10^{-19} C \times 110V}} = 1.17 \times 10^{-10} m = 117pm$$

（b）动能 $E = \frac{p^2}{2m}$，$p = \frac{h}{\lambda}$，$p^2 = \frac{h^2}{\lambda^2}$，$E = \frac{h^2}{2m\lambda^2}$

已知 $\lambda = 150pm$，代入上式得：

$$E = \frac{(6.626 \times 10^{-34} J \cdot s)^2}{2 \times 9.11 \times 10^{-31} kg \times (1.5 \times 10^{-10} m)^2} = 1.07 \times 10^{-17} J$$

（2）假若将一个电子处于长 1000pm 的分子中看成一维势能箱，（a）求最低能量；（b）发现该电子在分子内 490～510pm 区间的概率；（c）发现在 0～200pm 区间的概率。

解 （a）最低能量为 $n = 1$，$l = 1000pm = 10^{-9} m$

$$E_n = \frac{nh^2}{8ml^2}$$

$$E_1 = \frac{(6.626 \times 10^{-34} J \cdot s)^2}{8 \times 9.11 \times 10^{-31} kg \times (10^{-9} m)^2} = 6.024 \times 10^{-20} J$$

（b）对于 $490pm \leqslant x \leqslant 510pm$ 范围几乎为无穷小，可取 $|\psi|^2(x = 500pm)\delta x$，并取 $\delta x = 20pm$，已知

$$\psi(x) = \sqrt{\frac{2}{l}} \sin \frac{n\pi}{l} x, \quad n = 1, \text{ 有：}$$

$$\psi^2(x = 500pm)\delta x = \left(\sqrt{\frac{2}{l}} \sin \frac{\pi}{l} x\right)^2 \delta x = \left(\frac{2}{10^{-9} m} \sin^2 \frac{500}{1000}\pi\right) \times 20 \times 10^{-12} m$$

$$= 2 \times 10^9 \times 20 \times 10^{-12} = 0.04$$

（c）对于 $0 \leqslant x \leqslant 200pm$ 区间，不是无穷小，用积分求之。

由

$$\int_0^a \psi^2(x) dx = \frac{2}{l} \int_0^a \sin^2 \frac{n\pi x}{l} dx = \frac{a}{l} - \frac{l}{2n\pi} \sin \frac{2n\pi a}{l}$$

代入已知数据，有 $a = 200pm$，$n = 1$，$l = 1000pm = 10^{-9} m$

$$\int_0^a \psi^2(x) dx = \frac{200pm}{1000pm} - \frac{10^{-9} m}{2\pi} \sin 0.4\pi = 0.0486$$

（3）已知角动量 x 方向分量算符 $\hat{L}_x = y\hat{p}_z - z\hat{p}_y$，写出 $\hat{L}_x$ 的表示式。

解 $\hat{y} = y$，$\hat{z} = z$，$\hat{p}_y = -i\hbar \frac{\partial}{\partial y}$，$\hat{p}_z = -i\hbar \frac{\partial}{\partial z}$

$$\hat{L}_x = y\left(-i\hbar \frac{\partial}{\partial z}\right) - z\left(-i\hbar \frac{\partial}{\partial y}\right) = i\hbar\left(z \frac{\partial}{\partial y} - y \frac{\partial}{\partial z}\right)$$

（4）试证函数 $\psi = \cos ax \cos by \cos cz$ 为算符 ∇^2 的本征函数。

解

$$\nabla^2 \psi = \left(\frac{\partial^2}{\partial x^2} + \frac{\partial^2}{\partial y^2} + \frac{\partial^2}{\partial z^2}\right)\psi = \left(\frac{\partial^2}{\partial x^2} + \frac{\partial^2}{\partial y^2} + \frac{\partial^2}{\partial z^2}\right)\cos ax \cos by \cos cz = -(a^2 + b^2 + c^2)\psi$$

其本征值为 $-(a^2+b^2+c^2)$。

（5）已知氢原子波函数 $\psi(r)=A\exp\left[-\dfrac{r}{a_0}\right]$，求归一化因子。

解

$$\int \psi^* \psi \mathrm{d}\tau = \int \left(A\exp\left[-\frac{r}{a_0}\right]\right)^2 \mathrm{d}\tau \qquad \mathrm{d}\tau = r^2\sin\theta\mathrm{d}r\mathrm{d}\theta\mathrm{d}\phi$$

$$= A^2 \int \left(\exp\left[-\frac{r}{a_0}\right]\right)^2 r^2\sin\theta\mathrm{d}r\mathrm{d}\theta\mathrm{d}\phi$$

$$= A^2 \int_0^\pi \sin\theta\mathrm{d}\theta \int_0^{2\pi}\mathrm{d}\phi \int_0^\infty r^2\exp\left[-\frac{2r}{a_0}\right]\mathrm{d}r$$

$$= A^2 (-\cos\theta)\,\big|_0^\pi \cdot \phi\,\big|_0^{2\pi} \cdot \int_0^\infty r^2\exp\left[-\frac{2r}{a_0}\right]\mathrm{d}r$$

$$= A^2(2)\cdot(2\pi)\left(\frac{a_0^3}{4}\right)$$

$$= A^2\pi a_0^3$$

积分因子 $\qquad\qquad\qquad\qquad A=\dfrac{1}{\sqrt{\pi a_0^3}}$

波函数 $\qquad\qquad\qquad\qquad \psi(r)=\dfrac{1}{\sqrt{\pi a_0^3}}\exp\left[-\dfrac{r}{a_0}\right]$

$$^* \int_0^\infty r^n\exp\left[-\frac{2r}{a_0}\right]\mathrm{d}r = \frac{n!}{(2/a_0)^{n+1}}$$

习　题

1-1　波长 100nm、100μm、100mm 光的（a）动量，（b）质量各是多少？

1-2　一个 100W 的钠蒸气灯，发射波长为 590nm 的黄光，计算每秒钟发射的光子数。

1-3　一个电子限于一直线范围运动，此长度数量级约为一个原子直径（约 0.1nm），问其速度的最小不确定量是多少？

1-4　计算下列几种情况的德布罗意波长：

（a）于电子显微镜加速至 1000kV 的电子。

（b）以 1.0m/s 运动的氢原子。

（c）以 10^{-10}m/s 运动的质量为 1g 的蜗牛。

1-5　试将下面的一些波函数归一化：

（a）$\sin\dfrac{n\pi x}{l}$ 在 $0<x<l$ 范围

（b）$\exp\left[-\dfrac{r}{a_0}\right]$ 在三维空间

（c）$r\exp\left[-\dfrac{r}{2a_0}\right]$ 在三维空间

注：在三维空间积分体积元 $\mathrm{d}\tau=r^2\sin\theta\mathrm{d}r\mathrm{d}\theta\mathrm{d}\phi$，$0\leqslant r\leqslant\infty$，$0\leqslant\theta\leqslant\pi$，$0\leqslant\phi\leqslant 2\pi$ 范围内应用

$$\int_0^\infty x_0^n\exp[-ax]\mathrm{d}x = n!/a^{n+1}$$

1-6　找出下列各式的绝对值：（a）-2；（b）$3-2i$；（c）$\cos\theta+i\sin\theta$；（d）$x\exp[iax]$。

1-7　写出下列力学量算符：（a）p_x^3；（b）角动量 z 方向分量 $\hat{L}_x=y\hat{p}_z-z\hat{p}_y$。

1-8　下列各函数中何者为算符 $\dfrac{\mathrm{d}}{\mathrm{d}x}$ 及 $\dfrac{\mathrm{d}^2}{\mathrm{d}x^2}$ 的本征函数：（a）$\cos Kx$；（b）$\exp[-Kx]$；（c）$\exp[iKx]$；（d）$\exp[-Kx^2]$。

1-9 证明一维势阱波函数式(1-60)式不是动量算符 $\hat{p}_x$ 的本征函数。

1-10 已知谐振子势能 $V=\dfrac{1}{2}kx^2$，写出谐振子定态薛定谔方程表示式，并说明 m、ψ、E 的物理意义。

1-11 谐振子基态波函数 $\psi=\left(\dfrac{a^2}{\pi}\right)^{\frac{1}{4}}\exp\left[-a^2x^2\right]$，$a=(\pi^2k\mu/h^2)^{\frac{1}{4}}$，试证明为谐振子薛定谔方程 (1-10) 题的解，并计算基态的能量。

1-12 当一质量 1×10^{-30} kg 的粒子处在 3×10^{-10} m 的一维势阱中，从 $n=2$ 跃迁到 $n=1$ 能级时，求发射光的波长。

1-13 (a) 一个粒子处在长度为 a 的一维势能箱（一维势阱）中，求该粒子基态位于 $a/4\pm0.001a$ 范围内的概率；(b) 对一个具有量子数为 n 的箱中粒子的定态，写出（不必计算）该粒子在 $a/4$ 到 $a/2$ 中间的概率表达式；(c) 对一箱中粒子的定态，粒子出现在左边的概率是多少？

1-14 试用一维势能箱（势阱）中 ψ 与 E 的表达式，验证 $\hat{H}\psi=E\psi$ 式成立。

1-15 若在一维宽度为 a 的势阱中，电子遵循德布罗意关系式，求基态波长为多少？

1-16 在长度为 l 的一维势能箱中，粒子的能量 $E_n=\dfrac{n^2h^2}{8ml^2}$，若在长度为 $l=1$nm 的共轭分子中有一个电子，问 $n=2$ 和 $n=1$ 之间能级间隔是多少？分别以 J、kJ/mol、eV 和 cm^{-1} 表示。

1-17 在某一维势能箱中的电子，观察到最低跃迁频率为 2.0×10^{14} s^{-1}，求箱子的长度。

1-18 画出一维势能箱中粒子在 $n=2$、$n=5$ 时的 ψ 和 ψ^2 示意图。

第二章 原子结构

从本章开始应用量子力学基础知识处理物质结构问题。首先是原子结构。氢原子是核外只有一个电子、结构最简单的原子，理解氢原子结构是了解物质结构的第一步。氢原子的薛定谔方程可以精确求解，其结果已被实验所证实，而更精确的实验又进一步促进理论的发展。

通过求解类氢原子薛定谔方程，一方面是为了深入理解该方程的物理意义，但更主要的是为了介绍原子轨道和原子能量的概念，进而讨论多电子原子结构。对于多电子体系，由于电子间的相互作用，至今没有准确的计算方法，只能采用近似计算方法，例如平均力场近似。因势能计算不精确，薛定谔方程只能得到近似解，因此，不能解释光谱的精细结构。但是，应用角动量耦合能够较好地解释光谱的实验结果，并引入光谱支项表示原子量子态和相对能量。这也是本章要介绍的内容。

本章对于理解与原子有关的各种现象是必要的，对于进一步学习分子的结构和性质、化学键理论也是不可缺少的。

一、类氢原子

用量子力学方法处理原子、分子结构问题的一般步骤是：先给出势能函数的具体形式，写出哈密顿算符，列出薛定谔方程，然后解薛定谔方程，求出满足合理条件的解，即得到体系波函数和相应的能量，最后根据所得波函数和能量公式做出适当的结论。

1. 类氢原子的定态薛定谔方程

类氢原子定义为由带 Z 个正电荷的原子核与核外只有一个电子组成的双粒子体系，氢原子和单电子离子（如 He^+、Li^{2+}、Be^{3+} 等）都属于类氢原子，它们的核电荷为 Ze。对于类氢原子，若把原子的质心放在坐标原点上，电子离核的距离为 r，则电子与原子核间的作用势能为：

$$V = -\frac{Ze^2}{4\pi\varepsilon_0 r} = -\frac{Ze^2}{4\pi\varepsilon_0}\frac{1}{\sqrt{x^2+y^2+z^2}} \tag{2-1}$$

式中，ε_0 是真空电容率；$4\pi\varepsilon_0$ 是由静电单位（CGSE）转化为国际单位（SI）时的单位换算因子。

由于原子核的质量比电子质量大千倍以上，例如氢原子核是电子质量的 1836 倍，原子核的运动速度较电子小得多，可以假定在电子运动时原子核不动。这种近似处理方法称为波恩-奥根海默（Born-Oppenheimer）近似。采用此种近似的类氢原子的哈密顿算符为：

$$\hat{H} = -\frac{\hbar^2}{2m}\nabla^2 - \frac{Ze^2}{4\pi\varepsilon_0 r}$$

$$\nabla^2 = \frac{\partial^2}{\partial x^2} + \frac{\partial^2}{\partial y^2} + \frac{\partial^2}{\partial z^2} \tag{2-2}$$

式中，m 为电子质量；∇^2 为拉普拉斯算符。则类氢原子的薛定谔方程为：

$$\left(-\frac{\hbar^2}{2m}\nabla^2 - \frac{Ze^2}{4\pi\varepsilon_0 r}\right)\psi = E\psi \tag{2-3}$$

由图 2-1 看出 $r=\sqrt{x^2+y^2+z^2}$，代入式(2-3)，得：

$$\left(-\frac{\hbar^2}{2m}\nabla^2-\frac{Ze^2}{4\pi\varepsilon_0\ \sqrt{x^2+y^2+z^2}}\right)\psi=E\psi \tag{2-4}$$

这是一个偏微分方程，若能将它化为常微分方程，求解将变得方便，常用分离变量法。由于有 $\sqrt{x^2+y^2+z^2}$ 这一项存在，难以将 $\psi(x,y,z)$ 分离成以 x、y、z 为独立变量的三个函数之积 $[\psi(x,y,z)=X(x)Y(y)Z(z)]$。但是，由式(2-1)看出势能 V 只是 r 的函数，它与方向无关，即电子在球对称场中运动，像许多物理问题一样，如果应用反映体系对称性的坐标系，则可以使问题得到简化，这里，则表现为可在球坐标中分离变量，因此选用球坐标系。

从图 2-1 看出，直角坐标系中的一点 (x,y,z)，在球坐标系中要用矢径 r 与角度 θ 和 ϕ 表示，这些坐标的变化范围是：

$$0\leqslant r\leqslant\infty;\ 0\leqslant\theta\leqslant\pi;\ 0\leqslant\phi\leqslant 2\pi$$

根据球坐标和直角坐标系的关系：

$$x=r\sin\theta\cos\phi$$
$$y=r\sin\theta\sin\phi$$
$$z=r\cos\theta$$
$$r^2=x^2+y^2+z^2$$
$$\mathrm{d}\tau=r^2\sin\theta\mathrm{d}r\mathrm{d}\theta\mathrm{d}\phi$$

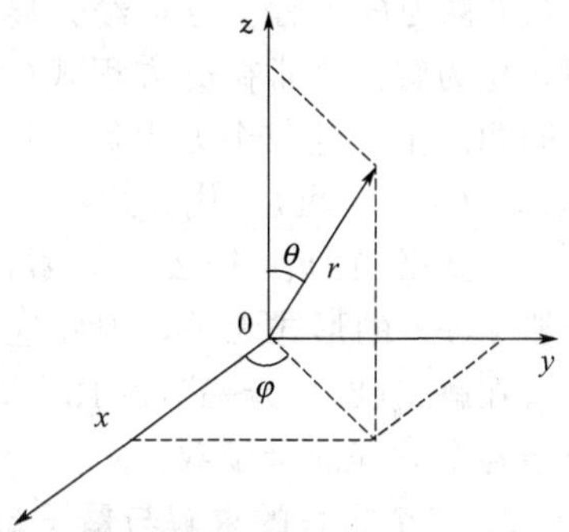

图 2-1　直角坐标 (x,y,z)
和球坐标 (r,θ,ϕ)

在球坐标系中，拉普拉斯（Laplace）算符变为：

$$\nabla^2=\frac{1}{r^2}\times\frac{\partial}{\partial r}\left(r^2\frac{\partial}{\partial r}\right)+\frac{1}{r^2\sin\theta}\times\frac{\partial}{\partial\theta}\left(\sin\theta\frac{\partial}{\partial\theta}\right)+\frac{1}{r^2\sin^2\theta}\times\frac{\partial^2}{\partial\phi^2} \tag{2-5}$$

于是类氢原子的球坐标系的薛定谔方程为：

$$\frac{1}{r^2}\times\frac{\partial}{\partial r}\left(r^2\frac{\partial\psi}{\partial r}\right)+\frac{1}{r^2\sin\theta}\times\frac{\partial}{\partial\theta}\left(\sin\theta\frac{\partial\psi}{\partial\theta}\right)+\frac{1}{r^2\sin^2\theta}\times\frac{\partial^2\psi}{\partial\phi^2}+\frac{2m}{\hbar^2}\left(E+\frac{Ze^2}{4\pi\varepsilon_0 r}\right)\psi=0 \tag{2-6}$$

经过这样变换的偏微分方程，波函数是变量 (r,θ,ϕ) 的函数，有：

$$\psi=\psi(r,\theta,\phi)$$

2. 球坐标系的分离变量法

将波函数 $\psi=\psi(r,\theta,\phi)$ 分离成分别以 r、θ、ϕ 为独立变量的三个函数之积：

$$\psi(r,\theta,\phi)=R(r)\Theta(\theta)\Phi(\phi)=R(r)Y(\theta,\phi) \tag{2-7}$$

式中

$$Y(\theta,\phi)=\Theta(\theta)\Phi(\phi) \tag{2-8}$$

将 (2-7) 代入式(2-6)，等式各项除以 RY/r^2，得：

$$\frac{1}{R}\times\frac{\partial}{\partial r}\left(r^2\frac{\partial R}{\partial r}\right)+\frac{2mr^2}{\hbar^2}\left(E+\frac{Ze^2}{4\pi\varepsilon_0 r}\right)=-\frac{1}{Y}\left[\frac{1}{\sin\theta}\times\frac{\partial}{\partial\theta}\left(\sin\theta\frac{\partial Y}{\partial\theta}\right)+\frac{1}{\sin^2\theta}\times\frac{\partial^2 Y}{\partial\phi^2}\right] \tag{2-9}$$

式(2-9)中等式左边是 r 的函数，等式右边是 θ、ϕ 的函数，因 r、θ、ϕ 都是独立变量，要使等式成立，两边必须等于同一常数，令这个常数为 β，则得如下两个方程：

$$\frac{1}{\sin\theta}\times\frac{\partial}{\partial\theta}\left(\sin\theta\frac{\partial Y}{\partial\theta}\right)+\frac{1}{\sin^2\theta}\times\frac{\partial^2 Y}{\partial\phi^2}+\beta Y=0 \tag{2-10}$$

$$\frac{\mathrm{d}}{\mathrm{d}r}\left(r^2\frac{\mathrm{d}R}{\mathrm{d}r}\right)+\frac{2mr^2}{\hbar^2}\left(E+\frac{Ze^2}{4\pi\varepsilon_0 r}\right)R-\beta R=0 \tag{2-11}$$

将式(2-8) 代入式(2-10)，等式各项除以 $\dfrac{\Theta\Phi}{\sin^2\theta}$，得：

$$\frac{\sin\theta}{\Theta}\times\frac{d}{d\theta}\left(\sin\theta\frac{d\Theta}{d\theta}\right)+\beta\sin^2\theta=-\frac{1}{\Phi}\times\frac{d^2\Phi}{d\phi^2}$$

上式左边是 θ 的函数，右边是 ϕ 的函数，同样，要使等式成立，两边必须等于同一常数，令其为 $m^2$❶，则得：

$$-\frac{1}{\phi}\times\frac{d^2\Phi}{d\phi^2}=m^2 \tag{2-12}$$

$$\frac{\sin\theta}{\Theta}\times\frac{d}{d\theta}\left(\sin\theta\frac{d\Theta}{d\theta}\right)+\beta\sin^2\theta=m^2 \tag{2-13}$$

式（2-11）只含变量 r，称为 R 方程；式（2-12）只含变量 ϕ，称为 Φ 方程；式（2-13）只含变量 θ 称为 Θ 方程。这样经分离变量后，由解偏微分方程式（2-6）求波函数 $\psi=\psi(r,\theta,\phi)$ 问题，化为解三个常微分方程式（2-11）、式（2-12）、式（2-13），而分别求 $R(r)$、$\Phi(\phi)$、$\Theta(\theta)$ 的问题。由于这三个方程每个只含一个变量，故将偏微分符号改为全微分符号。将求得的解 $R(r)$、$\Theta(\theta)$、$\Phi(\phi)$ 代入式（2-7），得到薛定谔方程式（2-6）的解。

由式（2-12）、式（2-13）看出，Φ 方程、Θ 方程只与角度有关，故称为角方程。它们与势能 $V(r)$ 的形式无关，因此这两个方程的解适用于任何中心力场❷。

在解式（2-11）～式（2-13）时，其解都要符合波函数所满足的标准条件，并从中得到对应于各个方程的量子数。

3. 三个方程的求解与量子数

（1）Φ 方程的求解

整理式（2-12），得：

$$\frac{d^2\Phi}{d\phi^2}+m^2\phi=0 \tag{2-14}$$

这是一个常系数二阶齐次线性微分方程，它有两个复函数形式的独立特解。

$$\Phi_m(\phi)=A\exp[im\phi] \qquad m=\pm|m|$$

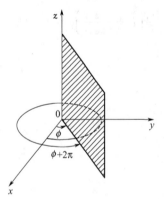

图 2-2　方程求解图

式中，A、m 是两个待定常数。先确定 m 值，在球坐标中，见图 2-2，变量 ϕ 增加 2π，在空间依然是同一点（循环坐标），根据波函数单值条件，必须要求：

$$\Phi_m(\phi)=\Phi_m(\phi+2\pi) \tag{2-15}$$

即

$$A\exp[im\phi]=A\exp[im(\phi+2\pi)]$$

根据欧拉公式，上式可以写成：

$$A(\cos m\phi+i\sin m\phi)=A[\cos m(\phi+2\pi)+i\sin m(\phi+2\pi)]$$

只有 $m=0$，±1，±2，…时上式才能成立，m 的取值是量子化的，称为磁量子数（其意义在后面介绍）。

常数 A 可由归一化条件求出：

$$\int_0^{2\pi}\Phi_m^*\Phi_m d\phi=A^2\int_0^{2\pi}(\exp[im\phi]\cdot\exp[-im\phi])d\phi$$

$$=A^2\int_0^{2\pi}d\phi=2\pi A^2=1$$

❶　此处 m 代表一个常数，不要与质量 m 混淆。

❷　指大小只与到一固定中心的距离 r 有关，方向沿着 r 的力场；也就是势能只与 r 有关的力场。

$$A = \frac{1}{\sqrt{2\pi}} \tag{2-16}$$

一对复函数形式的特解为：

$$\Phi_m(\phi) = \frac{1}{\sqrt{2\pi}} \exp[\mathrm{i}m\phi] \tag{2-17}$$

$$\Phi_{-m}(\phi) = \frac{1}{\sqrt{2\pi}} \exp[-\mathrm{i}m\phi] \tag{2-17'}$$

但是复数不便作图，不能用图形表示原子轨道或电子密度分布。根据态叠加原理，将两个独立特解进行线性组合，仍是 Φ 方程的解，但得到实函数解：

$$\Phi_{|m|} = C(\Phi_m + \Phi_{-m}) = \frac{2C}{\sqrt{2\pi}} \cos m\phi$$

$$\Phi'_{|m|} = D(\Phi_m - \Phi_{-m}) = \frac{\mathrm{i}2D}{\sqrt{2\pi}} \sin m\phi$$

根据归一化条件求出 $C = \frac{1}{\sqrt{2}}$，$D = \frac{1}{\sqrt{2}\mathrm{i}}$，故：

$$\Phi_{|m|} = \frac{1}{\sqrt{\pi}} \cos m\phi \tag{2-18}$$

$$\Phi'_{|m|} = \frac{1}{\sqrt{\pi}} \sin m\phi \tag{2-18'}$$

求得两个实函数的特解便于作图。现将 $m = 0$，± 1，± 2，…时 Φ 方程的解列于表 2-1 中。

表 2-1 $\Phi_m(\phi)$ 函数

m	复数函数	m	实数函数
0	$\dfrac{1}{\sqrt{2\pi}}$	0	$\dfrac{1}{\sqrt{2\pi}}$
+1	$\Phi_1(\phi) = \dfrac{1}{\sqrt{2\pi}} \exp[\mathrm{i}\phi]$	$|m| = 1$	$\Phi_{|1|} = \dfrac{1}{\sqrt{\pi}} \cos\phi$
−1	$\Phi_{-1}(\phi) = \dfrac{1}{\sqrt{2\pi}} \exp[-\mathrm{i}\phi]$		$\Phi'_{|1|} = \dfrac{1}{\sqrt{\pi}} \sin\phi$
+2	$\Phi_2(\phi) = \dfrac{1}{\sqrt{2\pi}} \exp[2\mathrm{i}\phi]$	$|m| = 2$	$\Phi_{|2|} = \dfrac{1}{\sqrt{\pi}} \cos 2\phi$
−2	$\Phi_{-2}(\phi) = \dfrac{1}{\sqrt{2\pi}} \exp[-2\mathrm{i}\phi]$		$\Phi'_{|2|} = \dfrac{1}{\sqrt{\pi}} \sin 2\phi$

（2）Θ 方程的求解

式(2-13)两边乘以 $\Theta/\sin^2\theta$，移项后得：

$$\frac{1}{\sin\theta} \times \frac{\mathrm{d}}{\mathrm{d}\theta}\left(\sin\theta \frac{\mathrm{d}\Theta}{\mathrm{d}\theta}\right) - \frac{m^2}{\sin^2\theta}\Theta + \beta\Theta = 0 \tag{2-13'}$$

也可以写成如下形式：

$$\frac{\mathrm{d}}{\sin\theta\mathrm{d}\theta}\left(\frac{\sin^2\theta}{\sin\theta\mathrm{d}\theta}\mathrm{d}\Theta\right) - \frac{m^2}{\sin^2\theta}\Theta + \beta\Theta = 0$$

只有当：

$$l = 0,\ 1,\ 2,\ \cdots$$

$$m = 0,\ \pm 1,\ \pm 2,\ \cdots,\ \pm l$$

表 2-2 $\Theta_{l,|m|}(\theta)$ 函数

l	$|m|$	$\Theta_{l,|m|}(\theta)$
0	0	$\Theta_{0,0}(\theta)=\dfrac{\sqrt{2}}{2}$
1	0	$\Theta_{1,0}(\theta)=\dfrac{\sqrt{6}}{2}\cos\theta$
	1	$\Theta_{1,|1|}(\theta)=\dfrac{\sqrt{3}}{2}\sin\theta$
2	0	$\Theta_{2,0}(\theta)=\dfrac{\sqrt{10}}{4}(3\cos^2\theta-1)$
	1	$\Theta_{2,|1|}(\theta)=\dfrac{\sqrt{15}}{2}\sin\theta\cos\theta$
	2	$\Theta_{2,|2|}(\theta)=\dfrac{\sqrt{15}}{4}\sin^2\theta$
3	0	$\Theta_{3,0}(\theta)=\dfrac{3\sqrt{14}}{4}\left(\dfrac{5}{3}\cos^3\theta-\cos\theta\right)$
	1	$\Theta_{3,|1|}(\theta)=\dfrac{\sqrt{42}}{8}\sin\theta(5\cos^2\theta-1)$
	2	$\Theta_{3,|2|}(\theta)=\dfrac{\sqrt{105}}{4}\sin^2\theta\cos\theta$
	3	$\Theta_{3,|3|}(\theta)=\dfrac{\sqrt{70}}{8}\sin^3\theta$

才能得到有限解。l 的取值也是量子化的，l 称为角量子数（其意义在后面介绍），常用小写英文字母

s，p，d，f，g，…表示，对应关系为：

$$l=0,1,2,3,4,\cdots$$
$$s,p,d,f,g,\cdots$$

方程式（2-13′）的解是一个多项式函数，它由角量子数 l 和磁量子数 m 同时决定，可记为 $\Theta_{l,|m|}(\theta)$。现将 $l=0,1,2,3$ 的解列于表 2-2 中。

（3）R 方程的求解

将 $\beta=l(l+1)$ 代入式（2-11），得：

$$\frac{\mathrm{d}}{\mathrm{d}r}\left(r^2\frac{\mathrm{d}R}{\mathrm{d}r}\right)+\frac{2mr^2}{\hbar^2}\left(E+\frac{Ze^2}{4\pi\varepsilon_0 r}\right)R-l(l+1)R=0 \qquad (2\text{-}11')$$

为了得到收敛解，满足波函数是有限值这一标准条件，要求 $l(l+1)$ 为一整数，由此得出一量子数 n，必须满足：

$$n\geqslant l+1,\ \text{且}\ n=1,2,3,\cdots \qquad (2\text{-}19)$$

n 称为主量子数，方程式（2-11′）的解由 n、l 同时决定，记为 $R_{n,l}(r)$，称作波函数的径向部分。表 2-3 列出 $n=1,2,3$ 时几个具体的 $R_{n,l}(r)$ 值。表中常数 a_0 是第一玻尔（Bohr）轨道半径（简称玻尔半径）。

$$a_0=\frac{4\pi\varepsilon_0\hbar^2}{me^2}=0.529\times10^{-10}\,\mathrm{m}=52.9\,\mathrm{pm}$$

求解 R 方程的过程，也得到体系的能量：

$$E_n=-\frac{me^4}{2\hbar^2(4\pi\varepsilon_0)^2}\times\frac{Z^2}{n^2} \qquad \text{或} \qquad E_n=-\frac{me^4}{8\varepsilon_0^2 h^2}\times\frac{Z^2}{n^2} \qquad (2\text{-}20)$$

$$n=1,2,3,\cdots$$

表 2-3　$R_{n,l}$ (r) 函数$\left(\text{表中 }\rho\equiv\dfrac{2Z}{na_0}r\right)$

n	l	$R_{n,l}(r)$
1	0	$R_{1,0}(r)=2\left(\dfrac{Z}{a_0}\right)^{3/2}\exp[-\rho/2]$
2	0	$R_{2,0}(r)=\dfrac{1}{2\sqrt{2}}\left(\dfrac{Z}{a_0}\right)^{3/2}(2-\rho)\exp[-\rho/2]$
	1	$R_{2,1}(r)=\dfrac{1}{2\sqrt{6}}\left(\dfrac{Z}{a_0}\right)^{3/2}\exp[-\rho/2]$
3	0	$R_{3,0}(r)=\dfrac{1}{9\sqrt{3}}\left(\dfrac{Z}{a_0}\right)^{3/2}(6-6\rho+\rho^2)\exp[-\rho/2]$
	1	$R_{3,1}(r)=\dfrac{1}{9\sqrt{6}}\left(\dfrac{Z}{a_0}\right)^{3/2}(4\rho-\rho^2)\exp[-\rho/2]$
	2	$R_{3,2}(r)=\dfrac{1}{9\sqrt{30}}\left(\dfrac{Z}{a_0}\right)^{3/2}\rho^2\exp[-\rho/2]$

氢原子的基态 $Z=1$，$n=1$，基态能量 E_1 为：

$$E_1=-\frac{me^4}{32\pi^2\varepsilon_0^2 h^2}=-\frac{me^4}{8\varepsilon_0^2 h^2}=-\frac{(9.1095\times10^{-31}\text{kg})\times(1.6022\times10^{-19}\text{C})^4}{8\times[8.8542\times10^{-12}\text{C}^2/(\text{J}\cdot\text{m})]^2\times(6.6262\times10^{-34}\text{J}\cdot\text{s})^2}$$
$$=-2.180\times10^{-18}\text{J}=-13.606\text{eV}\approx-13.6\text{eV}$$

因此

$$E_n=-13.6\frac{Z^2}{n^2}(\text{eV})\qquad\qquad(2\text{-}20')$$

能量为负值是因为把电子离核无穷远时作为势能的零点。由式（2-20）看出 n 是量子化的，决定体系的能量大小，所以称为主量子数。根据式（2-22）计算氢原子中电子在不同能级间的跃迁谱线频率，同原子光谱实验数据一致，说明薛定谔方程的正确性。

4. 类氢原子的波函数

（1）原子轨道

根据前述求得的 $R(r)$、$\Theta(\theta)$、$\Phi(\phi)$，由式（2-7）很容易得到类氢原子的波函数 $\psi(r,\theta,\phi)$。

$$\psi_{n,l,m}(r,\theta,\phi)=R_{n,l}(r)\Theta_{l,m}(\theta)\Phi_m(\phi)\qquad\qquad(2\text{-}21)$$

由上式看出 ψ 由三个量子数 n、l、m 决定，各量子数取值限定条件为：

$$n=1,2,3,\cdots,n$$
$$l=0,1,2,\cdots,n-1（通常依次用 \text{s,p,d,}\cdots\text{表示}）$$
$$m=0,\pm1,\pm2,\cdots,\pm l（共有 2l+1 个值）$$

式中，n、l、m 取值的规定是由解微分方程得到的，n 叫做主量子数；l 叫做角量子数；m 叫做磁量子数。

根据量子数的取值限定条件，每一组量子数确定出一个波函数 $\psi_{n,l,m}$ 的具体函数形式，每一个波函数代表着体系一个量子态。表 2-4 列出了类氢原子的一些波函数。

表 2-4　$\psi_{n,l,|m|}$ $(r,\ \theta,\ \phi)$（表中 $\rho\equiv\dfrac{2Z}{na_0}r$）

n	l	$\lvert m\rvert$	$\psi_{n,l,\lvert m\rvert}(r,\theta,\phi)$
1	0	0	$\psi_{1,0,0}=\psi_{1s}=\dfrac{1}{\sqrt{\pi}}\left(\dfrac{Z}{a_0}\right)^{3/2}\exp[-\rho/2]$

n	l	$|m|$	$\psi_{n,l,|m|}(r,\theta,\phi)$
2	0	0	$\psi_{2,0,0}=\psi_{2s}=\dfrac{1}{4\sqrt{2\pi}}\left(\dfrac{Z}{a_0}\right)^{3/2}(2-\rho)\exp[-\rho/2]$
2	1	0	$\psi_{2,1,0}=\psi_{2p_z}=\dfrac{1}{4\sqrt{2\pi}}\left(\dfrac{Z}{a_0}\right)^{3/2}\rho\exp[-\rho/2]\cos\theta$
2	1	1	$\psi_{2,1,|1|}=\psi_{2p_x}=\dfrac{1}{4\sqrt{2\pi}}\left(\dfrac{Z}{a_0}\right)^{3/2}\rho\exp[-\rho/2]\sin\theta\cos\phi$ $\psi_{2,1,|1|'}=\psi_{2p_y}=\dfrac{1}{4\sqrt{2\pi}}\left(\dfrac{Z}{a_0}\right)^{3/2}\rho\exp[-\rho/2]\sin\theta\sin\phi$
3	0	0	$\psi_{3,0,0}=\psi_{3s}=\dfrac{1}{18\sqrt{3\pi}}\left(\dfrac{Z}{a_0}\right)^{3/2}(6-6\rho+\rho^2)\exp[-\rho/2]$
3	1	0	$\psi_{3,1,0}=\psi_{3p_z}=\dfrac{1}{18\sqrt{2\pi}}\left(\dfrac{Z}{a_0}\right)^{3/2}(4\rho-\rho^2)\exp[-\rho/2]\cos\theta$
3	1	1	$\psi_{3,1,|1|}=\psi_{3p_x}=\dfrac{1}{18\sqrt{2\pi}}\left(\dfrac{Z}{a_0}\right)^{3/2}(4\rho-\rho^2)\exp[-\rho/2]\sin\theta\cos\phi$ $\psi_{3,1,|1|'}=\psi_{3p_y}=\dfrac{1}{18\sqrt{2\pi}}\left(\dfrac{Z}{a_0}\right)^{3/2}(4\rho-\rho^2)\exp[-\rho/2]\sin\theta\sin\phi$
3	2	0	$\psi_{3,2,0}=\varphi_{3d_{z^2}}=\dfrac{1}{36\sqrt{6\pi}}\left(\dfrac{Z}{a_0}\right)^{3/2}\rho^2\exp[-\rho/2](3\cos^2\theta-1)$
3	2	1	$\psi_{3,2,|1|}=\psi_{3d_{xz}}=\dfrac{1}{36\sqrt{2\pi}}\left(\dfrac{Z}{a_0}\right)^{3/2}\rho^2\exp[-\rho/2]\sin2\theta\cos\phi$ $\psi_{3,2,|1|'}=\psi_{3d_{yz}}=\dfrac{1}{36\sqrt{2\pi}}\left(\dfrac{Z}{a_0}\right)^{3/2}\rho^2\exp[-\rho/2]\sin2\theta\sin\phi$
3	2	2	$\psi_{3,2,|2|}=\psi_{3d_{x^2-y^2}}=\dfrac{1}{36\sqrt{2\pi}}\left(\dfrac{Z}{a_0}\right)^{3/2}\rho^2\exp[-\rho/2]\sin^2\theta\cos2\phi$ $\psi_{3,2,|2|'}=\psi_{3d_{xy}}=\dfrac{1}{36\sqrt{2\pi}}\left(\dfrac{Z}{a_0}\right)^{3/2}\rho^2\exp[-\rho/2]\sin^2\theta\sin2\phi$

　　马利肯（Mulliken）建议任何一种单电子波函数称为"轨道"。原子的单电子波函数称为原子轨道。类氢原子是单电子原子或离子，所以它们的波函数就是原子轨道。值得注意的是所谓"轨道"是借用旧量子论的一个术语，目的是把电子的空间运动与自旋加以区别。它并不具有旧量子论中的轨道含意，以后提到"轨道"一词，应该理解成它是原子或分子的单电子波函数。

　　表 2-4 给出的原子轨道是从类氢原子解得到的，应用它可以描述任何原子中的价电子，因为对于多电子原子（含有两个或两个以上电子的原子）体系可采用单电子近似。

　　（2）球谐函数

　　式（2-23）也可以写成：

$$\psi_{n,l,m}(r,\theta,\phi)=R_{n,l}(r)Y_{l,m}(\theta,\phi) \tag{2-22}$$

其中：

$$Y_{l,m}(\theta,\phi)=\Theta_{l,m}(\theta)\Phi_m(\Phi) \tag{2-23}$$

　　式中，$R_{n,l}(r)$ 是 r 的函数，它是类氢原子波函数的径向部分，称为径向函数；$Y_{l,m}(\theta,\phi)$ 是角度 θ,ϕ 的函数，它是类氢原子波函数的角度部分，也就是原子轨道的角度部分，又称为球谐函数。有时轨道这个术语指的是 $Y_{l,m}(\theta,\phi)$，而不是整个 $\psi_{n,l,m}$。将方程（2-12）与式（2-13）解得的 $\Theta_{l,m}(\theta)$ 和 $\Phi_m(\Phi)$ 代入式（2-23），可求得 $Y_{l,m}(\theta,\phi)$。

（3）波函数的归一化

表 2-4 中 $\psi_{n,l,m}$ 是归一化波函数，即：

$$\int |\psi_{n,l,m}|^2 \mathrm{d}\tau = 1$$

在球极坐标系中，空间某点 (r,θ,ϕ) 体积元为：

$$\mathrm{d}\tau = r^2 \sin\theta \mathrm{d}r \mathrm{d}\theta \mathrm{d}\phi$$

代入上式，得：

$$\int_0^\infty \int_0^\pi \int_0^{2\pi} |\psi_{n,l,m}|^2 r^2 \sin\theta \mathrm{d}r \mathrm{d}\theta \mathrm{d}\phi = 1$$

引入式（2-7），有：

$$\int_0^\infty |R|^2 r^2 \mathrm{d}r \int_0^\pi |\Theta|^2 \sin\theta \mathrm{d}\theta \int_0^{2\pi} |\Phi|^2 \mathrm{d}\phi = 1$$

若 R、Θ、Φ 分别是归一化的，则有：

$$\int_0^\infty |R|^2 r^2 \mathrm{d}r = 1$$

$$\int_0^\pi |\Theta|^2 \sin\theta \mathrm{d}\theta = 1$$

$$\int_0^{2\pi} |\Phi|^2 \mathrm{d}\phi = 1 \tag{2-24}$$

由量子数取值限制条件式（2-21）可知，每个 n 值有 0 至 $(n-1)$ 个不同的 l 值，每个 l 值又有 $(2l+1)$ 个不同的 m 值，因此每个 n 共计有：

$$\sum_{l=0}^{n-1} (2l+1) = n^2 \tag{2-25}$$

n^2 个不同的函数 $\psi_{n,l,m}$，即对应每个能级 E_n 可有 n^2 个独立的量子态。一个能量对应有不止一个独立的量子态称为能量简并，简并量子态的数目称为简并度。例如 $n=1$ 时，只有一种量子态 $\psi_{1,0,0}$ 是非简并的；$n=2$ 时有 $\psi_{2,0,0}$、$\psi_{2,1,0}$、$\psi_{2,1,1}$、$\psi_{2,1,-1}$ 共四种独立量子态，简并度为 4；$n=3$ 时简并度为 9。

处于简并态虽然它们能量相同，但是它们的角动量、角动量分量、概率分布等都有差别，这些性质都与波函数 $\psi_{n,l,m}$ 有关，波函数可为我们提供认识体系多种性质的信息，这将在下面介绍角量子数 l、磁量子数 m 中进一步说明。

二、量子数的物理意义

由解类氢原子的薛定谔方程所得到的三个量子数 n、l、m 同该体系的力学量、能量、角动量、角动量在 z 轴的分量有密切关系。本节通过对量子数物理意义的讨论，说明量子数命名的由来。

1. 主量子数 n

在上一节求解 R 方程的讨论中，已指出 n 是量子化的。由式（2-20）得出：

$$E_n = -\frac{m\mathrm{e}^4}{8\varepsilon_0^2 h^2} \times \frac{Z^2}{n^2} = -13.6\frac{Z^2}{n^2} \text{ (eV)} \tag{2-20'}$$

$$n = 1,2,3,\cdots$$

n 的取值决定能量 E_n 的高低，所以电子能量 E_n 的取值也是量子化的，因此称 n 为主量子数。由于定义电子距离原子核无穷远处的势能为零，在核附近的电子受到核的吸引，故能量为负值。

2. 角动量与角量子数 l

电子的轨道角动量与角量子数 l 有关。在经典力学中一个宏观物体的角动量（亦称动量矩）定义为：

$$l = r \times p$$

r 为坐标原点至物体的矢量，p 为物体的动量，$\times$ 表示矢量积，角动量 l 的方向垂直 r 和 p。可求得角动量在三个坐标轴上的分量 l_x、l_y、l_z，以及角动量平方 l^2。

根据假设，在量子力学中角动量及其有关分量都用相应的算符表示。其中以角动量平方算符 $\hat{l}^2$、角动量在 z 轴分量算符 $\hat{l}_z$ 最常用。

已求得它们的球坐标表示式为：

$$\hat{l}_z = -\mathrm{i}\hbar \frac{\partial}{\partial \phi} \tag{2-26}$$

$$\hat{l}^2 = \hat{l}_x^2 + \hat{l}_y^2 + \hat{l}_z^2 = -\hbar^2 \left[\frac{1}{\sin\theta} \frac{\partial}{\partial\theta} \left(\sin\theta \frac{\partial}{\partial\theta} \right) + \frac{1}{\sin^2\theta} \frac{\partial^2}{\partial\phi^2} \right] \tag{2-27}$$

用 $\hat{l}^2$ 作用于类氢原子波函数 $\psi_{n,l,m}$ 的角度部分 $Y_{l,m}(\theta, \phi)$，得：

$$\hat{l}^2 Y_{l,m}(\theta,\phi) = l(l+1)\hbar^2 Y_{l,m}(\theta,\phi)$$

因为 $l(l+1)\hbar^2$ 是常数，所以这是一个本征方程，则电子在核外轨道运动的角动量平方 l^2 有确定值：

$$l^2 = l(l+1)\hbar^2$$

因而有：

$$l = \sqrt{l(l+1)}\,\hbar \quad l = 0, 1, 2, \cdots, (n-1) \tag{2-28}$$

由式(2-28) 看出，角动量是量子化的，其值由量子数 l 决定，因此 l 为角量子数。其物理意义是决定电子轨道角动量的大小。

3. 磁量子数 m

角动量在 z 轴上的分量 l_z 的算符 $\hat{l}_z$ 为：

$$\hat{l}_z = -\mathrm{i}\hbar \frac{\partial}{\partial \phi}$$

将 $\hat{l}_z$ 作用于类氢原子波函数 $\psi_{n,l,m}$ 的角度部分 $Y_{l,m}(\theta,\phi)$，得：

$$\hat{l}_z Y_{l,m}(\theta,\phi) = -\mathrm{i}\hbar \frac{\partial}{\partial\phi} Y_{l,m}(\theta,\phi) = -\mathrm{i}\hbar \frac{\partial}{\partial\phi} \Theta_{l,m} \Phi_m$$

代入式(2-17) 得：

$$\hat{l}_z Y_{l,m}(\theta,\phi) = -\mathrm{i}\hbar \Theta_{l,m}(\theta) \frac{\partial}{\partial\phi} \left[\frac{1}{\sqrt{2\pi}} \exp(\mathrm{i}m\phi) \right]$$

$$= -\mathrm{i}\hbar \left[\Theta_{l,m}(\theta) \frac{1}{\sqrt{2\pi}} \exp(\mathrm{i}m\phi) \right] \mathrm{i}m$$

$$= m\hbar Y_{l,m}(\theta,\phi)$$

由于 $m\hbar$ 是常数，这又是一个本征方程，本征值 $m\hbar$ 则为角动量在 z 轴分量之值。

$$l_z = m\hbar = m\frac{h}{2\pi} \quad m = 0, \pm 1, \pm 2, \cdots, \pm l \tag{2-29}$$

因为一般把外加磁场的方向定为 z 轴方向，所以角动量在 z 轴方向分量又称为角动量在磁场方向分量，由式(2-29) 知，角动量在磁场方向的分量也是量子化的，称为空间量子化，其值由量子数m决定，故m为磁量子数。因此m的物理意义是决定电子轨道角动量在磁场方向分量的大小。$l=1,2,3$时空间量子化示意图如图 2-3 所示。

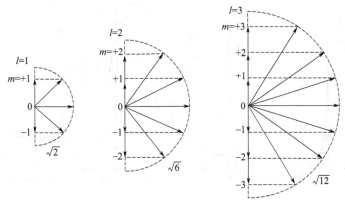

图 2-3 空间量子化示意

由这三个量子数n、l、m决定的波函数$\psi_{n,l,m}$描述原子中电子的运动，习惯上称为轨道运动。

三、原子轨道和电子概率密度图形

1. 概述

类氢原子波函数$\psi_{n,l,m}$又称为原子轨道。为了能对原子轨道有一形象的认识，希望把解析式用几何图形表示出来。这对了解原子的结构和性质、了解原子化合为分子的过程都具有重要意义。

由于$\psi_{n,l,m}(r,\theta,\phi)$是$r$、$\theta$、$\phi$三变量函数，它的图像除了三个空间坐标外，还需要表示ψ值的坐标，即需要四维坐标，这样的图不易画出。根据式(2-22)，ψ可以表示成：

$$\psi_{n,l,m}(r,\theta,\phi)=R_{n,l}(r)Y_{l,m}(\theta,\phi)$$

可分别画出径向部分$R_{n,l}(r)$与角度部分$Y_{l,m}(\theta,\phi)$的图形，这样对形象认识$\psi_{n,l,m}$是有益的。

已知与波函数$\psi_{n,l,m}$对应的能量是由$R_{n,l}(r)$解出的，它在定量计算中十分重要，$Y_{l,m}(\theta,\phi)$在反映$\psi_{n,l,m}$的对称性和几何图形方面特点突出。

在下一章将强调指出，当两个原子轨道重叠形成化学键时，$Y_{l,m}(\theta,\phi)$决定最适宜的键角，所以$Y_{l,m}(\theta,\phi)$对了解分子的构型是极为重要的。

已知$|\psi(x,y,z)|^2$代表电子在点(x,y,z)出现的概率或该点附近的概率密度，空间各点$|\psi|^2$数值的大小，反映电子在各点出现概率的大小，概率在空间各点的数值分布称为概率分布。由于电子主要出现在原子核周围，人们常常形象地把电子在核周围的概率分布，即$|\psi|^2$的分布称为电子云。这样只要给出波函数$\psi_{n,l,m}$的具体函数形式，就可以计算电子出现在核周围各点的数值，并得到电子云图形。

2. 原子轨道与电子概率密度径向分布

（1）径向函数图形

原子轨道$\psi_{n,l,m}(r,\theta,\phi)$的径向函数$R_{n,l}(r)$，只与$r$有关，同$\theta$、$\phi$无关，是球对称的。以$R_{n,l}(r)$对$r$作图称作径向函数图（图 2-4），它表示在任意给定方向上$R_{n,l}(r)$随r的变化情况。由图可见$R_{n,l}(r)$的值随r不同可有正、负值，并且随着r的增加，径向函数的极限为零。由图中还可以看出节点$[R_{n,l}(r)=0]$的数目为$n-l-1$。在以节点到原点距离为半径的球面上$R_{n,l}(r)=0$，因此称这球面为节面。

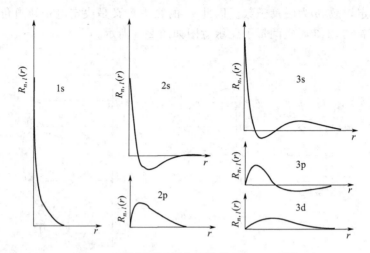

图 2-4 类氢原子径向函数的 $R_{n,l}(r)$-r 图

（2）径向分布函数图形

关于电子云径向分布，常用的是给出电子在离核 r 处，电子在 r 和 $r+dr$ 两球面之间的薄球壳层内的概率。这意味着 $R_{n,l}^2(r)$ 必须与半径为 r 的球面关联，因此定义径向分布函数 D，其物理意义是电子在半径 r 的球面单位厚度的球壳内出现的概率。因此 Ddr 表示在半径 $r \to r+dr$ 球壳层内出现的概率，它与角度 θ、ϕ 无关，只要对 $\psi^*\psi$ 的角度积分，就可以得到径向分布函数。根据式（2-24）得：

$$Ddr = \int_0^{2\pi}\int_0^\pi |\psi_{n,l,m}(r,\theta,\phi)|^2 r^2\sin\theta drd\theta d\phi$$

$$= \int_0^{2\pi}|\Phi_m(\phi)|^2 d\Phi \int_0^\pi |\Theta_{l,|m|}(\theta)|^2\sin\theta d\theta r^2 R_{n,l}^2(r)dr$$

$$= r^2 R_{n,l}^2(r)dr$$

则径向分布函数为：

$$D = r^2 R_{n,l}^2(r) \tag{2-30}$$

图 2-5 示出氢原子几种状态的径向分布。从图中看出，径向分布函数的节点数仍为 $n-l-1$ 个。表示在节点处电子出现的概率为零。

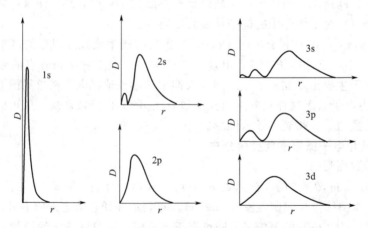

图 2-5 类氢原子径向分布函数的 D-r 图

对于 ns 态，ψ_{ns} 只是 r 的函数，同 θ、ϕ 无关。由表 2-1、表 2-2 可知：

$$\psi_{ns} = R_{n,0}(r)\Theta_{0,0}(\theta)\Phi_0(\phi) = \frac{1}{\sqrt{2}}\frac{1}{\sqrt{2\pi}}R_{n,0}(r) = \frac{1}{\sqrt{4\pi}}R_{n,0}(r)$$

或：

$$\psi_{ns} = \frac{1}{\sqrt{4\pi}}R_{n,0}(r)$$

也可以写成：

$$R_{n,0}^2(r) = (\sqrt{4\pi}\psi_{ns})^2 = 4\pi\psi_{ns}^2$$

代入式(2-30)得：

$$D = 4\pi r^2 \psi_{ns}^2$$

电子径向分布函数图更加直观地反映了电子出现的概率随 r 的变化情况，因此还常讨论径向分布的峰值。所谓峰值即电子在此位置的球壳内出现概率较周围其他位置大。峰值的数目为 $n-l$ 个。

【例 2-1】 试由氢原子基态波函数 $\psi_{1s} = \frac{1}{\sqrt{\pi a_0^3}}\exp\left[-\frac{r}{a_0}\right]$，证明氢原子的径向分布函数图的极大值在 $r = a_0$ 处。

解
$$D = 4\pi r^2 |\psi_{1s}|^2$$

$$\psi_{1s} = \frac{1}{\sqrt{\pi a_0^3}}\exp\left[-\frac{r}{a_0}\right]$$

极值条件为 $\dfrac{\mathrm{d}D}{\mathrm{d}r} = 0$，即：

$$\frac{\mathrm{d}D}{\mathrm{d}r} = \mathrm{d}4\pi r^2\left[\frac{1}{\sqrt{\pi a_0^3}}\exp\left(-\frac{r}{a_0}\right)\right]^2 / \mathrm{d}r = \frac{8r}{a_0^3}\exp\left[-\frac{2r}{a_0}\right]\left(1-\frac{r}{a_0}\right) = 0$$

要此式成立，必须 $1-\dfrac{r}{a_0} = 0$，即 $r = a_0$。

3. 原子轨道角度分布与电子概率密度角度分布

（1）原子轨道的角度分布

原子轨道角度部分函数，即球谐函数 $Y_{l,m}(\theta,\phi)$，只与变量 θ、ϕ 有关，所以原子轨道角度分布图，一般以 Y 对 θ、ϕ 画球极坐标图得到。但是，球谐函数 $Y_{l,m}(\theta,\phi)$ 是复数，不便在实数空间作图。分析 $Y_{l,m}(\theta,\phi)$ 的解析式能够得出，复数形式来自于 $\Phi_m(\phi)$ 函数。然而表2-1给出 $\Phi_m(\phi)$ 有两种形式，一种是复数形式，另一种是实数形式。后者是通过 $\Phi_m(\phi)$ 与 $\Phi_{-m}(\phi)$ 线性组合得到的。显然，选用实函数形式的 $\Phi_{|m|}(\phi)$ 函数与 $\Theta_{l,|m|}(\theta)$ 相乘，就可以得到实函数形式的球谐函数 $Y_{l,m}(\theta,\phi)$，这样就可以在实数空间作图。通常的做法是选原子核为坐标原点，在每一个 (θ,ϕ) 方向上引一射线，取其长度等于 $Y_{l,|m|}(\theta,\phi)$ 绝对值的线段，将这些线段的端点连接起来，在空间形成一个曲面，曲面内根据 $Y_{l,|m|}(\theta,\phi)$ 为正号或负号标记。这样的图形称为原子轨道角度分布图，图2-6示出 s、p、d 原子轨道的平面角度分布图。由于 $Y_{l,|m|}(\theta,\phi)$ 与主量子数 n 无关，所以只要角量子数 l 和磁量子数 m 相同，这些原子轨道的角度部分函数就相同。例如 $2p_z$、$3p_z$、$4p_z$，它们的原子轨道角度部分图形完全一样。

因为原子轨道 $\psi_{n,l,m}(r,\theta,\phi) = R_{n,l}(r)Y_{l,m}(\theta,\phi)$，而 $R_{n,l}(r)$ 只与 r 有关，与 θ、ϕ 无关，它是球对称的，所以 $Y_{l,m}(\theta,\phi)$ 图像表示出 $\psi_{n,l,m}(r,\theta,\phi)$ 在空间的伸展情况，表现出 ψ 的相对大小，这同电子出现的概率有关。因此原子轨道角度函数在讨论化学键的形成、变化和分子的构型中起着决定作用。由于 $Y_{l,m}(\theta,\phi)$ 与变量 r 无关，可适用于任何有心力场，故类氢原子轨道角度分布图也适用于多电子原子体系。由此可见原子轨道角度分布图是十分重要的。

对图 2-6 做三点说明：①图中标的"＋"，"－"号代表 $Y_{l,|m|}(\theta,\phi)$ 数值的正负；②这些图形应该是空间图形，例如 s 态是球形对称的，p_x、p_y 和 p_z 轨道的图形是相切的双球面，贯穿双球面的直径分别与 x、y 和 z 轴重合，d 轨道是类似于橄榄形的曲面交于原点；③除 s 态外，其他 $Y_{l,|m|}(\theta,\phi)$ 的空间分布都是有方向性的，类似于"花瓣"向空间一定方向伸展，并标有正、负号，一般称为"轨道瓣"，它对讨论化学键的方向性起着关键作用。

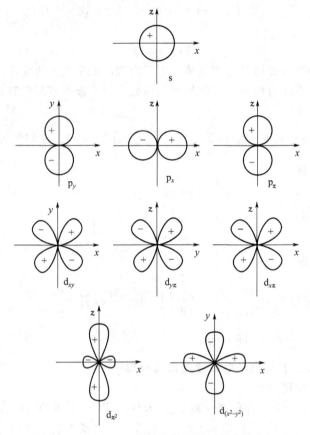

图 2-6　s、p、d 原子轨道的平面角度分布

（2）电子概率密度的角度分布图

原子轨道 $\psi_{n,l,m}(r,\theta,\phi)$ 在 (θ,ϕ) 方向的立体角 $d\Omega$ 中（不考虑径向位置）电子出现的概率为

$$|Y_{l,m}(\theta,\phi)|^2\sin\theta d\theta d\phi = |Y_{l,m}(\theta,\phi)|^2 d\Omega$$

式中立体角 $d\Omega = \sin\theta d\theta d\phi$。$|Y_{l,m}(\theta,\phi)|^2$ 表示单位立体角电子出现的概率，即电子密度。以 $|Y_{l,m}(\theta,\phi)|^2$ 对 (θ,ϕ) 所做的图，表示电子密度随角度 (θ,ϕ) 的变化，即电子密度角度分布图。由于 $|Y_{l,m}(\theta,\phi)|^2$ 是球谐函数的平方，可以直接采用表 2-4 的相应数据作图。$|Y_{l,m}(\theta,\phi)|^2(l=0,1,2,3)$ 的图形如图 2-7 所示。比较图 2-6 与图 2-7 可以看出两者有较大差异。前者为 s、p、d 原子轨道的平面角度分布图，后者是电子密度的角度分布图，且是立体图形。

（3）电子云图形

将电子密度 $|\psi|^2$ 的大小用小黑点在空间分布的疏密程度来表示的图形，称为电子云，见图 2-8。从图中可以看出电子云的空间分布图与电子密度的角度分布图（图 2-7）的区别。

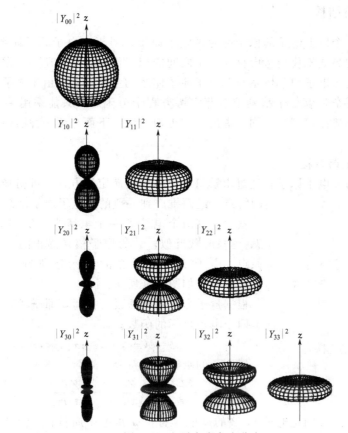

图 2-7 电子密度角度分布

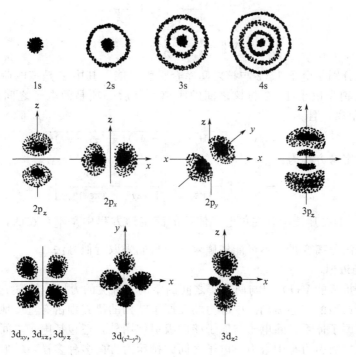

图 2-8 电子云示意

四、多电子原子的结构

核外有两个或两个以上电子的原子称为多电子原子。对于多电子原子体系采用波恩-奥根海默近似。体系的势能不仅要考虑核与电子之间的相互作用，而且还要考虑电子之间的相互作用，这后一项是多电子原子体系与单电子原子体系的主要区别。由于电子相互作用的存在，使势能项变得复杂，以至于精确求解薛定谔方程十分困难，只能采用一些近似方法求解。按照所采用计算势能模型的不同，提出几种近似方法。下面介绍一种物理意义比较明确的中心力场模型。

1. 氦原子的薛定谔方程

氦原子是简单的多电子原子，通过求解氦原子体系的薛定谔方程，可初步认识多电子体系的特点，进而推广到一般的多电子原子体系。

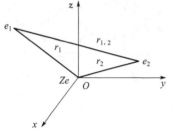

图 2-9　氦原子的坐标

氦原子有两个电子和一个电荷为 $+2e$ 的原子核，应用波恩-奥根海默近似，认为原子核是静止的，取原子核为坐标原点，电子 1 和电子 2 的坐标分别为（x_1,y_1,z_1）和（x_2,y_2,z_2），如图 2-9 所示。

根据量子力学基本假设，描写氦原子状态的波函数 ψ 应该是两个电子坐标的函数。

$$\psi = \psi(x_1,y_1,z_1;x_2,y_2,z_2) \tag{2-31}$$

氦原子的哈密顿算符是：

$$\hat{H} = -\frac{\hbar^2}{2m}\nabla_1^2 - \frac{\hbar^2}{2m}\nabla_2^2 - \frac{Ze^2}{4\pi\varepsilon_0 r_1} - \frac{Ze^2}{4\pi\varepsilon_0 r_2} + \frac{Ze^2}{4\pi\varepsilon_0 r_{1,2}}$$

式中，第一、二项分别是电子 1、2 的动能算符，m 是电子质量；∇_1^2 和 ∇_2^2 分别是关于两个电子坐标的拉普拉斯算符。

$$\nabla_1^2 = \frac{\partial^2}{\partial x_1^2} + \frac{\partial^2}{\partial y_1^2} + \frac{\partial^2}{\partial z_1^2}$$

$$\nabla_2^2 = \frac{\partial^2}{\partial x_2^2} + \frac{\partial^2}{\partial y_2^2} + \frac{\partial^2}{\partial z_2^2}$$

第三、四项分别是电子 1、2 与核之间库仑吸引势能，其中 Z 是核电荷数，对于氦原子 $Z=2$。r_1、r_2 分别是电子 1、2 与核之间的距离。最后一项是两电子之间的排斥能，其中 $r_{1,2}$ 是两电子间距离，且：

$$r_{1,2} = \sqrt{(x_1-x_2)^2 + (y_1-y_2)^2 + (z_1-z_2)^2}$$

氦原子的薛定谔方程为：

$$\left[-\frac{\hbar^2}{2m}\nabla_1^2 - \frac{\hbar^2}{2m}\nabla_2^2 - \frac{Ze^2}{4\pi\varepsilon_0 r_1} - \frac{Ze^2}{4\pi\varepsilon_0 r_2} + \frac{Ze^2}{4\pi\varepsilon_0 r_{1,2}} \right]\psi = E\psi \tag{2-32}$$

式中包含 $\frac{1}{r_{1,2}}$ 的排斥能项，在单电子体系的薛定谔方程中是不存在的，由于 $r_{1,2}$ 涉及两个电子坐标，无法分离变量，不可能精确求解，只能采取近似方法。

2. 中心力场近似

中心力场是指势能 $V(r)$ 只与两粒子之间的距离 r 有关的力场。氢原子中原子核与电子的库仑场是一个典型的中心力场。中心力场在原子结构的研究中占有重要地位。

对于多电子原子体系，除电子与原子核的吸引作用外，还包括电子之间的排斥作用。各个电子与原子核的吸引力是中心力。电子之间的排斥力方向多种多样，一般情况下不是中心力，它与电子的运动紧密相关，使电子之间排斥势能的计算很困难，通常采用近似方法

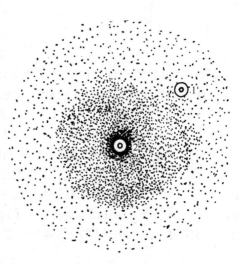

计算。

如果对多电子原子中电子的处理与单电子原子中的电子相似，这将大大简化计算。怎样将多电子之间的排斥势能改造成只与一个电子坐标有关的函数呢？其中一种方法是屏蔽中心力场近似，通常称为中心力场近似。

将多电子问题简化为单电子问题处理，使排斥项 $\dfrac{1}{r_{1,2}}$ 不出现，而是隐含在吸引势能项中，则势能项化简为只与径向 r 有关，这就是中心力场模型。显然这是一种近似方法。

对于氦原子中任意一个电子，例如电子 1，可以认为它在核与电子 2 组成的库仑场中运动。

如图 2-10 所示，核对电子 1 是库仑吸引作用，电子 1 对电子 2 是库仑排斥作用。假设电

图 2-10　氦原子中作用电子 1 的势场

子 2 的电子云是球形对称的，这意味着电子云只与半径 r_2 有关而与角度无关。从图 2-10 可以看出，在电子 1 和核之间，只有一部分电子 2 的电子云，将其记为 σe，那些远离电子 1 的 $(1-\sigma)e$ 部分电子云对电子 1 的作用很小，可以忽略。此时 σ 是 r_1 的函数，能够证明 σe 对电子 1 的作用，就像电荷 σe 集中在原点时对电子 1 的作用一样，因此排斥势能为：

$$V_{排斥} = \frac{\sigma e^2}{4\pi\varepsilon_0 r_1} \tag{2-33}$$

而原子核 Ze 对电子 1 的吸引势能为：

$$V_{吸引} = -\frac{Ze^2}{4\pi\varepsilon_0 r_1} \tag{2-34}$$

总的作用结果为：

$$V = -\frac{Ze^2}{4\pi\varepsilon_0 r_1} + \frac{\sigma e^2}{4\pi\varepsilon_0 r_1} = -\frac{(Z-\sigma)e^2}{4\pi\varepsilon_0 r_1} = -\frac{Z^* e^2}{4\pi\varepsilon_0 r_1} \tag{2-35}$$

$(Z-\sigma)$ 称为有效核电荷，用 Z^* 标记。可以认为电子 2 的部分电子云 σe 对电子 1 的排斥作用，相当于抵消原子核对此电子的吸引，使核电荷从 Z 减少到 $Z-\sigma$，起到了屏蔽核电荷的作用，故 σ 称为屏蔽常数。

这样双电子体系的薛定谔方程，可化简化为两个单电子体系的薛定谔方程，对于电子 1 为：

$$\left(-\frac{\hbar^2}{2m}\nabla_1^2 - \frac{Z^* e^2}{4\pi\varepsilon_0 r_1}\right)\psi_1 = E\psi_1 \tag{2-36}$$

同样，对于电子 2 有：

$$\left(-\frac{\hbar^2}{2m}\nabla_2^2 - \frac{Z^* e^2}{4\pi\varepsilon_0 r_2}\right)\psi_2 = E\psi_2 \tag{2-37}$$

式(2-36) 或式(2-37) 与单电子体系的薛定谔方程形式相同，显然可用分离变量法求解，其结果可直接写出：

$$\psi_{n,l,m}(r,\theta,\phi) = R'_{n,l}(r)\Theta_{l,m}(\theta)\Phi_m(\phi) \tag{2-38}$$

$$E_n = -\frac{me^4}{8\varepsilon_0^2 h^2}\frac{Z^{*2}}{n^2} \qquad n=1,2,3,\cdots \tag{2-39}$$

或

$$E_n = -\frac{me^4}{2\hbar^2(4\pi\varepsilon_0)^2} \times \frac{Z^{*\,2}}{n^2} \tag{2-40}$$

按式（2-36）或式（2-37），分别解得波函数 ψ_1 和 ψ_2，相应的能量分别为 E_1 和 E_2，则氦原子体系的完全波函数和总能量 E 分别为：

$$\psi = \psi_1\psi_2$$
$$E = E_1 + E_2$$

可将用中心力场模型处理氦原子体系的结果直接推广到 $N(N>2)$ 电子原子体系。对于含有 N 个电子的原子，每个电子 i 在原子核和其他（$N-1$）个电子所产生的势场中运动，视这（$N-1$）个电子的电子云分散在核周围，对原子核是球对称分布。体系中（$N-1$）个电子对第 i 个电子（$i=1,2,3,\cdots,N$）的瞬间排斥势能，近似看做电荷 $\sigma_i e$ 集中在原点时对电子 i 的作用一样，它只是 r_i 的函数，于是，势能 $V_{排斥}$ 为：

$$V_{排斥} = \frac{\sigma_i e^2}{4\pi\varepsilon_0 r_i} \tag{2-41}$$

再加上核对电子 i 的吸引势能，得电子 i 在原子中的势能 V 为：

$$V_i = -\frac{Ze^2}{4\pi\varepsilon_0 r_i} + \frac{\sigma_i e^2}{4\pi\varepsilon_0 r_i} = -\frac{(Z-\sigma_i)e^2}{4\pi\varepsilon_0 r_i} = -\frac{Z^* e^2}{4\pi\varepsilon_0 r_i} \tag{2-42}$$

其中 $Z^* = Z - \sigma_i$，Z^* 称为有效核电荷。

这样，对于第 i 个电子的薛定谔方程为：

$$\left(-\frac{\hbar^2}{2m}\nabla_i^2 - \frac{Z^* e^2}{4\pi\varepsilon_0 r_i}\right)\psi_i = E_i\psi_i \tag{2-43}$$

$i=1,2,3,\cdots,N$，ψ_i 是体系中第 i 个电子的波函数。显然式（2-43）是单电子薛定谔方程，ψ_i 和 E_i 可分别由式（2-38）和式（2-39）求出。

由中心力场近似模型求解的单电子波函数与解类氢原子薛定谔方程求得的单电子波函数，都符合"轨道"的定义，故都称为原子轨道。两者的差别只在于径向波函数 $R'_{n,l}(r)$ 上，只要将类氢原子径向波函数中的 Z 换成 $Z^* = Z - \sigma_i$，就得到多电子原子体系中心力场模型中的单电子径向波函数；而角度波函数 $Y_{l,m}(\theta,\phi)$ 两者完全相同。因此，多电子原子和单电子原子的角度波函数的分布图以及电子云的分布图是完全一样的。对比式（2-38）和式（2-22）可以看到，多电子原子中的单电子波函数仍然用 n、l、m 三个量子数来规定，记为 $\psi_{n,l,m}$。这种近似也被称为单电子近似。

对比式（2-20）和式（2-40）能量表达式，可以看出两者形式很相似。只是类氢原子的能量仅与核电荷 Z 及主量子数 n 有关；而多电子原子体系的单电子能量还和 σ_i 有关，σ_i 与 i 电子本身所处的状态、其他电子的数量和状态都有关系。而电子的状态不仅与主量子数有关，还与角量子数 l 有关，因而 i 电子的能量不仅与 Z、n 有关，还与 l 有关。

整个原子的完全波函数 ψ 为：

$$\psi(1,2,3,\cdots,N) = \psi(1)\psi(2)\cdots\psi(N) \tag{2-44}$$

整个原子体系的能量 E 为：

$$E = E_1 + E_2 + \cdots + E_n \tag{2-45}$$

3. 屏蔽效应

中心力场模型将 i 电子与其他电子间的排斥作用，考虑为部分抵消了原子核对 i 电子的吸引，即相当于核电荷从 Ze 减少至 $(Z-\sigma_i)e$。这种将其他电子对所考虑电子的排斥作用，归结为抵消一部分核电荷吸引作用的效应称为屏蔽效应，σ_i 称为其他电子对第 i 个电子的屏蔽常数。它可以表示为：

$$\sigma_i = \sum_j \sigma_{i,j} \qquad (i \neq j) \qquad j = 1, 2, \cdots$$

$\sigma_{i,j}$ 表示其他电子 j 对电子 i 的屏蔽常数。j 表示除 i 电子以外的所有电子求和。σ_i 可由量子力学计算得出，也可以用半经验方法估算。在 1930 年斯莱特（Slater）提出估算 σ_i 的经验规则。

① 将核外电子按主量子数 n 和角量子数 l 分组为：

$$|1s|2s,2p|3s,3p|3d|4s,4p|4d|4f|5s,5p|5d|\cdots$$

② 外层各组电子对内组电子不产生屏蔽作用，即 $\sigma = 0$。

③ 同一组内电子之间的屏蔽常数除 1s 外都是 $\sigma = 0.35$，1s 组内电子之间的屏蔽常数 $\sigma = 0.30$。

④ 两相邻组，对于（ns，np）组，则主量子数为（$n-1$）各组的每个电子对外组每个电子的屏蔽常数 $\sigma = 0.85$，更内组每个电子的屏蔽常数 $\sigma = 1.00$。对于 d、f 电子，不论是相邻内组还是更内组的每个电子对它的屏蔽常数都是 $\sigma = 1.00$。

此法可用于主量子数 1～4 的轨道，更高轨道准确性变差。

【例 2-2】 试计算锂原子（Li）1s 电子和 2s 电子的能量。

解 锂原子的核电荷 $Z = 3$，核外有 3 个电子，电子组态为 $1s^2 2s^1$。对于 1s 电子，外层 2s 电子的屏蔽常数 $\sigma_{2s,1s} = 0$。同层 1s 中的一个电子对另一个电子的屏蔽常数 $\sigma_{1s,1s} = 0.3$，所以总屏蔽常数为：

$$\sigma_{1s} = 0.3 \qquad Z^* = 3 - 0.3 = 2.7$$

$$E_{1s} = -\frac{me^4}{8\varepsilon_0^2 h^2} \times \frac{(2.7)^2}{1^2} = -13.6 \times 7.29 = -99.1 \mathrm{eV}$$

对于 2s 电子，每个 1s 电子对它的屏蔽常数 $\sigma_{1s,2s} = 0.85$，故总屏蔽常数：

$$\sigma_{2s} = 2 \times 0.85 = 1.7 \qquad Z^* = 3 - 1.7 = 1.3$$

$$E_{2s} = -13.6 \times \frac{(1.3)^2}{2^2} = -5.75 \mathrm{eV}$$

由此得到锂原子的第一电离能为 5.75eV，实验值为 5.39eV，两者很接近。

综上所述，尽管多电子原子中存在着复杂的电子间相互作用，但在单电子近似下，采用中心力场模型后，可得到各个电子的波函数——原子轨道，这些轨道仍可像类氢原子轨道那样用量数 n、l、m 标识，其角度波函数与类氢原子的相同，对其径向波函数只需将 Z 换成 $Z^* = Z - \sigma_i$ 即可。整个原子的全波函数等于原子轨道之积。原子轨道的能量不仅与 Z、n 有关，还与 l 有关。整个原子的能量等于在各原子轨道上运动的电子的能量之和。

4. 原子体系的哈特利（Hartree）自洽场方法

多电子原子体系求解薛定谔方程中较难处理的是电子间排斥能的计算。中心力场近似把它隐含于核对电子的吸引势能中，相对减弱了核的吸引作用。1928 年哈特利提出自洽场方法，对原子中的电子排斥作用直接计算，其波函数不包括电子自旋，得到一个不考虑泡利不相容原理的轨道方程，被称为哈特利方程。用迭代法解方程得到体系的波函数和能量。

（1）中心平均力场近似

对于 N 电子体系的任意一个电子 i，不考虑 i 电子与（$N-1$）个电子的瞬间排斥作用，近似认为 i 电子与（$N-1$）个电子的电子云的作用，并对（$N-1$）个电子所有可能的位置取平均，这样，第 i 个电子与其余（$N-1$）个电子的瞬间排斥势能平均成一个势场。电子 i 在平均势场中运动，所受到的排斥作用与其他电子瞬间坐标无关，于是，排斥作用势能变成只与空间坐标 r_i 有关的函数，用 $V(r_i)$ 表示，即球对称的，所以称为中心平均力场。显然，电子间的排斥势能用平均作用势能 $V(r_i)$ 表示是近似的，故称为中心平均力场近似。

（2）原子体系的哈特利方程

为了讨论问题方便，先计算电子 i 与其余 $(N-1)$ 个电子间的排斥能。认为 $(N-1)$ 个电子在原子核周围形成一个稳定的电荷分布，即形成电子云。电子 i 在电子云中运动，受到电子云的排斥。为计算这一排斥能，先考虑电子 i 与电子 j 之间的排斥能，若电子 j 的波函数用 ψ_j 表示，那么在空间各点的概率分布为 $|\psi_j|^2$，因而在微体积 $\mathrm{d}^3 r_j$ 中的概率为 $|\psi_j|^2 \mathrm{d}^3 r_j$，则具有电荷 $e|\psi_j|^2 \mathrm{d}^3 r_j$，这一电荷与电子 i 的排斥作用能为：

$$\frac{ee|\psi_j|^2 \mathrm{d}^3 r_j}{4\pi\varepsilon_0 r_{i,j}}$$

式中，r_{ij} 表示电子 i 与电子 j 的瞬间距离。上式表示当电子 j 在 $\mathrm{d}^3 r_j$ 出现时对电子 i 的排斥作用能，见图 2-11。对电子 j 做全空间积分，也就是对电子 j 在所有可能位置的排斥能取平均值，因此积分结果与电子 j 的瞬时位置无关，而仅与 i 电子坐标有关：

$$e^2 \int \frac{|\psi_j|^2}{4\pi\varepsilon_0 r_{ij}} \mathrm{d}^3 r_j$$

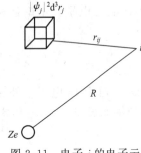

图 2-11　电子 j 的电子云
与电子 i 的排斥作用

由于电子 i 可以是 N 个电子中的任意一个电子，电子 j 可以是 $(N-1)$ 个电子中任意一个电子，于是得到电子 i 与其他 $(N-1)$ 个电子的排斥势能为：

$$\sum_{j\neq i} e^2 \int \frac{|\psi_j|^2}{4\pi\varepsilon_0 r_{ij}} \mathrm{d}^3 r_j$$

上式积分表明，$(N-1)$ 个电子在所有可能位置与电子 i 的排斥作用取统计平均。这样，对电子 i 的排斥势能 $V(r_i)$ 可看成是球对称的，即只是空间坐标 r_i 的函数。因而单电子 i 的哈密顿算符可以写成：

$$\hat{H}_i = -\frac{\hbar^2}{2m}\nabla_i^2 - \frac{Ze^2}{4\pi\varepsilon_0 r_i} + \sum_{j\neq i} e^2 \int \frac{|\psi_j|^2}{4\pi\varepsilon_0 r_{ij}} \mathrm{d}^3 r_j$$

如果能合理地猜想一个波函数 ψ_j，则单电子的薛定谔方程可以写成：

$$\left(-\frac{\hbar^2}{2m}\nabla_i^2 - \frac{Ze^2}{4\pi\varepsilon_0 r_i} + \sum_{j\neq i} e^2 \int \frac{|\psi_j|^2}{4\pi\varepsilon_0 r_{ij}} \mathrm{d}^3 r_j\right)\psi_i = \varepsilon_i \psi_i \tag{2-46}$$

$$i = 1,2,3,\cdots,n$$

此方程就是原子的哈特利（Hartree）方程。由于有 N 个电子，这样的方程就有 N 个。

通过以上讨论可以看出，哈特利方程既充分考虑了电子之间的排斥作用，又解除了 $\frac{1}{r_{ij}}$ 难以分离坐标变量的困难。解方程式(2-46)可求得单电子波函数 ψ_i 和对应的能量 ε_i，即原子轨道 ψ_i 和相应的轨道能 ε_i。由 ψ_i 和 ε_i 可求得体系的波函数和能量。

哈特利方程用迭代法求解波函数。哈特利方程是目前应用自洽场方法进行计算的基础。

五、电子的自旋与自旋波函数

用波函数 $\psi_{n,l,m}(x,y,z)$ 描述原子中电子的运动，习惯上称轨道运动，它由量子数 n、l、m 来决定。实验发现，电子除了轨道运动以外，还有自旋。只有认识了自旋才能解决多电子原子的结构问题。

1. 施登-盖拉赫（Stern-Gerlach）实验

证明电子具有自旋实验之一是施登-盖拉赫实验。在高度真空的容器中，使一束处于 s 态的氢原子通过非均匀的磁场，原子束发生偏转，并分裂为两条，见图 2-12。测得它们在磁场方向（设 z 轴方向）两个投影值是：

$$\mu_{sz} = \pm \mu_B$$

$$\mu_B = \frac{e\hbar}{2m} \qquad (2\text{-}47)$$

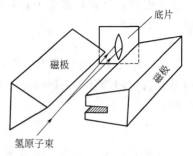

图 2-12　施登-盖拉赫实验

式中，m 表示电子的质量；μ_B 为玻尔（Bohr）磁子，$\mu_B = 9.273 \times 10^{-24} A \cdot m^2$。

这说明原子具有磁矩，它在通过非均匀磁场时受力而改变方向。已知磁矩和角动量有密切关系，通常是有磁矩必有角动量。但由于实验用的氢原子处于 s 态，$l=0$，则轨道角动量 $l = \sqrt{l(l+1)}\,\hbar = 0$，因而无轨道磁矩。但测得这磁矩在 z 轴投影为 $\pm \mu_B$（玻尔磁子），由于原子核的磁矩很小，大约是 μ_B 的几千分之一，故 μ_B 不可能是原子核的，所以必是与电子运动有关的磁矩，已知电子的轨道磁矩为零，这磁矩只能和电子的另外一种运动有关，这也说明人们对电子的描述是不完全的。1925 年，年龄不到 25 岁的两位荷兰学者乌仑贝克（G. Uhlenbeek）与古兹米特（S. Goudsmit），为了解释这一实验以及有关的实验现象，提出了电子自旋假设。

2. 电子自旋假设

① 电子具有自旋 S，在任一方向（如 z 方向）的取值只能为 $\pm \frac{\hbar}{2}$ 两个值。

② 电子有自旋磁矩 μ_s，它与自旋的关系为：

$$\mu_s = -\frac{e}{m} S$$

电子自旋磁矩在磁场方向（如 z 方向）的分量 μ_{sz} 与自旋在磁场分量 S_z 的关系为：

$$\mu_{sz} = -\frac{e}{m} S_z \qquad (2\text{-}48)$$

根据假设①，$S_z = \pm \frac{\hbar}{2}$，代入式(2-48)得：

$$\mu_{sz} = -\frac{e}{m} \left(\pm \frac{\hbar}{2} \right) = \mp \frac{e\hbar}{2m} = \mp \mu_B$$

这表明自旋磁矩在磁场方向的分量，只可能取两个数值，与实验结果相符。

电子的自旋是自旋角动量的简称，也是一个力学量。

3. 自旋与自旋在磁场方向分量的表达式

轨道角动量 l 和轨道角动量在磁场方向的分量 l_z，分别有式(2-28)和式(2-29)的表达式。而对于自旋目前还不能导出自旋 S 和自旋在磁场方向的分量 S_z 的表达式。鉴于自旋与轨道角动量都是角动量，又都是空间量子化的，所以认为两者具有相同的性质，仿照式(2-28)和式(2-29)，分别写出自旋 S 与自旋量子数 s 的关系为：

$$S = \sqrt{s(s+1)}\,\hbar \qquad s = \frac{1}{2} \qquad (2\text{-}49)$$

自旋在磁场方向的分量 S_z 与自旋磁量子数 m_s 的关系为：

$$S_z = m_s \hbar \qquad m_s = \pm \frac{1}{2} \qquad (2\text{-}49')$$

4. 自旋轨道与自旋波函数

在没有考虑电子自旋时，将定态单电子波函数写成位置的函数 $\psi(x, y, z)$。如果考虑电子的自旋，由于自旋是一个新的自由度，还需要考虑自旋的某个分量，习惯上用 S_z 作为一个新的变数，这就是说电子具有四个自由度、三个坐标和一个自旋变量，相应的单电子波函数可以表示为：

$$\psi = \psi(x, y, z, S_z)$$

ψ 称为自旋轨道。可以看出，自旋轨道 ψ 应该用四个量子数 (n, l, m, m_s) 描述，包括轨道运动与自旋两部分。一般情况下自旋与轨道之间相互作用较小，若忽略这种作用，则上式可写成：

$$\psi(x, y, z, S_z) = \psi(x, y, z) \chi(S_z) \tag{2-50}$$

式中，$\chi(S_z)$ 称为自旋波函数，则自旋轨道 $\psi(x, y, z, S_z)$ 可表示成轨道波函数 $\psi(x, y, z)$ 与自旋波函数 $\chi(S_z)$ 之积。

式(2-50) 也可以写成：

$$\psi_{n, l, m, m_s} = \psi_{n, l, m} \chi_{m_s}$$

自旋在磁场方向分量算符用 $\hat{S}_z$ 表示，$\hat{S}_z$ 的本征函数为 $\chi_{m_s}(S_z)$，本征值为 $m\hbar$。由式(2-49) 可知，$m_s = \pm \frac{1}{2}$，而自变量 S_z 只能取两个数值：$S_z = +\frac{1}{2}\hbar$，$S_z = -\frac{1}{2}\hbar$，那么自旋本征函数可以写成：

$$\chi_{\frac{1}{2}}\left(\frac{\hbar}{2}\right) = \alpha \qquad \uparrow$$

$$\chi_{-\frac{1}{2}}\left(-\frac{\hbar}{2}\right) = \beta \qquad \downarrow$$

上式分别表明对于 $m_s = \frac{1}{2}$ 的自旋量子态用 α 表示，对于 $m_s = -\frac{1}{2}$ 的自旋量子态用 β 表示。化学上用符号↑和↓分别表示自旋 α 态和 β 态。

如上所述，电子的自旋如同它的电荷和质量一样，应视为固有性质。它在经典力学中没有对应的类比概念。通常认为自旋是电子绕自身轴线转动的说法，只是一种借用的形象描绘。电子自旋本质是量子力学的研究内容，不能用经典力学中的机械运动来描述。除了电子以外，其他微粒（如质子、中子等）也都有各自的自旋。

六、基态原子核外电子排布的原则

基态原子核外电子的排布是原子结构中的一个基本问题。前两节讲述了多电子原子中单电子的运动状态，可以用原子轨道描述，在电子自旋的基础上，容易理解核外电子的排布问题。无机化学曾讲述基态原子核外电子在原子轨道上的排布遵循泡利不相容原理、能量最低原理、洪德规则等原则，本节将进一步讲述这三个原则。

1. 泡利（Pauli）不相容原理

在第一章曾表述泡利不相容原理：不可能有两个或两个以上的 Fermi 子处于同一状态。或者原子中，不允许有两个或多个电子具有完全相同的 4 个量子数 (n, l, m, m_s)，也就是说，每一个量子态只能容纳一个电子。

2. 能量最低原理

在不违背泡利不相容原理的前提下，电子的排布尽可能使体系的能量最低。

按中心力场模型体系的总能量等于填充的各原子轨道能量之和，体系能量的高低直接由原子轨道能量的高低来决定，原子轨道的填充顺序即是原子轨道能级高低次序。但近来对这种观点提出异议，主要是自洽场（self-consistent field，SCF）模型计算所得原子轨道能量不同于上述中心力场模型的结果，而且从轨道能量概念出发，得出原子体系的总能量不等于原子轨道能量之和，这一结论与实验结果相符合。

按能量最低原理，原子核外电子的排布应使体系的总能量为最低。由于影响原子轨道能量高低有多种因素，情况比较复杂，为此根据经验规律来决定原子核外电子的填充次序问题。我国科学家徐光宪从大量光谱数据归纳出经验规律：在绝大多数情况下，核外电子按 $(n+0.7l)$ 的次序排布在各原子轨道上。他建议把 $(n+0.7l)$ 的第一位数相同的各能级合成一组，称为"能级组"，例如 4s、3d 和 4p 的 $(n+0.7l)$ 依次等于 4.0、4.4 和 4.7，它们的第一位数字是 4，因而合并为一组，称为第四能级组。在此组内能级高低次序一般为 4s<3d<4p。

图 2-13 给出了原子轨道的填充次序，图中每个圆圈代表一组量子数 (n,l,m) 所表示的状态。显然按这种次序填充的原子，体系能量应最低，满足能量最低原理。这里把经验规律 $(n+0.7l)$ 值的大小理解为电子实际填充次序，不能把它看成描述轨道能级的高低。

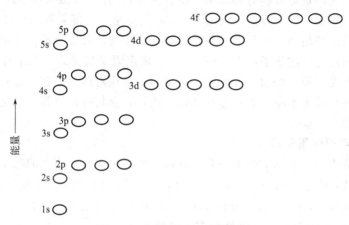

图 2-13 原子的电子能级示意

图 2-13 所示的"能级组"与元素周期表的"周期"相对应。能级组内轨道所能容纳的电子数目与各相应周期所包含的元素数目是相等的。在原子轨道填充顺序中，值得注意的是 3d 排在 4s 之后，4d 排在 5s 之后，4f、5d 排在 6s 之后，5f、6d 排在 7s 之后。由于 d 轨道在四、五、六能级组中出现，使得四、五、六周期中包含 10 个过渡元素。又由于第六能级组出现了可容纳 14 个电子的 4f 轨道，又使第六周期包含 14 个镧系元素。这就是过渡元素、镧系元素"推迟"出现的原因。

3. 洪德（Hund）规则

洪德规则：在等能量（n,l 相同）的轨道上，自旋平行电子数最多时，原子的能量最低，所以在能量相同的轨道上，电子尽可能分占不同的轨道，且自旋平行，以求电子间的排斥势能最低。例如碳原子（$Z=6$），对于 2p 电子下面三种构型都不违背泡利原理。

$$\text{ⓈⒶ}\quad\text{↑↑◯}\quad\text{↑↓◯}$$
$$\quad 2p \qquad 2p \qquad 2p$$

但洪德规则应该选择中间一种，因此碳原子的基态构型是：

$$1s^2 2s^2 2p_x^1 2p_y^1$$

洪德规则是从大量光谱数据中总结出来的，是对能量最低原理的一个补充规则，它在电子的排布上起着重要作用。

还有原子轨道的全充满、半充满或全空的状态也是一种相对比较稳定的状态，即：

全充满 p^6 或 d^{10} 或 f^{14}

半充满 p^3 或 d^5 或 f^7

全空 p^0 或 d^0 或 f^0

因此，在第四周期中，Cr 不是 $4s^2 3d^4$ 而是 $4s^1 3d^5$，因为 d^5 半充满；Cu 不是 $4s^2 3d^9$ 而是 $4s^1 3d^{10}$，因为 d^{10} 全充满。同样，在第五周期中，Mo 不是 $5s^2 4d^4$ 而是 $5s^1 4d^5$；Pd 不是 $5s^2 4d^8$ 而是 $5s^0 4d^{10}$；Ag 不是 $5s^2 4d^9$ 而是 $5s^1 4d^{10}$，都可用满足半充满或全充满来解释。绝大多数基态原子核外电子遵守以上原则，但也有例外，尚待进一步研究。

七、原子的量子态和光谱项

类氢原子体系可用四个量子数 n、l、m、m_s 规定电子的量子态 ψ_{n,l,m,m_s}，它可以表示类氢原子的量子态。对于多电子原子体系，电子除受到核与电子、电子与电子之间的库仑作用外，还存在电子相关作用❶，较弱相互作用（剩余库仑作用❷，电子自旋-轨道作用❸）等。一般多电子原子体系薛定谔方程的势能项中没有包括这些内容，故势能的计算不够准确，因而解得的波函数精确度较低。显然，利用 ψ_{n,l,m,m_s} 简单组合不能精确表示原子量子态，因此无法解释光谱中的精细结构。但是电子各种角动量的耦合能较充分地体现电子之间的各种相互作用，可用不同角动量的量子数 L、S、J、M_j 规定原子量子态。在不考虑自旋与轨道磁相互作用时，引入光谱项（谱项）表示原子量子态及其相对能量；在考虑自旋与轨道磁相互作用时，引入光谱支项表示原子量子态及其相对能量，能较好地解释光谱精细结构。这是本节介绍的主要内容。

1. 电子组态与原子量子态

在本章第四节中多电子原子的中心力场近似中曾给出多电子原子的电子能量 $E_{n,l}$ 由主量子数 n 和角量子数 l 决定。对于一定的 n、l 值，有 $(2l+1)$ 个 m_l 值（多电子原子用 m_l 表示磁量子数更方便），每个 m_l 值又有两个 m_s，即对同一能量 $E_{n,l}$，有 $2 \times (2l+1)$ 个波函数，即有 $2 \times (2l+1)$ 个量子态，也就是 $E_{n,l}$ 的简并度是 $2 \times (2l+1)$。因此，由 n 和 l 确定的是电子的一组量子态。

电子在主量子数 n 和角量子数 l 确定的各轨道上的排布称为电子组态，简称组态。能量最低的组态称为基组态。例如氧原子的基组态是 $1s^2 2s^2 2p^4$；若有一个 2p 电子跃迁到 3s，则其组态为 $1s^2 2s^2 2p^3 3s^1$，这是一个激发组态。

对于多电子原子，采用中心力场或中心平均力场模型，忽略了电子相关作用和较弱相互作用。后者主要包括剩余库仑作用、自旋-轨道耦合作用（另外由于电子轨道磁矩之间的作用、自旋磁矩之间的作用很弱，一般不予考虑）。由于这些相互作用能对原子量子态的影响不算小，故势能的计算不够准确，解得的波函数精确度较低，因此不能采用单电子波函数的乘积表示原子量子态，不能用 $E_{n,l}$ 的加和表示原子的能量。但是电子各种角动量的耦合（将 n 个角动量进行矢量加和组合，得出总角动量的过程叫耦合），充分考虑了电子相关作用和

---

❶ 电子相关能是和电子自旋的相对方向有关的作用能，即与电子自旋平行与反平行有关的作用能。两个自旋平行的电子挨得很近的概率很小，故自旋平行电子的行为表现为相互回避，于是排斥作用能减少，称为费米相关；两个自旋反平行的电子，两者靠得很近的概率是大的，但是由于电子之间的库仑排斥作用，电子之间不可能瞬间相互紧密地接近，因而造成排斥作用能的减少，称为库仑相关。总之，因电子自旋平行与反平行都降低了电子间的排斥能。这个作用能不算小，与化学键能的数量级相同。

❷ 剩余库仑作用：对于多电子原子中，原子核与电子之间的作用是有心力，但是电子与电子之间的排斥作用方向多种多样，一般不是有心力，当前对电子间的排斥作用的计算，近似作为一个有心的平均场，应用自洽场方法来计算，用此法计算的电子间的排斥势能，未能包括全部电子之间的作用，因而小于电子间的排斥势能，称为剩余作用。

❸ 电子自旋-轨道作用能：电子的自旋产生自旋磁矩；电子的轨道运动，产生轨道磁矩，轨道磁矩形成强磁场，它与自旋磁矩相互作用，产生一个附加能量，称这种作用为电子自旋-轨道作用。这个附加能量称作电子自旋-轨道作用能。

较弱相互作用。因此，应用角动量耦合这种近似方法，可求得总轨道角动量量子数 L、总自旋量子数 S、总角动量量子数 J 以及总角动量在磁场方向分量总磁量子数 M_j、称 L、S、J 和 M_j 为原子量子数。用它们表示原子的量子态，能够合理地解释有关光谱现象。这就是从电子组态步入原子量子态的原因。

目前关于角动量的耦合有两种近似处理方法。一种处理方法是 L-S 耦合，又称罗素-桑德斯（Russell-Saunders）耦合。将原子内每个电子的轨道角动量耦合成总轨道角动量，自旋角动量耦合成总自旋角动量，然后再将两者耦合成总角动量。一般轻原子（原子序数 $Z \leqslant$ 40）采用 L-S 耦合。因为轻原子核外电子比较密集，电子之间距离较小，每个电子自身的"轨道"与"自旋"的相互作用比各电子之间的轨道相互作用或自旋相互作用弱，所以采用 L-S 耦合比较适宜。

另一种处理方法是 j-j 耦合。先将每一电子的轨道角动量与自旋角动量耦合成每个电子的总角动量，然后再将各电子的总角动量耦合成原子中全部电子的总角动量，即原子的总角动量。具体做法是将每个电子的 s 和 l 耦合成内量子数 j，再将各电子的 j 耦合成 J。这种耦合适用于原子序数 $Z > 40$ 的重原子。因为重原子核外电子比较稀疏，电子间距离较大，每个电子自身的轨道与自旋相互作用比各电子之间的轨道相互作用或自旋相互作用强，所以采用 j-j 耦合将会得到更好的近似结果。这里只介绍 L-S 耦合。

（1）原子总轨道角量子数 L

总轨道角动量 $\boldsymbol{L}$ 与原子总轨道角动量量子数 L（简称总轨道角量子数）的关系为：

$$\boldsymbol{L} = \sqrt{L(L+1)}\,\hbar \tag{2-51}$$

根据量子力学耦合规则，原子的总轨道角量子数 L 等于每个电子的轨道角量子数 l_i 的矢量和（应理解为对应角动量的耦合）。

$$\boldsymbol{L} = \sum l_i$$

如果体系含有多个电子，先求出两个电子的角量子数的矢量和，再求与第三个电子的角量子数的矢量和，依此类推。若一个电子的角量子数为 l_1，另一个为 l_2，其矢量和由柯来勃希-高登（Clebsch-Gordan）数列给出：

$$L = (l_1 + l_2), (l_1 + l_2 - 1), \cdots, |l_1 - l_2|$$

当矢量 l_1 与 l_2 平行，有最大值 $(l_1 + l_2)$；当它们反平行时有最小值 $|l_1 - l_2|$，取绝对值是因为总轨道角量子数取负值无意义。对于 l_1 与 l_2 其他一些取向，数列给出一些中间值。这是一个经验规则。

【例 2-3】　有两个电子，一个是 2p 电子（$l_1 = 1$），一个是 3d 电子（$l_2 = 2$）。

$$L = (l_1 + l_2) = 1 + 2 = 3$$
$$L = (l_1 + l_2 - 1) = 1 + 2 - 1 = 2$$
$$L = |l_1 - l_2| = |1 - 2| = 1$$

对于 L 值的全部状态，也用和单电子体系一样的符号表示。不过多电子体系用大写字母表示：

$$
\begin{array}{ccccccc}
L=0 & 1 & 2 & 3 & 4 & 5 & 6 \\
S & P & D & F & G & H & I
\end{array}
$$

（2）原子总自旋量子数 S

总自旋角动量 $\boldsymbol{S}$ 与总自旋量子数 S 的关系为：

$$\boldsymbol{S} = \sqrt{S(S+1)}\,\hbar \tag{2-52}$$

关于总自旋量子数 S 用类似求总轨道角量子数的方法由柯来勃希-高登数列求得。对于

自旋量子数为 s_1 与 s_2 的两个电子，总自旋量子数 S 可由下列规则求得：

$$S = |s_1 + s_2|, \quad |s_1 - s_2|$$

由于 $s = \dfrac{1}{2}$，所以 S 的值只能是 1 和 0；当电子数等于 3 时，再用一次角动量耦合规则求得 $S = \dfrac{3}{2}$，$S = \dfrac{1}{2}$。容易看出当电子数为偶数时 S 取零或正整数；当电子数为奇数时 S 取正的半整数。

（3）总角动量量子数 J

原子的总角动量 $\mathbf{J}$ 与总角动量量子数 J 的关系为：

$$\mathbf{J} = \sqrt{J(J+1)}\hbar \tag{2-53}$$

由 S 与 L 矢量加和成总量子数 J。

用柯来勃希-高登数列求之，当 $L \geqslant S$ 时，J 有 $L+S, L+S-1, \cdots, |L-S|$，可取 $2S+1$ 个数值。当 $L < S$ 时，J 有 $S+L, S+L-1, \cdots, |S-L|$，可取 $2L+1$ 个数值。

在考虑多电子原子的核外电子的耦合时，很容易证明，由于泡利不相容原理，全充满电子时的壳层（闭壳层）s^2、p^6、d^{10} 或 f^{14} 各个电子的轨道角动量及自旋角动量的矢量和为零，简化了计算，所以只需考虑未充满壳层电子的贡献。

（4）原子的总磁量子数 M_j

原子总角动量在磁场方向的分量为：

$$\mathbf{J}_z = M_j\hbar$$

当 J 为整数时，$M_j = 0, \pm 1, \pm 2, \cdots, \pm J$

当 J 为半整数时，$M_j = \pm\dfrac{1}{2}, \pm\dfrac{3}{2}, \cdots, \pm J$

在 J 一定时，有 $2J+1$ 个 M_j 值。

2. 原子光谱项

在光谱上常把具有总轨道角动量量子数 L、总自旋量子数 S 的一组原子量子态称为光谱项，并用如下符号表示

$$^{2S+1}L \tag{2-54}$$

L 可取值为：

$$0, 1, 2, 3, 4, 5 \cdots$$
$$S, P, D, F, G, H \cdots$$

下面一行大写字母符号是光谱上的习惯表示。将（$2S+1$）写在式（2-54）中 L 的左上角，称为自旋多重度，自然知道 $2S+1$，也就知道了 S。当 $S=0$，$2S+1=1$ 称为单重态，当 $S=1$，$2S+1=3$，称为三重态。例如 ^1S 叫单重 S 态，^3P 叫做三重 P 态等。

对光谱项作如下分析。

① 光谱项不包含总角动量量子数 J，即不考虑自旋-轨道耦合作用。

② 量子数 L、S 不同，原子量子态对应的能量也不相同。首先考虑总轨道量子数 L 对原子能量的影响，已知电子在原子核周围运动，仅讨论价电子。如果各个电子的角动量尽可能指向同一方向，则原子处于最稳定的量子态，即能量最低的态，也就是 L 取尽可能大的值的量子态。L 取次大值的态是能量次低的量子态，能量最高的态是 L 取最小值的量子态。

再考虑自旋量子数 S 对能级的影响。根据电子相关作用的性质，两个电子自旋平行时，使两电子间的距离 r_{ij} 增大，由于排斥作用能为正值，所以 r_{ij} 越大，能量越小。因为 S 值大者（与较多的电子自旋平行相对应）使排斥能降低也较多，所以 S 较大的量子态能量较低。

③ 通过上节讨论可知，原子量子态用四个量子数 L、S、J、M_j 表征。对于一定的 L、S 值，有 $2S+1$（当 $L>S$）或 $2L+1$（当 $L<S$）个 J 值。如果有外磁场作用，对每一个 J 值有 $2J+1$ 个 M_j 值。这说明对应一定的 L 和 S 值表示一组量子态。这组的各个量子态具有相同的能量，即是简并态。

这说明在不考虑自旋-轨道耦合作用时，原子光谱项表示所包含的可能的一组原子量子态，同时表示各个量子态的相对能量，这些量子态的能量是相同的，即能量是简并的。

当考虑自旋-轨道相互作用时，需要考虑总角动量量子数 J，虽然 J 对原子的能量影响较小，但是 J 值不同在外磁场中 M_j 的分裂不同，每一个 J 值分裂为 $2J+1$ 能级，故有时需要将 J 写在 L 的右下角，定义为光谱支项：

$$^{2S+1}L_J \tag{2-55}$$

对于给定的 J 值，M_j 所取的数值有 $2J+1$ 个，故每一个光谱支项还对应 $2J+1$ 个量子态，在无外磁场作用时，这些量子态能量相同，即能量是简并的。当存在外磁场时，总角动量在 z 轴方向会出现 $2J+1$ 个不同取向，能量各不相同，分裂成更细的 $2J+1$ 个能级，这就是塞曼（Zeeman）效应。在无外磁场存在下，常用 L、S、J 表示原子量子态，所以一般用光谱支项表示原子的一个量子态，同时还表示这个量子态的更精细的相对能量。

由洪德规则可确定能级最低的谱项。用光谱语言叙述洪德规则如下。

① S 最大者能级最低，若 S 相同，则 L 最大者能级最低。这一规律叫做洪德第一规则。

② 若 S 和 L 都相同，则对于半充满前的组态（如 p^1，p^2 或 d^1，d^2，d^3，d^4）导出的光谱支项而言，J 愈小能量愈低；而对于半充满后的组态（如 p^3，p^4，p^5 或 d^5，d^6，d^7，d^8，d^9）导出的光谱支项而言，J 愈大能量愈低。这一规律叫做洪德第二规则。

例如氢原子基态 $(1s)^1$，因 $l=L=0$，$S=J=\dfrac{1}{2}$，故基态对应的光谱项和光谱支项为 ^2S，$^2S_{1/2}$。

氦原子的基态为 $(1s)^2$，因为 $l_1=l_2=0$，因两电子必须自旋相反，使得 $S=0$，所以对应的光谱项为 ^1S，光谱支项为 $^1S_0(J=0)$。

硼原子基态的电子组态为 $(1s)^2(2s)^2(2p)^1$，因 $L=1$，$S=\dfrac{1}{2}$，$J=\dfrac{3}{2}$，$\dfrac{1}{2}$，所以对应的光谱项为 ^2P，光谱支项为 $^2P_{3/2}$ 和 $^2P_{1/2}$。能量次序为 $^2P_{3/2}>^2P_{1/2}$。

若原子的一个电子组态有几个光谱项或光谱支项，在写光谱项（或光谱支项）时，通常总是把能量高的谱项放在前面。

八、原子电离能、电子亲和能和电负性

1. 原子电离能和电子亲和能的定义

（1）原子电离能

气态原子失去一个电子成为一价气态正离子所需的最低能量称为原子的第一电离能，用符号 I_1 表示，即：

$$A(g) \longrightarrow A^+(g)+e$$
$$I_1=E(A^+)-E(A)$$

式中，$E(A)$、$E(A^+)$ 分别表示气态原子与一价气态正离子的能量。

一价气态正离子（A^+）失去 1 个电子成为二价气态正离子（A^{2+}）所需要的能量称为第二电离能，用符号 I_2 表示，即：

$$A^+(g) \longrightarrow A^{2+}(g)+e$$

$$I_2 = E(A^{2+}) - E(A^+)$$

式中，$E(A^+)$、$E(A^{2+})$ 分别表示一价气态正离子与二价气态正离子的能量。第三电离能……以此类推。表 2-5 列出实验测定的某些原子的电离能。

表 2-5 某些原子的电离能

原子序	元素符号	价电子层结构	I_1/eV	I_2/eV	I_3/eV
1	H	$1s^1$	13.59		
2	He	$1s^2$	24.58	54.39	
3	Li	$2s^1$	5.39	75.61	122.45
4	Be	$2s^2$	9.32	18.20	153.89
5	B	$2s^2 2p^1$	8.29	25.14	37.97
6	C	$2s^2 2p^2$	11.26	24.37	47.89
7	N	$2s^2 2p^3$	14.53	29.59	47.45
8	O	$2s^2 2p^4$	13.61	35.10	54.93
9	F	$2s^2 2p^5$	17.42	34.96	62.71
10	Ne	$2s^2 2p^6$	21.56	40.95	63.45
11	Na	$3s^1$	5.14	47.27	71.64
12	Mg	$3s^2$	7.64	15.03	80.14
13	Al	$3s^2 3p^1$	5.98	18.82	28.45
14	Si	$3s^2 3p^2$	8.15	16.37	33.49
15	P	$3s^2 3p^3$	10.48	19.72	30.18
16	S	$3s^2 3p^4$	10.36	23.32	34.83
17	Cl	$3s^2 3p^5$	12.96	23.80	39.61
18	Ar	$3s^2 3p^6$	15.75	27.62	40.47

电离能的变化具有一定的规律性：①原子的第二电离能总大于第一电离能；②在同一族中电离能一般是随着电子层数的增加而递减；③在同一周期中主族元素的第一电离能基本上随原子序数的增加而增加，因此同一周期中碱金属的电离能处于极小值，稀有气体的电离能处于极大值。

（2）原子电子亲和能

气态原子获得一个电子成为一价负离子所释放出来的能量称为电子亲和能，用符号 Y 表示，即：

$$A(g) + e \longrightarrow A^-(g)$$

$$Y = E(A^-) - E(A)$$

式中，$E(A)$、$E(A^-)$ 分别表示气态原子与一价气态负离子的能量。由于负离子的有效核电荷比对应的原子少，电子亲和能的绝对值一般比电离能小一个数量级，加之测定的可靠性较差，重要性不如电离能。电子亲和能的大小与原子核的吸引力和核外电子的排斥力有关。在周期表中，电子亲和能随原子半径减少而增大。

2. 原子的电负性

在化学键中，同核键只占极少数，大量的是异核键。由于不同元素的原子吸引电子的能力不同，因而形成极性键、离子键等。不同键型的物质具有不同的物理化学性质。电负性概念的提出，就是表示分子中不同元素吸引电子能力的倾向。并用它去研究不同原子形成化学键所具有的特性。

（1）电负性的表示

关于电负性的数值表示，比较重要的有两种，一种是鲍林表示法，称为鲍林标度；另一种是马利肯表示法，称为马利肯标度。

① 鲍林电负性　鲍林（Pauling）定义电负性为化学键中原子吸引电子的能力。因此对

于某原子的鲍林电负性值，可以通过比较含有该原子的若干分子的键的离解能来得到。对于两个不同原子形成的键 AB 来说，若 A 与 B 完全等同共享键电子，那么可以假设 AB 键离解能为 A_2 和 B_2 键的离解能的几何平均值。然而 AB 键的离解能总是大于 A_2 和 B_2 键离解能的几何平均值。可以用 HF 分子为例来说明这种普遍性。HF 的键离解能是 564.8kJ/mol，而 H_2 与 F_2 的键离解能分别为 430.9kJ/mol 和 154.8kJ/mol，后两者的几何平均值为 $(430.9 \times 154.8)^{\frac{1}{2}} = 258.3$kJ/mol，较 HF 键离解能值小得多。AB 分子的"额外"键离解能（用 Δ 符号表示），认为是由于原子 A 与 B 之间电负性差别引起的键的部分离子化的结果。根据此模型，两原子 A 和 B 之间电负性的差别可由式(2-56)决定。

$$\chi_A - \chi_B = 0.102\Delta^{\frac{1}{2}} \tag{2-56}$$

式中，χ_A、χ_B 分别为原子 A 与 B 的电负性；Δ 为额外键能（kJ/mol）。

$$\Delta = D_{AB} - (D_{A_2} \times D_{B_2})^{\frac{1}{2}} \tag{2-57}$$

式中，D 为各个键的离解能。

式(2-56)只能给出电负性的差值，为了选择参考值，鲍林指定氢原子（H）电负性值 $\chi_H = 2.1$，这样，其他原子电负性值就很容易确定了。例如，求氟（F）的鲍林电负性。由上面给出的数据得出：

$$\Delta = 564.8 - \sqrt{430.9 \times 154.8} = 306.5$$

$$\chi_F - \chi_H = 0.102\Delta^{\frac{1}{2}} = 1.8$$

$$\chi_F = 2.1 + 1.8 = 3.9$$

此值同表 2-6 中给出的数值基本一致。

表 2-6　鲍林电负性值

IA	IIA	IIIB	IVB	VB	VIB	VIIB	VIII	VIII	VIII	IB	IIB	IIIA	IVA	VA	VIA	VIIA
H 2.1																
Li 1.0	Be 1.5											B 2.0	C 2.5	N 3.0	O 3.5	F 4.0
Na 0.9	Mg 1.2											Al 1.5	Si 1.8	P 2.1	S 2.5	Cl 3.0
K 0.8	Ca 1.0	Sc 1.3	Ti 1.6	V 1.4Ⅲ 1.7Ⅳ 1.9Ⅴ	Cr 1.4Ⅱ 1.6Ⅲ 2.2Ⅵ	Mn 1.4Ⅱ 1.5Ⅲ 2.6Ⅶ	Fe 1.7Ⅱ 1.8Ⅲ	Co 1.7	Ni 1.8 2.0Ⅱ	Cu 1.8Ⅰ	Zn 1.6	Ga 1.6	Ge 1.8	As 2.0	Se 2.4	Br 2.8
Rb 0.8	Sr 1.0	Y 1.2	Zr 1.5	Nb 1.7	Mo 1.6Ⅳ 2.1Ⅵ	Tc 1.9Ⅴ 2.3Ⅶ	Ru 2.0	Rh 2.1	Pd 2.2	Ag 1.9	Cd 1.7	In 1.7	Sn 1.7Ⅱ 1.8Ⅳ	Sb 1.8Ⅲ 2.1Ⅴ	Te 2.1	I 2.5
Cs 0.7	Ba 0.9	La-Lu 1.1-1.2	Hf 1.4	Ta 1.3Ⅲ 1.7Ⅴ	W 1.6Ⅳ 2.0Ⅵ	Re 1.8Ⅴ 2.2Ⅶ	Os 2.0	Ir 2.1	Pt 2.2	Au 2.4	Hg 1.8	Tl 1.5Ⅰ 1.9Ⅲ	Pb 1.6Ⅱ 1.8Ⅳ	Bi 1.8	Po 2.0	At 2.2
Fr 0.7	Ra 0.9															

注：表中罗马数字为价数。

鲍林电负性目前应用比较广泛，原因之一是它出现得最早，数据齐全；另一方面它是从热化学数据求得的，因此当反过来用它归纳化合物的热化学性质时，容易抓住问题的本质，得到一定规律性。

②马利肯电负性　在鲍林提出电负性（1930 年）不久，美国科学家马利肯（Mulliken）提出用另外一方法表示电负性，他认为原子的电负性同原子的第一电离能与电子亲和能之和

成正比。

$$\chi_m = 0.18(I_1 + Y) \tag{2-58}$$

式中，χ_m 为马利肯电负性；I_1 为气态原子失去一个电子成为气态一价正离子所需要的能量，称为第一电离能；Y 为气态原子获得一个电子成为气态一价负离子所释放的能量，称为电子亲和能。

为了使得锂（Li）的电负性为 1.0，χ 与 χ_m 值接近，在 I_1 与 Y 的单位以 eV 表示时，引进系数为 0.18。

式(2-58)表明，一个原子的电负性正比于它的电离能和电子亲和能之和。一个原子的电离能大，必然难以失去电子；一个原子的电子亲和能大，必然易于得到电子。既难失去、又易得到电子的原子吸引电子的能力一定较大。

用式(2-58)可以计算任意原子的电负性，不依赖于与它键合的原子，所以由它可计算 χ_m 的"绝对"大小。但由于缺乏电子亲和能数据，目前仅得到 11 种元素的电负性，因此应用范围不大。

虽然鲍林和马利肯电负性是从完全不同的角度标度电负性，但两者却存在着线性关系：

$$\chi = 0.336(\chi_m - 0.615) \tag{2-59}$$

（2）电负性与物质的性质

① 元素的性质与电负性　金属原子电负性较小，非金属较大。$\chi = 2$ 近似地标志金属与非金属的分界点。

一般来说，同一周期元素由左到右随着族数增加，电负性增加；而同一族元素随周期的增加电负性减少，因此氟是电负性最高的元素。

电负性相差大的元素之间的化合，生成离子键倾向较强，例如碱金属和碱土金属与卤素和氧族元素化合，一般形成离子化合物；而电负性相同或相近的非金属元素相互以共价键结合，如 H_2、Cl_2、CH_4 等；电负性相等或相近的金属元素相互间以金属键结合。

② 化合物的化学性质与电负性　以卤代乙酸的强度为例来说明。

已知卤代乙酸的酸性比乙酸强，而且取代的卤原子愈多，强度愈大。例如氯代乙酸的电离常数如下：

$$CH_3COOH < ClCH_2COOH < Cl_2CHCOOH < Cl_3CCOOH$$
$$K_a \ (25℃) \quad 1.85 \times 10^{-5} \quad 1.5 \times 10^{-3} \quad 5 \times 10^{-2} \quad 1.3 \times 10^{-1}$$

这主要是由于氯有较强的吸引电子的能力，使与氯直接键合的碳原子的键电子向氯偏移，使碳具有部分正电荷，增加了它吸引电子的能力，结果出现如下的电荷传递次序：

$$Cl \leftarrow CH_2 \underset{OH}{\overset{\overset{\displaystyle O}{\|}}{-C}}$$

当取代的氯愈多，OH 中的键电子沿上述方向转移越大，于是 OH 中的氢原子就愈易成为赤裸的质子，即电离度增大。对于其他取代酸也有类似的关系。

若是同一有机酸由不同的卤原子取代，当取代级次相同时，其强度的次序为：

$$F > Cl > Br > I > OCH_3 > NHCOCH_3 > C_6H_5$$

这实际上就是元素或基团的电负性次序。

九、基本例题解

（1）写出氢原子的 1s 轨道，证明它是归一化波函数，据此写出氦离子（He^+）的相应原子轨道。

解　氢原子轨道 $\psi_{n,l,m}(r,\theta,\phi)=R_{n,l}(r)\Theta_{l,m}(\theta)\Phi_m(\phi)$

1s 轨道为 $n=1$，$l=0$，$m=0$，由表 2-1～表 2-3 查出 $\Phi_0=\dfrac{1}{\sqrt{2\pi}}$，$\Theta_{0,0}=\dfrac{\sqrt{2}}{2}$，$R_{1,0}=2\left(\dfrac{Z}{a_0}\right)^{\frac{3}{2}}\exp\left[-\dfrac{Zr}{a_0}\right]$，对于 H 原子 $Z=1$，故：

$$\psi_{1,0,0}=2\left(\frac{1}{a_0}\right)^{\frac{3}{2}}\exp\left[-\frac{r}{a_0}\right]\left(\frac{\sqrt{2}}{2}\right)\left(\frac{1}{\sqrt{2\pi}}\right)$$

$$=\frac{1}{\sqrt{\pi}}\left(\frac{1}{a_0}\right)^{\frac{3}{2}}\exp\left[-\frac{r}{a_0}\right] \qquad ①$$

如果 ψ 是归一化波函数，则有：

$$\int\psi_{1,0,0}^*\psi_{1,0,0}\mathrm{d}\tau=1 \qquad \mathrm{d}\tau=r^2\mathrm{d}r\mathrm{d}\theta\mathrm{d}\phi \qquad ②$$

代入式①，得：

$$=\frac{1}{\pi a_0^3}\int_0^\infty r^2\exp\left[-\frac{2r}{a_0}\right]\mathrm{d}r\int_0^\pi\sin\theta\mathrm{d}\theta\int_0^{2\pi}\mathrm{d}\phi$$

$$=\frac{4}{a_0^3}\int_0^\infty r^2\exp\left[-\frac{2r}{a_0}\right]\mathrm{d}r \qquad ③$$

查积分表得：

$$\int_0^\infty r^2\exp\left[-\frac{2r}{a_0}\right]\mathrm{d}r=\frac{2!}{(2/a_0)^3}$$

代入式③得：

$$\frac{4}{a_0^3}\times\frac{2!}{(2/a_0)^3}=1$$

故证 $\psi_{1,0,0}$ 为归一化波函数。

氦离子（He$^+$）与氢原子（H）具有相同形式的原子轨道，只是 $Z=2$，所以有：

$$\psi_{1,0,0}=\frac{1}{\sqrt{\pi}}\left(\frac{\sqrt{2}}{2}\right)^{\frac{3}{2}}\exp\left[-\frac{2r}{a_0}\right]$$

（2）求氦离子（He$^+$）1s 轨道电子出现概率最大的位置（用 a_0 标度）。

解　径向分布函数为：

$$D=r^2R_{n,l}^2$$

考虑：

$$R_{1,0}=2\sqrt{\pi}\psi_{1s}$$

得出：

$$D=4\pi r^2\psi_{1s}^2$$

查表 2-4 得：

$$\psi_{1s}=\frac{1}{\sqrt{\pi}}\left(\frac{Z}{a_0}\right)^{\frac{3}{2}}\exp\left[-\frac{Zr}{a_0}\right]$$

$$D=4\left(\frac{Z}{a_0}\right)^3 r^2\exp\left[-\frac{2Zr}{a_0}\right]$$

求极值：

$$\frac{\mathrm{d}D}{\mathrm{d}r}=4\left(\frac{Z}{a_0}\right)^3\left(2r\exp\left[-\frac{2Zr}{a_0}\right]-\frac{2Z}{a_0}r^2\exp\left[-\frac{2Zr}{a_0}\right]\right)=0$$

$$=4\left(\frac{Z}{a_0}\right)^3 2r\exp\left[-\frac{2Zr}{a_0}\right]\left(1-\frac{Zr}{a_0}\right)=0$$

$$1-\frac{Zr}{a_0}=0$$

$$r = \frac{a_0}{Z}$$

氦离子 $Z=2$，则：

$$r = \frac{a_0}{2}$$

（3）写出 1s 轨道电子出现在玻尔轨道 a_0 以外的概率，已知：

$$\int_0^{a_0} r^2 \exp\left[-\frac{2Zr}{a_0}\right] dr = \frac{a_0^3}{4Z^3}(1 - 5\exp[-2Z])$$

解 令 1s 电子出现在 a_0 以外的概率为 P：

$$P = \int_{a_0}^{\infty} \psi^* \, \psi d\tau \qquad\qquad ④$$

由于 $\psi_{1s} = \frac{1}{\sqrt{\pi}}\left(\frac{Z}{a_0}\right)^{\frac{3}{2}} \exp\left[-\frac{Zr}{a_0}\right]$，代入式④得：

$$P = \frac{4Z^3}{a_0^3} \int_{a_0}^{\infty} r^2 \exp\left[-\frac{2Zr}{a_0}\right] dr \qquad\qquad ⑤$$

做如下变换：

$$\int_{a_0}^{\infty} r^2 \exp\left[-\frac{2Zr}{a_0}\right] dr = \int_0^{\infty} r^2 \exp\left[-\frac{2Zr}{a_0}\right] dr - \int_0^{a_0} r^2 \exp\left[-\frac{2Zr}{a_0}\right] dr$$

$$\int_0^{\infty} r^2 \exp\left[-\frac{2Zr}{a_0}\right] dr = \frac{2!}{(2Z/a_0)^3} - \frac{a_0^3}{4Z^3}(1 - 5\exp[-2Z])$$

代入式⑤有：

$$P = \frac{4Z^3}{a_0^3} \cdot \frac{a_0^3}{4Z^3}(5\exp[-2Z]) = 0.677 \qquad (\text{令 } Z=1)$$

（4）试利用式（2-22）计算类氢原子的电离能。

解 类氢原子的基态 $n=1$，离子态为 $n \to \infty$，电离能为：

$$E_\infty = -\frac{me^4 Z^2}{8\varepsilon_0^2 h^2}\left(\frac{1}{\infty} - \frac{1}{1}\right) = \frac{me^4 Z^2}{8\varepsilon_0^2 h^2}$$

对于氢原子 $Z=1$，$m=9.11\times10^{-31}\text{kg}$，则：

$$E_\infty = \frac{9.11\times10^{-31}\text{kg}\times(1.602\times10^{-19}\text{C})^4}{8\times[8.854\times10^{-12}\text{C}^2/(\text{m}\cdot\text{J})]^2\times(6.6262\times10^{-34}\text{J}\cdot\text{s})^2}$$

$$= 2.18\times10^{-18}\text{J}$$

$$= -13.6\text{eV}$$

（5）求出由下列电子的轨道角动量耦合可能产生的总轨道角动量的状态，并写出各种情况下光谱项的字母：（a）一个 d 电子和一个 f 电子；（b）三个 p 电子。

解 （a）最小值 $|l_1-l_2| = |2-3| = 1$，因此 $L=3+2$，$3+2-1$，$3+2-1-1$，$\cdots$，1（5,4,3,2,1），光谱项字母分别为 H、G、F、D、P。

（b）第一步耦合，最小值 $|l_1-l_2| = |1-1| = 0$，求得 $L'=1+1$，$1+1-1$，$0(2,1,0)$

现将 $l_3=1$ 与 $L'=2$ 耦合，得到 $L=3$，2，1

再将 $l_3=1$ 与 $L'=1$ 耦合，得到 $L=2$，1，0

再将 $l_3=1$ 与 $L'=0$ 耦合，得到 $L=1$

因此，全部结果是 $L=3$，2，2，1，1，1，0。光谱项字母分别为 F、2D、3P、S。

（6）写出钠和氟原子基态的电子组态与光谱项和光谱支项。

解 钠的电子组态为 $(1s^2 2s^2 2p^6)\, 3s^1$，内层电子为全充满，只求 $3s^1$ 就可以了。

$3s^1$ 有：

$$S = s = \frac{1}{2}, \quad L = l = 0, \quad J = j = \frac{1}{2}, \quad 2S + 1 = 2$$

光谱项与光谱支项分别为：

$$^2S, \quad ^2S_{\frac{1}{2}}$$

氟的电子组态 $1s^2 2s^2 2p^5$，把它写成全充满层，外加一个空穴，即 $(1s^2 2s^2 2p^6) 2p^{-1}$，这样也成为一个单电子，即：

$$S = s = \frac{1}{2}, \quad L = l = 1, \quad J = \frac{1}{2} + 1 = \frac{3}{2}, \quad \frac{1}{2} + 1 - 1 = \frac{1}{2}, \quad 2S + 1 = 2$$

因此，光谱项与光谱支项分别为：

$$^2P, \quad ^2P_{\frac{3}{2}}, \quad ^2P_{\frac{1}{2}}$$

习 题

2-1 下列各句正确的，在题号前用"√"标出。

(a) 氢原子所有状态在核处的 $\psi_{n,l,m}$ 为零。

(b) 氢原子的基态径向分布函数在原子核处最大。

(c) 氢原子的基态在原点处 $|\psi|^2$ 最大。

(d) 量子数 n 的最小允许值为零。

(e) 氢原子基态波函数是每个电子波函数的乘积。

(f) 一个电子的自旋量子数 s 在 z 轴分量可能值为 $\pm \frac{1}{2}$。

2-2 证明 $l = 1$ 的 $\Theta_{l,m}(\theta)$ 函数是正交归一的。

2-3 证明 $R_{1,0}$ 是式(2-11) 的一个解（取 $Z = 1$）。

2-4 给出锂的 $2s^1$ 电子在半径 $r = 1nm$、厚度为 $0.01nm$ 球壳内出现的概率。

2-5 给出原子序数 $Z \leqslant 10$ 各元素，$1s$ 轨道电子概率最大（或最可几）的位置。

2-6 写出 $n = 4$、$l = 3$ 的类氢原子轨道及简并度。

2-7 计算类氢原子 $3p$、$4d_{xy}$ 轨道的电子角动量以及沿磁场方向的分量。

2-8 对于 $1s$ 状态的氢原子，计算电子在离核 $0 \sim 20pm$ 范围内的概率。

2-9 证明 $\Phi_m(\phi) = \frac{1}{\sqrt{2\pi}} \exp[im\phi]$ 是归一化波函数。

2-10 写出 Li^{2+} 的薛定谔方程，写出基态的能量。

2-11 写出氢原子下列电子组态的光谱项与光谱支项。(a) $1s$；(b) $3p$；(c) $3d$。

2-12 给出 ^4F 的 L 值和 S 值。

2-13 计算锂、铍原子的 $2s$ 电子的有效核电荷 Z^*。

2-14 在 $Z \leqslant 10$ 的元素中，哪一个元素在基态时具有最多不成对电子？

2-15 已知原子 F、Cl、Br、I 的电离能 I_1 分别为 $17.42eV$、$12.97eV$、$11.81eV$、$10.44eV$，电子亲和能 y 分别为 $3.48eV$、$3.61eV$、$3.40eV$ 和 $3.11eV$，求这些原子的马利肯电负性。

2-16 查出相应离解能 D，分别求出氯化氢（HCl）、溴化氢（HBr）分子中元素的电负性差，若氢原子（H）的 $\chi_H = 2.1$，求氯（Cl）、溴（Br）的鲍林电负性，并同表 2-6 中数值比较。

第三章 分子的对称性与分子点群

对称性，无论对宏观物体或微观粒子都是普遍存在的一种现象。对于大多数分子来说，同样也存在对称性，本章介绍的是几何结构的对称性（简称对称性）。分子的对称性对于研究分子的性质有重要的意义。例如旋光性、偶极矩等都可以通过对称性来判断。还可以应用群论把分子的对称性与分子的物理化学性质联系起来，对简化量子化学计算做出贡献。

一、对称操作与对称元素

分子对称性就是在保持原子间距离不变的情况下进行某种操作，使分子构型中各个点（原子核）的空间位置经过变动之后，得到的构型与原先的构型在物理上不可区分（等价构型或复原）。这种操作叫做对称操作或对称变换。

在讨论分子对称性时需要介绍以下几种对称操作。

① 恒等操作 分子保持不变，等效于没有进行操作。

② 旋转操作 绕某个轴旋转 $2\pi/n$ 角度。

③ 反映操作 相对于某镜面反映。

④ 反演操作 通过某点的反演。

⑤ 旋转反映操作 先绕轴旋转 $2\pi/n$ 角度，再对垂直于该轴的平面反映。

上述各操作都是针对一定的几何元素进行的。旋转操作绕某轴（线）进行，反映操作对于某个镜面（平面）进行，反演操作相对于对称中心（点）进行，旋转反映操作相对于象转轴进行。这些对称操作所依赖的几何元素（点、线、面及其组合）被称为对称元素。表 3-1 说明了对称元素与对称操作之间的关系。

表 3-1 对称元素与对称操作之间的关系

符　　号	对　称　元　素	对　称　操　作
C_n	旋转轴	旋转操作
σ	镜面	反映操作
i	对称中心	反演操作
S_n	象转轴	旋转反映操作

对称元素与对称操作是紧密地相互联系而又有区别的两个概念。对称操作只有与一定的对称元素相关联才能进行，它是一个变换过程。对称元素只有通过相应的对称操作才能表现出来，它是几何元素，即对称元素的存在取决于一个（或几个）对称操作的存在。

1. 旋转轴和旋转操作

如图 3-1 所示，水分子绕通过氧原子的轴（用点划线表示）旋转 180°的构型，只能从氢原子旁标明的数字区别出旋转前与旋转后，否则看不出两种构型的差别，即是等价或复原。这样的操作称为旋转操作，进行旋转操作所依据的轴称为旋转轴。假如一个分子绕某轴旋转角度 α：

$$\alpha = \frac{360°}{n}, \quad n = \frac{360°}{\alpha}$$

（$n=1,2,3,\cdots$）能使其构型成为等价构型或复原，则此分子具有 n 次旋转轴，并用符号 C_n

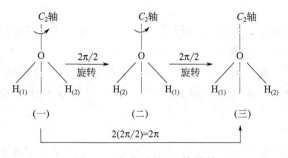

图 3-1　水分子的 C_2 旋转轴

表示，n 表示轴的次数。显然 n 必须是整数。使分子成为等价构型所需的最小旋转角度称为基转角。旋转操作同样用 C_n 表示。

如果绕 C_n 轴连续进行 m 次旋转操作，若基转角都是 α，则这些旋转操作记为：

$$\underbrace{C_n^1 C_n^1 \cdots C_n^1}_{m \text{ 个}} = C_n^m$$

m 也可以等于 n。

反式-1,2-二氯乙烯具有 C_2 轴，氯仿具有 C_3 轴，苯具有 C_6 轴。在苯分子中还有两种类型 C_2 轴，一种是通过对位碳原子，另一种是通过碳碳键中点，每种各有 3 个，分别记为 C_2 和 C_2'（图 3-2）。

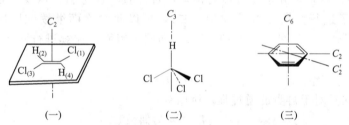

图 3-2　反式-1,2-二氯乙烯、氯仿、苯的旋转轴

如果对图 3-1 中的 H_2O 分子绕 C_2 轴连续进行两次旋转操作，第一次从构型（一）得到构型（二），再进行 C_2 操作则得到构型（三），（三）与（一）标号完全相同，它相当于从（一）直接旋转 $2 \times (2\pi/2) = 360°$ 得到的构型，这些操作可表示为 $C_2^1 C_2^1 = C_2^2$。通常符号 C_n^n 表示旋转 $360°$，这时分子构型中的各个原子以及方位同旋转前完全相同，如同分子全然不动一样，被称为全同构型。与此相对应的操作被称为恒等操作，用符号 E 标记。与恒等操作相对应的对称元素称为恒等元素，也用 E 表示。恒等元素是所有分子构型中都具有的对称元素。不要把复原与等价两概念混淆起来。例如图 3-1 中水分子进行第一次 C_2 操作时，同一种类的原子彼此交换，即 $H_{(1)} \rightarrow H_{(2)}$，原子的方位并不相同（标号不同），由于相同的原子无法区别，所以新的构型与原构型等价。如果进行第二次 C_2 操作，原子的方位相同（标号相同），新构型与原构型复原。

由此可知 C_2 轴的对称操作有：

$$C_2 \text{ 轴} \begin{cases} C_2 \\ C_2^2 = E \end{cases}$$

旋转方向取逆时针方向为正，顺时针方向为负。如果绕轴逆时针旋转 $2\pi/n$ 则表示为 C_n；若顺时针旋转 $2\pi/n$ 则表示为 C_n^{-1}。

显然，绕轴逆时针旋转 $2\pi/n$，接着顺时针旋转 $2\pi/n$，等于退回原处。

$$C_n^{-1}C_n = E$$

像这样先进行某个对称操作，接着再进行另一个对称操作，等于完成了恒等操作 E，则称这个操作为原操作的逆操作。上例中的 C_n^{-1} 为 C_n 的逆操作。

当分子具有不止一个旋转轴时，其中次数最高的轴称为主旋转轴（主轴），其余称为副旋转轴（副轴）。通常将主轴取笛卡尔坐标的 z 轴。例如苯分子中的 C_6 轴是主轴（见图 3-2），C_2 和 C_2' 是副轴。

2. 镜面和反映操作

图 3-3 中的三氯化硼是平面分子，它有两种镜面，一个是分子平面，另一个是通过 B—Cl 键并且平分另外两个 B—Cl 键夹角的平面。可以看出镜面把分子构型等分为两部分，互为物与像之间的关系。同镜面相对应的操作是反映操作，由反映操作所得的等价构型叫做反映对称。对称元素与对称操作都用符号 σ 标记。

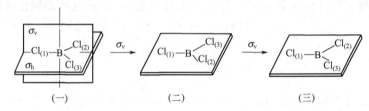

图 3-3 三氯化硼分子的两种镜面（σ_v，σ_h）

从图 3-3 中的三氯化硼分子还可以看出，通过垂直平面进行反映操作使（一）中 $Cl_{(3)}$ 与 $Cl_{(2)}$ 两个氯原子进行交换得等价构型（二），再以此对称面继续施以反映操作 $Cl_{(2)}$ 与 $Cl_{(3)}$ 进行交换，得到（一）的全同构型（三），即同一镜面，连续进行两次反映操作等同于恒等操作，即：

$$\sigma\sigma = E$$

由于 $\sigma = \sigma^{-1}$，反映是对于自身的逆过程，所以有：

$$\sigma_n = \begin{cases} E & (n \text{ 为偶数}) \\ \sigma & (n \text{ 为奇数}) \end{cases}$$

通过主轴的镜面称为垂直平面，用 σ_v 表示。垂直主轴的镜面为水平平面，用 σ_h 表示。通过主轴且平分垂直主轴的 2 个二次轴之间夹角的平面记为 σ_d。

任何平面分子至少有 1 个镜面，就是分子平面。三氯化硼有 1 个 σ_h，3 个 σ_v，σ_h 也是分子平面。

σ_d 如图 3-4 所示，$PtCl_4$ 有 4 个垂直分子平面 σ_h 的镜面，通过主轴 C_4 又分别通过 C_2、C_2' 轴的是 2 个 σ_v，通过 C_4 轴平分 C_2 轴与 C_2' 轴夹角的是 2 个 σ_d。

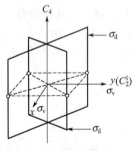

图 3-4 四氯化铂分子
的三种对称面
（σ_v，σ_h，σ_d）

3. 对称中心和反演操作

如图 3-5 所示，反式-1,3-二氯环丁烷的碳原子在同一平面上，分子中存在一点 i，若 $Cl_{(1)}$ 原子与 i 点连接延长到同样长度是 $Cl_{(2)}$ 原子，$H_{(1)}$ 原子与 i 点连接延长到同样长度是 $H_{(2)}$ 原子，则称 i 为对称中心。由此得出如下定义：分子构型中具有一个几何点 i（总是分子的重心），从分子中任一原子至 i 点连接的线段延长到相等距离处必有一相同原子，并且对于分子所有原子都成立，则称 i 点为此分子的对称中心。同对称中心 i 相对应的对称操作称为反演操作，能使分子中各互相对应的原子彼此交换位置。反演操作也用符号 i 表示。对于图 3-5 中的

（一），关于 i 点（对称中心）进行反演操作得到等价构型（二）。再施以反演操作，得到全同构型（三），所以连续两次反演操作，有：

$$ii = E$$

由于：

$$i = i^{-1}$$

故有：

$$i^n = \begin{cases} E & (n \text{ 为偶数}) \\ i & (n \text{ 为奇数}) \end{cases}$$

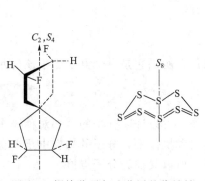

图 3-5 反式-1,3-二氯环丁烷的对称中心

4. 象转轴和旋转反映操作

如果分子绕某轴旋转 $2\pi/n$，再以垂直此轴的平面进行反映操作，得到分子的等价构型，将该轴与平面组合所得的对称元素称为象转轴，用符号 S_n 标记。相应的对称操作称为旋转反映操作，也用 S_n 表示。

关于象转轴 S_n 具有以下结论。

当 n 为奇数时，必然含有相同次数的 C_n 轴，以及垂直此轴的 σ_h，可写成 C_n 与 σ_h 乘积形式，且与操作次序无关，显然，这是一个复合操作。

$$S_n = \sigma_h C_n = C_n \sigma_h = C_{nh}$$

S_n 不是独立的对称元素。由上式看出当 $n=1$ 时，$S_1 = \sigma_h$，所以 S_1 等于镜面 σ_h。

当 n 为偶数时，分两种情况。

$n = 4P$（$P = 0, 1, 2, \cdots$），即 n 为 4 的整数倍，S_n 是独立的对称元素，即分子不存在 C_n 和 σ_h，可以存在 S_n 轴。如螺旋分子不存在 C_4 轴，也不存在 σ_h，却存在象转轴 S_4；硫分子不存在 C_8 轴，也不存在 σ_h，却存在象转轴 S_8，见图 3-6；再如甲烷分子没有 C_4 轴，也不存在 σ_h，却有 S_4 象转轴（图 3-7）。不过，为了讨论方便，也可以把 S_n 操作想象成为旋转操作 C_n 与垂直于 C_n 的镜面的反映操作 σ_h 的乘积，用 $S_n = \sigma_h C_n = C_n \sigma_h$ 表示，此时 C_n 轴为虚轴。

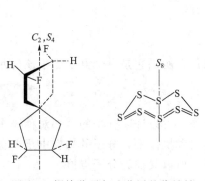

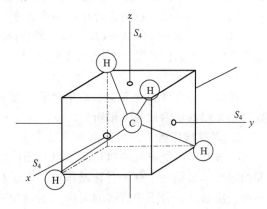

图 3-6 螺旋分子与硫分子的像转轴　　　图 3-7 甲烷分子的 S_4 轴（x, y, z 为 S_4 轴）

$n=4P+2$ （$P=0$，1，2，…），S_n 与 $C_{\frac{n}{2}}$、i 共存，如 $P=0$，就是 S_2，它与 C_1、i 共存，所以 S_2 等于对称中心 i，也用 C_i 表示，即 $S_2=i$；$P=1$ 就是 S_6，它与 C_3、i 共存，即 $S_n=C_{\frac{n}{2}}\sigma_h$，属于 $C_{\frac{n}{2}h}$ 点群，可用于不同 n 值的计算。

二、分子点群

每个分子可能具有几种对称元素与相应的对称操作。本节要证明一个分子的全部对称操作的集合，满足数学群的定义，对称操作是群元素，这种群叫做分子点群，以区别由晶体对称性所涉及的对称操作构成的晶体学点群。因为分子和晶体的对称操作有不同之处，所以两种点群也有差别。每个分子都属于某一分子点群。尽管分子的种类数以万计、构型千差万别，但它们所属的点群却是有限的几种类型。每种类型都有一定的几何特征，根据几何特征进行分类，并介绍分子点群的确定方法。

1. 群的定义

一个集合含有 A、B、C、D、…元素，在这些元素之间定义一种运算（通常称为"乘法"）。如果满足下面 4 个条件，则称此集合为群。

① 封闭性　集合中任意两元素 A 与 B 的乘积 $AB=C$，$A^2=D$，C 和 D 也是集合中的元素。

② 结合律　集合中任意三元素 A、B、C 相乘，满足乘法结合律。即：

$$(AB)C=A(BC)$$

但乘法的交换律不一定成立，即 AB 不一定等于 BA。若交换律成立 $AB=BA$，则称是可交换的，这种群叫做交换群或阿贝耳（Abel）群。

③ 单位元素　在集合中必须含有满足如下关系的单位元素 E：

$$EA=AE=A$$

A 是集合中的任一元素，同单位元素相乘是可交换的。

④ 逆元素　集合中每一个元素 R 都可在集合中找到另一元素 Q，使：

$$RQ=QR=E$$

则 Q 是 R 的逆元素，并记 $Q=R^{-1}$，于是可以表示为：

$$RR^{-1}=R^{-1}R=E$$

以上四条是定义一个数学群至少必须具有的性质。群元素的数目称为群的阶，常用符号 h 表示。如果 h 是有限的，称为有限阶群，如果 h 是无限的，称为无限阶群。

【例 3-1】　全体整数（正、负数和零）的集合。这是最常用的例子之一。假若 A，B，C，…代表集合中的元素，定义元素间的运算为加法运算，则有：

（a）$A+B=C$，C 为集合中的一个元素；

（b）$(A+B)+C=A+(B+C)$，结合律成立；

（c）零为单位元素，$0+A=A+0=A$；

（d）任意元素 A 的逆元素是 $-A$。

从以上四点看出全部整数的集合满足定义群的条件，所以它是一个群。由于该群元素的数目是无限的，因此是无限阶群。

2. 对称操作群

一般分子可能有几种对称元素以及相应的对称操作。可以证明分子的全部对称操作满足群的定义，形成一个分子对称操作群。由于在所有的对称操作下，分子的构型中至少有一点不动。换言之，分子中所有的对称元素至少交于一点，所以又称为分子点群。

例如，水分子的全部对称元素如图 3-8 所示，一个 C_2 轴与 z 轴重合，两个镜面中，σ_v

与分子平面一致，σ'_v 垂直 σ_v。同这三种对称元素相对应的全部对称操作有以下四种：

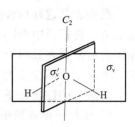

图 3-8　水分子的对称元素

$$C_2（绕 C_2 轴旋转 2\pi/2）$$
$$\sigma_v（用 \sigma_v 反映）$$
$$\sigma'_v（用 \sigma'_v 反映）$$
$$C_2^2 = \sigma_v^2 = \sigma'^2_v = E（恒等操作）$$

如果把这些操作看成 1 个集合，每个操作看成集合中的 1 个元素。并定义群的运算为对称操作的乘积，用它表示 2 个对称操作连续作用，则有以下几点。

① 恒等操作 E 是单位元素。

② $C_2\sigma_v\sigma'_v = (C_2\sigma_v)\sigma'_v = \sigma'_v\sigma'_v = E$ 结合律成立。

③ 各个元素都有逆元素存在，$C_2^{-1} = C_2$，$\sigma_v^{-1} = \sigma_v$，$\sigma'^{-1}_v = \sigma'_v$。

④ 任何 2 个对称操作连续作用的结果，等价于集合中另外一个操作单独作用。例如，先进行 C_2 操作，接着进行 σ_v 操作，得：

$$\sigma_v C_2 = \sigma'_v$$

此结果可由图 3-9 说明（由图 3-8 简化而得），用虚线表示镜面 σ_v，并在氢原子旁附有下标 (1)、(2)，（一）表示没有进行对称操作的水分子，经过旋转操作 C_2 变为（二），又经过 σ_v（分子平面）反映操作变为（三），它相当于（一）经过 σ'_v 反映操作的直接结果。

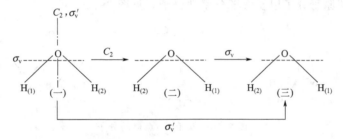

图 3-9　水分子 $\sigma_v C_2 = \sigma'_v$ 的证明

这说明水分子对称操作的全部集合，满足群的定义。由于只有 4 个元素，所以是四阶群。这个群的几何特征是具有 C_2 轴与包含此轴的镜面 σ_v，故记作 C_{2v} 点群。

可以证明，任意分子全部对称操作的集合满足数学群的定义。每个分子都属于某一分子点群。

3. 群的乘法表

如果 1 个群有 h 个元素 A_1，A_2，A_3，$\cdots$，A_h。其中任意 2 个元素的乘积，共有 h^2 个乘积，那么对这个群就能够完全了解。这些乘积可以排列成 $h \times h$ 的乘法表，称为对称操作群乘法表。

已知水分子属于 C_{2v} 点群，有 4 个群元素 E、C_2、σ_v、σ'_v，其乘法表如表 3-2 所示，它包括了 C_{2v} 点群中任何两个操作连续作用的结果。

表 3-2　水分子对称操作的乘法表

第一次操作 第二次操作	E	C_2	σ_v	σ'_v
E	E	C_2	σ_v	σ'_v
C_2	C_2	E	σ'_v	σ_v
σ_v	σ_v	σ'_v	E	C_2
σ'_v	σ'_v	σ_v	C_2	E

乘法表是这样构成的：把群中的全部元素横排一行，表示第一次进行的操作，写在表的最上方。再把群中全部元素排成一列，表示第二次进行的操作，写在表的最左侧。两次连续作用的结果列在表中行与列的相交点。如图 3-9 所示的一对操作，在表 3-2 的行中取 C_2，在列中取 σ_v，其交点为 σ_v'。对于其他两个操作连续作用的结果都可以从表中查出。

乘法表的性质如下。

① 在每一行或列中，群的每一个元素必定出现一次且只能出现一次。

② 每一行或列与其他行或列是不相同的。

③ 对于一个阿贝耳群来说，E 元素沿乘法表的主对角线排列，表中其他元素相对于主对角线对称排列。表 3-2 就是按这种方式排列的，所以 C_{2v} 点群是阿贝耳群。

4. 分子点群的分类

尽管已经指出分子的种类繁多，构型不同，但所涉及的点对称操作却是有限的，因此它们所属的点群也是有限的几种类型。但每个分子都属于某个分子点群。下面介绍化学上常见类型的分子点群，根据每种类型的几何特征命名，采用熊夫里（Schönflies）符号标记，并沿着对称性由低到高的顺序来叙述。

（1）只有轴对称的点群（C_n、S_n、D_n）

① C_n 点群　这类点群的分子唯一的对称元素是旋转轴 C_n，共有 n 个旋转操作；C_n，C_n^2，C_n^3，…，C_n^{n-1}，$C_n^n = E$ 作为群的元素，群的阶数等于 n。C_n 点群是最简单的分子点群，常见的有 C_1、C_2 点群。C_1 点群唯一的群元素 $C_1 = E$。实际上不具有任何对称性，属于 C_1 点群的有不对称碳原子分子以及大部分手性分子，见图 3-10。

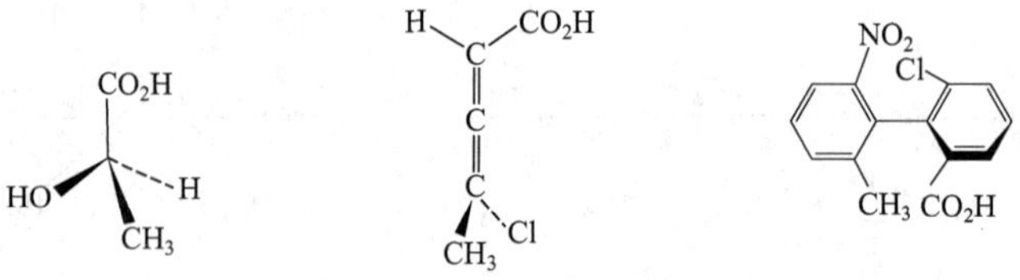

图 3-10　属于 C_1 点群的分子

属于 C_2 点群的分子有 1,3-二氯丙二烯和 1,2-二氯乙烷等，从它们的纽曼投影图会看得更清楚，见图 3-11。

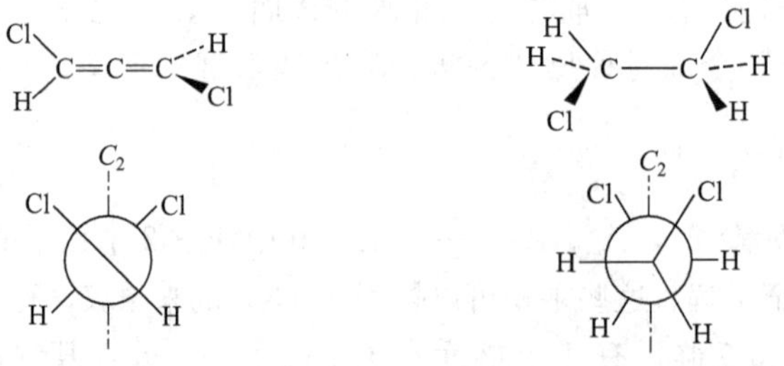

图 3-11　属于 C_2 点群的分子

② S_n 点群　属于这类点群的分子唯一的对称元素是象转轴 S_n，仅当 n 为 4 的整数倍时才能得到新群，阶次为 n。若 n 不是 4 的整数倍，写成 $n = 4P + 2(P = 0, 1, 2, \cdots)$，必定含有 $C_{\frac{n}{2}}$ 轴和对称中心 i（i 在 $C_{\frac{n}{2}}$ 轴上），即 $S_n = C_{\frac{n}{2}}\sigma_h$，属于点群 $C_{\frac{n}{2}h}$。当 n 为奇数时必定含有 C_n 轴和一个 σ_h，$S_n = C_{nh}$ 不是独立存在的群。

图 3-12 示出 S_4 点群分子，属于 S_n 点群的分子并不常见，可参见图 3-6 所示例子。

③ D_n 点群　一个 C_n 轴和 n 个与主轴 C_n 垂直的 C_2' 轴（与主轴垂直的二次轴，记作 C_2'）

且分子中不存在任何镜面，所得点群称为 D_n 点群。其对称元素有 C_n、n 个 C_2，阶次为 $2n$。

图 3-12 属于 S_4 点群的分子   图 3-13 属于 D_3 点群的分子

常见的是 D_3 群，例如沿 C—C 键扭转的乙烷，二面角 θ 为 $0° < \theta < 60°$，属于 D_3 点群，具有 D_n 对称性的分子一般很少（见图 3-13）。

（2）具有旋转轴和镜面的点群（三次轴或更高次轴的数目不多于 1）（C_{nh}，C_{nv}，D_{nh}，D_{nd}）

① C_{nh} 点群　在 C_n 点群中加上垂直 C_n 轴的镜面 σ_h 所构成的群，可以认为 $C_{nh} = C_n\sigma_h$，阶次为 $2n$。当 n 为偶数时 C_{nh} 相当于 C_n 和 i 的乘积。常见的有 C_{1h} 和 C_{2h} 点群（见图 3-14）。习惯上将 C_{1h} 点群用 C_s 符号标记，它只有一个镜面。

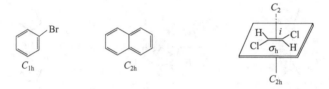

图 3-14 属于 C_{1h} 和 C_{2h} 点群的分子

② C_{nv} 点群　点群 C_n 加上 n 个通过 C_n 轴的镜面 σ_v 构成的群，所以群的阶数为 $2n$。许多分子属于 C_{2v} 点群，常见到的有 C_{1v}（$C_{1v} = C_{1h} = C_s$）、C_{2v}、C_{3v} 点群（见图 3-15）。

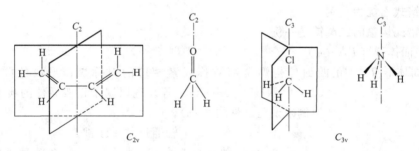

图 3-15 属于 C_{2v}、C_{3v} 点群的分子

③ D_{nh} 点群　点群 D_n 加上一个垂直于 C_n 轴的反映操作 σ_h 而构成的群。此类点群的分子有一个 C_n 轴，并有 n 个垂直主轴 C_n 的 C_2' 轴，由 C_n 轴与 C_2' 轴构成 n 个竖直平面 σ_v。还有一个包括全部 C_2' 轴的水平平面 σ_h。因此，C_n、nC_2'、σ_h 看成 D_{nh} 点群存在的基础，有 $4n$ 个群元素。当 n 为偶数时，C_n 轴隐含着 C_2 轴，而 $\sigma_h C_2 = i$，故 n 为偶数的 D_{nh} 点群有对称中心 i。

很多分子属于 D_{nh} 点群，常见的有 $D_{1h} = C_{2v}$、D_{2h}、D_{3h}、D_{4h}、D_{5h}、D_{6h} 及 $D_{\infty h}$（见图 3-16）。

④ D_{nd} 点群　点群 D_n 加上 n 个通过 C_n 轴，又平分相邻两个 C_2' 轴夹角的竖直镜面 σ_d，得到的群。由于有 σ_d、C_2'，所以也有 S_{2n}。因为主轴为 C_n，故有 n 个 σ_d 和 n 个 S_{2n}，所以是 $4n$ 阶群。常见的有 D_{2d}、D_{3d}、D_{5d} 群（见图 3-17）。

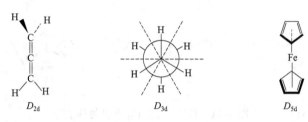

图 3-16 属于 D_{nh} 点群的分子

图 3-17 属于 D_{nd} 点群的分子

D_{2d} 也叫做 V_d，丙烯就是一例。

D_{3d} 交错式乙烷为一例。

D_{5d} 交错式构象的二茂铁是一例。

（3）多面体群（T_d，O_h）

① 四面体群 T_d 　正四面体构型全部对称元素相应的对称操作形成的群。如 CH_4、

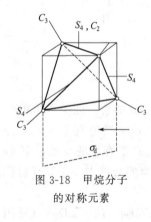

图 3-18 甲烷分子
的对称元素

ClO_4^-、NH_4^+、$Ni(CO)_4$ 等。现以属于正四面体的典型分子甲烷为例来说明（见图 3-18）。

a. 4 个 C_3 轴，每个轴通过 C—H 键。

b. 3 个 S_4 轴（与 3 个 C_2 轴重合），每个轴垂直立方体的 2 个相对平面，并通过对称中心。

c. 6 个 σ_d 面，每个面包含 2 个 C—H 键［4 个 C—H 键中每取两个键的组合是 $4!/(2! \cdot 2!)=6$］。

由 4 个 C_3 轴、3 个 S_4 轴、6 个 σ_d 组成 T_d 点群，T_d 群的对称操作分成五类：E，$3C_2$，$8C_3$，$6S_4$，$6\sigma_d$，阶次为 24。

② 八面体群 O_h 　具有正八面体构型的分子，有 8 个面、6 个顶点和 12 条棱。分子的对称元素有 3 个 C_4 轴，4 个 C_3 轴，6 个 C_2 轴，3 个 σ_h 平面，6 个 σ_d 平面，3 个 S_4 轴，4 个 S_6 轴和对称中心 i。O_h 群有 48 个对称操作，分为 10 类：E，$8C_3$，$6C_2'$，$6C_4$，$3C_2$（$=C_4^2$），i，$6S_4$，$8S_6$，$3\sigma_h$，$6\sigma_d$，阶次为 48。

许多八面体络合物如 $[Co(NH_3)_6]^{3+}$、$[Fe(CN)_6]^{3-}$、SF_6 等属于 O_h 点群。

（4）连续群 $C_{\infty v}$，$D_{\infty h}$

① $C_{\infty v}$　直线分子都有一个通过全部原子核的旋转轴，绕此轴转动任意小角度 $(2\pi/\infty)$，分子构型都保持不变，所以直线分子具有无限高次旋转轴 C_∞，同时通过旋转轴的任何平面都是镜面 σ_v，这种平面有无穷多个。假若无对称中心存在，则这种点群称为 $C_{\infty v}$ 点群。

属于此类点群的分子有左右不对称的 HCl、HC≡CCl 等直线分子。

② $D_{\infty h}$　直线分子有垂直旋转轴 C_∞ 的 σ_h，其交点必为对称中心 i，这种点群称为 $D_{\infty h}$ 点群。如 H_2、HC≡CH 等分子属于此类点群。

将分子点群的分类和相应点群的对称元素以及其阶次列于表 3-3。

表 3-3　分子点群分类表

点　群	对称元素	阶
1. 只存在轴对称的点群		
C_n	E，C_n，C_n^2，C_n^3，…，C_n^{n-1}	n
C_1	E	1
C_2	E，C_2	2
S_n	E，S_n	n
$S_1=C_{1h}$	$\sigma(E)$	1
$S_2=C_i$	E，i	2
S_3	E，C_3，σ_h	3
S_4	E，S_4，$S_4^2=C_2$，S_4^3	4
S_6	E，S_6，$S_6^2=C_3$，$S_6^3=i$，$S_6^4=C_3^2$，S_6^5	6
D_n	E，C_n，$nC_2'(\perp C_n$，夹角为 $\frac{\pi}{n})$	$2n$
D_2	E，$C_2(x)$，$C_2(y)$，$C_2(z)$	4
D_3	E，$2C_3$，$3C_2$	6
2. 具有旋转轴和镜面的点群		
C_{nv}	E，C_n，$n\sigma_v$	$2n$
$C_{1v}=C_{1h}=C_s$	E，σ	2
C_{2v}	E，C_2，$2\sigma_v$	4
C_{nh}	E，C_n，σ_h	$2n$
$C_{1h}=C_s$	E，σ_h	2
C_{2h}	E，C_2，σ_h，i	4
D_{nd}	E，C_n，$nC_2'(\perp C_n)$，$n\sigma_d$	$4n$
$D_{2d}=V_d$	E，C_2，$2C_2'$，$2\sigma_d$，$2S_4$	8
D_{nh}	E，C_n，$nC_2'(\perp C_n)$，σ_h	$4n$
$D_{2h}=V_d$	E，$3C_2$，i，σ_v，σ_h，σ_d	8
D_{3h}	E，$2C_3$，$3C_2'$，$2S_3$，$3\sigma_v$，σ_h	
3. 多面体群		
T_d	E，$3C_2$，$8C_3$，$6S_4$，$6\sigma_d$	24
O_h	E，$6C_2$，$8C_3$，$6C_4$，$3C_2(=C_4^2)$，i，$6S_4$，$8S_6$，$3\sigma_h$，$6\sigma_d$	48
4. 连续群(直线分子对称群)		
$C_{\infty v}$	E，C_∞，$\infty\sigma_v$	
$D_{\infty h}$	E，C_∞，σ_h，i	

5. 分子点群的判别

对于已知构型的分子，必须知道属于何种点群才能应用分子对称性以及群论进行分析。确定的方法可参看表 3-4，按表的顺序找出分子的对称元素，确定分子所属点群。

表 3-4　确定点群的顺序

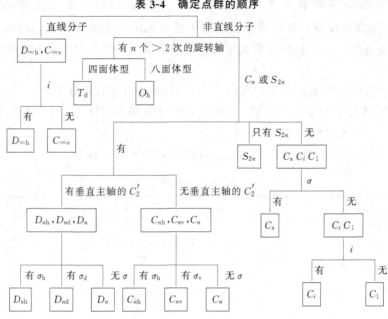

① 如果是直线分子，有对称中心 i 属于 $D_{\infty h}$ 群，无对称中心 i 属于 $C_{\infty v}$ 群。

② 若不是直线分子，观察分子的结构与四面体、六面体、八面体等正多面体哪一种相近。因为属于这类点群的分子，通常较容易从图像区别。然后再确定分子是否具有 2 个以上的 C_3 轴。譬如有 4 个 C_3 轴，若是正四面体构型则属于 T_d 点群；若是八面体构型则属于 O_h 点群。

以上两步确定的是"特殊"群。

③ 对于不属于"特殊群"的分子，先要判断有无 C_n 轴，不具有 C_n 轴的可能是 C_s、C_i、C_1 群。不存在对称面也不存在对称中心的是 C_1 群。只有对称面者为 C_s 点群，仅有对称中心者为 C_i 点群。

④ 如果分子只有 S_{2n} 轴及相应对称操作为 S_{2n} 点群。

⑤ 对于具有 C_n 轴的分子，根据有无垂直主轴的 C_2' 轴分成两类，无 C_2' 者为 C_n 类点群，有 C_2' 者为 D_n 类点群。

⑥ 对于 C_n 类点群有三种情况：有 σ_h 的分子属于 C_{nh} 点群；无 σ_h、有 n 个 σ_v 属于 C_{nv} 点群；无 σ_h、σ_v 者属于 C_n 点群。对于 D 类点群也有三种可能：有 σ_h 者为 D_{nh} 点群；有 σ_d 者为 D_{nd} 点群；无对称面的属于 D_n 点群。

在研究分子属于何种点群时，做分子的立体模型容易帮助理解。但重要的是提高空间想象力，用图像来理解分子对称性。

三、分子的偶极矩和旋光性的预测

1. 分子的偶极矩

关于偶极矩的定义见本书"第八章一、"。

分子的组成和构型决定了分子的对称性。分子的构型是由一定种类、数目的原子空间排列而成，原子的空间排布实质上包含着原子核的排布与电子云的分布。这就是说分子的对称性也反映了分子中的原子核和电子云分布的对称性。偶极矩是描述分子中正负电荷分布情况的物理量，它是一个矢量，当分子在对称操作下发生变换时，似乎偶极矩也应发生相应的变换。但是，分子的对称性表明分子在对称操作下具有变成等价构型或复原的性质。因此在对称操作下，偶极矩不应该发生变化。即偶极矩大小与方向不能发生变化。

这是一个重要的结论，据此可作如下推论。

① 如果分子有一个 n 重旋转轴（一重轴除外），若分子有偶极矩，它应位于该轴上，这样在做对称操作时偶极矩才不变化。

② 具有两个或多个互不重合旋转轴的分子偶极矩应为零，因为分子偶极矩不能同时位于两个或两个以上的轴上。

③ 如果分子仅有一个镜面（如分子平面），则其偶极矩必位于此平面上；如果分子有几个镜面，则其偶极矩一定位于镜面的交线上，否则在做反映操作时偶极矩将发生变化。

④ 具有对称中心的分子其偶极矩为零，因在做反演操作时把所有的向量方向倒置，偶极矩将发生变化。

概括以上分析可根据分子对称元素是否交于一点来预测分子有无偶极矩，交于一点者无偶极矩。这就是分子偶极矩对称性判据。

根据这一判据得出点群 C_i、C_{nh}、D_{nd}、D_{nh}、O_h 和 $D_{\infty h}$ 的分子无偶极矩。

因为 C_i 群的分子有对称中心，C_{nh} 和 D_{nh} 点群的分子其两个对称元素（σ_h 和 C_n）交于一点，T_d、O_h 和 $D_{\infty h}$ 群分子的旋转轴多于一条且交于一点。

只有 C_s、C_n（如 $C_1 \sim C_6$）、C_{nv}（如 $C_{2v} \sim C_{6v}$、$C_{\infty v}$）点群的分子有偶极矩。

例如 CH_4、$SiCl_4$、$C(CH_3)_4$ 属于 T_d 点群分子，有 4 个 C_3、3 个 S_4、多个互不重合的旋转轴，因此偶极矩为零。$HC \equiv CCl$ 是无对称中心 i 的线性分子，应有偶极矩。

从上面的讨论可以看出，根据分子对称性只能判断分子的偶极矩是否为零，即有偶极矩还是无偶极矩，不能判断偶极矩的大小与方向。

2. 分子的旋光性

在同一平面内振动的光称为偏振光或偏光。当偏振光通过水或乙醇等化合物时，偏光的振动平面不发生变化；当通过乳酸或苹果酸等化合物时，偏光的振动平面被旋转了一定角度。某些分子具有能使偏光振动平面旋转一定角度的性质，称为分子的旋光性。

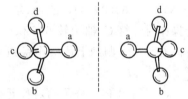

图 3-19　乳酸分子模型

以乳酸为例来说明，一种从肌肉中得到的乳酸，能使平面偏振光向右旋转，叫右旋乳酸；另一种从葡萄糖发酵得到的乳酸，能使平面偏振光向左旋转，叫做左旋乳酸。图 3-19 是两种乳酸分子的示意图，由图中看出，两种分子构型彼此之间的关系就好像实物与镜像之间的关系。但它们如左手与右手一样相似但不能重合，因是两种不同的化合物，通常称为对映异构体。

因此，判断分子有无旋光性，经典方法是检验分子与其镜像能否重合。如果两者完全重合，则没有旋光性；如果不重合则有旋光性。分子与其镜像不能重合的这种现象叫做手性。反之，分子与其镜像能够重合的现象叫做非手性。具有手性的分子称为手性分子，手性分子与其镜像互为对映异构体，所以手性分子有旋光性。

直观检验分子与其镜像能否重合，确定分子为手性或非手性，或决定分子的旋光性，对于简单分子尚容易办到，对于复杂分子相当困难。

一个分子能否与镜像重合，从本质上讲是分子对称性问题。不难理解，凡是具有象转轴 S_n 的分子能与其镜像重合，无旋光性。因为 S_n 操作可以看做由旋转操作 C_n 与反映操作 σ_h 组合而成，而且 C_n 与 σ_h 是可交换的。所以分子可以先进行反映操作得到分子的镜像，接着旋转镜像到一定角度，得到等价分子构型，即分子的镜像经过旋转以后能与分子本身重合，所以具有 S_n 轴的分子是非手性的，无旋光性。

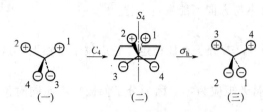

图 3-20 具有 S_4 象转轴的甲烷分子

由于 $S_1 = \sigma$，$S_2 = i$，因此，对于无 S_2 以上象转轴的分子，如果有镜面或对称中心存在，则不具有旋光性。但具有 S_2 以上象转轴的分子，用此判断则失效。例如甲烷分子如图 3-20 所示，为便于观察，用 ⊕、⊖ 代替氢原子。从图中看出，甲烷分子无镜面，也无对称中心。若据此得出甲烷分子是旋光性的，则与事实不符。但可以证明甲烷分子具有象转轴 S_4，如先进行旋转操作 C_4 由（一）得（二），再经过反映操作 σ_h 由（二）得（三），（三）与（一）是等价的。由于甲烷分子具有 S_4 轴，所以甲烷分子无旋光性，这一判断是正确的。由此得出：具有象转轴的分子是非手性的，无旋光性。不具有象转轴的分子，可能有旋光性。

在有机化学中，常根据分子无镜面或无对称中心来判断分子为手性的，一般能得到正确的结果。因为这些分子比较简单，不具有 S_2 以上的象转轴。比较复杂的分子，具有 S_2 以上象转轴的分子则出现例外。

四、基本例题解

（1）证明苯分子有 C_6、C_3、C_2、C_3^2、C_6^{-1}、E 操作。

解 如图 3-21 所示，苯分子有 C_6 轴，当进行第一次 C_6 操作时，绕 C_6 轴旋转 $2\pi/6$ 得到等价构型；当进行第二次 C_6 操作，绕 C_6 轴旋转 $2 \times 2\pi/6 = 2\pi/3$，又得到等价构型，所以 $C_6^2 = C_3$；当进行第三次 C_6 操作 $3 \times 2\pi/6 = \pi$ 时再次得到等价构型，所以 $C_6^3 = C_2$；同理 $C_6^4 = C_3^2 (4 \times 2\pi/6 = 2 \times 2\pi/3)$，$C_6^5 (5 \times 2\pi/6)$，$C_6^5 = C_6^{-1}$；当进行第六次旋转操作时，绕 C_6 轴旋转 $6 \times 2\pi/6 = 2\pi$，构型复原，所以 $C_6^6 = E$。归纳上述操作系列可得 C_6，C_3，C_2，C_3^2，C_6^{-1}，E。

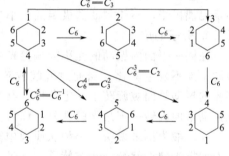

图 3-21 苯分子绕 C_6 轴的各种可能操作

（2）写出 PF_5 分子的对称元素。

解 PF_5 分子属于三角双锥构型（见图 3-22），通过 P 原子和两个轴向 F 原子有一个 C_3

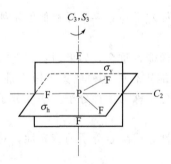

图 3-22 PF_5 分子的对称元素

轴。当进行第一次 C_3 操作时，绕 C_3 轴旋转 $2\pi/3$，赤道方向的 F 原子移到相邻 F 原子，成等价构型；当进行第二次 C_3 操作时，绕 C_3 轴旋转 $2 \times 2\pi/3$，又得到等价构型，表示成 C_3^2；当进行第三次旋转操作时，绕 C_3 轴旋转 $3 \times 2\pi/3$，构型复原，所以 $C_3^3 = E$。由图看出 PF_5 分子有 3 个 P—F 键位于垂直 C_3 轴的赤道面上，这个面为 σ_h。位于 σ_h 上的 P—F 键称为赤道键。

通过一个赤道键又平分另外两个赤道键夹角是 C_2 轴，C_2 轴垂直主轴 C_3，故称 C_2 为副轴。因有 3 个 P—F 赤道键，所以有 $3C_2$。由于一个 C_2 轴与一个 C_3 轴可形成一个 σ_v，所以有 3 个 σ_v；经过 C_3 旋转操作，又经 σ_h 反映操作，$\sigma_h C_3 = S_3$，得到一个 S_3 轴。因此，PF_5 的对称元素有 E、C_3、$3C_2$、$3\sigma_v$、σ_h 和 S_3。

（3）证明四个数 1、-1、i 和 -i 组成的集合是一个群。

解 定义元素间的运算为乘积，则有：

① $1 \times i = i$，$-1 \times i = -i$，$-1 \times -i = i$，$i \times i = -1$，其中任何两元素之积均为集合中的一个元素。

② $[1 \times (-1)] \times i = 1 \times (-1 \times i) = -i$，结合律成立。

③ 单位元素是 1。

④ 4 个元素都有逆，1 的逆是 -1，-1 的逆是 1，i 的逆是 $-i$，$-i$ 的逆是 i。

从以上证明看出本题集合满足群的 4 个条件，所以这个集合是一个群。

（4）证明 NH_3 分子属于 C_{3v} 点群。

解 氨分子的全部对称元素（见图 3-23），一个是通过氮原子且垂直于 3 个氢原子平面，并与 z 轴一致的 C_3 轴；另外 3 个是通过 1 个氢原子平分其他两个氢原子连线的对称面 σ_v、σ'_v、σ''_v。与这四种对称元素相对应的全部对称操作有以下六种：

C_3（绕 C_3 轴旋转 $2\pi/3$ 角度）

C_3^2（绕 C_3 轴旋转 $2 \times 2\pi/3$ 角度）

σ_v（用 σ_v 反映）

σ'_v（用 σ'_v 反映）

σ''_v（用 σ''_v 反映）

$C_3^3 = \sigma_v^2 = \sigma'^2_v = \sigma''^2_v = E$（恒等操作）

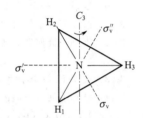

图 3-23 氨分子的对称元素

同样，这些对称操作的集合也满足定义群的 4 个条件：

① 恒等操作是单位元素 E；

② $\sigma''_v C_3 \sigma_v = (\sigma''_v C_3) \sigma_v = \sigma'_v \sigma_v = C_3$，$\sigma''_v C_3 \sigma_v = \sigma''_v (C_3 \sigma_v) = \sigma''_v \sigma'_v = C_3$（结合律成立）；

③ 逆元素存在，$C_3^{-1} = C_3^2$，$\sigma_v^{-1} = \sigma_v$，$\sigma'^{-1}_v = \sigma'_v$，$\sigma''^{-1}_v = \sigma''_v$；

④ 2 个对称操作连续作用的结果，等于第 3 个对称操作的作用。如 $\sigma_v C_3 = \sigma'_v$，$\sigma_v C_3^2 = \sigma''_v$。

因此，氨分子对称操作的完全集合也组成一个群。由于只有 6 个元素所以是六阶群。这个群的几何特征是 C_3 轴与通过此轴的对称面 σ_v，故称 C_{3v} 点群。

（5）写出反式 1,2-二氯乙烯的乘法表。

解 由图 3-2 看出，反式 1,2-二氯乙烯的对称元素为 C_2、σ_h、i，相应的对称操作有 C_2、$C_2^2 = E$、σ_h、i，为 C_{2h} 点群，其乘法表为：

C_2	E	C_2	i	σ_h
E	E	C_2	i	σ_h
C_2	C_2	E	σ_h	i
i	i	σ_h	E	C_2
σ_h	σ_h	i	C_2	E

习 题

3-1 列出与对称元素 S_5 轴相对应的一系列对称操作，并写明哪些可用另外的符号标记。

3-2 列出下列分子的群元素。

(a) H_2Te，(b) IF_5，(4 个 F 位于同一平面，1 个 F 在顶端)，(c) ClF_3，(d) XeF_4，(e) $(BHNH)_3$，(f) SO_2

3-3 给出下列分子有哪些对称元素及所属点群。

(a) 吡啶，(b) 乙炔，(c) $H_2C = C = CH_2$，(d) 交错构型乙烷，(e) PCl_5（三角双锥构型），(f) 间二氯苯

3-4 列出 D_3 群的元素并推测旋光性与偶极矩。

3-5 写出三氯甲烷分子的群元素及其乘法表。

3-6 下列分子各属何种点群。

(a) BF_3，(b) C_2H_2，(c) 苯，(d) 菲，(e) 萘

3-7 指出下列分子的群元素及所属点群。

(a) $[PtCl_4]^{2+}$，(b) $H_2C\!=\!C\!=\!CH_2$，(c) NO_3^-，(d) Hg_2Cl_2，(e) 二茂铁，(f) $[AuCl_4]^-$（平面正方形）

3-8 列出下列分子所属点群并给出哪些分子有永久偶极矩。

(a) NO_2（弯曲），(b) CH_3Cl，(c) 顺式 $CHCl\!=\!CHCl$，(d) 氯苯

3-9 列出下列分子所属点群并给出哪些分子可能有旋光性。

(a) 环己烷（椅式），(b) B_2H_6，(c) CO_2，(d) $Co(en)_3^{3+}$（en 表示乙二胺，可不考虑其结构），(e) S_8（冠式）

3-10 D_{2h} 群有一个 C_2 轴垂直于主轴 C_2，还有一个水平镜面，证明此群还有一个对称中心 i。

3-11 假如某分子的对称元素有 C_2 轴和一个 σ_v，证明必有 σ_v'。

3-12 下列点群何者为阿贝尔群。

$$C_{2h}, \ C_{2v}, \ C_3, \ C_{3v}$$

3-13 说明 H_2O_2 属何种点群，有无旋光性，推测其异构体。

3-14 已知下列分子偶极矩为零，推测分子的构型。

(a) SO_3，(b) C_3O_2，(c) C_2I_2，(d) PF_5

3-15 已知 1,2-二氯乙烯有顺反两种异构体，说明所属点群，推测其偶极矩。

第四章　分子轨道理论

分子是化学研究的主要对象之一。从本章开始我们讨论分子是怎样形成的。分子由原子组成，两个或多个原子（或离子）可以结合成稳定的分子或晶体，说明原子间必然存在强烈的相互作用，通常称这种作用为化学键。化学键可大致分为共价键、离子键和金属键三种。本章及第五、六章介绍共价键，第十章介绍离子键与金属键。

20 世纪初，在原子结构理论初步形成的基础上，首先由路易斯（Lewis）等提出原子价电子理论，认为化学键是两原子共享电子对形成的，这个理论解释了许多实验事实。但在评价一个化学键理论时，应以能否解释清楚以下问题为标准。

① 决定化学键强度的因素。

② 分子中原子成键的数目（饱和性）。

③ 分子的空间构型（成键的方向性）。

原子价电子理论尚不能解释"共享电子对"的深刻含意，更不能解释共价键的饱和性和方向性。

现代共价键理论是以量子力学为基础的。量子力学出现后不久，在 1927 年海特勒（Heitler）和伦敦（London）首先成功地应用量子力学处理氢分子问题，从此真正开始了对共价键本质的认识。在这一理论基础上由鲍林（Pauling）和斯莱特（Slater）发展成为价键理论。随后，马利肯（Mulliken）、洪德（Hund）等又提出了分子轨道理论。此后，根据配合物的结构特性又发展了配位场理论。价键理论、分子轨道理论、配位场理论是近代化学键的三大主要理论。这些理论是以量子力学为基础的。

分子轨道理论已被一系列实验所肯定，同时它还能解释其他理论不能解释的实验事实，所以它在三大共价键理论中居于首要地位。本章以量子力学处理氢分子离子（H_2^+）的结果为基础，介绍分子轨道理论及其在双原子分子体系和多原子共轭分子体系中的成功应用。还简要介绍前沿轨道理论与分子轨道对称守恒原理。

一、氢分子离子

氢分子离子（H_2^+）是最简单的分子，它由两个质子和一个电子组成，在化学上是一个极不稳定的体系，但在质谱和气体放电的光谱中已证实了它的存在。

氢分子离子的薛定谔方程，在玻恩-奥根海默近似下，可以精确求解，但在数学处理上相当复杂，而这些解不能向一般分子推广。为此采用线性变分法处理 H_2^+。并且，这种方法特别适用于求得体系的最低能量，而化学问题最感兴趣的是基态能量对应的状态。变分法是解薛定谔方程的一种近似方法，得到的是近似解。

由于 H_2^+ 有准确的光谱数据，能够和计算结果相比较，故可以直接检验处理方法的准确性。

1. 氢分子离子的薛定谔方程

H_2^+ 的坐标如图 4-1 所示，图中 a、b 代表两个原子核，r_a、r_b 分别代表电子与两个原子核的距离。R 代表两个原子核之间的距离。采用玻恩-奥根海默近似，将原子核视为不动。计算结果表明，若原子核移动 1mm，则电子将迅速移动 1m，因此假定核不动产生的误差是

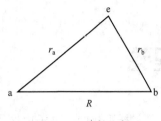

图 4-1　H_2^+ 的坐标

很小的，其他分子的原子核均比 H_2^+ 的核重，这种近似就更合理。这样将 H_2^+ 问题简化为一个电子在两个固定质子的库仑场中运动，故 R 为常数，则体系的势能为：

$$V = \frac{e^2}{4\pi\varepsilon_0}\left(-\frac{1}{r_a} - \frac{1}{r_b} + \frac{1}{R}\right) \tag{4-1}$$

第一、二项表示电子受核吸引势能（负值），第三项表示两个原子核的静电排斥能，体系的哈密顿算符为：

$$\hat{H} = -\frac{\hbar^2}{2m}\nabla^2 + \frac{e^2}{4\pi\varepsilon_0}\left(-\frac{1}{r_a} - \frac{1}{r_b} + \frac{1}{R}\right) \tag{4-2}$$

式中第一项表示电子动能算符，第二项表示电子势能算符。m 表示电子的质量。

写成算符形式的薛定谔方程为：

$$\hat{H}\psi = E\psi \tag{4-3}$$

固定核间距 R，解方程式(4-3)，得到分子波函数 ψ 和能量 E。随着 R 的改变，可得到一系列波函数和相应的能量，与电子能量出现极小值相对应的 R 就是平衡核间距 R_e。

2. 变分法简介

（1）变分原理

根据平均值假设（假设 4），能量平均值式(1-35) 为：

$$E = \frac{\displaystyle\int \psi^* \hat{H}\psi \mathrm{d}^3 r}{\displaystyle\int \psi^* \psi \mathrm{d}^3 r} \tag{4-4}$$

式中，ψ 是分子波函数。

对于一般分子体系的薛定谔方程式(4-3)，难以精确求解出 ψ，因而无法求 E。可以人为地选择一个试探函数（或称变分函数）φ，把它代入式(4-4)，则能量平均值 ε 为：

$$\varepsilon = \frac{\displaystyle\int \varphi^* \hat{H}\varphi \mathrm{d}^3 r}{\displaystyle\int \varphi^* \varphi \mathrm{d}^3 r} \geqslant E \tag{4-5}$$

式(4-5)表明由试探函数 ϕ 描述体系的状态，并满足边界条件，计算能量的平均值 ε 总是大于基态能量 E。只有当选择的试探函数恰好为基态波函数时，等号才成立。也就是说，按试探函数计算的能量平均值是基态波函数计算能量的上限。这就是变分原理。

这个原理能使人们不断地变更试探函数，寻找最低能量 ε_0（ε_0 最接近 E），相应的试探函数 ϕ 也就最接近真实波函数 ψ 的近似波函数，这样的 ϕ 称为最佳试探函数。

（2）线性变分法

通常根据体系的物理状态，选择适当的试探函数，以期使用比较少的参数经过不太复杂的计算得到较好的结果。同时还要求试探函数符合波函数的合格条件。在量子化学中常采用线性变分法，也就是用一组已知函数 χ_1，χ_2，$\cdots$，χ_r 的线性组合来表示试探函数 φ，即：

$$\varphi = C_1\chi_1 + C_2\chi_2 + \cdots + C_r\chi_r \tag{4-6}$$

式中，χ_1，χ_2，$\cdots$，χ_r 叫做基函数。因为参数作为函数的系数出现，计算起来比较简单。最常用的基函数是原子轨道。试探函数表示为原子轨道的线性组合（常记为 LCAO）。求试探函数的问题变成求解参数 C_1，C_2，$\cdots$，它们成为求解的未知数。

这表明一旦选定了试探函数 φ 中的基函数 χ 之后，则求得的能量 ε 仅与待定系数 C_i 有关，即 ε 是系数 C_i 的函数。

$$\varepsilon = \varepsilon(C_1, C_2, \cdots, C_r)$$

将 $\varepsilon(C_1, C_2, \cdots, C_r)$ 分别对 $C_1, C_2, \cdots, C_r$ 求极值，得到方程组

$$\frac{\partial \varepsilon}{\partial C_i} = 0 \qquad (i = 1, 2, \cdots, r)$$

解此方程组，求得使 ε 为极小值 ε_0 时相应的参数 $C_1, C_2, \cdots, C_r$。这样便可求得基态近似波函数和相应的近似能量 ε_0。

变分法的优点是不受 $\hat{H}$ 形式的限制，能够较方便地求得体系的最低能量，而化学主要讨论的是最低能量状态，即基态。缺点是不知所得结果与真实值的差距，因为一般情况下不知道真实值。

变分法主要用于获得基态近似能量和近似波函数，也可以用来处理激发态，由于不同能量本征值的波函数是正交的，在处理激发态时要选择与基态正交的试探函数。

3. 用线性变分法求解 H_2^+ 的薛定谔方程

根据前述，试探函数选为两个氢原子的基态波函数 ϕ_a 和 ϕ_b 的线性组合：

$$\varphi = C_1 \phi_a + C_2 \phi_b \tag{4-7}$$

这样选择试探函数，有其物理图像。当 H_2^+ 中的两个原子核分离很远时，若电子只属于 a 核，则式(4-2) 中 $-\frac{1}{r_b}$ 和 $\frac{1}{R}$ 两项可以忽略，这时它变为氢原子 a 的薛定谔方程，它的基态（1s 态）为：

$$\phi_a = \frac{1}{\sqrt{\pi}} \exp[-r_a] \tag{4-8}$$

若电子只属于 2 核，也为氢原子的基态。

$$\phi_b = \frac{1}{\sqrt{\pi}} \exp[-r_b] \tag{4-8'}$$

实际上电子属于两个核，故选择变分函数 φ 为 ϕ_a 与 ϕ_b 的线性组合。

选择式(4-7) 形式的试探函数，有清晰的物理图像，表明原来属于 a 核或 b 核的电子，现要在核 a 与 b 构成的分子势场中运动，涉及两个核占有的空间，它是属于 H_2^+ 中的一个电子。ϕ_a 与 ϕ_b 被称为原子轨道，φ 是分子轨道。所以原子轨道线性组合构成的试探函数能反映出分子轨道的某些重要特征。

将式(4-7) 代入式(4-5)：

$$\varepsilon(C_1, C_2) = \frac{\int (C_1 \phi_a + C_2 \phi_b)^* \hat{H}(C_1 \phi_a + C_2 \phi_b) d^3 r}{\int (C_1 \phi_a + C_2 \phi_b)^2 d^3 r}$$

$$= \frac{C_1^2 \int \phi_a^* \hat{H} \phi_a d^3 r + 2 C_1 C_2 \int \phi_a^* \hat{H} \phi_b d^3 r + C_2^2 \int \phi_b^* \hat{H} \phi_b d^3 r}{C_1^2 \int \phi_a^2 d^3 r + 2 C_1 C_2 \int \phi_a \phi_b d^3 r + C_2^2 \int \phi_b^2 d^3 r} \tag{4-9}$$

式中利用了 $\int \phi_a^* \hat{H} \phi_b d^3 r = \int \phi_b^* \hat{H} \phi_a d^3 r$，因为核 a 与核 b 是全同的，为书写方便，令：

$$H_{a,a} = \int \phi_a^* \hat{H} \phi_a d^3 r \qquad\qquad H_{b,b} = \int \phi_b^* \hat{H} \phi_b d^3 r$$

$$H_{a,b} = \int \phi_a^* \hat{H} \phi_b d^3 r \qquad\qquad S_{a,a} = \int \phi_a^2 d^3 r$$

$$S_{b,b} = \int \phi_b^2 d^3 r \qquad\qquad S_{a,b} = \int \phi_a \phi_b d^3 r$$

代入式(4-9)，并设分子为 Y，分母为 Z，得：

$$\varepsilon(C_1,C_2)=\frac{C_1^2 H_{a,a}+2C_1 C_2 H_{a,b}+C_2^2 H_{b,b}}{C_1^2 S_{a,a}+2C_1 C_2 S_{a,b}+C_2^2 S_{b,b}}=\frac{Y}{Z}$$

对 ε 分别关于 C_1、C_2 求偏导取极值：

$$\frac{\partial \varepsilon}{\partial C_1}=\frac{1}{Z}\frac{\partial Y}{\partial C_1}-\frac{Y}{Z^2}\frac{\partial Z}{\partial C_1}=0$$

$$\frac{\partial \varepsilon}{\partial C_2}=\frac{1}{Z}\frac{\partial Y}{\partial C_2}-\frac{Y}{Z^2}\frac{\partial Z}{\partial C_2}=0$$

注意到 $\dfrac{Y}{Z}=\varepsilon$，由于 ε 为极值时已是体系近似能量，可用 E 来代替 ε，于是得：

$$\frac{\partial Y}{\partial C_1}-E\frac{\partial Z}{\partial C_1}=0 \qquad\qquad \frac{\partial Y}{\partial C_2}-E\frac{\partial Z}{\partial C_2}=0$$

计算得：

$$C_1(H_{a,a}-ES_{a,a})+C_2(H_{a,b}-ES_{a,b})=0$$
$$C_1(H_{a,b}-ES_{a,b})+C_2(H_{b,b}-ES_{b,b})=0 \tag{4-10}$$

式（4-10）是含有两个未知待定系数 C_1、C_2 的齐次方程组，常称为久期方程（因为类似的方程出现在天文学问题的久期运动，所以叫久期方程）。对于 $C_1=C_2=0$ 显然是一个解，但这毫无意义，要得到非零解，则其系数行列式必须为零：

$$\begin{vmatrix} H_{a,a}-ES_{a,a} & H_{a,b}-ES_{a,b} \\ H_{a,b}-ES_{a,b} & H_{b,b}-ES_{b,b} \end{vmatrix}=0$$

这个行列式称为久期行列式。因 H_2^+ 的两个核是等同的，$H_{a,a}=H_{b,b}$，ϕ_a 和 ϕ_b 又是归一化函数，$S_{a,a}=S_{b,b}=1$，得：

$$(H_{a,a}-E)^2=(H_{a,b}-ES_{a,b})^2$$

由此解得 E 的两个根：

$$E_1=\frac{H_{a,a}+H_{a,b}}{1+S_{a,b}} \tag{4-11}$$

$$E_2=\frac{H_{a,a}-H_{a,b}}{1-S_{a,b}} \tag{4-11$'$}$$

E_1 与 E_2 是 H_2^+ 的基态和第一激发态的近似能量。将 E_1 代入式（4-10）可得 $C_2/C_1=1$，这时试探函数已具有近似波函数的物理意义。故近似波函数为：

$$\psi_1=C_1(\phi_a+\phi_b)$$

同样将 E_2 代入式（4-10），可得 $C_2'/C_1'=-1$，得另一波函数为：

$$\psi_2=C_1'(\phi_a-\phi_b)$$

由波函数的归一化求得：

$$\int \psi_1^2 \mathrm{d}^3 r = C_1^2\int(\phi_a+\phi_b)^2\mathrm{d}^3 r = C_1^2\left(\int \phi_a^2 \mathrm{d}^3 r+2\int \phi_a\phi_b \mathrm{d}^3 r+\int \phi_b^2 \mathrm{d}^3 r\right)=C_1^2(2+2S_{a,b})=1$$

$$C_1=\frac{1}{\sqrt{2+2S_{a,b}}}$$

同样求得：

$$C_1'=\frac{1}{\sqrt{2-2S_{a,b}}}$$

于是归一化的两个近似波函数为：

$$\psi_1=\frac{1}{\sqrt{2+2S_{a,b}}}(\phi_a+\phi_b)\quad\text{（与 }E_1\text{ 对应）} \tag{4-12}$$

$$\psi_2 = \frac{1}{\sqrt{2-2S_{a,b}}}(\phi_a - \phi_b) \quad (\text{与} E_2 \text{对应}) \tag{4-12'}$$

ψ_1 与 ψ_2 是描写 H_2^+ 中单电子运动状态的波函数，由于它们是分子的单电子波函数，所以称为分子轨道。下面能够证明 ψ_1 是成键分子轨道，ψ_2 是反键分子轨道。

4. 变分法处理 H_2^+ 所得主要结果的分析

上面的能量和波函数的表达式中均包含 $H_{a,a}$、$H_{a,b}$ 和 $S_{a,b}$ 等积分，为了进一步理解 H_2^+ 体系能量和波函数的结果，有必要对这几个积分做些说明。

(1) $S_{a,b}$，$H_{a,a}$，$H_{a,b}$ 的意义

① $S_{a,b}$ 称为重叠积分，按定义

$$S_{a,b} = \int \phi_a \phi_b \, \mathrm{d}^3 r = S \tag{4-13}$$

简用 S 表示。S 的数值与两个原子轨道 ϕ_a 和 ϕ_b 重叠程度相关，因而也就与核间距离 R 有关。当 $R \to \infty$ 时，ϕ_a 和 ϕ_b 不发生重叠，$S=0$；当 $R=0$ 时，即核 a 与核 b 重合，则 $\phi_a = \phi_b$，$S=1$；对于其他 R 值，S 由式(4-13) 计算，通常 $S<1$，见图 4-2。S 是无量纲量。

$$S_{ab}=0 \qquad 0<S_{ab}<1 \qquad S_{ab}=1$$

图 4-2　原子轨道的重叠与积分 $S_{a,b}$ 的大小

② $H_{a,a}$ 或 $H_{b,b}$ 称为库仑积分，又称 α 积分。

$$H_{a,a} = \int \phi_a^* \hat{H} \phi_a \, \mathrm{d}^3 r = \alpha = \int \phi_a^* \left(-\frac{1}{2} \nabla^2 - \frac{1}{r_a} - \frac{1}{r_b} + \frac{1}{R} \right) \phi_a \, \mathrm{d}^3 r$$

$$= \int \phi_a^* \left(-\frac{1}{2} \nabla^2 - \frac{1}{r_a} \right) \phi_a \, \mathrm{d}^3 r - \int \phi_a^2 \frac{1}{r_b} \mathrm{d}^3 r + \frac{1}{R} \int \phi_a^2 \mathrm{d}^3 r$$

$$= \int \phi_a^* E_H \phi_a \, \mathrm{d}^3 r - \int \phi_a^2 \frac{1}{r_b} \mathrm{d}^3 r + \frac{1}{R} = E_H - \int \phi_a^2 \frac{1}{r_b} \mathrm{d}^3 r + \frac{1}{R} = E_H + J$$

$$J = -\int \phi_a^2 \frac{1}{r_b} \mathrm{d}^3 r + \frac{1}{R} \tag{4-14}$$

式中，E_H 代表氢原子（H）的能量，在式(4-14) 中的右边第一项里，因为 ϕ_a 与 $\frac{1}{r_b}$ 无关，可视为常数，写成 ϕ_a^2。它表示核 a 周围的电子云对核 b 的吸引势能。第二项表示两核排斥势能。由于两项的积分绝对值相近，符号相反，因此 J 值很小。例如 $R=106\mathrm{pm}$ 时，H_2^+ 的 J 只有 $0.73\mathrm{eV}$，而 $|E_H|=13.6\mathrm{eV}$，只占 E_H 的 5% 左右，可略去 J，因而可认为 $H_{a,a}$ 近似等于 ϕ_a 原子轨道的能量 E_H。通常称 $H_{a,a}$ 或 $H_{b,b}$ 称为库仑积分，并用 α 表示。

$$H_{a,a} = E_H + J \approx E_H$$

③ $H_{a,b}$ 称为交换积分或共振积分，又称 β 积分。

$$H_{a,b} = \int \phi_a^* \hat{H} \phi_b \, \mathrm{d}^3 r = \beta = \int \phi_a^* \left(-\frac{1}{2} \nabla^2 - \frac{1}{r_a} - \frac{1}{r_b} + \frac{1}{R} \right) \phi_b \, \mathrm{d}^3 r$$

$$= \int \phi_a^* \left(-\frac{1}{2} \nabla^2 - \frac{1}{r_b} \right) \phi_b \, \mathrm{d}^3 r + \int \left(\frac{1}{R} - \frac{1}{r_a} \right) \phi_a^* \phi_b \, \mathrm{d}^3 r$$

$$= E_H \int \phi_a^* \phi_b \, \mathrm{d}^3 r + \int \left(\frac{1}{R} - \frac{1}{r_a} \right) \phi_a^* \phi_b \, \mathrm{d}^3 r = E_H S_{a,b} + K = \beta \tag{4-15}$$

$$K = \int \left(\frac{1}{R} - \frac{1}{r_a} \right) \phi_a^* \phi_b \, \mathrm{d}^3 r$$

由式(4-15)看出 $H_{a,b}$ 与氢原子的基态能量 E_H 有关，还与 ϕ_a 与 ϕ_b 的重叠程度有关，因而也是与核间距 R 有关的函数。由于 E_H 是氢原子 b 的基态能量，而 $0 < S_{a,b} < 1$，所以 $E_H S_{a,b}$ 为负值，在 K 的积分中包含有 ϕ_a 与 ϕ_b 的乘积，故只有在 ϕ_a 与 ϕ_b 的重叠区域才不为零。但在重叠区域内 $r_a < R$，所以 K 项积分也为负值（在一般分子的核间距 R 不是特别小时，K 积分为负值）。所以 $H_{a,b}$ 在一般情况下为负值。从能量表达式(4-11)可以看出，$H_{a,b}$ 在两核相互靠近形成化学键、改变体系能量方面起重要作用。

（2）H_2^+ 体系的能量

由式(4-11)得能量 E_1 与 E_2 的表示式为：

$$E_1 = \frac{H_{a,a} + H_{b,b}}{1 + S_{a,b}} \qquad E_2 = \frac{H_{a,a} - H_{b,b}}{1 - S_{a,b}}$$

$H_{a,b}$ 是负值，$S_{a,b}$ 是小于 1 的正数，可以看出 $E_1 < E_2$，所以 E_1 是基态，E_2 是激发态。

以上两式都包含积分 $H_{a,a}$、$H_{a,b}$、$S_{a,b}$，由这些积分式看出，它们都与核间距 R 有关，所以 E_1 和 E_2 也都是 R 的函数，通过具体的积分计算，若选氢原子为坐标原点，H 与 H^+ 的核间距 R 为横坐标，可以得到 E_1 和 E_2 随 R 变化的曲线，见图4-3。能量曲线 E_1 表明当 R 很大时，H 与 H^+ 之间作用能几乎为零，两者处于独立状态；随着 R 变小，H 与 H^+ 相互靠近，由于静电吸引作用体系势能逐渐降低。当 $R = R_e$ 时势能出现极小值，当 $R < R_e$ 时 H 与 H^+ 的排斥作用表现出来，曲线开始上升。R 愈小斥力增加得愈迅速，曲线接近直线上升。

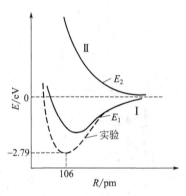

图4-3 H_2^+ 的能量曲线

（当 R 很大时 H 与 H^+ 的能量和为零）

在 R_e 处体系的能量最低，两核在 R_e 附近做微小振动，H_2^+ 能够相对稳定存在，因此 R_e 被称为平衡核间距，此时分子所处的状态由 ψ_1 描述，称 ψ_1 为 H_2^+ 的成键分子轨道。

由图4-3可见曲线 Ⅰ 表示 H 与 H^+ 的结合倾向，它主要位于势能为零的横坐标下面。曲线 Ⅱ 的能量（E_2）较高，位于横坐标之上，随着 R 增加，能量 E_2 单调下降，没有最低点；只有当 $R \to \infty$ 时，能量接近于零。能量总是大于零的，说明 H_2^+ 处于不稳定状态，它有自动解离成 H 与 H^+ 的倾向。可以看出曲线 Ⅱ 对应的状态是能量较高的不稳定状态，由 ψ_2 描述，称 ψ_2 为 H_2^+ 的反键分子轨道。

对比实验曲线（虚线）与计算曲线（实线）两者的形状很相似，曲线 Ⅰ 最低点的能量与离解产物（H＋H^+）的能量差为 H_2^+ 的平衡离解能 D_e。计算得到的 $D_e = 170.8 \text{kJ/mol}$，$R_e = 132 \text{pm}$，同实验值 $D_e = 269.0 \text{kJ/mol}$、$R_e = 106 \text{pm}$ 相比，还有较大的差别，当采用复杂的变分函数，可以得到与实验完全一致的结果（见表4-1）。

表4-1 H_2^+ 的平衡核间距、总能量以及离解能的计算值

项目	准确计算	简单 LCAO	变分 LCAO	实验数据
$R_e / 10^{-10} \text{m}$	1.06	1.32	1.06	1.06
D_e / eV	2.79	1.76	2.25	2.79
总能量/eV	16.39	15.36	15.85	16.39

通常用 α、β、S 表示 $H_{a,a}$、$H_{a,b}$、$S_{a,b}$ 代入式(4-11)，得：

$$E_1 = \frac{\alpha + \beta}{1 + S} \qquad E_2 = \frac{\alpha - \beta}{1 - S}$$

经变化有：

$$E_1 = \frac{\alpha + \alpha S + \beta - \alpha S}{1 + S} = \alpha + \frac{\beta - \alpha S}{1 + S} \approx \alpha + \beta \tag{4-16}$$

$$E_2 = \frac{\alpha - \alpha S - \beta + \alpha S}{1 - S} = \alpha - \frac{\beta - \alpha S}{1 - S} \approx \alpha - \beta^* \tag{4-16'}$$

由于重叠积分 S 的值比 1 小得多，因此做如上近似处理。可以看出 $|\beta^*| > |\beta|$。式（4-16）的结果示于图4-4中，图中 E_1 对应成键分子轨道能量，E_2 对应反键分子轨道能量，可见 β 在形成稳定分子方面起着重要作用，它反映分子稳定的程度，其绝对值愈大，成键能下降得愈多，分子愈稳定。

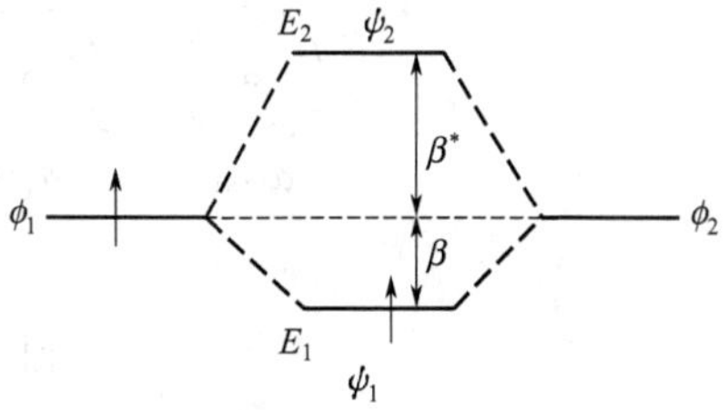

图 4-4　H_2^+ 分子轨道能级示意

（3）电子概率密度分布平面图

从分子中电子的密度分布可以了解共价键的成因。

用变分法近似解 H_2^+ 的薛定谔方程，可得两个分子轨道 ψ_1 和 ψ_2 ［式（4-12）、式（4-12'）］，以及相应的能量 E_1 和 E_2 ［式（4-11）］，其相应的概率密度函数（电子云）分别为：

$$\psi_1^2 = \frac{1}{2 + 2S}(\phi_a^2 + 2\phi_a\phi_b + \phi_b^2) \tag{4-17}$$

$$\psi_2^2 = \frac{1}{2 - 2S}(\phi_a^2 - 2\phi_a\phi_b + \phi_b^2) \tag{4-17'}$$

从式（4-8）和式（4-8'）可以看出 ϕ_a 与 ϕ_b 都是实函数，所以电子概率密度用 ψ^2 表示。以上两式中 ϕ_a^2、ϕ_b^2 表示原子轨道分别在核 a 与核 b 上的电子密度，$2\phi_a\phi_b$ 表示在形成分子轨道过程中电子概率密度的变化。对于 ψ_1^2、$2\phi_a\phi_b$ 为正值，说明电子在核间聚集；对于 ψ_2^2 为 $-2\phi_a\phi_b$，说明电子在核间回避。这一点图4-5表述得更清楚。

由式（4-8）和式（4-8'）可以看出 ϕ_a 或 ϕ_b 分别是电子与核距离 r_a、r_b 的函数，当然 ψ^2 也是 r_a、r_b 的函数，由电子相距核的不同点计算得到 ψ^2，电子概率密度沿通过键轴的变化曲线如图4-5所示。

从图 4-5（a）可以看出，电子概率密度 ψ^2 除在两核周围有一定的分布外，在两核之间有较大的分布，核间的电子概率密度把两个核结合在一起，体系能量降低，势能曲线出现极小值（图4-3），形成稳定的分子，呈成键状态，故 ψ_1 称为成键分子轨道。从图 4-5（b）可以看出，ψ_2^2 在两核之间的电子概率密度极小，

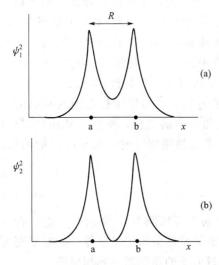

图 4-5　H_2^+ 沿键轴的电子概率密度分布

出现分子波函数 ψ_2 为零的节面，因而能量较高，势能曲线随核间距减少而升高，没有极小值（图4-3），是不稳定的分子体系，因此称 ψ_2 为反键分子轨道。

（4）分子轨道平面等值线图

已知 ψ_1 与 ψ_2 都是 r_a、r_b 的函数，由电子相距两核的不同点，计算得到 ψ_1、ψ_2（不是 ψ_1^2，ψ_2^2）的值，分别将 ψ_1、ψ_2 的等值点连接起来形成分子轨道平面等值线图，如图4-6右侧所示。左侧图形表示原子轨道 $\phi_a(1s)$ 与 $\phi_b(1s)$ 的线性组合，$\phi_a(1s)$ 与 $\phi_b(1s)$ 分别用原子轨道的平面角度分布图表示，图中箭头表示经线性变分法解得 H_2^+ 的两个分子轨道，一个

是成键分子轨道 ψ_1，另一个是反键分子轨道 ψ_2。ψ_1 的能量低，是 H_2^+ 的基态，ψ_2 的能量高，可以成为 H_2^+ 的激发态。因轨道的数值有正、负之分，所以图中标有＋、－号。从图 4-6 可看出原子轨道相互重叠形成分子轨道。

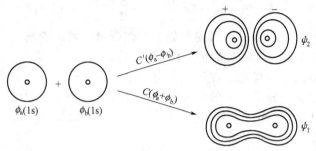

图 4-6　H_2^+ 的线性变分法的解

ψ_1 与 ψ_2 存在如下对称性：

（ⅰ）对称中心，ψ_1 是中心对称的，ψ_2 是中心反对称的。

（ⅱ）镜面，通过分子轴线的平面。

这种图示法在第三节介绍分子轨道类型、符号和能级顺序中得到应用。

（5）对 H_2^+ 形成共价键的认识

应用量子力学方法采用玻恩-奥根海默近似、线性变分法解 H_2^+ 的薛定谔方程，得到成键分子轨道 ψ_1 与反键轨道 ψ_2。ψ_1 两核之间原子轨道重叠较多，当电子进入 ψ_1 时电子密度在两核之间分布密集，核间大的电子密度把两个核结合在一起，使体系的能量降低，形成稳定的分子，表明原子间有较强的相互作用，即形成了稳定的化学键，因此称 ψ_1 为成键轨道。当电子进入 ψ_2 时，两核之间电子密度分布极少，体系的能量升高，是不稳定的体系，具有解离成原子的倾向，因此称 ψ_2 为反键轨道。它们都是分子存在的一种状态，表明分子中的原子有相互作用存在，称这种作用为共价键。这就是分子轨道理论对共价键的认识。

从能量角度看，H_2^+ 中的电子具有动能和势能，势能包括电子与原子核之间的吸引能和电子之间的排斥能。当原子相互接近时，引起体系动能和势能的变化，维里（Virial）定理指出，H 与 H^+ 形成稳定的化学键，即核间距 $R = R_e$（平衡核距离）时，电子的动能增加，势能降低，且动能增加值为势能降低值的一半，即：

$$T_e = -\frac{1}{2}V \tag{4-18}$$

实际上，当核间距 R 减少到一定程度，原子间接近到平衡核间距 R_e 附近时，电子在分子中的活动空间有可能小于原子中的活动空间。原子间电子密度分布比单独原子的电子密度分布更紧密，电子与原子核的吸引势能降至最低值，同时电子的动能增加到相应值。

二、简单分子轨道理论

在 20 世纪 30 年代初，洪德和马利肯把成功解释原子光谱的原子轨道概念推广到分子的电子光谱中来，结果把原子轨道概念推广到分子中，产生了分子轨道，也就是说分子的每一个电子状态用分子轨道（单电子波函数）来描述，开创了分子轨道理论。后来休克尔（Hückel）用它处理有机共轭分子获得很大成功，故现在对于不是在自洽场理论基础上讨论的分子轨道理论，都笼统地称为简单分子轨道理论，缩写成 HMO。目前，关于共价键理论主要有价键理论和分子轨道理论，后者在数学上比较简单，易于计算，而且能解释价键理论不能解释的问题，逐渐占了上风。1960 年马利肯因分子轨道理论获得诺贝尔奖；福井谦一因前沿分子轨道理论及霍夫曼（Hoffmann）因分子轨道对称守恒原理获诺贝尔奖；1998 年波普尔（Pople）因量子化学计算法获得诺贝尔奖。当前量子化学流行的计算几乎都建立在分子轨道理论基础上，分子轨道理论已成为化学键理论的主流。

1. 简单分子轨道理论的要点

（1）将分子中的每一个电子的运动都看成是在全部核和其余电子所组成的平均势场中运动，于是势能函数只是单电子坐标的函数。每个电子的运动状态可用单电子波函数 ψ_i 来描述，ψ_i 被称为分子轨道，它满足：

$$\hat{H}_i \psi_i = E_i \psi_i$$

解得一系列分子轨道和对应的电子能量：

$$\psi_1, \ \psi_2, \ \psi_3, \ \cdots, \ \psi_n$$
$$E_1, \ E_2, \ E_3, \ \cdots, \ E_n$$

这样把一个多电子问题简化成为单电子问题来处理。

分子的哈密顿算符 $\hat{H}$ 是各个电子哈密顿算符 $\hat{H}_i$ 之和：

$$\hat{H} = \hat{H}_1 + \hat{H}_2 + \cdots + \hat{H}_n = \sum_{i=1}^{n} \hat{H}_i$$

分子的总能量 E 是各个电子的能量 E_i 之和：

$$E = E_1 + E_2 + \cdots + E_n = \sum_{i=1}^{n} E_i$$

分子的总波函数 ψ 是各个单电子波函数之积：

$$\psi = \psi_1 \psi_2 \psi_3 \cdots \psi_n$$

这就是单电子近似的基本思想。

（2）分子轨道可近似用原子轨道线性组合表示，称为 LCAO 近似。

$$\psi_i = \sum_j C_{ij} \phi_j$$

ϕ_j 表示原子轨道。分子轨道的数目等于原子轨道的数目，能量低于原子轨道的分子轨道称为成键轨道，高于原子轨道的分子轨道称为反键轨道，等于原子轨道的分子轨道称为非键轨道。

由原子轨道有效地组成分子轨道时，必须满足对称性匹配、轨道最大重叠、能量相近三个条件，也称为成键三原则。

用线性变分法处理 H_2^+ 时，已初步接触到与三条件有关的内容，现以双原子分子 AB 为例进行讨论。

假设原子 A 与原子 B 分别提供原子轨道 ϕ_a 与 ϕ_b，两者线性组合成分子轨道 ψ：

$$\psi = C_a \phi_a + C_b \phi_b$$

与讨论 H_2^+ 的情况相同，利用线性变分法可得久期方程：

$$(H_{a,a} - E)C_1 + (H_{a,b} - ES_{a,b})C_2 = 0$$
$$(H_{b,a} - ES_{b,a})C_1 + (H_{b,b} - E)C_2 = 0$$

如前所述，式中 $H_{a,a} = E_a$，$H_{b,b} = E_b$，$H_{a,b} = H_{b,a} = \beta$，$S_{a,b} = S_{b,a}$，$S_{a,b}$ 数值较小，忽略 $ES_{a,b}$，则上式变为：

$$(E_a - E)C_1 + \beta C_2 = 0$$
$$\beta C_1 + (E_b - E)C_2 = 0 \tag{4-19}$$

方程(4-19)非零解的条件是久期行列式等于零。

$$\begin{vmatrix} E_a-E & \beta \\ \beta & E_b-E \end{vmatrix}=0$$

展开得：

$$(E_a-E)(E_b-E)-\beta^2=0$$

$$E^2-(E_a+E_b)E+E_aE_b-\beta^2=0$$

解此方程得到 H_2^+ 体系的能量：

$$E_1=E_a-\frac{1}{2}\left[\sqrt{(E_b-E_a)^2+4\beta^2}-(E_b-E_a)\right]=E_a-U$$

$$E_2=E_b+\frac{1}{2}\left[\sqrt{(E_b-E_a)^2+4\beta^2}-(E_b-E_a)\right]=E_b+U$$

式中：

$$U=\frac{1}{2}\left[\sqrt{(E_b-E_a)^2+4\beta^2}-(E_b-E_a)\right] \tag{4-20}$$

设 $E_b>E_a$，由式(4-20)看出，U 为正值。能级高低顺序为 $E_1<E_a<E_b<E_2$，E_1 是成键分子轨道能级，较 E_a 降低值为 U；E_2 是反键分子轨道能级，较 E_b 升高值为 U。显然 U 越大，原子轨道 ϕ_a 与 ϕ_b 线性组合成分子轨道时，成键分子轨道能量降低得越多。相反，反键分子轨道能量升高得也越多。这样，成键分子轨道与反键分子轨道的能级差也越大，有利于形成稳定的分子。可见，U 值的大小决定分子轨道成键的能力。

下面利用式(4-20)讨论成键三条件。

① 能量相近条件　令 $x=E_b-E_a$，且 $E_b>E_a$，则式(4-20)变为：

$$U=\frac{1}{2}\left(\sqrt{x^2+4\beta^2}-x\right)$$

U 对 x 求一阶导数：

$$\frac{dU}{dx}=\frac{1}{2}\left(\frac{x}{\sqrt{x^2+4\beta^2}}-1\right)$$

因为 $\beta^2>0$，所以：

$$\sqrt{x^2+4\beta^2}>x$$

则有：

$$\frac{x}{\sqrt{x^2+4\beta^2}}-1<0$$

即：

$$\frac{dU}{dx}<0 \tag{4-21}$$

式(4-21)表明 U 值随 x 的减小而增大，或者说 U 值随 x 的增大而减小。

由此可以得出，只有 E_a 与 E_b 越接近，U 值才越大，两原子轨道才能有效地组合成分子轨道，此即能量相近条件。

现以氟化氢分子为例说明能量相近条件。

氟化氢分子（HF），不是由 $1s_H$ 与 $1s_F$ 线性组合成分子轨道，因为 $1s_H$ 的能量是 $-13.6eV$，而 $1s_F$ 是 $-696.32eV$，两者相差太悬殊。但 $2p_F$ 的轨道能量为 $-18.63eV$，同 $1s_H$ 相接近，可以组合成分子轨道。从上述的讨论可以看出，当两原子轨道的能量相差很大时，不能有效地形成分子轨道，只有能量相近的原子轨道，才能有效地构成分子轨道，而且两原子轨道能量愈接近，所形成的分子轨道能量愈低，这就叫能量相近条件。为了便于判断原子轨道的能量是否接近，表4-2列出某些元素的原子轨道能量。

表 4-2　从 H 到 F 的原子轨道能量　　　　　　　　　　　　　　　单位：eV

原　子	1S	2S	2p	电子组态
H	−13.60			$1s$
He	−24.62			$1s^2$
Li	−64.87	−5.44		$1s^2 2s$
Be	−121.04	−9.38		$1s^2 2s^2$
B	−179.20	−14.01	−5.71	$1s^2 2s^2 2p^1$
C	−293.76	−19.45	−10.74	$1s^2 2s^2 2p^2$
N	−408.00	−25.57	−12.92	$1s^2 2s^2 2p^3$
O	−542.64	−32.37	−15.91	$1s^2 2s^2 2p^4$
F	−696.32	−40.12	−18.63	$1s^2 2s^2 2p^5$

②　轨道最大重叠条件　不仅要考虑组成分子轨道的原子轨道能否发生有效重叠，而且还要考虑能否发生最大重叠。从式(4-20)看出，当 $E_b - E_a$ 为一定值时，β 值越大，U 值也越大。在本章应用线性变分法处理 H_2^+ 的讨论中，曾得到式：

$$\beta = \int \phi_a \hat{H} \phi_b \, d^3 r \approx E_H \int \phi_a \phi_b \, d^3 r \approx E_H S \qquad (4-22)$$

这一结果预示出，化学键的强度都取决于原子轨道重叠的程度。ϕ_a 与 ϕ_b 重叠得越多，即重叠积分 S 越大，则 $|\beta|$ 值也越大，可形成较强的化学键，这就是轨道最大重叠条件。能否满足最大重叠条件取决于两个因素：一是合适的核间距离，以保证有着较大的重叠区域；二是两原子轨道必须按一定的伸展方向重叠，如图 4-7(a) 所示；而图 4-7(b) 不按最大重叠方向重叠。最大重叠条件决定了共价键具有方向性。

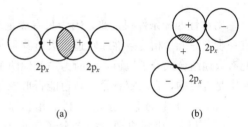

图 4-7　轨道最大重叠条件举例
(a) 满足最大重叠条件；(b) 不满足最大重叠条件

重叠积分 S 值是表明所形成键强度的量度指标，其典型值在 $S = 0.2 \sim 0.3$ 范围内。

③　对称性匹配条件　要使原子轨道有效地组成分子轨道，原子轨道的对称性必须匹配（一致），才能保证交换积分 $\beta \neq 0$；若原子轨道的对称性不匹配，则 $\beta = 0$，就不能有效地组成分子轨道。

由图 4-8 看出，(a) A 与 B 两原子轨道通过两核的连线旋转都是对称的；(b) 通过两核并垂直纸面的镜面反映都是反对称的；(c) 无论是通过两核连线或垂直纸面镜面，A 轨道是对称的，B 轨道是反对称的，两轨道对称性不同。从重叠情况来看 V_1 区域与 V_2 区域相抵消，$\beta = 0$。这一结果表明 (a)、(b) 所示的 A 与 B 两原子轨道对称性是匹配的，能有效地组合成分子轨道，(c) 中的 A 与 B 的轨道对称性不匹配，不能有效地组合成分子轨道。据此得出判断对称性匹配的方法：通过两核连线的旋转轴、镜面或其他对称元素，如果对于同一对称元素两原子轨道具有相同的对称性，$\beta \neq 0$，则为对称性匹配；若对称性不相同，$\beta = 0$，则为对称性不匹配。

应用这一方法，要注意以下两点。

①　所选对称元素（旋转轴、镜面或其他对称元素）要通过或位于两核连线上，两核连线一般选 z 轴方向。

②　根据两原子轨道分布，选择合适的对称元素做具体分析。如图 4-8 中 (a) 选择通过两核连线的旋转轴，(b) 选择垂直于纸面的节面为镜面，(c) 选择通过两核连线的旋转轴或节面。

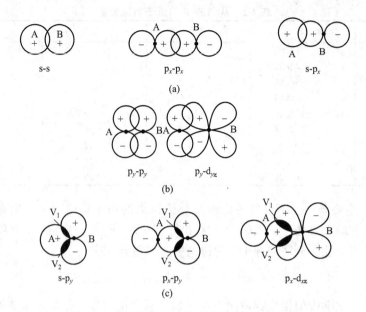

图 4-8　对称性匹配与不匹配原子轨道的重叠

对称性匹配条件很重要，因为只有满足对称性匹配条件（$\beta \neq 0$），才能发生有效重叠，才能进一步考虑能量相近条件和轨道最大重叠条件的影响。如果不满足对称性匹配条件（$\beta = 0$），就不能有效地组合成分子轨道，这时考虑其他两个条件的影响没有意义。因此对称性匹配条件在三条件中是首要的，它决定着原子轨道能否形成分子轨道，其他两个条件仅影响成键的程度。

（3）分子中的电子按着泡利不相容原理、最低能量原理、洪德规则排布在分子轨道上。

① 泡利不相容原理　每个分子轨道上最多只能容纳两个自旋相反的电子。

② 能量最低原理　在不违背泡利不相容原理的前提下，电子尽可能占据能量较低的分子轨道。

③ 洪德规则　在满足以上两个原理的前提下，电子将尽可能分占不同的分子轨道，且自旋方向相同。

2. 应用简单分子轨道理论处理 H$_2$ 的结果

现以氢分子作为简单分子轨道理论的应用举例，选取此例的目的是为了与用价键理论处理 H$_2$ 方法相对比。

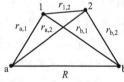

图 4-9　氢分子的坐标

氢分子的坐标关系如图 4-9 所示。图中 a、b 代表两个核，1、2 代表两个电子，$r_{a,1}$、$r_{b,1}$ 为电子 1 与两个核的距离，$r_{a,2}$、$r_{b,2}$ 为电子 2 与两个核的距离，$r_{1,2}$ 为两个电子间距离。R 为两个核间距离，可视为常数。把氢分子中的一个电子 1 或 2 表示成电子 i，看成是在两个核及另外一个电子的平均势场中运动，这样势能 V_i 只是电子本身坐标（$r_{a,i}$，$r_{b,i}$）的函数，关于 V_i 的具体形式暂不考虑，因而对于氢分子的单电子哈密顿算符为：

$$\hat{H}_i = -\frac{\hbar^2}{2m} \nabla_i^2 + V_i(r_{a,i}, r_{b,i})$$

则单电子薛定谔方程为：

$$\hat{H}_i \psi_i = E_i \psi_i$$

采用 LCAO 近似，得：

$$\psi_i = C_1\phi_a + C_2\phi_b \tag{4-23}$$

将式（4-23）代入式（4-5），用类似 H_2^+ 的处理方法，求得能量 E_1 和 E_2 及相应的波函数 ψ_1、ψ_2：

$$E_1 = \frac{\alpha+\beta}{1+S} \qquad E_2 = \frac{\alpha-\beta}{1-S}$$

$$\psi_1 = \frac{1}{\sqrt{2+2S_{a,b}}}(\phi_a+\phi_b)$$

$$\psi_2 = \frac{1}{\sqrt{2-2S_{a,b}}}(\phi_a-\phi_b)$$

由于 β 为负值且 $|\beta|<1$，所以 $E_1<\alpha$，$E_2>\alpha$。相应波函数 ψ_1 是成键分子轨道，ψ_2 是反键分子轨道，分子轨道能量图如图 4-10 所示。

根据能量最低原理和泡利不相容原理，两个自旋相反的电子排布在成键轨道 ψ_1 上，这就是氢分子的基态；ψ_1、ψ_2 上各有一个电子就是氢分子的激发态。也可以用轨道示意图来表示，其图形与图 4-6 一样，为两个 H 原子轨道组成 H_2 分子轨道示意图。从图中看出，当原子轨道形成分子轨道时，对于成键分子轨道 ψ_1，电子运动区域从一个核的周围扩大到两个核周围，可以推知电子

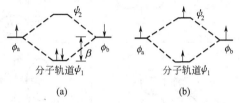

图 4-10 （a）氢分子基态的电子排布及
（b）氢分子激发态的电子排布

出现在两核之间的概率密度为最大，即核间的电子云将两个原子核结合在一起，形成了共价键。

对于反键分子轨道 ψ_2，电子在两核间区域出现的概率密度很小，并在两核间有一节面（$\psi_2^2=0$），而两核外侧有较大的概率密度，形成能量较原子轨道能量高的不稳定体系。反键分子轨道几乎占分子轨道总数的一半。它与成键轨道、非键轨道一样都是分子轨道中的一员。由反键分子轨道给出激发态的性质。

氢分子的基态能量为：

$$E_{H_2} = 2E_1 = 2\frac{\alpha+\beta}{1+S} \approx 2(\alpha+\beta)$$

两个氢原子（H）形成氢分子（H_2）时，能量降低值为：

$$\Delta E = 2E_H - 2E_1 = 2\alpha - 2(\alpha+\beta) = -2\beta$$

显然，ΔE 为氢分子中共价键的键能，实验测得 $\Delta E=435kJ/mol$，因此，$\beta\approx218kJ/mol$。

氢分子的基态波函数为：

$$\psi(1,2) = \psi_1(1)\psi_1(2) = \frac{1}{2+2S_{a,b}}[\phi_a(1)+\phi_b(1)][\phi_a(2)+\phi_b(2)]$$

分子轨道理论是一种近似方法，该理论给出的分子模型：原子相互作用形成分子时，在不同原子的原子轨道上运动的电子转入到整个分子的分子轨道上运动，即原来只属于个别原子的电子，现在属于整个分子。

三、分子轨道的类型、符号和能级顺序

1. 类型和符号

分子轨道的空间分布具有一定的对称性，按其对称性通常将分子轨道分类为 σ、π、δ 等类型。表 4-3 给出由原子轨道线性组合成分子轨道的示意图。图中第一列表示两对称性匹配的原子轨道线性组合，第二、三列表示经过变分法近似求解薛定谔方程，得到两个分子轨

道，根据分子轨道图形中两核间电子的概率密度的密与疏来决定是成键轨道还是反键轨道。第四列给出各分子轨道的符号。在反键轨道符号上标记"＊"，与成键轨道相区别。对于同核双原子分子轨道是中心对称的，用 g 脚标表示；中心反对称的用 u 脚标表示。

表 4-3　同核双原子分子的原子轨道组成分子轨道示意

原子轨道	分子轨道	键　型	轨道符号
2s　2s		反键	$\sigma_{2s}^*(\sigma_{u,2s})$ $\sigma_{2s}(\sigma_{g,2s})$
	a+b	成键	
$2p_z$　$2p_z$	a　b	反键	$\sigma_{2p_z}^*(\sigma_{u,2p_z})$ $\sigma_{2p_z}(\sigma_{g,2p_z})$
	a+b	成键	
$2p_x$　$2p_x$	a　b	反键	$\pi_{2p}^*(\pi_{g,2p})$ $\pi_{2p}(\pi_{u,2p})$
	a　b	成键	
$3d_{xy}$　$3d_{xy}$		反键	$\delta_{3d}^*(\delta_{u,3d})$ $\delta_{3d}(\delta_{g,3d})$
		成键	

（1）σ 分子轨道和 σ 键

分子轨道空间分布沿键轴是圆柱形对称的称为 σ 分子轨道。填充这类分子轨道的电子叫 σ 电子，由 σ 电子组成的化学键称为 σ 键。

根据形成 σ 分子轨道的原子轨道种类的不同，可记为 σ_{1s}，σ_{2s}，σ_{2p}，…，例如表 4-3 第二行，是由两个 2s 原子轨道组成 σ 分子轨道，记为 σ_{2s}。根据两核间电子云的疏密，分为成键 σ_{2s} 和反键 σ_{2s}^*，σ_{2s}^* 的能量高于 σ_{2s}。由于成键 σ_{2s} 是中心对称的记为 $\sigma_{g,2s}$，反键 σ_{2s}^* 是中心反对称的记为 $\sigma_{u,2s}$。

第三行，如取成键方向为 z 轴方向，则由两个 $2p_z$ 原子轨道组成 σ 分子轨道。成键轨道记为 σ_{2p_z}，是中心对称的记为 $\sigma_{g,2p_z}$；反键轨道记为 $\sigma_{2p_z}^*$，是中心反对称的记为 $\sigma_{u,2p_z}$。

s、p、d 等原子轨道，按对称性匹配条件，两者组合成 σ 分子轨道共有六组：（s，s）；（s，p_x）；（s，d_{z^2}）；（p_x，p_x）；（p_z，d_{z^2}）；（d_{z^2}，d_{z^2}）。

（2）π 分子轨道和 π 键

分子轨道的空间分布对通过键轴（令为 z 轴）的 xz 或 yz 平面反映是反对称的，称为 π 分子轨道。这一平面为分子轨道的节面，电子密度主要集中在这一平面上下两侧，如表 4-3 中的第四行。若 π 轨道对键轴中心的反演是反对称的，且不含垂直键轴的节面，能量低，是

成键的 π 轨道，记为 π_{2p} 或 $\pi_{u,2p}$；若对键轴中心的反演是对称的，且有一个垂直平分键轴的节面，能量高，是反键轨道，记为 π_{2p}^* 或 $\pi_{g,2p}$。

在 π 轨道上的电子称为 π 电子，由成键 π 电子构成的共价键称为 π 键。根据 π 电子数是 1 个、2 个或 3 个，分别称为单电子 π 键、π 键（即二电子 π 键）和三电子 π 键。

由于 p_x-p_x，p_y-p_y 都可以组合成 π 分子轨道，分别是成键 π 分子轨道 π_{2px}、π_{2py}，反键 π 分子轨道 π_{2px}^*、π_{2py}^*，这两组 π 分子轨道是简并的，即 $\pi_{2px} = \pi_{2py}$，$\pi_{2px}^* = \pi_{2py}^*$。

可以形成 π 分子轨道的还有 p_x-d_{xz}，p_y-d_{yz}，d_{xz}-d_{xz}，d_{yz}-d_{yz} 组合而成。

*（3）δ 分子轨道及 δ 键

以 d_{xy} 为例来说明，两个 d_{xy} 原子轨道按 z 轴接近，在满足对称性匹配条件下，面对面重叠，形成 δ 分子轨道，它分别对于两个节面 xz、yz 反对称。成键 δ_{3d} 轨道是中心对称的，用 $\delta_{g,3d}$ 表示；反键 δ_{3d}^* 轨道是中心反对称的，用 $\delta_{u,3d}$ 表示。

两个 d_{xz}、d_{yz}、$d_{x^2-y^2}$ 各按一定方向接近都可以形成 δ 分子轨道，填充这类轨道的电子称为 δ 电子，由 δ 电子形成的化学键称为 δ 键。

对于同核双原子分子，在分子轨道形成过程中，如果发现不同类型能量相近的原子轨道混合，如 2s、2p 部分混合，这时不能用 $\sigma_{g,2s}$ 或 $\sigma_{u,2s}$ 表示，由于 σ 轨道不由纯 s 或纯 p_z 轨道形成，而是同时含有 s 与 p_z 轨道的成分，所以不是严格同种类型原子轨道的叠加，因而采用下面符号：

$$1\sigma_g, \ 1\sigma_u, \ 2\sigma_g, \ 2\sigma_u, \ 3\sigma_g, \ 3\sigma_u, \ 1\pi_u, \ 1\pi_g, \ \cdots$$

这套符号只强调所形成分子轨道的类型，不强调由什么原子轨道组合而成。在同一类型分子轨道符号前面，根据其轨道能量由低到高的顺序依次冠以自然数，对于由相同原子轨道组合而成的成键与反键分子轨道标以相同的数字，如 $2\sigma_g$，$2\sigma_u$，…。若该分子轨道为中心反演对称的，用脚标 g 表示；若是反对称的，用脚标 u 表示。

2. 能级顺序

对于同核双原子分子，可将各分子轨道按照能量由低到高的顺序排列，组成了分子轨道能级序。第二周期元素的同核双原子分子的分子轨道能级一般次序为：

$$\sigma_{1s} < \sigma_{1s}^* < \sigma_{2s} < \sigma_{2s}^* < \sigma_{2p_z} < \pi_{2p_x} = \pi_{2p_y} < \pi_{2p_x}^* = \pi_{2p_y}^* < \sigma_{2p_z}^*$$

应该指出上述能级顺序不是绝对不变的，其中 σ_{2p} 和 π_{2p} 的能量相差不大，在有些分子中可能出现 π_{2p} 低于 σ_{2p} 的情况。

第二周期元素的同核双原子分子中，若 2s 与 $2p_z$ 轨道发生部分混合，则分子轨道能级顺序发生变化，详见下一节有关内容。

对于异核双原子分子来说，分子轨道通常由不同原子的属于不同类型、不同能量的原子轨道组成，所以分子轨道已经失去了中心对称性，于是在分子轨道的符号中无中心对称性的标记。只分别标明 σ 和 π 轨道类型，并冠以自然数以表示能级高低的顺序，如 1σ，2σ，3σ，…及 1π，2π，…。这些记号只强调所形成分子轨道的类型，不强调由什么原子轨道组合而成的，可以包括轨道间的相互作用、组合等因素。

分子轨道符号的对应关系见表 4-4。

表 4-4 分子轨道符号对应关系

同核双原子分子	σ_{2s}	σ_{2s}^*	σ_{2p_z}	π_{2p_y} π_{2p_x}	$\pi_{2p_y}^*$ $\pi_{2p_x}^*$	$\sigma_{2p_z}^*$
	$\sigma_{g,2s}$	$\sigma_{u,2s}$	$\sigma_{g,2p_z}$	$\pi_{u,2p_y}$ $\pi_{u,2p_x}$	$\pi_{g,2p_y}$ $\pi_{g,2p_x}$	$\sigma_{u,2p_z}$
	$2\sigma_g$	$2\sigma_u$	$3\sigma_g$	$1\pi_u$	$1\pi_g$	$3\sigma_u$
异核双原子分子	3σ	4σ	5σ	1π	2π	6σ

四、双原子分子的结构和性质

应用分子轨道理论讨论分子结构取得成功的结果之一是双原子分子。对于某些分子不用解薛定谔方程的方法，根据两原子轨道要满足 LCAO-MO 成键三条件（对称性匹配，能量相近，最大重叠），去构造分子轨道，得出分子轨道能量的高低，再按电子排布的三条件得到电子在分子轨道中的排布，即得到了分子的电子组态。

本节主要介绍由第一、二周期元素形成的同核双原子分子，简要介绍异核双原子分子。对于在无机化学中已经介绍的 He_2^+、He_2、Li_2 分子结构，这里只简要一提。本节主要介绍 F_2、N_2、O_2、B_2；对于异核双原子分子，主要介绍 HF、CO、NO，并介绍有关性质。

1. 分子的电子组态与键级

将分子中的电子按泡利不相容原理、能量最低原理、洪德规则排布在分子轨道上，这种电子在分子轨道中的排布方式，称为分子的电子组态。

例如 H_2 的电子组态为 $(\sigma_{1s})^2$，Li_2 的电子组态为 $(\sigma_{1s})^2(\sigma_{1s}^*)^2(\sigma_{2s})^2$ 等。

键级表示键的强度，双原子分子经典键级定义为：

$$键级（经典）= \frac{1}{2}(N_{成键} - N_{反键})$$

式中，$N_{成键}$ 与 $N_{反键}$ 分别表示占据成键轨道的电子数和占据反键轨道的电子数。例如氢分子离子 H_2^+，只有一个电子在成键分子轨道中，$N_{成键}=1$，$N_{反键}=0$，所以键级为 $\frac{1}{2}$；氢分子 H_2 有两个电子占据成键分子轨道，$N_{成键}=2$，$N_{反键}=0$，所以键级为 1；氦分子 He_2 的 $N_{成键}=2$，$N_{反键}=2$，所以键级为零，这些都与实验结果相符合。还有 N_2 的键级为 3，F_2 的键级为 1 等，显然，这种计算键级的方法只适用于双原子分子。

2. 同核双原子分子

（1）氢分子（H_2）和氦分子（He_2）

H 的电子组态是 $1s^1$，He 的电子组态是 $1s^2$。两个 H 原子与两个 He 原子都用 1s 轨道线性组合，分别形成成键分子轨道 σ_{1s} 与反键分子轨道 σ_{1s}^*。

H_2 共有 2 个电子，根据电子排布三条件，H_2 的电子组态为：

$$H_2[(\sigma_{1s})^2]$$

其键级为 1。

He_2 共有 4 个电子，所以 He_2 的电子组态为：

$$He_2[(\sigma_{1s})^2(\sigma_{1s}^*)^2]$$

电子进入成键分子轨道，使分子的能量降低，增加了分子的稳定性；电子进入反键分子轨道，使分子的能量升高，降低了分子的稳定性。一般来说，反键分子轨道使分子能量升高的程度大于成键分子轨道使分子能量降低的绝对值，所以，He_2 分子是不存在的，它在气态时以单原子 He 状态存在。

从键级来分析，因为 $N_{成键}=2$，$N_{反键}=2$，所以键级为零，不能形成稳定的分子。

（2）锂分子（Li_2）和铍分子（Be_2）

Li 的电子组态为 $1s^2 2s^1$，根据原子轨道成键三条件之一，只有能量相近的原子轨道才能形成分子轨道。由表 4-2 看出，Li 的 1s 轨道与 2s 轨道能量相差 59eV 以上，尽管两者的对称性匹配，但不符合能量相近条件，所以两原子的 1s 与 2s 轨道不能形成分子轨道。只有两原子的 1s 与 1s 轨道组合得到成键分子轨道 σ_{1s} 与反键分子轨道 σ_{1s}^*；2s 与 2s 轨道组合得到成键分子轨道 σ_{2s} 与反键分子轨道 σ_{2s}^*。

Li_2 分子共有 6 个电子，其分子的电子组态为：

$$Li_2[(\sigma_{1s})^2(\sigma_{1s}^*)^2(\sigma_{2s})^2]$$

Li_2 的 $N_{成键}=4$，$N_{反键}=2$，所以键级为 1。

Be 原子的电子组态为 $1s^2 2s^2$，根据与 Li 原子相似的分析，由于 Be 有 8 个电子，所以 Be_2 的电子组态为：

$$Be_2[(\sigma_{1s})^2(\sigma_{1s}^*)^2(\sigma_{2s})^2(\sigma_{2s}^*)^2]$$

Be_2 的 $N_{成键}=4$，$N_{反键}=4$，所以键级为零，可见 Be_2 是不稳定的，在通常情况下，得不到 Be_2。

（3）硼分子（B_2），碳分子（C_2）

B 的电子组态为 $1s^2 2s^2 2p^1$，C 的电子组态为 $1s^2 2s^2 2p^2$。第二周期的元素从 B 到 Ne，p 轨道都填有电子，其中 1s 为内层，2s、2p 为价层。从 B 开始一直到 F 各原子可形成同核双原子分子，2p 轨道参与形成分子轨道。为了讨论问题方便，仍规定键轴方向为 z 轴方向。已指出两原子的 $2p_z$ 轨道能够组合得成键分子轨道 σ_{2p_z}，反键分子轨道 $\sigma_{2p_z}^*$、p_x-p_x、p_y-p_y 分别组合得成键（π）分子轨道与反键（π^*）分子轨道，即 $\pi_{2p_x}=\pi_{2p_y}$，$\pi_{2p_x}^*=\pi_{2p_y}^*$。这表明 p 轨道可以形成 σ 分子轨道，也可以形成 π 分子轨道，那么两者的能量高低如何决定呢？

对于第二周期前部分元素（如 B，C），2s、$2p_z$ 轨道能量相近，且都是键轴对称的，它们所形成的对称性相同的分子轨道，能进一步相互作用，发生混合，使 σ_{2s}、σ_{2s}^* 能量降低，σ_{2p_z}、$\sigma_{2p_z}^*$ 能量升高，而不发生混合的 p_x-p_x、p_y-p_y 形成的 π 分子轨道能量不受影响。因此 π 分子轨道的能量低于 σ_{2p_z}。由于原子轨道发生混合，所形成的分子轨道已不是纯相应原子轨道的叠加，所以用如下符号表示所形成分子轨道的能量次序：

$$1\sigma_g < 1\sigma_u < 2\sigma_g < 2\sigma_u < 1\pi_u < 3\sigma_g < 1\pi_g < 3\sigma_u$$

根据以上分析，B_2 和 C_2 的电子组态为：

$$B_2[(1\sigma_g)^2(1\sigma_u)^2(2\sigma_g)^2(2\sigma_u)^2(1\pi_u)^2]$$

$$C_2[(1\sigma_g)^2(1\sigma_u)^2(2\sigma_g)^2(2\sigma_u)^2(1\pi_u)^4]$$

B_2 的 $N_{成键}=6$，$N_{反键}=4$，键级为 1，相当于一个 B—B 单键。C_2 的 $N_{成键}=8$，$N_{反键}=4$，键级为 2，相当于一个 C=C 双键。

（4）氟分子（F_2）

氟原子的电子组态是 $1s^2 2s^2 2p^5$。对于第二周期后部分元素（如 O，F），具有较高的核电荷，使 2s 与 $2p_z$ 轨道能量相差较大，因而不能发生混合。两个氟原子的 1s 与 1s、2s 与 2s、2p 与 2p 之间能够组合成相应的分子轨道 σ_{1s}、σ_{2s}、σ_{2p_z}、π_{2p_x}、π_{2p_y} 等。由于两个氟原子的 1s 电子是内层电子，在正常情况下，内层电子的轨道实际上相互重叠很少，可以认为基本上不发生作用，即 σ_{1s} 和 σ_{1s}^* 的能量和原子轨道 1s 相差不多，1s 电子基本上维持原子轨道状态，故用 KK 表示，真正起作用的是原子的外层价电子轨道。在这种情况下，由于 $2p_z$ 轨道沿极大值方向（键轴）重叠，比 p_x-p_x、p_y-p_y 形成的 π 分子轨道的重叠程度大，使 σ_{2p_z} 的能量低于 $\pi_{2p_x}(\pi_{2p_y})$，因此可将氟分子的电子组态写为：

$$F_2[KK(\sigma_{2s})^2(\sigma_{2s}^*)^2(\sigma_{2p_z})^2(\pi_{2p_x})^2(\pi_{2p_y})^2(\pi_{2p_x}^*)^2(\pi_{2p_y}^*)^2]$$

由于 σ_{2s} 和 σ_{2s}^*、π_{2p_x} 和 $\pi_{2p_x}^*$、π_{2p_y} 和 $\pi_{2p_y}^*$ 都充满电子，成键作用和反键作用相互抵消，相当于每个 F 原子有 3 对孤对电子存在，不参与成键，所以实际上成键的只有一个 σ_{2p_z}，因此氟分子中实际上只形成一个 σ 键，即单键。这和常用的价键结构式 $\ddot{\ddot{F}}$—$\ddot{\ddot{F}}$ 是一致的。实验测得其键能为 153.4kJ/mol，比一般碳碳单键（C—C）键能（347.7kJ/mol）小得多，这可能与氟分子具有较强的反键效应有关，所以净余的单键键能比一般单键键能要低。由于氟分子键很弱，所以氟和其他原子化合，形成离子键或共价键都较强，因此氟分子特别活泼。

Cl_2、Br_2、I_2 和 F_2 有类似结构，因它们的价电子层结构类似，所以化学性质亦相似。

（5）氮分子（N_2）

氮原子的电子组态是 $(1s)^2(2s)^2(2p)^3$，按照分子轨道的能级顺序，氮分子的电子组态似应为：

$$N_2[KK(\sigma_{2s})^2(\sigma_{2s}^*)^2(\sigma_{2p_z})^2(\pi_{2p_x})^2(\pi_{2p_y})^2]$$

可以看出占据成键轨道有 $(\sigma_{2p_z})^2$、$(\pi_{2p_x})^2$、$(\pi_{2p_y})^2$，共三对电子，相当于一个 σ 键、两个 π 键，它与典型的价键结构式一致。解释了 N≡N 的三重键结构。但是，氮分子的这种电子结构与氮分子的电子光谱、光电子能谱的数据不符合。根据光电子能谱分析，电子占据最高能量轨道是 σ 型，次高轨道才是 π 型。而且也不易解释氮分子化学性质的特殊稳定性，以及 N_2 作为配体形成配合物时多为端基配位而不像乙炔是侧基配位。这是因为上面的讨论忽略了对称性相同、能量比较接近的分子轨道之间的相互作用。

由于两个 N 原子之间价层的 2s 与 $2p_z$ 原子轨道能量相近由它们组成的对称性相同的分子轨道能进一步相互作用，混合在一起组成新的分子轨道。例如氮分子的 σ_{2s} 轨道和 σ_{2p_z} 轨道的对称性相同，且能量较为接近，所以它们可以相互作用，形成两个新的分子轨道 $2\sigma_g$（实际已包含 p 轨道的性质）和 $3\sigma_g$（实际已包含 s 轨道的性质）；而且 $2\sigma_g$ 的能量低于 σ_{2s}，$3\sigma_g$ 的能量高于 σ_{2p_z}。类似的，由于 σ_{2s}^* 轨道和 $\sigma_{2p_z}^*$ 轨道的对称性相同，因而也发生相互作用，形成两个新的分子轨道 $2\sigma_u$ 和 $3\sigma_u$ 轨道（图 4-11）。

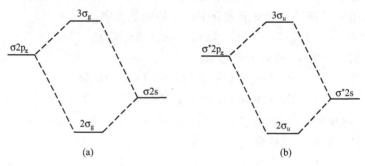

图 4-11 σ_{2s} 与 σ_{2p_z} 轨道相互作用示意

这种相互作用的结果，改变了原来同核双原子分子的各分子轨道的能级顺序，使 $3\sigma_g$ 轨道的能量高于 $(\pi_{2p_y})=(\pi_{2p_z})$ 轨道的能量，这样氮分子的电子组态为：

$$N_2[(1\sigma_g)^2(1\sigma_u)^2(2\sigma_g)^2(2\sigma_u)^2(1\pi_u)^4(3\sigma_g)^2]$$

氮分子轨道的能级图示意于图 4-12。可以看出最高占据轨道是 $3\sigma_g$，是 σ 型；次高占据轨道是 $1\pi_u$，是 π 型；同光电子能谱的结果是一致的，光电子能谱测得氮分子轨道电离能为：

$$3\sigma_g = 1502.3 \text{kJ/mol}$$
$$1\pi_u = 1610.4 \text{kJ/mol}$$
$$2\sigma_u = 1809.2 \text{kJ/mol}$$

电离能愈小的分子轨道能量愈高。由于 $1\pi_u$ 比 $3\sigma_g$ 能量低，即氮分子中的 π 电子不如 σ 电子活泼，因此 N≡N 中 π 键不如乙炔 π 键易断裂。

通过计算可以得出 $3\sigma_g$ 与 $2\sigma_u$ 的轨道图形（图 4-13）。从图中看出占据 $3\sigma_g$ 的两个电子的概率密度（电子云）主要分布在两核的外侧，所以是孤对电子。同样，占据 $2\sigma_u$ 轨道的两个电子的电子云也主要集中在核外侧，因而也是孤对电子，所以 N_2 多以端基配位。成键的三对电子是 $(2\sigma_g)^2(1\pi_u)^4$，相当于一个 σ 键及两个 π 键，由于这三个成键轨道能量都很低，所以氮分子的三键特别稳定。键能为 945.6kJ/mol，键长为 109.8pm，比碳碳三键（C≡C）键能（821.4kJ/mol）高，比 C≡C 三键键长（121pm）短。迄今为止，工业上打开氮氮三键（N≡N）合成氨，主要靠铁催化剂在高温高压条件下实现。而生物中的固氮酶却可以在常温常压条件下将氮转化为其他化合物。目前的研究成果表明通过过渡金属与氮分子络合，可以形成分子氮络合物。

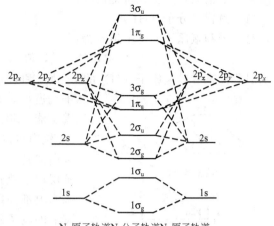

图 4-12　氮分子轨道能级示意

1975 年柴特（Chatt）在常温常压条件下制备了分子氮络合物——顺式〔$M(N_2)_2$·$(PMe_2Ph)_4$〕（其中 M 为 Mo 或 W，Me 表示甲基，Ph 表示苯基），并成功地从这种络合物的水解中得到了氨，为常温常压下合成氨奠定了基础。

图 4-13　$3\sigma_g$ 与 $2\sigma_u$ 的轨道图形

（6）氧分子（O_2）

氧原子的电子组态为 $1s^2 2s^2 2p^4$，氧分子的电子组态为：

$$O_2[KK(\sigma_{2s})^2(\sigma_{2s}^*)^2(\sigma_{2p_z})^2(\pi_{2p_x})^2(\pi_{2p_y})^2(\pi_{2p_x}^*)^1(\pi_{2p_y}^*)^1]$$

由于氧原子的 2s 和 $2p_z$ 原子轨道能级相差较大（16eV 以上），σ_{2s} 与 σ_{2p_z} 及 σ_{2s}^* 与 $\sigma_{2p_z}^*$ 之间不发生作用，因此氧分子的电子组态与通常的分子类似。因为有两个电子占据两个能量相同的反键 π 轨道，根据洪德规则，为了使体系能量较低，电子应尽可能分占两个轨道且自旋平行。这样氧分子应该是顺磁性的，实验证明的确是顺磁性分子，有两个自旋平行电子，这是分子轨道理论获得成功的一个重要例子。其成键情况是 σ_{2p_z} 有两个电子生成一个 σ 键，$(\pi_{2p_x})^2(\pi_{2p_x}^*)^1$ 和 $(\pi_{2p_y})^2(\pi_{2p_y}^*)^1$ 各有三个电子，生成两个三电子 π 键，简记为：

$$:\overset{\cdots}{\underset{\cdots}{O}} \overset{}{O}:$$

中间短线 σ 键，上下各三个点代表两个三电子 π 键，每个三电子 π 键有两个电子在成键轨道，一个电子在反键轨道，相当于半个键，两个三电子 π 键合在一起相当于一个正常 π 键，因此，从键能和键长看仍相当于生成氧氧双键（O═O）。实验的键长值为 $R_e = 120.7\text{pm}$，键能为 492kJ/mol，氧分子的活泼性和它存在三电子键（电子未配对，分子轨道未充满）有一定关系。

3. 异核双原子分子

在异核双原子分子中，由异核原子轨道组合成分子轨道。因为原子间电负性的不同以及互相组合的原子轨道间能级的差别，给原子轨道线性组合成分子轨道带来复杂性，使分子轨道对称中心消失，产生共价键的极性。

（1）氟化氢分子（HF）

氢原子和氟原子的电子组态为：

$$H[(1s)^1]，F[(1s)^2(2s)^2(2p)^5]$$

仅从对称性来看，氢原子（H）的 1s 轨道和氟原子（F）的 2s 轨道或 2p$_z$ 轨道均可组成 σ 分子轨道，氢原子 1s 轨道的能量与氟原子 2p$_z$ 轨道的能量，满足能量相近条件，因此氢原子的 1s 轨道与氟原子的 2p$_z$ 轨道可以组合成分子轨道。设氢原子和氟原子沿 z 轴方向成键，氟原子的 1s 内层轨道以及 2s、2p$_x$ 和 2p$_y$ 等价层原子轨道，在生成氟化氢分子后几乎不参与成键，基本上都保留下来，这种轨道称为非键轨道，在这种轨道上的电子称为非键电子。

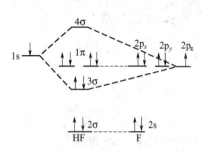

图 4-14 氟化氢分子轨道能级示意

氟化氢分子轨道能级示意图如图 4-14 所示。氟化氢分子的电子组态则表示为：

$$HF[(1\sigma)^2(2\sigma)^2(3\sigma)^2(1\pi)^4]$$

氟化氢分子中的 1σ、2σ、1π 均为非键轨道，它们与氟原子的 1s、2s、2p$_x$ 和 2p$_y$ 基本相同，所以氟化氢分子中只有 3σ 是成键轨道，因而氢原子和氟原子间的化学键为 σ 单键。光电子能谱实验证明：氟化氢分子中占据最高能级的轨道的确为非键轨道，次高能级占据轨道才是成键轨道。非键轨道中的电子称为非键电子，成键轨道中的电子称为成键电子。

（2）一氧化碳（CO）

一氧化碳与氮分子的电子数相同（氮比碳多一个电子，比氧少一个电子），这类分子叫等电子分子。等电子分子具有相似的成键情况、电子组态和性质，称为等电性原理。因此，一氧化碳电子组态和氮分子类似，由于是异核双原子分子，故记为：

$$CO[(1\sigma)^2(2\sigma)^2(3\sigma)^2(4\sigma)^2(1\pi)^4(5\sigma)^2]$$

正因为一氧化碳是异核分子，这又使它的电子组态具有 3 个新的特点。①已失去了中心对称性。②由于碳与氧各自原子轨道的能级不同，电负性不同，所形成的分子轨道能级、电子的概率密度分布都不同于氮分子。一氧化碳价轨道图形见图 4-15。计算结果表明 3σ 是弱成键轨道，4σ 是弱反键轨道。1π 是强成键二重简并轨道，5σ 是弱成键轨道。所以可以认为一氧化碳成键的是二重 π 键和一个 σ 键。光电子能谱测试结果证实了上述描述。实验测得一氧化碳的键长为 112.8pm，键离解能 1070.98kJ/mol，同 N$_2$ 的三重键接近，可见一氧化碳是三重键分子。③从图 4-15 看出，3σ、4σ 甚至 1π 上的电荷密度中心都不同程度地偏向氧，然而最外层 5σ 上的电荷密度中心却偏向于碳，但总的电荷密度中心偏移不大，分子的偶极矩很小（$\mu = 3.74 \times 10^{-31}$ C·m）。它以 5σ 电子与金属原子或离子形成端基配合物。这在配合物的研究中很有意义。

（3）一氧化氮（NO）

一氧化氮比氮分子多一个电子，电子组态为：

$$NO[(1\sigma)^2(2\sigma)^2(3\sigma)^2(4\sigma)^2(1\pi)^4(5\sigma)^2(2\pi)^1]$$

最后一个电子占据反键轨道 2π，出现了一个三电子 π 键使分子稳定性降低，整个分子形成一个 σ 键，一个 π 键，一个三电子 π 键，可表示为:N≡O:，净的成键电子对数目为 2.5，亦称键级为 2.5。由于具有未配对电子，它相当于一个自由基，具有顺磁性。若失去一个 2π 电子，形成 NO$^+$，键级为 3，故 NO$^+$ 较 NO 稳定。

总结双原子分子轨道理论的讨论，可以看到原子成键时，内层电子基本不起作用，主要

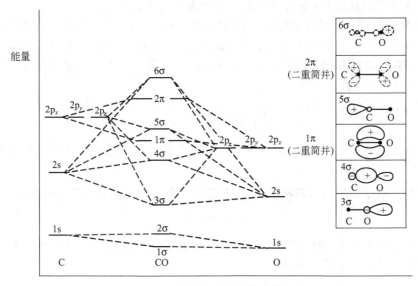

图 4-15 一氧化碳的分子轨道能级图

是外层电子起作用。外层电子亦称价电子，其中又有一部分成键与反键相抵消，相当于不起作用的孤对电子，只有一部分是有效成键的。一般讨论分子成键时，主要考虑价电子，忽略内层电子。

五、休克尔分子轨道法和共轭分子结构

前面介绍的是用简单分子轨道理论处理双原子分子体系，本节将介绍处理多原子分子体系的方法，而且只限于共轭分子体系，其中对共轭分子体系的应用是比较成功的。

1931 年休克尔（Hückel）采用 LCAO 近似，处理离域 π 电子体系，再经进一步简化，形成休克尔分子轨道法，即 HMO 法。一般来说，分子轨道法可处理分子体系中全部电子，但 HMO 法只限于 π 电子体系。此法处理有机共轭和芳烃体系的 π 电子获得相当的成功。由于它采取了较大幅度的近似，因而简化了计算，只用代数运算就可以解决问题。得到的结果也很简单，求出的 π 电子能级和波函数中只含有几个参数。虽然此法粗糙，但却抓住了 π 电子体系的主要问题，所以能定性说明分子的稳定性、芳香性。由于引进了电荷密度、键级、自由价等概念，在化学反应能力的研究中也有一定价值。

霍夫曼（Hoffman）（1963，1964）发展了休克尔分子轨道法，不采用 σ-π 分离近似，考虑全部价电子，即对全部价电子进行计算，不仅包括 π 电子，也包括 σ 电子。它的应用范围不限于共轭分子，可应用于有机分子、无机分子以及金属配合物等，所以称为推广的休克尔分子轨道法。

1. 休克尔分子轨道法

（1）休克尔分子轨道法的要点

有机共轭分子为平面构型，例如，丁二烯分子的碳原子以 sp² 杂化轨道与其他碳原子以及氢原子的 1s 轨道组成 σ 分子轨道，4 个碳原子和 6 个氢原子位于同一平面上，形成一个分子平面。每个碳原子余下的一个垂直于分子平面的 $2p_z$ 轨道相互重叠形成 π 键，这种 2 个以上原子之间形成的 π 键称为离域 π 键，亦称大 π 键。

① σ-π 分离近似 在平面型的共轭分子中，假设 π 电子可以从各原子实（核和内层电子）与 σ 电子所构成的分子骨架（或分子实）中分离出来，单独处理，称这种把 σ 电子和 π

电子分别处理的近似方法为 σ-π 分离近似，也叫做 π 电子近似。

② LCAO-MO 近似　像通常的分子轨道一样，在 HMO 法中也可以采用单电子近似和 LCAO MO 近似。即分子中每个 π 电子的运动状态可以用波函数 ψ 来描述，称为 π 轨道。它由具有相同对称性的所有相邻碳原子的 $2p_z$ 轨道 ϕ_i 线性组合而成。若体系含有 n 个相互共轭的碳原子，则：

$$\psi_k = \sum_{i=1}^{n} C_{ki}\phi_i \quad (i = 1, 2, \cdots, n)$$

式中，ψ_k 是第 k 个分子轨道；ϕ_i 是 π 体系第 i 个原子的 $2p_z$ 轨道；n 是 π 体系原子轨道的数目；C_{ki} 为线性组合系数。

设第 k 个 π 电子的哈密顿算符为 $\hat{H}_k$，于是第 k 个 π 电子的薛定谔方程为：

$$\hat{H}_k\psi_k = E_k\psi_k$$

式中，ψ_k 为 $\hat{H}_k$ 的本征函数，它表示第 k 个 π 电子的波函数。由于忽略了 π 电子之间的相互作用，故分子的全电子波函数为：

$$\psi = \prod_{k=1}^{n} \psi_k$$

全电子体系的能量为：

$$E = E_1 + E_2 + \cdots + E_k$$

由线性变分法可得久期方程：

$$(H_{11} - ES_{11})C_1 + (H_{12} - ES_{12})C_2 + \cdots + (H_{1n} - ES_{1n})C_n = 0$$
$$(H_{21} - ES_{21})C_1 + (H_{22} - ES_{22})C_2 + \cdots + (H_{2n} - ES_{2n})C_n = 0$$
$$\vdots$$
$$(H_{n1} - ES_{n1})C_1 + (H_{n2} - ES_{n2})C_2 + \cdots + (H_{nn} - ES_{nn})C_n = 0 \quad (4\text{-}24)$$

③ 积分简化

a. 库仑积分，假定各碳原子的库仑积分都相同，其值为 α。

$$H_{i,i} = \alpha \quad\quad (4\text{-}25)$$

b. 交换积分，分子中直接键连碳原子间的交换积分都相同，其值为 β。而非键连碳原子间的交换积分都是零，即忽略非直接键连原子的原子轨道的相互作用。

$$H_{i,j} = \begin{cases} \beta & j = i \pm 1 \\ 0 & j > i+1 \text{ 或 } j < i-1 \end{cases} \quad (4\text{-}26)$$

c. 重叠积分，各原子轨道间的重叠积分都取为零。

$$S_{i,j} = \begin{cases} 1 & j = i \\ 0 & j \neq i \end{cases} \quad (4\text{-}27)$$

库仑积分近似表示分子中每个碳原子 p_z 电子的能量都等于 α，不考虑碳原子位置的差别；交换积分近似忽略了不相邻原子轨道 p_z 的相互作用，β 只决定相邻 p_z 轨道的作用；重叠积分近似略去了所有原子间的重叠积分。以上三点近似，具有较大程度的近似，但它突出了对成键起主要作用的 β 积分的贡献，抓住了问题的主要方面，而且 α、β 数值都是由实验数据确定的参数，不需要计算积分。

应用以上近似，简化久期方程式，可求出能量 E，进而可求得原子轨道系数 C_{ki}，由此得出第 k 个分子轨道 ψ_k。

（2）应用 HMO 法处理丁二烯分子

在丁二烯分子中，π 电子的分子轨道 ψ 由 4 个碳原子的 p_z 轨道线性组合而成。

$$\psi = C_1\phi_1 + C_2\phi_2 + C_3\phi_3 + C_4\phi_4 \tag{4-28}$$

由变分法确定丁二烯分子轨道的能量：

$$E = \frac{\int \psi \hat{H} \psi \mathrm{d}^3 r}{\int \psi^2 \mathrm{d}^3 r} \tag{4-29}$$

将式(4-28)代入式(4-29)，类似 H_2^+ 的处理方法，再根据 HMO 积分简化，久期方程简化为：

$$
\begin{aligned}
C_1(\alpha - E) + C_2\beta && = 0 \\
C_1\beta + C_2(\alpha - E) + C_3\beta && = 0 \\
C_2\beta + C_3(\alpha - E) + C_4\beta && = 0 \\
C_3\beta + C_4(\alpha - E) && = 0
\end{aligned} \tag{4-30}
$$

这是一个四元一次的齐次方程组，系数 C_1、C_2、C_3 和 C_4 有非零解的充分必要条件是久期行列式为零。

$$
\begin{vmatrix}
\alpha - E & \beta & 0 & 0 \\
\beta & \alpha - E & \beta & 0 \\
0 & \beta & \alpha - E & \beta \\
0 & 0 & \beta & \alpha - E
\end{vmatrix} = 0 \tag{4-30$'$}
$$

用 β 除行列式各列，并设 $x = \dfrac{\alpha - E}{\beta}$，则得到：

$$
\begin{vmatrix}
x & 1 & 0 & 0 \\
1 & x & 1 & 0 \\
0 & 1 & x & 1 \\
0 & 0 & 1 & x
\end{vmatrix} = 0
$$

展开行列式，得到一个四次方程：

$$x^4 - 3x^2 + 1 = 0$$

再设 $y = x^2$，上式简化为二次方程：

$$y^2 - 3y + 1 = 0$$

解之，得：

$$y = 0.382,\ 2.618$$
$$x = \pm 0.618,\ \pm 1.618$$

这样根据 $E = \alpha - x\beta$，得到丁二烯的 π 分子轨道的能量为：

$$
\begin{aligned}
E_1 &= \alpha + 1.618\beta \\
E_2 &= \alpha + 0.618\beta \\
E_3 &= \alpha - 0.618\beta \\
E_4 &= \alpha - 1.618\beta
\end{aligned} \tag{4-31}
$$

将上述各 E 值代入久期方程式(4-30)，并结合归一化条件得：

$$\int \psi^2 \mathrm{d}^3 r = C_1^2 + C_2^2 + C_3^2 + C_4^2 = 1$$

可以解出对应四个 E 值的四组系数值（C_1，C_2，C_3 和 C_4）。因此丁二烯离域 π 键的四个分子轨道为：

$$\psi_1 = 0.3717\phi_1 + 0.6015\phi_2 + 0.6015\phi_3 + 0.3717\phi_4$$
$$\psi_2 = 0.6015\phi_1 + 0.3717\phi_2 - 0.3717\phi_3 - 0.6015\phi_4$$

$$\psi_3 = 0.6015\phi_1 - 0.3717\phi_2 - 0.3717\phi_3 + 0.6015\phi_4$$
$$\psi_4 = 0.3717\phi_1 - 0.6015\phi_2 + 0.6015\phi_3 - 0.3717\phi_4 \tag{4-32}$$

可以看出，由 4 个原子轨道组合得到的分子轨道数目仍然是 4 个，其分子轨道示意如图 4-16 所示，图中各个 p 轨道的大小按其系数 C_i 的比例画出，因为 C_i^2 代表原子轨道 ϕ_i 在分子轨道中的贡献。

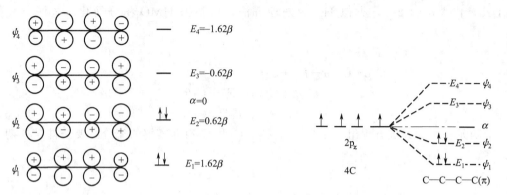

图 4-16　丁二烯离域 π 键分子轨道及能级　　　　图 4-17　丁二烯离域 π 键分子轨道的能级

丁二烯离域 π 键的能级图如图 4-17 所示，据式(4-31)，而且 β 为负值，所以有：

$$E_1 < E_2 < E_3 < E_4$$

E_1、E_2 比 α 能级低，是成键分子轨道能级。E_3、E_4 比 α 能级高，是反键分子轨道能级。丁二烯在基态时，4 个 π 电子填充在对应 E_1 和 E_2 的成键分子轨道 ψ_1 和 ψ_2 上，形成扩展于整个碳分子骨架的离域 π 键。

基态 π 电子总能量，即各分子轨道上所有 π 电子能量总和 E 为：

$$E = 2E_1 + 2E_2 = 4\alpha + 4.472\beta$$

下面给出两个重要的概念。

① 离域 π 键的键能，用 E_π 表示，它应为参与组成分子轨道的原子轨道上电子的能量与全部离域 π 键分子轨道上电子能量的差值。

$$E_\pi = 4\alpha - (2E_1 + 2E_2) = 4\alpha - (4\alpha + 4.472\beta) = -4.472\beta$$

② 离域能。如果把丁二烯的 π 键看成是相当于 2 个乙烯式小 π 键，已知一个乙烯小 π 键能为 -2β，2 个乙烯小 π 键能为 -4β。由于丁二烯分子中的 π 电子离域化，使体系的总能量下降，变得更稳定，下降的能量称为离域能，用 E_D 表示。它等于 2 个乙烯小 π 键能与丁二烯离域 π 键能之差。

$$E_D = 2E_{小\pi} - E_\pi = (-4\beta) - (-4.472\beta) = 0.472\beta$$

这是由于电子运动范围扩大而引起的能量降低值，是 4 个 π 电子的集体效应。

由于 $E_D < 0$，所以丁二烯的热稳定性比乙烯强。但就个别电子而言，乙烯的基态 π 电子能量为 $E_{小\pi} = \alpha + \beta$，丁二烯的 π 电子能量为 $E_1 = \alpha + 1.618\beta$，$E_2 = \alpha + 0.618\beta$，所以 $E_1 < E_{小\pi} < E_2$，因此丁二烯的 4 个 π 电子中有两个能级比乙烯 π 电子能级高，它们比较活泼。所以从某些反应性能上看，如丁二烯的加成反应活性及 π 配位活性方面都比乙烯要活泼。

一般来说，共轭分子的离域能（绝对值）比较大，则分子也就相对比较稳定。例如碳环共轭分子（苯、萘、蒽），由 HMO 理论计算的 E_D 分别写在结构式下面，可以看出离域能依次增大，而分子的稳定性也依次增高。

关于交换积分 β 的估算：积分 $H_{i,j}$ 虽然可从理论上计算，但是根据实验数据进行估算更容易，HMO 法就是按照后一方法求 β。乙烯氢化热为 -137.2kJ/mol，如果丁二烯是由 2 个

E_D 　　 2β 　　　　 3.68β 　　　　　 5.31β

无相互作用的乙烯构成，其氢化热应为 $-274.4\mathrm{kJ/mol}$，实验测定为 $-238.9\mathrm{kJ/mol}$，比预期的低 $35.5\mathrm{kJ/mol}$，已知丁二烯的离域能为 0.472β，即 $35.5\mathrm{kJ/mol}=0.472\beta$，由此求得 $\beta=-75.45\mathrm{kJ/mol}$。

已知苯的离域能为 2β，由实验求得离域能为 $146\sim167\mathrm{kJ/mol}$，求出 β 值为 $-73\sim-84\mathrm{kJ/mol}$。

若求得共轭分子的交换积分 β 值，就可以计算有关能量。

（3）电荷密度、键级、自由价和分子图

由 HMO 理论可求得 π 电子体系的离域能、原子电荷密度、π 键级及自由价，这些量与分子的性质（如偶极矩、键长……）以及分子的化学反应活性有着密切的联系。

① 电荷密度　根据 HMO 理论，π 电子在整个分子中运动，因此电子在某处出现的总概率密度，就表示在该处的电荷密度。设分子的第 k 个分子轨道为 ψ_k，可表示为：

$$\psi_k=C_{k,1}\phi_1+C_{k,2}\phi_2+\cdots+C_{k,i}\phi_i$$

由 ψ_k 的归一化条件 $\int\psi_k^2\mathrm{d}^3r=1$，且忽略重叠积分，有：

$$\sum_i C_{k,i}^2=1$$

若 ψ_k 上只有一个电子，则 $\sum_i C_{k,i}^2$ 表示一个电子在 k 分子轨道上总的电荷密度，那么 $C_{k,i}^2$ 表示分配到原子 i 处的电荷密度。如果在分子轨道 ψ_k 中有 n_k（可以为 0、1 或 2）个电子，则原子 i 的电荷密度为 $n_k C_{k,i}^2$。把电子所占据的各分子轨道的 $C_{k,i}^2$ 值加起来，得到原子 i 处总电荷密度，用 ρ_i 表示。

$$\rho_i=\sum_k n_k C_{k,i}^2 \tag{4-33}$$

ρ_i 表示在原子 i 处的 π 电子密度，例如丁二烯分子基态分子轨道 ψ_1、ψ_2 各有 2 个电子，则由式(4-33) 求得在各碳原子上的 π 电子密度为：

$$\rho_1=2\times(0.372)^2+2\times(0.602)^2=1.00$$
$$\rho_2=2\times(0.602)^2+2\times(0.372)^2=1.00$$
$$\rho_3=2\times(0.602)^2+2\times(-0.372)^2=1.00$$
$$\rho_4=2\times(0.372)^2+2\times(-0.602)^2=1.00$$

计算结果表明丁二烯分子中，在 4 个碳原子上的电荷密度都等于 1，说明离域 π 键所产生的平均效应，仍相当于配给每个碳原子 1 个电子。

② 键级　表示相邻原子间成键的强度。曾定义双原子分子的经典键级为净成键电子数的一半。在共轭分子中，HMO 理论认为 π 电子在多中心的分子轨道中运动，两相邻原子间的成键程度不一定相同，引入键级新的定义。已知键强度与两原子轨道成键程度有关，在满足对称性一致的条件下，重叠愈大，键强度愈大，由丁二烯分子轨道图 4-16 看出，相邻原子间成键度的大小与各分子轨道中这两原子轨道系数大小有关，因而相邻原子（第 i 和第 j 原子）间 π 键的键级定义为：

$$p_{i,j}=\sum_k n_k C_{k,i}C_{k,j} \tag{4-34}$$

式中，n_k 为占据第 k 个分子轨道 ψ_k 中的电子数；$C_{k,i}$、$C_{k,j}$ 分别为第 k 个分子轨道中第

i、j 个原子的轨道系数。

求和是对所有占据分子轨道 k 进行的，例如基态丁二烯中各相邻原子间 π 键的键级为：

$$p_{1,2}=2C_{1,1}C_{1,2}+2C_{2,1}C_{2,2}=2\times0.372\times0.602+2\times0.602\times0.372-0.895$$

$$p_{2,3}=2C_{1,2}C_{1,3}+2C_{2,2}C_{2,3}=2\times0.602\times0.602+2\times0.372\times(-0.372)=0.448$$

$$p_{3,4}=2C_{1,3}C_{1,4}+2C_{2,3}C_{2,4}=2\times0.602\times0.372+2\times(-0.372)\times(-0.602)=0.895$$

以上讨论的"键级"都是 π 键的键级。若把相邻原子的 σ 键也计算在内，通常取一个正常 σ 键键级为 1，非相邻原子间的键级为零，所以相邻原子的总键级 $P_{i,j}$ 应为：

$$P_{i,j}=p_{i,j}(\sigma)+p_{i,j}(\pi)=1+p_{i,j}(\pi) \tag{4-35}$$

例如，基态丁二烯分子中的总键级 $P_{i,j}$ 应为：

$$P_{1,2}=1+p_{1,2}(\pi)=1+0.895=1.895$$

$$P_{2,3}=1+p_{2,3}(\pi)=1+0.448=1.448$$

$$P_{3,4}=1+p_{3,4}(\pi)=1+0.895=1.895$$

可见 1-2 和 3-4 原子间的双键特性较 2-3 原子间的强，因而前者的键长短，键能大。

③ 原子成键度 分子中某原子的成键度，用该原子与周围其他原子的总键级之和表示，即：

$$N_i=\sum P_{i,j} \tag{4-36}$$

N_i 表示分子中某原子 i 的成键度。例如，丁二烯分子中第一个碳原子的成键度 N_1 为：

$$N_1=2p_{1,H}+P_{1,2}=2+1.895=3.895$$

第二个碳原子的成键度 N_2 为：

$$N_2=p_{2,H}+P_{1,2}+P_{2,3}=1+1.895+1.448=4.343$$

$$N_3=N_2=4.343$$

$$N_4=N_1=3.895$$

④ 自由价 分子中某原子 i 的自由价 F_i 定义为 i 原子的最大成键度 N_{max} 与现有成键度的差值，即：

$$F_i=N_{max}-N_i \tag{4-37}$$

已知碳原子的 $N_{max}=4.732$（下面证明），则丁二烯分子 C_1、C_2、C_3 和 C_4 原子的自由价分别为：

$$F_1=F_4=4.732-3.895=0.837$$

$$F_2=F_3=4.732-4.343=0.389$$

⑤ 分子图与反应活性 将共轭分子中的电荷密度、键级、自由价等重要数据和其结构式或结构式中表示分子骨架的部分结合起来，构成分子图。在分子图中，键级写在键的近旁，电荷密度和自由价写在该原子的附近，自由价则用箭头标记出来。下面是丁二烯和苯的分子图。

利用分子图可以粗略地估计分子中各个键的极性，以及大致判断各个原子在化学反应中的相对活性：自由基反应发生在自由价最大处活性最大；亲电亲核反应分别发生在电荷密度最大、最小处活性最大；若电荷密度相同，均在自由价最大处发生反应。

有机化学早就总结出了"定位律"，对于硝基、磺酸基等这样一些亲电试剂的取代反应，若苯环上已经有了第一类取代基（—CH_3，—NH_2，—OH 等），则导致苯环活化，并优先发生邻对位取代；若苯环上已经有了第二类取代基（—NO$_2$，—CN，—CHO 等），则导致苯环钝化，并优先发生间位取代。只对于卤素（—F，—Cl，—Br）例外，卤素是钝化基团，但优先发生邻对位取代。作出这些取代苯的原子电荷密度图如下

由图可见，第一类取代苯（包括卤素），邻对位电荷密度比间位大，故亲电试剂优先进攻邻对位，发生取代。而对于第二类取代苯，间位电荷密度比邻对位大，故对亲电试剂的进攻，优先发生间位取代。

另外，第一类取代基使苯环上其余各原子的电荷密度增大，故起活化作用；第二类取代基则相反，使苯环上其余各原子电荷密度减小，故起钝化作用（对亲电试剂的进攻）。

【例 4-1】 由 HMO 法计算三次甲基甲烷分子中心碳原子的最大成键度 N_{max}。

解 三次甲基甲烷分子中心碳原子与相邻的原子形成 3 个 σ 键和 1 个四原子大 π 键。可以认为中心碳原子 1 达到了最大成键度，应用 HMO 法，根据碳原子成键情况得久期方程式为：

$$C_1 x + C_2 + C_3 + C_4 = 0$$
$$C_1 + C_2 x = 0$$
$$C_1 + C_3 x = 0$$
$$C_1 + C_4 x = 0$$

久期行列式为：

$$\begin{vmatrix} x & 1 & 1 & 1 \\ 1 & x & 0 & 0 \\ 1 & 0 & x & 0 \\ 1 & 0 & 0 & x \end{vmatrix} = 0$$

$$x^4 - 3x^2 = 0$$
$$x_1 = -\sqrt{3}$$
$$x_2 = x_3 = 0$$
$$x_4 = \sqrt{3}$$

由 $x = (\alpha - E)/\beta$ 求得分子轨道的能量：

$$E_1 = \alpha + \sqrt{3}\beta, \ E_2 = E_3 = \alpha, \ E_4 = \alpha - \sqrt{3}\beta$$

将 x 分别代入久期方程式，求得相应的分子轨道为：

$$\psi_1 = \frac{1}{\sqrt{2}}\phi_1 + \frac{1}{\sqrt{6}}(\phi_2 + \phi_3 + \phi_4) \qquad (E_1)$$

$$\psi_2 = \frac{1}{\sqrt{2}}(\phi_2 - \phi_3) \qquad (E_2 = E_3)$$

$$\psi_3 = \frac{1}{\sqrt{6}}(-\phi_2 - \phi_3 + 2\phi_4) \qquad (E_3)$$

$$\psi_4 = \frac{1}{\sqrt{2}}\phi_1 - \frac{1}{\sqrt{6}}(\phi_2 + \phi_3 + \phi_4) \qquad (E_4)$$

基态三次甲基甲烷 4 个 π 电子填充在 2 个成键轨道 ψ_1 与 ψ_2 上，因此中心碳原子与相邻

碳原子间的 π 键键级为：

$$p_{1,2} = 2C_{1,1}C_{1,2} + 2C_{2,1}C_{2,2} + 0 + 0 = 2 \times \frac{1}{\sqrt{2}} \times \frac{1}{\sqrt{6}} + 2 \times 0 \times \frac{1}{\sqrt{3}} = \frac{1}{\sqrt{3}}$$

同法可求：

$$p_{1,3} = \frac{1}{\sqrt{3}} \qquad p_{1,4} = \frac{1}{\sqrt{3}}$$

包括 σ 键在内的中心碳原子总的成键度为：

$$N_1 = 3 + 3\frac{1}{\sqrt{3}} = 4.732$$

这是碳原子的最大成键度。

$$N_{max} = 4.732$$

2. 离域 π 键形成条件和类型

离域 π 键的形成不只限于单双键交替的共轭分子，只要满足下面两个条件都可以形成离域 π 键：(i) 形成离域 π 键的原子应在同一平面上，每个原子可以提供 1 个彼此平行的 p 轨道，以保证最大重叠；(ii) π 电子数小于参加成键的 p 轨道数的 2 倍。按照分子轨道理论，n 个原子轨道组合可产生 n 个分子轨道，在一般情况下，成键轨道与反键轨道各占半数，如果 π 电子数 $m = 2n$，则成键与反键轨道都占满，考虑反键效应略强于成键效应，不能有效成键。这一条件保证了成键电子数大于反键电子数。

由 n 个原子提供 n 个 p 轨道和 m 个 π 电子，所形成的离域键可记作 Π_n^m。按 n 和 m 的大小关系，可将离域 π 键分成三种类型。

(1) 正常离域 π 键 $m = n$，即 p 轨道与 π 电子数目相等。大多数有机共轭分子的离域键均属此类。如丁二烯（C_4H_6）含有 Π_4^4，苯（C_6H_6）含有 Π_6^6，丙烯醛（$CH_2=CH-CH=O$）含有 Π_4^4，丁二炔（$CH\equiv C-C\equiv CH$）含有两个 Π_4^4，无机共轭分子二氧化氮（NO_2）含有正常离域 π 键 Π_3^3，或表示为 $\boxed{\overset{..}{:}O-N-\overset{..}{:}O}$ （注意此分子是折线形）。石墨是碳的大分子，碳原子按正六角形排列于无限伸延的平面上，每个碳原子实行 sp^2 杂化轨道的结合形式，余下的单占据的 $2p_z$ 轨道互相作用形成离域 π 键 $\Pi_n^n (n = m = \infty)$，由此可以满意地解释石墨的许多物理化学性质。

(2) 多电子离域 π 键 $m > n$，即 p 轨道数少于 π 电子数。双键邻接带有孤对电子的 O、N、Cl、S 等原子，常形成这种离域 π 键。例如，酰胺是平面形分子：

$$R-C\underset{NH_2}{\overset{O}{<}}$$

碳原子用 sp^2 杂化轨道成平面三角形的分子骨架，N 上的孤对 p 电子和羰基 π 键共轭，生成 Π_3^4。

有些无机物分子也含有多电子离域 π 键。例如二氧化碳分子，若碳原子以 sp_z 杂化轨道参与成键，故分子的几何构型为直线。碳原子剩下两个互相垂直的 p_x、p_y 轨道，每个 p_x、p_y 轨道上还各有 1 电子；两个氧原子也各剩两个互相垂直的 p_x、p_y 轨道，若其中 1 个氧原子的 p_x 轨道有 1 个电子，此原子的 p_y 轨道上就有 2 个电子；而另 1 个氧原子的 p_x 轨道则有 2 个电子，p_y 轨道有 1 个电子。这样，利用 p_y 轨道形成一个 Π_{y3}^4，利用 p_x 轨道形成一个 Π_{x3}^4，这样形成 2 个 Π_3^4，其结构式表示为：

$$\boxed{\begin{matrix} \cdot & \cdot & \cdot \\ :O & -C & -O: \\ \cdot & \cdot & \cdot \end{matrix}}$$

这只有直线分子才有可能。

碳酸根 CO_3^{2-} 离子，碳原子以 sp^2 杂化轨道参与成键，4 个原子共面，各原子均有垂直于分子平面的 p_z 轨道，因此可以形成 4 个电子的离域 π 键，再加上离子的 2 个电子，即形成 Π_4^6 键；NO_2、SO_3、BF_4、BCl_3 分子中均含有类似的离域 π 键。

$$\left[\begin{array}{c} :\ddot{O}: \\ \overset{}{\underset{:\ddot{O}\qquad\ddot{O}:}{C}} \end{array}\right]^{2-}$$

（3）缺电子离域 π 键 $m<n$。π 电子数少于 p 轨道数。例如当氯丙烯离解为丙烯基阳离子时，此丙烯基阳离子就含有 Π_3^2。

$$CH_2=CH-CH_2Cl \longrightarrow \left(\boxed{\overset{\cdot\quad\cdot}{H_2C-CH-CH_2}}\right)^+ + Cl^-$$

氯丙烯中与氯结合的碳原子为 sp^3 杂化，离解为丙烯基阳离子后，该碳原子改为 sp^2 杂化，有空的 p_z 轨道参与离域 π 键，而形成 Π_3^2。又如三苯甲基阳离子含有 Π_{19}^{18} 也比较稳定。

3. 离域效应

生成离域 π 键，引起分子物理化学性质的改变（和定域键经典结构式预言的性质相比），常称为离域效应或共轭效应，离域效应是化学中的基本效应。

（1）稳定性

大 π 键的形成使体系能量降低，稳定性增加。如四苯乙烯为 Π_{26}^{26}，很稳定，使碳碳双键（C＝C）很难起加成反应。已知在一般情况下自由基很不稳定，而三苯甲基自由基由于形成 Π^{19}，比较稳定。还有丙烯醛 $CH_2=CH-CH=O$ 形成 Π_4^4，使它的稳定性提高。

（2）化合物的颜色

离域 π 键的形成，增大 π 电子的活动范围使体系能量降低，能级间隔变小，电子吸收光谱的吸收峰的波长由紫外光区移至可见光区，因而物质带有颜色。有颜色的有机化合物大多数是有较大离域 π 键的体系。尤其是有杂原子（O、N、S 等）参与共轭时颜色更深，一般染料都是含有杂原子的共轭体系。

（3）酸碱性的影响

酰胺 $R-C\overset{O}{\underset{NH_2}{\big\langle}}$ 由于生成 Π_3^4，氮上的孤对电子离域化，使酰胺中氮原子的碱性降低，因为形成大 π 键，使羰基双键成分减少，酰胺的羰基活性比普通醛酮的羰基活性低，C—N 键上增加了双键成分，键长比正常 C—N 单键短。

羧酸 $R-C\overset{O}{\underset{OH}{\big\langle}}$ 由于形成 Π_3^4，使羟基（OH）氧原子上的孤对电子往碳原子上迁移，降低了电子的概率密度，削弱了 O—H 键，H^+ 易于电离；同时生成的羧酸根 $R-C\overset{O}{\underset{O^-}{\big\langle}}$ 因形成 Π_3^4 比较稳定，所以羧酸的酸性比相应的醇强。

苯酚的酸性可用与羧酸的酸性类似来解释：由于羟基氧原子上孤对电子与苯环的 π 电子形成 Π_7^8，降低了氧原子上电子的概率密度，有利于 H^+ 电离出去；又由于苯氧负离子 ⬡—O$^-$ 形成 Π_7^8 较稳定，所以苯酚具有酸性。

（4）化学反应活性

离域 π 键的存在对分子的化学活性有一定的影响。例如氯乙烯（$CH_2=CHCl$），由于

形成 Π_3^4，氯原子的孤对电子参与大 π 键的形成，使 C—Cl 键缩短，氯原子活泼性下降，不如氯乙烷中氯原子活泼。而氯丙烯（$CH_2 \!=\! CH \!-\! CH_2 Cl$）则容易电离成 Cl^- 和 $[CH_2 \!=\! CH \!-\! CH_2]^+$，因为后者形成 Π_3^2 比较稳定。

4. 超共轭效应

超共轭效应是由 π 轨道与相邻原子或基团 σ 轨道相互重叠而形成的离域轨道，即由 π 键与 σ 键形成的共轭体系称为超共轭体系，这种离域作用称为超共轭效应，或叫 σ、π 共轭效应。例如丙烯主要是由于超共轭效应，使碳原子 2 带正电性，碳原子 3 带负电性，因此发生亲电加成时，氯原子加到碳原子 2 上，而氢原子加到碳原子 3 上。

$$\underset{1}{H_3C} \!-\! \overset{+\delta}{\underset{2}{CH}} \!=\! \overset{-\delta}{\underset{3}{CH_2}} + HCl \longrightarrow H_3C \!-\! \underset{Cl}{CH} \!-\! \underset{H}{CH_2}$$

*六、前沿轨道理论与轨道对称守恒原理

以上介绍的是分子轨道理论及其应用，主要讨论了分子的静态结构及其性质，实际上化学反应是一个动态过程。由于化学反应的复杂性，目前应用量子化学方法研究一般化学反应还有相当的困难。不过对某些基元反应的动态过程已进行一些实验研究，并取得一定成果。其中比较突出的是前沿轨道理论和分子轨道对称守恒原理。这些理论认为分子轨道的对称性控制反应的全过程，并决定反应进行的条件及产物构型。

1. 前沿轨道理论

日本的理论化学家福井谦一（K. Fukui）约在 1952 年提出前沿轨道理论。所谓前沿轨道指的是分子最高占据轨道（HOMO）和最低空轨道（LUMO）。

分子的各分子轨道按轨道能量由低到高排列，电子占据了能量较低的一部分轨道，在已被电子占据的分子轨道中，能量最高的分子轨道称为最高占据轨道；在未被电子占据空的分子轨道中，能量最低的分子轨道称为最低空轨道。显然最低空轨道的能量也高于最高占据轨道的能量。前沿轨道理论的要点如下。

① 进行化学反应时起决定作用的轨道是一个分子的 HOMO 和另一个分子的 LUMO。

② 前沿轨道之间发生作用时，一个分子的 HOMO 与另一个分子的 LUMO 必须对称性一致，以致使两个轨道产生净的有效重叠。

③ HOMO 与 LUMO 的能量必须接近（$\leqslant 6eV$）。

④ 电子从一个分子的 HOMO 转移到另一个分子的 LUMO，转移的结果必须与反应过程中旧键断裂、新键生成相适应。

服从上述 4 点的反应称为对称允许的反应。反之称为对称禁阻的反应。一个对称允许反应通常对应低活化能，对称禁阻的反应则需要高活化能。

现在来讨论几个对称禁阻的反应。

【例 4-2】 氢和氟的反应

$$H_2 + F_2 \longrightarrow 2HF$$

可以判断出，H_2 的 HOMO 为 σ_{1s}，LUMO 为 σ_{1s}^*。

$F_2 [KK (\sigma_{2s})^2 (\sigma_{2s}^*)^2 (\sigma_{2p_z})^2 (\pi_{2p_x})^2 (\pi_{2p_y})^2 (\pi_{2p_x}^*)^2 (\pi_{2p_y}^*)^2 (\sigma_{2p_z}^*)^0]$ HOMO 为 $\pi_{2p_x}^*$，LUMO 为 $\sigma_{2p_z}^*$。

考虑电子的转移有两种可能：HOMO（H_2）→LUMO（F_2）见图 4-18（a）；HOMO（F_2）→LUMO（H_2），见图 4-18（b）。考虑前一种可能，电子密度从氢向氟转移，从图 4-18（a）看出，"＋"与"－"重叠相抵，所以净重叠为零，不服从要点（ii），这种转移是

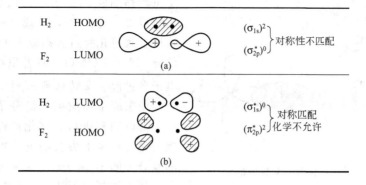

图 4-18 H_2 和 F_2 的前沿轨道相互作用

对称禁阻的。考虑后一种可能，电子密度从氟向氢转移，对称性一致，产生一个净的有效重叠，服从要点（i）、（ii）和（iii）；但电子从 $(\pi_{2p}^*)^2$ 移走，不但不削弱旧键，反而加强了氟的成键，不服从要点（iv）。这种转移也是对称禁阻的。所以 $H_2 + F_2 \longrightarrow 2HF$ 是对称禁阻的，但如果反应按下述离解历程，则反应是可以进行的。

$$F_2 \longrightarrow 2F$$
$$F + H_2 \longrightarrow HF + H$$
$$\underline{H + F \longrightarrow HF}$$
$$H_2 + F_2 \longrightarrow 2HF$$

因为氟原子的电子组态为 $(1s)^2(2s)^2(2p)^5$，$2p$ 轨道电子可以排列为 $(2p_z)^1(2p_x)^2$ $(2p_y)^2$，$2p_z$ 只有一个电子，它既是 HOMO，又是 LUMO，电子密度从 H_2 的 $HOMO(\sigma_{1s})$ 向电负性大的氟原子的 $2p_z$ 轨道转移，化学上是允许的（见图 4-19），因而反应能够发生，但是需要一个高的活化能，使氟分子先离解成氟原子。

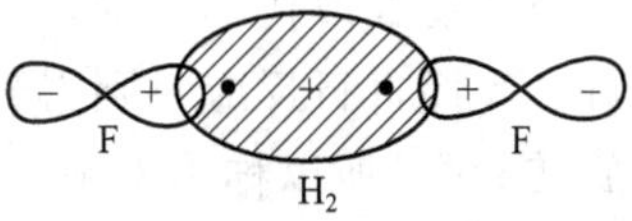

图 4-19 H_2 和 2F 的
前沿轨道相互作用

【例 4-3】 乙烯加氢及镍的催化作用：
$$C_2H_4 + H_2 \longrightarrow CH_3 - CH_3$$
乙烯的 HOMO 为 π 成键分子轨道，LUMO 为 π^* 反键分子轨道。氢分子的 HOMO 与 LUMO 如例 4-2 所示，仍然有两种可能的电子密度转移方向。从图 4-20 中看出，（a）、（b）两种方式对称性都不一致，净的成键效果为零，是对称禁阻的。

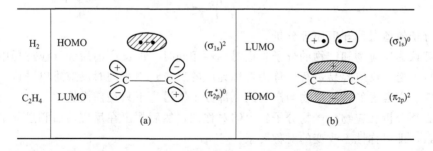

图 4-20 C_2H_4 和 H_2 前沿轨道相互作用

如果使用过渡金属镍催化，镍的最外层电子排布为 $3d^8 4s^2$，镍原子有多个 d 轨道及电子。由于 d 轨道在空间有几种取向，可提供多种对称性，使原来对称性不匹配的反应，在满足新的对称性匹配的条件下能够进行。如 d_{xz} 与氢分子的 σ_{1s}^* 对称匹配，见图 4-21，镍的 d 电

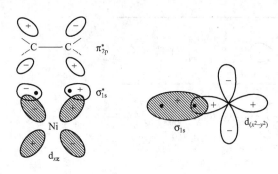

图 4-21　镍作催化剂时对称匹配

子可转移到氢分子的 σ_{1s}^*，从而使 σ 键削弱而离解成 2 个氢原子，生成 Ni—H 键过渡态，这样金属氢化物过渡态成为 HOMO，而乙烯的 π_{2p}^* 则为 LUMO，两者重叠对称性匹配，电子自过渡态又转移到 π_{2p}^* 上，使乙烯 π 键削弱，使氢原子加成到乙烯分子上，因而加成反应得以顺利进行。催化剂镍的作用是变禁阻为允许。镍上失去的电子可由对称性匹配的氢分子的 σ_{1s} 电子转移到镍空 d 轨道 $d_{z^2-y^2}$ 上，从而使其得到补充，完成了电子的循环。

因此镍起到了电子"交换站"的作用，有人称其为反应"开关"。

2. 分子轨道对称守恒原理

分子轨道对称守恒原理是在总结大量有机化学反应规律基础上，由美国有机化学家伍德沃德（Woodward）和量子化学家霍夫曼（Hoffmann）于 1965 年提出来的。这个原理认为分子轨道的对称性控制了基元反应的全过程，要求反应物与产物以及反应过程中的分子轨道对称性保持一致。它考察的是反应物与产物的全部分子轨道，由分子轨道能量相关图来推断反应进行的方式和条件。最初这个理论主要是研究电环合反应，目前已被广泛应用到无机化学、有机化学、催化等各个领域。这里只结合丁二烯的电环合反应做初步介绍。

（1）取代丁二烯环合生成取代环丁烯的反应

取代丁二烯所有碳原子以及与双键碳原子相连接的氢原子都在同一平面上。加热进行反应时得到反式取代环丁烯，这相当于分子两端的甲基沿键轴向同一方向旋转 90°，所以称为顺旋。光照进行反应时则得到顺式取代环丁烯，这相当于分子两端的碳原子沿键轴向相反方向旋转 90°，所以称为对旋。在加热和光照两种不同条件下，得到两种不同的立体异构体产物。

（2）分子轨道对称守恒原理分析

该原理认为反应物和产物的分子轨道对称性相同时，即反应前后和反应过程中分子轨道对称性保持不变，反应容易进行，称为对称允许的反应；不相同时反应难以进行，称为对称禁阻的反应。它考虑的是反应物与产物的全部分子轨道，不只是前沿轨道。

首先必须分析反应物、产物分子轨道的对称性，然后找出在反应前后和过程中都起作用的对称元素，即对称性不改变的对称元素。

从取代丁二烯分子结构可以看出，它主要有两种对称元素，一个是垂直分子平面且平分整个分子的对称面 σ；另一个是对称面 σ 与分子平面 σ′ 的交线即二重旋转轴 C_2（绕此轴旋转 180° 可得到等价构型）。以此二对称元素将取代丁二烯（简称丁二烯）和电环合产物取代环丁烯（简称环丁烯）的分子轨道分类（对称 S 表示，反对称以 A 表示），分类结果见表 4-5。

丁二烯电环合成环丁烯时，两端的 p_z 轨道转 90° 后相互重叠生成 σ 键和 σ* 键，得以关环。2、3 号碳原子的 p_z 轨道还可以形成 π 或 π^*，因此在产物环丁烯中有 σ、π、π^*、σ^* 分子轨道。

表 4-5　丁二烯和环丁烯分子轨道分类

丁 二 烯		σ	c_2	环　丁　烯		σ	c_2
ψ_4		A	S	σ^*		A	A
ψ_3		S	A	π^*		A	S
ψ_2		A	S	π		S	A
ψ_1		S	A	σ		S	S

（3）有效对称元素

丁二烯按某一方式（顺旋或对旋）关环时某一对称元素应始终保持有效。丁二烯顺旋关环时，只有二重旋转轴 C_2 始终保持有效，而此时对称面 σ 已不再是对称元素了。丁二烯对旋关环时，只有对称面 σ 始终保持有效，而二重旋转轴 C_2 此时已不再是对称元素了，见图 4-22。因此在讨论对旋关环时应以对称面 σ 来分类，而讨论顺旋关环时，应以二重旋转轴 C_2 来分类，并分别以这种对称元素来考察反应物和产物分子轨道间的联系。

取代丁二烯　　　取代环丁烯　　　取代环丁烯
　　　　　　　　（顺旋产物）　　　（对旋产物）

图 4-22　取代丁二烯与取代环丁烯分子的对称元素

（4）轨道能量相关图

确定某一反应方式的有效对称元素后，即绘出轨道能量相关图。其步骤为：①把反应物和产物的分子轨道按能量高低顺序排列在两边；②由于反应物转化为产物过程中分子轨道对称性应维持不变，因此把反应物和产物对称性相同（S-S，A-A）、能量相近的分子轨道用关联线连接；③对称性相同的关联线（如两条 SS 线或 AA 线）不能相交。这样就得到分子轨道能量相关图，见图 4-23。由图 4-23（a）可看出，由丁二烯 ψ_1、ψ_2 两个成键分子轨道正好转化为环丁烯 σ、π 两个成键分子轨道，对应的活化能较低，故在加热条件下即可进行顺旋关环。由图 4-23（b）可看出，丁二烯的一个成键轨道 ψ_2 将转化为环丁烯的 π^* 反键轨道，对应的活化能较高，若丁二烯仅仅加热维持基态，反应不能顺利进行。但在光照条件下，丁二烯将有电子从 ψ_2 激发到 ψ_3，而 ψ_3 和环丁烯的 π 成键轨道是相关联的，因此可顺利发生对旋

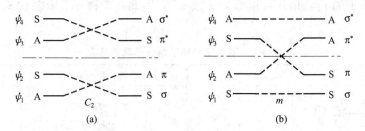

图 4-23 丁二烯顺旋和对旋转化为环丁烯的分子轨道能量相关图

关环。应用分子轨道对称守恒原理，还可对其他基元反应进行分析。我国量子化学家唐敖庆、江元生等人在 20 世纪 70 年代中期提出的分子轨道能级转化图理论，比其他理论更能反映反应的全过程，它不仅能判断反应进行的方向，还能算出反应的活化能，得出半定量的结果。对分子轨道对称守恒原理的发展做出了积极的贡献。

七、基本例题解

（1）实验测定下列物质的离解能为：

项 目	N_2^+,	N_2,	O_2^+,	O_2
D_e/eV	8.86	9.90	6.77	5.21

请判断 N_2^+ 与 N_2、O_2^+ 与 O_2 哪一个不稳定，用 MO 理论分析其原因。

解　在 N_2^+ 与 N_2 中 N_2^+ 不稳定，因为 $N_2 \longrightarrow N_2^+ + e$ 从成键轨道 $3\sigma_g$ 失去一个电子。

在 O_2^+ 与 O_2 中 O_2 不稳定，因为 $O_2 \longrightarrow O_2^+ + e$ 从反键轨道 π_{2p}^* 中失去一个电子，增加了分子的稳定性。

（2）分子轨道 ψ_1 由式（4-12）给出，求在氢分子离子中的一个原子核上和在两核中央发现电子的概率。

解

$$\psi_1 = \frac{1}{\sqrt{2+2S}}\ (\phi_a + \phi_b)$$

$$\phi_a = \frac{1}{\sqrt{\pi}}\left(\frac{1}{a_0}\right)^{\frac{3}{2}} e^{-\frac{r}{a_0}}$$

$$\psi_1^2 = \frac{1}{2+2S}(\phi_a^2 + 2\phi_a\phi_b + \phi_b^2)$$

在 a 原子核上 $r_a = 0$，$r_b = 74\text{pm}$，则

$$\psi_1^2 \propto (1 + 2e^{-74/52.9} + e^{-2\times74/52.9}) = (1 + 0.495 + 0.061) = 1.556$$

在两核中央 $\dfrac{r}{2} = \dfrac{74}{2} = 37\text{pm}$，$r_a = r_b = 37\text{pm}$，则

$$\psi_1^2 \propto (e^{-2\times37/52.9} + 2e^{-74/52.9} + e^{-2\times37/52.9}) = 4e^{-74/52.9} = 4\times0.248 = 0.992$$

（3）用 HMO 法处理烯丙基（$CH_2 = CH_2 - CH_2$），求其分子轨道与能量，并写出烯丙基正离子、烯丙基负离子的电子排布。

解

烯丙基　　　　　　　　　　　　　$CH_2 = CH_2 - CH_2$

　　　　　　　　　　　　　　　　　1　　　2　　　3

$$\psi_1 = C_1\phi_1 + C_2\phi_2 + C_3\phi_3$$

利用线性变分法

$$E = \frac{\int (C_1\phi_1 + C_2\phi_2 + C_3\phi_3)\,\hat{H}(C_1\phi_1 + C_2\phi_2 + C_3\phi_3)\,\mathrm{d}^3 r}{\int (C_1\phi_1 + C_2\phi_2 + C_3\phi_3)^2\,\mathrm{d}^3 r}$$

再根据 HMO 近似，得久期方程式：

$$
\begin{aligned}
C_1(\alpha - E) + C_2\beta + 0 &= 0 \\
C_1\beta + C_2(\alpha - E) + C_3\beta &= 0 \\
0 + C_2\beta + C_3(\alpha - E) &= 0
\end{aligned}
\qquad ①
$$

久期行列式为：

$$
\begin{vmatrix}
\alpha - E & \beta & 0 \\
\beta & \alpha - E & \beta \\
0 & \beta & \alpha - E
\end{vmatrix} = 0
$$

用 β 除行列式各项，并设：

$$x = \frac{\alpha - E}{\beta} \qquad ②$$

$$
\begin{vmatrix}
x & 1 & 0 \\
1 & x & 1 \\
0 & 1 & x
\end{vmatrix} = 0
$$

将行列式展开，求解得到 $x^3 - 2x = 0$

解得 $x_1 = -\sqrt{2}$，$x_2 = 0$，$x_3 = \sqrt{2}$，代入式②得：

$$E_1 = \alpha + \sqrt{2}\beta, \quad E_2 = \alpha, \quad E_3 = \alpha - \sqrt{2}\beta$$

分别代入久期方程①，解得分子波函数为：

$$\psi_1 = \frac{1}{2}\phi_1 + \frac{1}{\sqrt{2}}\phi_2 + \frac{1}{2}\phi_3$$

$$\psi_2 = \frac{1}{2}\phi_1 - \frac{1}{\sqrt{2}}\phi_3$$

$$\psi_3 = \frac{1}{2}\phi_1 - \frac{1}{\sqrt{2}}\phi_2 + \frac{1}{2}\phi_3$$

电子排布为：

$$
\begin{array}{c|ccc c}
\alpha - \sqrt{2}\beta & — & — & — & E_3 \\
\alpha & — & \uparrow & \uparrow\downarrow & E_2 \\
\alpha + \sqrt{2}\beta & \uparrow\downarrow & \uparrow\downarrow & \uparrow\downarrow & E_1 \\
\hline
& C_3H_5^+ & C_3H_5^{\cdot} & C_3H_5^-
\end{array}
$$

（4）设丁二烯电离一个 π 电子变为丁二烯正离子，求此离子各碳原子的 π 电子电荷密度、π 键键级、总键级。

解 丁二烯被电离成一价正离子 $CH_2{=}CH{-}CH{-}CH_2^+$，ψ_1 有两个电子，ψ_2 只有一个电子，因此 π 电子电荷密度为：

$$\rho_1 = 2 \times (0.372)^2 + 1 \times (0.602)^2 = 0.639$$

$$\rho_2 = 2 \times (0.602)^2 + 1 \times (0.372)^2 = 0.863$$

$$\rho_3 = 2 \times (0.602)^2 + 1 \times (-0.372)^2 = 0.863$$

$$\rho_4 = 2 \times (0.372)^2 + 1 \times (-0.602)^2 = 0.639$$

π 键键级为：

$$p_{1,2}=2\times0.372\times0.602+1\times0.602\times0.372=0.672$$
$$p_{2,3}=2\times0.602\times0.602+1\times0.372\times(-0.372)=0.586$$
$$p_{3,4}=2\times0.602\times0.372+1\times(-0.372)\times(-0.602)=0.672$$

总键级为：

$$P_{1,2}=1+0.672=1.672$$
$$P_{2,3}=1+0.586=1.586$$
$$P_{3,4}=1+0.627=1.627$$

（5）根据前沿轨道理论，分析氢-碘反应的历程。

解 若氢-碘反应按双分子反应历程：

$$H_2(g)+I_2(g)\longrightarrow2HI(g)$$

H_2 与 I_2 的分子组态为：

$H_2(\sigma_{1s})^2(\sigma_{1s}^*)^0$ σ_{1s} 为 HOMO，σ_{1s}^* 为 LUMO

I_2 与 F_2 相似，价轨道为 $(\sigma_{5p_z})^2(\pi_{5p_x})^2(\pi_{5p_y})^2(\pi_{5p_x}^*)^2(\pi_{5p_y}^*)^2(\sigma_{5p_z}^*)^0$，$\pi_{5p_x}^*$、$\pi_{5p_y}^*$ 为 HOMO，$\sigma_{5p_z}^*$ 为 LUMO。

电子从氢分子流向碘分子，电负性合理，但对称性不匹配（见图 4-24），反应不能顺利进行。反之，若电子从碘分子流向氢分子，虽然对称性匹配，但电子从电负性大的碘分子移向电负性小的氢分子，化学上不允许，而且电子从碘分子的 $(\pi_{5p_x}^*)$ 移走不但不削弱旧键，反而加强了碘分子的成键，因而反应也不能顺利进行。

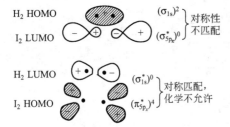

图 4-24　H_2 与 I_2 的前沿轨道相互作用

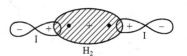

图 4-25　H_2 与 $2I$ 的前沿轨道相互作用

若按 $I_2\longrightarrow2I$，由 $H_2+2I\longrightarrow2HI$ 反应，碘原子的原子轨道 $(5p_z)^1$ $(5p_x)^2$ $(5p_y)^2$，$5p_z$ 只填充了一个电子，它既是 HOMO，又是 LUMO。氢分子的 HOMO (σ_{1s}) 的电子移向电负性大的碘的 $5p_z$，对称性匹配，化学允许（见图 4-25），因而可顺利发生反应。但由于要将 I_2 分解为 $2I$，需要较高的活化能。

习　题

4-1　判断对错，将下列不正确的在题号前用"×"标出。

（1）H_2^+ 基态在原子核上出现电子的概率最大。

（2）在同核双原子分子中，两个 2p 原子轨道线性组合只产生 π 分子轨道。

（3）在同核双原子分子中，所有中心反对称的分子轨道都是反键。

（4）H_2^+ 基态的自旋量子数为零。

（5）H_2 基态的自旋量子数为零。

4-2　写出 He_2 基态与第一激发态的电子组态，并判断能否稳定存在。

4-3　写出下列分子基态的电子组态：H_2，Be_2，C_2，N_2，NO，CN，这些分子中哪些是顺磁性的？

4-4　指出下列分子：O_2，NO，CN^- 和 F_2，（1）哪些比它们的正离子 $(AB)^+$ 不稳定？（2）哪些比它们负离子不稳定?

4-5 根据极值条件 $\frac{\partial \varepsilon}{\partial C_1}=0$,$\frac{\partial \varepsilon}{\partial C_2}=0$ 以及:

$$\varepsilon(C_1,C_2)=\frac{C_1^2 H_{11}+2C_1 C_2 H_{12}+C_2^2 H_{22}}{C_1^2 S_{11}+2C_1 C_2 S_{12}+C_2^2 S_{22}}$$

导出式(4-10)。

4-6 用 HMO 处理环丙烯自由基 $\overset{\overset{\displaystyle\cdot}{CH}}{HC\!=\!\!CH}$,写出久期行列式,并解出能量分子轨道与 π 电子排布。

4-7 设丁二烯分子处于第一激发态,试根据 π 电子分子轨道式(4-32),计算各对碳原子的键级及各碳原子的电荷密度。

4-8 氢分子可能具有如下构型的激发态,请指出哪一状态能量最高,哪一状态能量最低,说明其理由。

(1) ⟨↑⟩⟨↓⟩   (2) ⟨↑⟩⟨↑⟩   (3) ◯⟨↑↓⟩
  $\sigma_g\sigma_u$ $\sigma_g\sigma_u$ $\sigma_g\sigma_u$

4-9 请用分子轨道理论解释 Cl_2^+ 比 Cl_2 稳定的原因。

4-10 用异核双原子分子的分子轨道理论解释一氧化硫(SO)分子的电子组态,关于它的基态,预计有几个未配对电子。

4-11 CH_2ClCH_2Cl 和 $CHCl\!=\!\!CHCl$ 是否都有顺反异构体?为什么?

4-12 试比较 CH_3CH_2Cl、$CH_2\!=\!\!CHCl$、$CH_2\!=\!\!CH\!-\!CH_2Cl$ 等氯化物中氯活泼性并说明理由。

4-13 试比较 ROH、C_6H_5OH、$RCOOH$ 的酸性并说明原因。

4-14 下列分子有无大 π 键,如有请按符号 Π_n^m 写出。

$CH\!\equiv\!\!C\!-\!CH_2\!-\!CH_3$, ◯$-CH\!=\!\!CH_2$, $CH_2\!=\!\!CH\!-\!CH_2\!-\!CH\!=\!\!CH_2$,

$CH_2\!=\!\!C\!=\!\!O$, C_6H_5Cl, ◯$-\overset{\displaystyle\cdot}{CH_2}$, $RC\overset{\displaystyle O}{\underset{\displaystyle Cl}{\big\langle}}$, NO_2^+, BF_3。

4-15 乙烯与乙烷,哪个分子具有较高电离能?为什么?

4-16 己三烯衍生物光照与加热各发生何种方式电环合反应?并用前沿轨道理论分析其原因。

第五章　价键理论

量子力学基本原理建立不久，于1927年海特勒（Heitler）和伦敦（London）就开始应用它来处理氢分子结构。这在化学史上是第一次应用量子力学方法处理分子问题。后来经斯莱特和鲍林加以发展，于1931年提出了杂化理论，价键理论就这样建立起来了（简写成VB理论）。VB理论的基本观点是，认为共价键是价电子两两配对定位于原子之间形成的。这与传统的价键概念一致，并很快被化学家们所接受，在一个时期获得了较快的发展。VB理论是较早建立的共价键理论。

但是，由于VB理论计算方法比分子轨道理论（MO）困难得多，以及对有些实验的解释不如分子轨道理论清楚，因此在化学键理论中的地位逐渐被后来发展起来的MO理论超过，但是VB理论的一些观点，如电子配对、杂化、共振等理论为化学键提供了一个简单的图像，至今仍被广泛地使用着。近年来由于计算机的发展为VB理论的复杂计算提供了方便，提出一些新的计算方法，VB理论仍在继续发展。

一、海特勒-伦敦处理氢分子的结果

1. 简介海特勒-伦敦法解 H_2 分子的薛定谔方程

1927年海特勒-伦敦应用量子力学方法讨论 H_2 分子的结构，为近代化学键理论的建立奠定了基础。

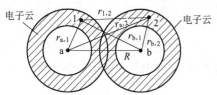

图 5-1　氢分子的坐标

氢分子的坐标如图 5-1 所示，采用玻恩-奥根海默近似，其势能 V 为：

$$V = \frac{e^2}{4\pi\varepsilon_0}\left(-\frac{1}{r_{a,1}} - \frac{1}{r_{a,2}} - \frac{1}{r_{b,1}} - \frac{1}{r_{b,2}} + \frac{1}{r_{1,2}} + \frac{1}{R}\right)$$

(5-1)

式中，右边第一项与第二项表示电子 1 和 2 相对于原子核 a 的库仑吸引势能；第三项与第四项表示电子 1 和 2 相对于原子核 b 的库仑吸引势能；第五项表示电子 1 和 2 之间的库仑排斥势能；最后一项为两个原子核之间的库仑排斥势能。在玻恩-奥根海默近似下 $\frac{1}{R}$ 是常数，在计算中作为参数处理。

哈密顿算为：

$$\hat{H} = -\frac{h^2}{2m}(\nabla_1^2 + \nabla_2^2) + V$$

(5-2)

薛定谔方程为：

$$\hat{H}\psi = E\psi$$

(5-3)

式中，ψ 表示氢分子的空间波函数。

$$\psi = \psi(x_1, y_1, z_1; x_2, y_2, z_2)$$

(5-4)

括号内是两个电子的空间坐标。

从式(5-1)看出，对于氢分子，尽管只有两个电子，它的势能表达式已经够复杂了，严格求解很困难，今采用变分法近似求解。

因为电子的自旋对氢分子能量的影响很小，可先略去电子的自旋讨论 H_2 分子的结构。电子的自旋将在本节最后一部分讨论。

海特勒-伦敦模型是从两个氢原子着手，认为氢分子是由两个相距较远氢原子逐渐互相接近而形成的，由分析和计算它们之间的相互作用来研究氢分子形成的原因。当两个氢原子相距较远时，R 很大，可忽略电子对较远核以及两原子核之间的作用，电子 1 在 a 核附近运动，电子 2 在 b 核附近运动，H_a 与 H_b 没有相互作用，就像两个孤立的氢原子，这样两个氢原子组成体系的波函数等于孤立体系原子波函数 ϕ_a、ϕ_b 之积：

$$\psi_1(1,2) = \phi_a(1)\phi_b(2) \tag{5-5}$$

对于相距无限远体系，这样描述是准确的。当两个氢原子接近到一定范围，电子 2 又可能处于核 a 附近，电子 1 处于核 b 附近，因此，同样有：

$$\psi_2(1,2) = \phi_a(2)\phi_b(1) \tag{5-6}$$

以上分析是把电子当成可区分的，实际上由于电子的全同性是不可区分的，所以这两种情况在氢分子中都存在。根据态叠加原理，ψ_1 与 ψ_2 线性组合所得的波函数也可能是这个体系的波函数，即：

$$\psi(1,2) = C_1\psi_1 + C_2\psi_2 = C_1\phi_a(1)\phi_b(2) + C_2\phi_a(2)\phi_b(1) \tag{5-7}$$

海特勒-伦敦采用 $\psi(1,2)$ 作为氢分子的试探函数。

式(5-7) 中 $\phi_a\phi_b$ 表示核 a 的原子轨道与核 b 的原子轨道之积，它包含两个电子，因此式(5-7) 表示的试探函数 ψ 是一个双电子函数，涉及相互作用的两个原子。这个近似波函数建立的过程，就表示出电子配对的特点，所以海特勒-伦敦处理氢分子结构一开始就把注意力集中到电子对上。

用类似氢分子离子的求解方法，将试探函数式(5-7) 代入式(4-5)，利用线性变分法求解，得到 H_2 分子体系的能量 E_S 和 E_A 以及相应的 H_2 分子的空间波函数 ψ_S 和 ψ_A。

$$E_S = \frac{H_{1,1} + H_{1,2}}{1 + S_{1,2}} \tag{5-8}$$

$$E_A = \frac{H_{1,1} - H_{1,2}}{1 - S_{1,2}} \tag{5-9}$$

$$\psi_S = \frac{1}{\sqrt{2 + 2S_{1,2}}}[\phi_a(1)\phi_b(2) + \phi_a(2)\phi_b(1)] \tag{5-10}$$

$$\psi_A = \frac{1}{\sqrt{2 - 2S_{1,2}}}[\phi_a(1)\phi_b(2) - \phi_a(2)\phi_b(1)] \tag{5-11}$$

式中

$$S_{1,2} = \int \psi_1 \psi_2 \, d^3 r \tag{5-12}$$

$$H_{1,1} = \int \psi_1 \hat{H} \psi_1 \, d^3 r \tag{5-13}$$

$$H_{1,2} = \int \psi_1 \hat{H} \psi_2 \, d^3 r \tag{5-14}$$

这些积分项除 $S_{1,2}$ 称为重叠积分外，由于试样函数取法的不同，$H_{1,1}$ 和 $H_{1,2}$ 与用变分法解氢分子离子对应项的物理意义并不相同。

式(5-10) 交换两电子坐标是对称的，所以用 ψ_S 表示，脚标 S 表示对称，式(5-11) 交换两电子坐标是反对称的，用 ψ_A 表示，脚标 A 表示反对称。

由式(5-2) 看出，哈密顿算符 $\hat{H}$ 是核间距 R 的函数，所以 $H_{1,1}$ 和 $H_{1,2}$ 都是 R 的函数，同时 $S_{1,2}$ 也是 R 的函数，所以 E_S 和 E_A 是 R 的函数。作 E_S 和 E_A 随核间距 R 变化的曲线，

如图 5-2 所示。从图中看出，在平衡核间距 R_e 附近，E_S 比两个无相互作用氢原子的能量之和（$2E_H$）低，所以相应的波函数 ψ_S 为氢分子的稳定态，E_A 比 $2E_H$ 高，所以 ψ_A 为氢分子的不稳定态。已知氢分子含有两个电子，所以 ψ_S 和 ψ_A 是双电子函数。

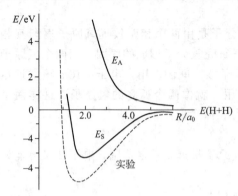

图 5-2　海特勒-伦敦处理氢分子的能量曲线

用海特勒-伦敦处理氢分子，得到平衡核间距为 87pm，$E_1 = 3.14eV$，同实验值 74.1pm、4.75eV 基本符合。海特勒-伦敦首次从理论上解释了氢分子稳定的原因，初步阐明了"电子配对"形成共价键的观点。

2. 氢分子的全波函数

（1）氢分子的自旋波函数

式(5-10)、式(5-11) 分别是氢分子双电子的空间波函数，没有涉及电子的自旋，而氢分子的全波函数应该包含电子的自旋部分。如果自旋波函数用 χ_{m_s} 表示，已知 m_s 只能取 $\frac{1}{2}$ 和 $-\frac{1}{2}$，将其代入 χ_{m_s} 可得：

$$\chi_{\frac{1}{2}} = \alpha \qquad \uparrow$$
$$\chi_{-\frac{1}{2}} = \beta \qquad \downarrow$$

如果两个电子的自旋之间相互作用不大，两电子体系的自旋波函数可以表示成单电子自旋波函数的乘积。用 $\alpha(1)$、$\beta(1)$ 和 $\alpha(2)$、$\beta(2)$ 分别表示第一个电子和第二个电子有关的自旋波函数，则可以得到下列四种不同的乘积：

$$\chi_1 = \alpha(1)\alpha(2) \qquad \uparrow\uparrow \tag{5-15}$$
$$\chi_2 = \beta(1)\beta(2) \qquad \downarrow\downarrow$$
$$\chi_3 = \alpha(1)\beta(2) \qquad \uparrow\downarrow$$
$$\chi_4 = \beta(1)\alpha(2) \qquad \downarrow\uparrow$$

式(5-15) 中 $\alpha(1)\alpha(2)$ 表示第一个电子处于自旋 α 态与第二个电子处于自旋 α 态之积，$\alpha(1)\beta(2)$ 表示第一个电子处于自旋 α 态与第二个电子处于自旋 β 态之积，其他依此类推。χ_1 与 χ_2 表示两个电子自旋相同，χ_3 与 χ_4 两个电子自旋相反。对 (5-15) 式电子 1 和 2 进行交换，得：

$$\alpha(1)\alpha(2) \xrightarrow{\text{交换}} \alpha(2)\alpha(1)$$
$$\beta(1)\beta(2) \xrightarrow{\text{交换}} \beta(2)\beta(1)$$
$$\alpha(1)\beta(2) \xrightarrow{\text{交换}} \alpha(2)\beta(1)$$
$$\beta(1)\alpha(2) \xrightarrow{\text{交换}} \beta(2)\alpha(1)$$

由于两个电子的自旋是独立无关的，所以在乘积中与次序无关。例如：

$$\alpha(1)\alpha(2) = \alpha(2)\alpha(1), \qquad \alpha(1)\beta(2) = \beta(2)\alpha(1), \cdots$$

由此可以看出 χ_1、χ_2 是对称的，χ_3、χ_4 是非对称的。

由于电子的等同性，任何描述电子运动状态的波函数，或是对称的（两电子交换坐标后，波函数不变）；或是反对称的（两电子交换坐标后，波函数只改变符号），但不能是非对称的。由于 χ_3、χ_4 是非对称的，因此不能用来描述电子状态。但是它们的组合 χ_5、χ_6 却是合理的自旋状态：

$$\chi_5 = \frac{1}{\sqrt{2}}[\alpha(1)\beta(2) + \beta(1)\alpha(2)]$$

$$\chi_6 = \frac{1}{\sqrt{2}}[\alpha(1)\beta(2) - \beta(1)\alpha(2)]$$

交换 χ_5、χ_6 中电子的坐标得：

$$[\alpha(1)\beta(2) + \beta(1)\alpha(2)] \overset{交换}{=} \alpha(2)\beta(1) + \beta(2)\alpha(1)$$

$$[\alpha(1)\beta(2) - \beta(1)\alpha(2)] \overset{交换}{=} \alpha(2)\beta(1) - \beta(2)\alpha(1) = -[\alpha(1)\beta(2) - \beta(1)\alpha(2)]$$

可见 χ_5 是对称的，χ_6 是反对称的。

这样 H_2 分子电子自旋波函数 χ_1、χ_2、χ_5、χ_6 都是合理的，详见表 5-1。

表 5-1　氢分子的自旋波函数

自旋波函数	波函数	交换对称性	总自旋量子数	自旋方式
χ_1	$\alpha(1)\alpha(2)$	对称	1	平行
χ_2	$\beta(1)\beta(2)$	对称	1	平行
χ_5	$\frac{1}{\sqrt{2}}[\alpha(1)\beta(2) + \beta(1)\alpha(2)]$	对称	1	平行
χ_6	$\frac{1}{\sqrt{2}}[\alpha(1)\beta(2) - \beta(1)\alpha(2)]$	反对称	0	反平行

（2）氢分子的全波函数

电子的全波函数应包括空间波函数与自旋波函数两部分，在忽略电子自旋与空间运动相互作用的情况下，电子的全波函数 ψ 可以表示成电子空间波函数 ψ_r 与自旋波函数 χ_{m_s} 之积：

$$\psi = \psi_r \chi_{m_s}$$

根据泡利不相容原理，电子体系的全波函数必须是反对称的。已知能量低的 ψ_s 是对称的；能量高的 ψ_A 是反对称的。为了构成 H_2 的全波函数，ψ_s 引入的自旋波函数必须是反对称的，只有 χ_6 一种；ψ_A 引入的自旋波函数必须是对称的，有 χ_1、χ_2 和 χ_5 三种，这样，会得到四种氢分子的全波函数：

$$\psi_1 = \frac{1}{\sqrt{2+2S_{1,2}}}[\phi_a(1)\phi_b(2) + \phi_a(2)\phi_b(1)] \cdot \frac{1}{\sqrt{2}}[\alpha(1)\beta(2) - \beta(1)\alpha(2)] \qquad (5\text{-}16)$$

$$\psi_2 = \frac{1}{\sqrt{2-2S_{1,2}}}[\phi_a(1)\phi_b(2) - \phi_a(2)\phi_b(1)]\alpha(1)\alpha(2)$$

$$\psi_3 = \frac{1}{\sqrt{2-2S_{1,2}}}[\phi_a(1)\phi_b(2) - \phi_a(2)\phi_b(1)]\beta(1)\beta(2) \qquad\qquad (5\text{-}17)$$

$$\psi_4 = \frac{1}{\sqrt{2-2S_{1,2}}}[\phi_a(1)\phi_b(2) - \phi_a(2)\phi_b(1)] \cdot \frac{1}{\sqrt{2}}[\alpha(1)\beta(2) + \beta(1)\alpha(2)]$$

从式(5-16)看出，全波函数 ψ_1 中，自旋波函数是反对称的，即两个电子必须自旋反平行，自旋量子数为零，是单重态，写成 $^1\psi_1$。表明当两个氢原子相互接近时，两个电子自旋相反配对才能形成化学键，即只有尚未配对电子才可能成键。体系处于 ψ_1 状态，能量低，两个氢原子能够有效成键，形成稳定的分子，它是氢分子的基态。

全波函数 ψ_2、ψ_3、ψ_4，这三种状态两电子是自旋平行的，为三重态，可写成 $^3\psi_2$、$^3\psi_3$、$^3\psi_4$。体系的能量高，不能形成稳定的分子，它们是氢分子的推斥态。若不考虑电子自旋-轨道相互作用，ψ_2、ψ_3、ψ_4 状态是简并的；若考虑自旋 轨道相互作用，这三种状态的能量稍有差别。氢分子的光谱实验同上面的结果完全一致。

二、价键理论的要点及对简单分子的应用

海特勒-伦敦用量子力学方法成功地解释了氢分子的结构，阐述了两个 H 原子形成 H_2 分子的原因。将其处理 H_2 分子基态结果推广到其他双原子或多原子分子体系，认为原子间只有尚未配对且自旋相反的电子才能形成定域于两原子之间的化学键，这种观点称为价键理论，也称电子配对理论。VB 理论的基本观点虽然与早期原子价键理论相似，但它是应用量子力学方法得来的，并进一步揭示了电子配对成键的本质。因此立刻被化学家所接受，在一个时期获得了较快的发展。

1. 价键理论的要点

① 两原子价层原子轨道具有自旋相反的未配对电子相互配对形成共价键。若各有一个未配对电子则形成共价单键；若各有两个或三个未配对电子，则两两配对形成共价双键或三键；若原子 A 有 n 个未配对电子，原子 B 只有一个未配对电子，可形成 AB_n 型分子。

② 共价键具有饱和性。已配对的电子不能再与另外的电子配对。

③ 共价键具有方向性。电子配对的选择，以满足轨道最大重叠条件为判据，只有两个原子轨道沿角度分布的最大值方向重叠，才能形成较强的共价键，这是共价键具有方向性的原因。

2. 价键理论对简单分子的应用

① 锂分子（Li_2）　锂原子的电子组态是 $1s^2 2s^1$，有一个未成对 2s 价电子，两个锂原子各自用其价电子配对成一个单键，记为 Li—Li，形成锂分子。

② 氦分子（He_2）　氦原子的电子组态是 $1s^2$，两个电子已成对，因此两个氦原子不能形成化学键，所以氦分子不存在。

③ 氧分子（O_2）　氧原子的电子组态为 $1s^2 2s^2 2p_x^2 2p_y^1 2p_z^1$，每个氧原子都有两个未成对电子，若键轴为 z 方向，两个 $2p_z$ 电子配成 σ 键，$2p_y$ 电子配成 π 键，氧分子为双键（O═O）。实验测定氧分子为顺磁性，说明氧分子有未配对电子，由价键法得到的分子结构与实验结果不符，用分子轨道法处理氧分子得到的分子组态与实验结果一致。

④ 硫化氢（H_2S）　硫原子的电子组态是 $1s^2 2s^2 2p^6 3s^2 3p^4$，有两个未成对 p 电子，而氢原子只有一个未成对电子，因此一个硫原子可以同两个氢原子成键。由于硫的两个 p 轨道相互垂直，按轨道最大重叠条件，要求键角 ∠H—S—H 为 90°，这也符合实验结果。

⑤ 水（H_2O）　氧原子的两个未成对电子同两个氢的 1s 电子，互相配对形成两个单键，键角应为 90°，然而实验给出键角 ∠H—O—H 为 104.5°，两者偏差较大。如果引入杂化轨道，可以得到与实验一致的结果。

对上述一些简单分子的讨论，可以看出 VB 理论简单方便，且具有化合价直观的优点。对于多原子分子，当采用杂化轨道以后，很成功地解释分子的构型。但是对于单电子、三电子键，氧分子的顺磁性，氮分子的特殊稳定性等，以往的 VB 理论无法解释，但由于 VB 理论迄今仍在发展中，今后与分子轨道理论相配合，会起相辅相成的效果。

三、价键理论与简单分子轨道理论的比较

价键理论与简单分子轨道理论都是讨论共价键的基本理论。为了认清两种理论各自的特

点，现以氢分子为例进行对比。

1. 理论比较

(1) 理论的中心思想

价键理论认为两个 H 原子的价层原子轨道，具有自旋相反的未配对电子相互配对，形成定域于两个原子之间的共价键。可见氢分子波函数是双电子波函数，用波函数 $\psi(1,2)$ 表示。

简单分子轨道理论认为，氢分子中的每个电子在两个氢原子核及另外一个电子所组成的平均势场中运动，每个电子的运动状态用单电子波函数 ψ 来描写，ψ 被称为分子轨道。氢分子的基态波函数可以表示成两个成键分子轨道 $\psi(1)$ 和 $\psi(2)$ 之积：

$$\psi(1,2)=\psi(1)\psi(2) \tag{5-18}$$

(2) 试探函数

价键理论以原子轨道之积的线性组合为试探函数 $\varphi_{VB}(1,2)$，进行变分法处理。表现出电子配对的特点，成键的一对电子涉及两个原子，具有定域特点。

$$\varphi_{VB}(1,2)=C_1\phi_a(1)\phi_b(2)+C_2\phi_a(2)\phi_b(1)$$

简单分子轨道理论的试探函数 φ_{MO} 表示成原子轨道的线性组合，再进行变分法处理，求解得到分子轨道，它表示电子在整个分子中运动，具有离域特点。

$$\varphi_{MO}=C_1\phi_a+C_2\phi_b$$

(3) 分子双电子波函数

式(5-10)给出价键理论 H_2 分子稳定态空间波函数 ψ_s。为了方便将 ψ_s 写成 $\psi_{VB}(1,2)$：

$$\psi_{VB}(1,2)=\frac{1}{\sqrt{2+2S_{1,2}}}[\phi_a(1)\phi_b(2)+\phi_a(2)\phi_b(1)] \tag{5-19}$$

在第四章二、的应用实例中给出简单分子轨道理论处理 H_2 分子，得到的双电子波函数 $\psi_{MO}(1,2)$ 如式(5-18)所示。为了方便，将分子轨道写成：

$$\psi(1)=\frac{1}{\sqrt{2+2S_{a,b}}}[\phi_a(1)+\phi_b(1)]$$

$$\psi(2)=\frac{1}{\sqrt{2+2S_{a,b}}}[\phi_a(2)+\phi_b(2)]$$

代入式(5-18)，得：

$$\psi_{MO}(1,2)=\frac{1}{2+2S_{a,b}}[\phi_a(1)+\phi_b(1)][\phi_a(2)+\phi_b(2)]$$

展开得：

$$\psi_{MO}(1,2)=\frac{1}{2+2S_{a,b}}[\phi_a(1)\phi_b(2)+\phi_a(2)\phi_b(1)+\phi_a(1)\phi_a(2)+\phi_b(1)\phi_b(2)] \tag{5-20}$$

比较式(5-19)与式(5-20)两式，发现后者明显比前者多两项，即 $[\phi_a(1)\phi_a(2)+\phi_b(1)\phi_b(2)]$，这两项分别表示两个电子同时靠近某个核的情况，可表示成两个电子出现在同一核的原子轨道上，它对应离子结构 $H_a^- H_b^+$ 和 $H_a^+ H_b^-$，称为离子项。

若不计归一化系数的差异，式(5-20)的前两项，即 $[\phi_a(1)\phi_b(2)+\phi_a(2)\phi_b(1)]$ 与式(5-19)完全一样。这两项表明两个电子分别处于不同核的轨道上，它体现着两个核对电子的共享，称为共价项。可以看出，$\varphi_{VB}(1,2)$ 只有共价项，而根本不存在离子项，它完全否认了两个电子同时出现在一个核附近的可能性。但是，事实表明，在一个核附近，确实存在两个电子同时出现的概率，只是概率比较小。由式(5-20)看出，$\psi_{MO}(1,2)$ 包含着共价项与离子项，且各占 50%。事实告诉我们，H_2 分子解离产物是中性的氢原子，

根本不存在 $H_a^- H_b^+$ 或 $H_a^+ H_b^-$ 的离子形式，这说明 $\varphi_{MO}(1,2)$ 夸大了离子项的贡献。以上分析表明价键理论与分子轨道理论，在初期阶段都是比较粗略近似的方法，各有其优缺点。

现将以上讨论的要点列于表 5-2 中。

表 5-2　价键理论与简单分子轨道理论的比较

项　目	价键(VB)理论	简单分子轨道(MO)理论
图像	A ⑦₁ ⑤ B A ① ② ⑤ B	A ⑦₁ B ⑤₂
试探函数	$\varphi_{VB}(1,2)=C_1\phi_a(1)\phi_b(2)+C_2\phi_a(2)\phi_b(1)$ $\varphi_{VB}(1,2)$价键理论的试探函数，ϕ_a、ϕ_b分别为氢原子 a、b 的原子轨道，C 为组合系数，(1)、(2)表示电子编号	$\varphi_{MO}=C_1\phi_a+C_2\phi_b$（各符号含义同左）
分子双电子波函数	$\psi_{VB}(1,2)=\dfrac{1}{\sqrt{2+2S_{1,2}}}[\phi_a(1)\phi_b(2)+\phi_a(2)\phi_b(1)]$	$\psi_{MO}(1,2)=\dfrac{1}{2+2S_{a,b}}[\phi_a(1)\phi_b(2)+\phi_a(2)\phi_b(1)+\phi_a(1)\phi_a(2)+\phi_b(1)\phi_b(2)]$
理论中心思想	两原子价层原子轨道具有自旋相反的未配对电子，相互配对成键	分子中每一个电子的运动可用分子轨道描写，每一个轨道可容纳自旋相反的一对电子
特征	①双电子描写 ②定域于两个原子之间 ③忽略离子项的贡献	①单电子描写 ②离域于整个分子 ③夸大离子项的贡献

2. 实验检验

（1）光电子能谱检验

价键理论认为甲烷 CH_4 具有四个等同的 C—H 键，即有四个相同的电子对，故光电子能谱中应只有一种价电子峰，而实际上有两组峰，这与分子轨道理论计算得到两种不同能量分子轨道的结果一致。

（2）氧分子的顺磁性

按价键理论氧分子结构为 O＝O，为抗磁性。按简单分子轨道理论，前面已经介绍，氧分子的电子组态有两个自旋平行的电子，所以是顺磁性的。

以上两个例子都表明分子轨道理论比价键理论更符合事实。但也有一些例子，如 H_2 的计算结果价键理论结果较好。至于应用哪种近似计算结果较佳，要视具体分子而定。对于共价成分占主要的分子，应用价键理论计算结果较好；对于离子键贡献不可忽略的分子，应用分子轨道理论计算结果较好。

当前，两种理论都在发展之中，两种理论的计算结果趋于一致。不过价键理论发展遇到的主要阻碍是计算复杂，且对激发态描写困难。而分子轨道理论则因易于计算，能解释某些价键理论不能解释的问题，已成为当前化学键理论的主流。

四、杂化轨道理论

杂化轨道概念是由鲍林和斯莱特于 1931 年提出来的，主要用于解释多原子分子的几何构型。开始，此概念仅属 VB 理论的范畴，后来，MO 理论的定域轨道模型也采用杂化轨道为基函数。20 世纪 50 年代，许多学者将杂化轨道概念不断深化和完善，使之成为当今化学键理论的重要内容。中国著名量子化学家唐敖庆在这方面曾做出了重要的贡献[❶]。

在定性地讨论分子几何构型时，应用杂化概念使问题更简化、直观且容易理解，因此杂化理论是研究简单多原子分子立体构型的近似模型。

上一节曾指出水分子的构型，按 VB 理论水分子的键角$\angle$H—O—H 应为 $90°$，实测 $104.5°$。再如甲烷分子，据 VB 理论甲烷分子中的碳原子用 $2s$ 轨道电子及相互垂直的 $2p_x$、$2p_y$、$2p_z$ 轨道的电子，分别同氢原子 $1s$ 轨道的电子配对成键，根据最大重叠条件，三个 s-p 配对结合的共价键应互相垂直，而 s-s 结合的共价单键为了与 s-p 结合的单键排斥力最小，尽可能远离它们，保持一定夹角。从键强看 s-s 结合与 s-p 结合应有差别。但实测甲烷 C—H 键之间的夹角是 $109°28'$，4 个 C—H 键是等同的。为了解决上述矛盾，讨论共价键的方向性，解释分子构型问题，提出了杂化轨道理论。

1. 杂化轨道理论要点

杂化轨道理论认为在原子间相互作用形成分子的过程中，使得同一个原子中能量相同或相近的几个原子轨道相互混合，产生成键更强的一组新的原子轨道，称为杂化轨道。原子轨道混合过程叫做杂化，杂化理论的基本原理有以下几点。

（1）杂化前后轨道数目守恒

杂化轨道是同一原子中能量相同或相近原子轨道线性组合而成。有几个原子轨道线性组合，就得到几个杂化轨道，杂化前后轨道数目守恒，但杂化轨道在空间的分布、方向发生了变化。

根据量子力学态叠加原理，原子中的电子可能在 s 轨道存在，也可能在 p 轨道存在或 d 轨道存在，将 s、p 和 d 轨道的波函数线性组合，所得到的杂化轨道也是该电子的可能状态。以适合于原子周围势场条件的改变。

如果以 ϕ_1，ϕ_2，$\cdots$，ϕ_n 表示参加杂化的原子轨道，则杂化轨道 $\phi_k(k=1,2,\cdots,n)$ 可以表示为：

$$\phi_k = \sum_{i=1}^{n} C_{k,i}\phi \qquad k = 1,2,\cdots,n \qquad (5\text{-}21)$$

式中，$C_{k,i}$ 代表第 k 个杂化轨道中第 i 个原子轨道前的系数。由式(5-21)看出，参加杂化原子轨道的数目等于杂化轨道的数目。

原子轨道发生杂化是由于形成化学键时，原子间的相互作用改变了原子的状态，使同一原子中能量相近的原子轨道有可能重新组合起来进行杂化以适应原子间键的要求。由 s 和 p 轨道参加杂化称为 sp 杂化，由 s、p 和 d 轨道参加杂化称为 spd 杂化。

（2）杂化轨道是正交归一的

杂化轨道满足正交归一化条件，即：

$$\int \phi_k \phi_l \, d^3 r = \begin{cases} 1 & k = l \\ 0 & k \neq l \end{cases} \qquad (5\text{-}22)$$

ϕ_k 为实函数，结合式(5-21)，得：

$$\int \sum_i C_{k,i}\phi_i \sum_j C_{k,j}\phi_j \, d^3 r = 1$$

$$\sum_i \sum_j C_{k,i}C_{k,j} \int \phi_i\phi_j \, d^3 r = 1$$

或写成：

[❶]　中国化学会志 17，251，(1950)；18，15 (1951)；18，53，(1951)。

$$\sum_i C_{k,i}^2 = 1 \qquad (5\text{-}23)$$

根据态叠加原理可知系数 $C_{k,i}^2$，表示第 i 个参加杂化的原子轨道，在第 k 个杂化轨道中的成分。例如 sp^3 杂化中，有：

$$C_{k,s}^2 + C_{k,p_x}^2 + C_{k,p_y}^2 + C_{k,p_z}^2 = 1 \qquad (5\text{-}24)$$

通常，把杂化轨道 ϕ_k 中的 s 轨道的成分以 α_k 表示，即 $\alpha_k = C_{k,s}^2$；p 轨道的成分以 β_k 表示，即 $\beta_k = C_{k,p_x}^2 + C_{k,p_y}^2 + C_{k,p_z}^2$，则有：

$$\alpha_k + \beta_k = 1$$

这就是说在一杂化轨道中，参与杂化的各原子轨道的成分之和等于1。

杂化轨道的正交性说明杂化轨道的方向不是任意的，而是有一定取向。

（3）杂化轨道成键能力的增强

杂化轨道比未杂化轨道增加成键能力，使体系更加稳定。通常将波函数角度部分的最大值定义为成键能力，用 f 表示。

杂化理论主要是讨论分子的几何构型，所以注意的是原子轨道的角度部分，因而在实际讨论中，往往取波函数角度部分代替原子轨道，视波函数径向部分为常数。例如 ns 和 np 轨道的角度部分为：

$$\phi_{n,s} = \sqrt{\frac{1}{4\pi}}$$

$$\phi_{n,p} = \sqrt{\frac{3}{4\pi}} \sin\theta\cos\phi$$

若取 $\phi_{n,s}$ 角度波函数的最大值为1，即 $f_s = 1$，$f_p = \sqrt{3}$。则 s-p 杂化轨道的成键能力如表 5-3 所示，表中 α 表示 s 轨道的成分。

从表 5-3 可以看出，当杂化轨道的 s 成分在 $0\sim3/4$ 之间时，杂化轨道的成键能力比单纯的 s、p 轨道成键能力都大，成键能力增加使分子更加稳定，这就是原子轨道要杂化的原因。

表 5-3   s-p 杂化轨道 s 成分与成键能力的关系

α	轨道名称	f
0	p	$\sqrt{3} = 1.732 = f_p$
1/4	sp^3	2
1/3	sp^2	1.991
1/2	sp	1.932
3/4		$\sqrt{3} = 1.732$
1	s	$1 = f_s$

（4）杂化轨道间的夹角

为了解释分子的几何构型，必须知道杂化轨道间的夹角。若 ϕ_k 和 ϕ_l 为两个 s-p 杂化轨道，α_k 和 α_l 分别为它们所含的 s 成分，可以证明声 ϕ_k 和 ϕ_l 两杂化轨道的夹角可用通式表示为：

$$\cos\theta_{k1} = -\frac{\sqrt{\alpha_k\alpha_l}}{\sqrt{(1-\alpha_k)(1-\alpha_l)}} \qquad (5\text{-}25)$$

（5）等性杂化与不等性杂化

由原子轨道线性组合而得一组杂化轨道是等价的，则称为等性杂化，如果杂化轨道是不等价的则称为不等性杂化。或者说在 n 个杂化轨道中，每个轨道所含有的参与杂化的各 s、p、d 等轨道的成分都分别相等，称为等性杂化轨道；否则称为不等性杂化轨道。

以 sp 杂化为例，可得两个杂化轨道：

$$\phi_1 = \frac{1}{\sqrt{2}}(\phi_s + \phi_{p_x})$$

$$\phi_2 = \frac{1}{\sqrt{2}}(\phi_s - \phi_{p_x})$$

两杂化轨道中，s 或 p_x 轨道的系数都相同，说明在 ϕ_1 与 ϕ_2 轨道中，s 成分相同（p 成分也相同），则成键能力相等，说明两个杂化轨道是等价的，称为等性杂化；若 s 或 p 的成分不相同，称为不等性杂化。

2. 等性杂化轨道的主要类型

（1）sp 杂化

在 sp 杂化中，重点讨论直线型杂化。sp 杂化轨道是由同一原子的 ns 轨道和 np 轨道的线性组合所得到的轨道。若 ns 轨道用 ϕ_s 表示，np 轨道用 ϕ_{p_x} 表示，则有：

$$\phi = a\phi_s + b\phi_{p_x} \tag{5-26}$$

根据杂化理论要点（2）杂化轨道是正交归一的，有：

$$a^2 + b^2 = 1$$
$$\alpha = a^2, \quad \beta = b^2$$
$$\alpha + \beta = 1$$

得

$$a = \sqrt{\alpha}, \quad b = \sqrt{\beta} = \sqrt{1-\alpha}$$

代入式(5-26) 得：

$$\phi_1 = \sqrt{\alpha}\phi_s + \sqrt{1-\alpha}\phi_{p_x} \tag{5-27}$$

根据要点（1）杂化前后轨道数目守恒，应得两个杂化轨道。因此，还有一个杂化轨道 ϕ_2，它应与 ϕ_1 正交，所以有：

$$\phi_2 = \sqrt{1-\alpha}\phi_s - \sqrt{\alpha}\phi_{p_x} \tag{5-28}$$

根据要点（5）两杂化轨道是等性杂化，则 $\alpha = \dfrac{1}{2}$，代入式(5-27)、式(5-28)，得：

$$\phi_1 = \frac{1}{\sqrt{2}}(\phi_s + \phi_{p_x})$$

$$\phi_2 = \frac{1}{\sqrt{2}}(\phi_s - \phi_{p_x})$$

再根据要点（4）求出两杂化轨道的夹角 $\theta_{1,2}$：

$$\cos\theta_{1,2} = -\frac{\sqrt{\frac{1}{2} \times \frac{1}{2}}}{\sqrt{\left(1-\frac{1}{2}\right)\left(1-\frac{1}{2}\right)}} = -1$$

$$\theta_{1,2} = 180°$$

表明杂化轨道 ϕ_1 与 ϕ_2 在同一直线上，方向相反，其角度分布如图 5-3 所示，所得葫芦状杂化轨道更有利于原子轨道的最大重叠，增大成键能力。

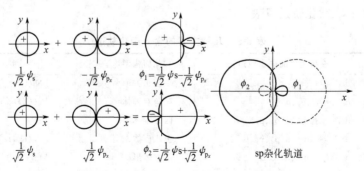

图 5-3 ϕ_s、ϕ_{p_x}、ϕ_1 与 ϕ_2 的电子云分布图

例如，乙炔（$C\equiv C$）中两个碳原子的骨架以及它们和氢原子的键合均是由 sp 杂化轨道形成，呈直线形，碳原子余下 p_x 和 p_y 轨道上分别形成两个 π 键。Be、Zn、Cd、Hg 等原子的最外层电子结构都是（ns^2），若将一个 ns 电子激发到 p 轨道上，由 sp 杂化形成两个直线形杂化轨道去成键。所以 $BeCl_2$、BeH_2、$HgCl_2$、$Zn(CH_3)_2$ 等分子的几何构型都是直线。

关于三角形杂化——sp^2 杂化，四面体杂化——sp^3 杂化，用类似导出 sp 杂化轨道的方法求得，现将杂化轨道的特征归纳于表 5-4。

表 5-4　sp 杂化轨道的特点

杂化轨道	参与杂化的原子轨道	α	θ_{ij}	几何构型	实例
sp	s, p_z	$\dfrac{1}{2}$	180°	直线形	$CH_3{-}Zn{-}CH_3$, $HgCl_2$, BeH_2
sp^2	$s, p_z p_x$	$\dfrac{1}{3}$	120°	正三角形	$CH_2{=}CH_2$, $AlCl_3$, SO_3, BF_3
sp^3	$s, p_z p_x p_y$	$\dfrac{1}{4}$	109°28′	正四面体	CH_4, CCl_4, MnO_4^-

（2）spd 杂化

对于周期表中过渡金属元素，其原子 $(n-1)d$ 轨道能级和 ns 及 np 轨道的能级很接近。例如，镍的 3d、4s、4p 三个轨道能级之差仅在 4eV 之内，因此，这些轨道间可以构成 dsp 杂化轨道。对于主量子数相同的 p 区元素，其原子的 ns、np 及 nd 轨道能量相近，它们可以构成 spd 杂化轨道。通常，对这两种杂化类型不加区分，统一记为 spd 杂化。

① 平面正方形杂化——dsp^2 杂化　杂化轨道由 s、p_x、p_y 和 $d_{x^2-y^2}$ 四个轨道构成的杂化轨道。由于 $d_{x^2-y^2}$、p_x、p_y 的轴都位于 xy 平面内，可以预期四个杂化轨道的轴也都位于 xy 平面内，其角度分布如图 5-4 所示。

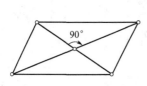

图 5-4　dsp^2 杂化轨道

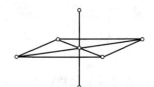

图 5-5　d^2sp^3 杂化轨道

中心离子或原子采用 dsp^2 杂化的配合物，分子构型是平面正方形，配位数为 4。常见的有 $PtCl_4^{2-}$、$AuCl_4^-$、$Ni(CN)_4^{2-}$、$Pt(NH_3)_4^{2-}$ 和 XeF_4 等分子。

② 八面体杂化——d^2sp^3 杂化　杂化轨道由 s、p_x、p_y、p_z 和 $d_{x^2-y^2}$ 和 d_{z^2} 六个轨道构成的杂化轨道，是八面体构型，见图 5-5。中心离子或原子采用 d^2sp^3 杂化的配合物是八面体型分子，配位数是 6，常见的配合物有 SF_6、PF_6、$Fe(CN)_6^{3-}$、$Co(NH_3)_6^{3-}$ 等。

几种主要的 dsp 杂化轨道见表 5-5。

表 5-5　几种主要的含 d 杂化轨道

杂化轨道	参与杂化的原子轨道	几何构型	实　例
dsp^2	$d_{(x^2-y^2)}$、s, p_x, p_y	平面正方形	$[Ni(CN)_4]^{2-}$
dsp^3	d_{z^2}、s, p_x, p_y, p_z	三角双锥体	$Fe(CO)_5$, PF_5
d^2sp^2	$d_{(x^2-y^2)}$、d_{z^2}、s, p_x, p_y	四方锥体	BrF_5
d^2sp^3	$d_{(x^2-y^2)}$、d_{z^2}、s, p_x, p_y, p_z	正八面体	$[Fe(CN)_6]^{3-}$
d^4sp^3	$d_{(x^2-y^2)}$、d_{z^2}、d_{xz}、d_{yz}	正方体形	$Mo[CN]_8^{4-}$
	s, p_x, p_y, p_z		

3. sp 不等性杂化

中心离子或原子含有孤对电子，且各杂化轨道中所含有的参与杂化轨道的某一成分不完全相同，这种杂化叫不等性杂化。

例如氨（NH_3），中心氮原子在 $1s^2 2s^2 2p^3$ 有五个价电子，假定氮原子采取等性 sp^3 杂化，是四面体型，键角应为 $109°28'$，而实测氨的键角为 $107°$，相差 $2°28'$，为此提出不等性杂化进行解释。氮原子中的已成对的电子占据一个杂化轨道，剩下三个电子各占一个杂化轨道，所以一个氮原子可与三个氢原子化合成氨分子，如图 5-6。因为一个杂化轨道由孤对电子占据，不参与成键作用，受到核的吸引较强，所以电子云密集于原子核周围，因而它含有较多的 s 成分，而其余的三个杂化轨道会有较多的 p 成分，这就使得键角从 $109°28'$ 减为 $107°$。

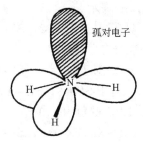
孤对电子

图 5-6　NH_3 的立体结构式

再如水（H_2O），其中氧原子的 2s 和 2p 轨道共有 6 个电子，因而有两对电子要占据两个杂化轨道，从而成为两对孤对电子，余下的两个杂化轨道上各有一个电子，故一个氧原子可与两个氢原子化合成水分子。由于水分子中有两对孤对电子，杂化的不等性更明显，因此水分子中的键角 $\angle HOH$ 不是 $109°28'$，而是 $104.5°$，减少近 $5°$。

*五、价电子对互斥理论（VSEPR）

前节由杂化轨道理论讨论了分子的几何构型，即成键方向性。本节介绍由电子对之间的排斥作用，来推测分子几何构型，即价电子对互斥理论（VSEPR）。

按照 VSEPR 理论，分子的几何形状由中心离子或原子周围的价电子对（简称电对）的数目决定。价电子对包括成键电子对，简称键对（BP）和孤对电子，简称孤对（LP）。各价电子对之间存在着静电排斥作用，各价电子对之间自旋相同的电子具有泡利排斥作用。根据能量最低原理，要求价电子对之间尽量远离，以使排斥作用能为最小。因此围绕中心离子或原子的价电子对的空间排列，应采用排斥能减到最小的方式。

西奇威克（Sidgwick）和鲍威尔（Powell）于 1940 年提出了这一理论，吉莱斯玻（Gillespie）对此理论做了进一步发展和应用。

价电子互斥理论能简练直观地说明简单分子的几何构型，可同杂化理论相互补充，但是只能定性地解释一些分子的几何构型，不能给出定量的结果。

1. VSEPR 判断分子几何构型的规则

① 为使价电子对排斥能最小，中心离子或原子要有二、三、四、五和六个价电子对时，尽可能远距离的排列，分别为直线、平面三角形、四面体形、三角双锥形和八面体形。

② 对于具有双键或三键的分子，假设每一个重键是一个 BP。由于重键实际上是由两对或三对电子构成，因此重键 BP 的排斥作用大于单键 BP。例如乙烯分子（$CH_2 = CH_2$），每个碳原子的电对数为 3，由于双键 BP 排斥作用大于单键 BP，所以 C—C BP 对 C—H BP 排斥作用大于 C—H BP 彼此的排斥作用，因此实测 $\angle HCH$ 为 $117°$，小于 $120°$。

③ 键对由于受两个成键原子核吸引，比较集中在键轴的位置，LP 只受一个核的吸引，因此 LP 受的束缚较小，比 BP 铺展得宽。电子云占据较大空间，从而对相邻电对产生较大的排斥作用。现将电对排斥次序排列如下：

$$LP/LP > LP/BP > BP/BP$$

2. 应用 VSEPR 分析实例

（1）遵循的步骤

应用 VSEPR 方法确定分子的几何形状时按下列步骤进行：写出点式结构式；将这些电对按上述 1 中规则①排列；考虑有 LP、多重键 BP 引起的额外排斥，要进行修正。

（2）分析实例

将中心离子或原子的电对数用 SB 表示，它包括键对 BP 与孤对 LP 两部分，其中孤对数用 SL 表示。

① 对于 SB=2，SL=0，分子是直线形，如 BeH_2 和 CO_2（在 CO_2 中每个双键 BP 是 1）等分子。

② 对于 SB=3，SL=0，分子是平面三角形（键角是 120°），如 BF_3、SO_3。

对于 SB=3，SL=1，因 LP 排斥作用较大，其键角小于 120°，如 SO_2、S 原子上有一个 LP，键角为 119.5°。

③ 对于 SB=4，SL=0，分子是正四面体形，如 CH_4、CF_4、SO_4^{2-} 等。

对于 SB=4，SL=1，分子是三角锥形，键角稍小于 109.5°，例如 PF_3、$AlCl_3$、NH_3（前面曾用杂化理论分析，这里用 VSEPR 分析），实测键角 107°。H_2O 是 SB=4，SL=2，2 个 LP，排斥作用大，实测键角 104.5°。

④ 对于 SB=5，SL=0，分子是三角双锥形，如 PCl_5；对于 SB=5，SL=1，LP 进入赤道位置，分子是跷跷板形，如 SF_4；SB=5，SL=2，2 个 LP 进入赤道位置，分子是 T 形，如 ClF_3；对于 SB=5，SL=3，3 个 LP 进入赤道位置，分子是线形，如 XeF_2。

⑤ 对于 SB=6，SL=0，分子是八面体形，如 SF_6；对于 SB=6，SL=1，分子是四方

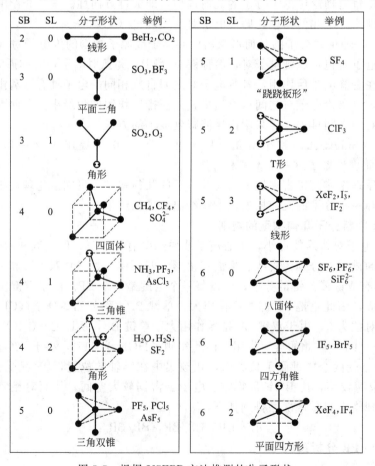

图 5-7　根据 VSEPR 方法推测的分子形状

锥形，如 IF_5；对于 SB=6，SL=2，两个 LP 彼此相对，从而给出平面四方分子，如 XeF_4。

以上分子构型，参见图 5-7。

（3）少数例外

应用 VSEPR 推测分子的构型，所考虑的都是成对电子。对于分子中未成对电子，不能简单地用此规则推测分子构型，如 BH_3^{2-}、BH_3^-、NH_3^+ 等分子，分析结果与实验结果不符，它们是平面三角形分子。

对于少数碱土金属二卤化物分子，如 CaF_2、SrF_2、$SrCl_2$、BaF_2 都是三角形，不是预期的直线形。

VSEPR 理论不能应用于过渡金属化合物，除非过渡金属具有充满、半充满或全空的 d 轨道。

六、基本例题解

（1）已知 sp 杂化轨道为：

$$\phi_1 = \sqrt{\frac{1}{3}}\phi_{2s} + \sqrt{\frac{2}{3}}\phi_{2p_x}$$

$$\phi_2 = \sqrt{\frac{1}{3}}\phi_{2s} - \sqrt{\frac{1}{6}}\phi_{2p_x} + \sqrt{\frac{1}{2}}\phi_{2p_y}$$

$$\phi_3 = \sqrt{\frac{1}{3}}\phi_{2s} - \sqrt{\frac{1}{6}}\phi_{2p_x} - \sqrt{\frac{1}{2}}\phi_{2p_y}$$

（a）证明这些杂化轨道是归一化的。

（b）证明这些杂化轨道是正交的。

（c）给出 ϕ_{2p_x} 遵守单一轨道贡献规则。

（d）给出 2p 轨道对各杂化轨道的贡献。

解　（a）任选一个轨道，例如 ϕ_2，若是归一化应有：

$$\int \phi_2^2 \mathrm{d}^3 r = \int \left(\sqrt{\frac{1}{3}}\phi_{2s} - \sqrt{\frac{1}{6}}\phi_{2p_x} + \sqrt{\frac{1}{2}}\phi_{2p_y} \right)^2 \mathrm{d}^3 r = 1$$

由于原子轨道是正交归一的，因此展开上式积分得：

$$\frac{1}{3}\int \phi_{2s}^2 \mathrm{d}^3 r + \frac{1}{6}\int \phi_{2p_x}^2 \mathrm{d}^3 r + \frac{1}{2}\int \phi_{2p_y}^2 \mathrm{d}^3 r = \frac{1}{3} + \frac{1}{6} + \frac{1}{2} = 1$$

（b）任取两杂化轨道 ϕ_1 与 ϕ_2，若是正交的，则有：

$$\int \phi_1 \phi_2 \mathrm{d}^3 r = 0$$

将 ϕ_1 与 ϕ_2 表达式代入上式，得：

$$\int \left(\sqrt{\frac{1}{3}}\phi_{2s} + \sqrt{\frac{2}{3}}\phi_{2p_x} \right) \left(\sqrt{\frac{1}{3}}\phi_{2s} - \sqrt{\frac{1}{6}}\phi_{2p_x} + \sqrt{\frac{1}{2}}\phi_{2p_y} \right)^2 \mathrm{d}^3 r$$

由于原子轨道是正交归一的，因此展开上式积分得：

$$\frac{1}{3}\int \phi_{2s}^2 \mathrm{d}^3 r - \sqrt{\frac{2}{3}} \cdot \sqrt{\frac{1}{6}}\int \phi_{2p_x}^2 \mathrm{d}^3 r = \frac{1}{3} - \sqrt{\frac{2}{3}} \cdot \sqrt{\frac{1}{6}} = 0$$

（c）原子轨道 ϕ_{2p_x} 对各杂化轨道的贡献之和为：

$$\left(\sqrt{\frac{2}{3}} \right)^2 + \left(-\sqrt{\frac{1}{6}} \right)^2 + \left(-\sqrt{\frac{1}{6}} \right)^2 = \frac{2}{3} + \frac{1}{6} + \frac{1}{6} = 1$$

（d）2p 轨道对各杂化轨道的贡献

对于 ϕ_1，$\left(\sqrt{\dfrac{2}{3}}\right)^2 = \dfrac{2}{3}$

对于 ϕ_2，$\left(\sqrt{\dfrac{1}{6}}\right)^2 + \left(\sqrt{\dfrac{1}{2}}\right)^2 = \dfrac{1}{6} + \dfrac{1}{2} = \dfrac{2}{3}$

对于 ϕ_3，$\left(-\sqrt{\dfrac{1}{6}}\right)^2 + \left(-\sqrt{\dfrac{1}{2}}\right)^2 = \dfrac{1}{6} + \dfrac{1}{2} = \dfrac{2}{3}$

2p 轨道的总贡献为：

$$\frac{2}{3} \times 3 = 2$$

（2）指出下列每种分子中心原子价轨道的杂化类型。

(a) CS_2；(b) SO_3；(c) CBr_4；(d) SeF_6；(e) NO_2^+

解

(a) 碳原子价轨道是 $2s^2 2p^2$，采用 sp 杂化，分子成直线形。

(b) 硫原子的价轨道为 $3s^2 3p^4$，采用 sp^2 杂化，成平面三角形。

(c) 碳原子采用 sp^3 杂化，正四面体型。

(d) 硒的价轨道为 $4s^2 4p^2$，采用 d^2sp^3 杂化，八面体构型。

(e) 氮的价轨道是 $2s^2 2p^3$，采用 sp^2 不等性杂化成平面三角形，氮中的孤对电子占据一个杂化轨道。

（3）臭氧分子（O_3）具有键角 116.8°，给出中心原子杂化轨道方式及成键情况。

解　中心氧的价电子轨道为 $2s^2 2p^4$，采用 sp^2 不等性杂化，其中一个杂化轨道为孤对电子占据，其余两个杂化轨道各有一个电子，同两端氧原子各被一个电子占据的 p_x 轨道形成两个 σ 键。中心氧原子占据两个电子的 p_z 轨道同两端氧原子各有一个电子的 p_z 轨道形成 Π_3^4 键。氧氧双键（O＝O）键级为 1.5，臭氧分子不存在单电子，为抗磁性物质，这同实验相符合。

（4）根据 VSEPR 理论推测 SF_4、ClF_3、XeF_2 的构型。

解　参见图 5-8、图 5-9。

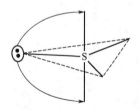　　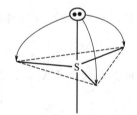

图 5-8　与两个 90°方向的 BP 相互作用　　图 5-9　与三个 90°方向的 BP 相互作用
（孤对电子位于赤道方向）　　　　　　　　（孤对电子位于轴向）

硫原子的价原子轨道为 $3s^2 3p^4$，SF_4 的中心原子硫（S）周围有 4 个 BP 和 1 个 LP，已知斥力顺序为 $LP/LP > LP/BP > BP/BP$，由于中心原子硫只有一个 LP，为使 LP/BP 斥力最小。如果把它放入赤道方向的一个轨道中，那么只与两个成 90°方向的 BP 产生排斥（见图 5-8），而放入一个轴向轨道，它将与 3 个成 90°方向的 BP 产生排斥（见图 5-9）。因此根据 VSEPR 法，LP 电子应选择赤道方向的位置，因为这样选择可使与 LP 成 90°的排斥作用的 BP 数目最小，所得分子形状有时称为"跷跷板"形。

ClF_3 有 2 个 LP，XeF_2 有 3 个 LP，根据同样道理，应将第二和第三个 LP 放在赤道方向的轨道上，分别是 T 形和直线形。

（5）NH$_3$ 和 BCl$_3$ 可生成配合物 H$_3$N∶BCl$_3$，请说明其成键情况。

解 NH$_3$ 中 N 的价轨道为 $2s^2 2p^3$，它采用不等性 sp^3 杂化，其中三个相同的杂化轨道与 H 的 1s 轨道成 σ 键，另一个杂化轨道有一对孤电子。

BCl$_3$ 中的 B 的价轨道为 $2s^2 2p^1$，它采用 sp^2 杂化，三个杂化轨道分别与三个 Cl 原子各自的 p 轨道形成三个 σ 键，故其 BCl$_3$ 分子呈平面三角形。

因为 BCl$_3$ 分子中 B 有空的 p 轨道，同 NH$_3$ 分子中孤对电子可形成配位键而生成配合物。

习 题

5-1 指出下列每种分子的中心原子价轨道的杂化类型。

（a）CS$_2$ （b）SO$_3$ （c）BF$_3$ （d）CBr$_4$ （e）SiH$_4$ （f）SeF$_6$ （g）SiF$_5^-$ （h）AlF$_6^{3-}$ （i）PF$_4^+$ （j）IF$_6^+$ （k）NO$_2^+$ （l）NO$_3^-$

5-2 臭氧分子（O$_3$）具有 116.8° 的键角，分别用杂化轨道理论、价电子对互斥理论来解释。

5-3 用 VSEPR 理论推测 XeF$_4$、XeO$_3$、XeF$_2$、XeOF$_2$ 分子的结构。

5-4 用 VSEPR 理论简要说明 AsH$_3$、ClF$_3$ 和 SeCN$^-$ 的几何构型。

5-5 用 VSEPR 理论推测下列离子的结构。

（a）AlF$_6^{3-}$ （b）TlI$_4^{3-}$ （c）CaBr$_4^{2-}$ （d）NO$_3^-$ （e）NCO$^-$ （f）ClNO$^-$ （g）SnCl$_4$ （h）SnCl$_6^{2-}$

5-6 在什么情况下五配位体配合物分子采用：

（a）三角双锥结构 （b）跷跷板形结构 （c）T 形结构

5-7 八面体分子 AX$_6$ 中心原子的哪几个轨道参与杂化？写出杂化轨道的线性组合。

5-8 写出 N$_3$ 点式结构式，用 VSEPR 理论解释该分子的构型，说明中心 N 原子采用的杂化轨道。

5-9 氨分子∠HNH 键角为 107°，小于正四面体夹角 109°28′，试分别用杂化理论、VSEPR 理论解释。

5-10 预计下列各分子 CO$_2$、NO$_2$、SO$_2$、H$_2$O、NO$_2^+$ 哪些是直线形？说明理由。

第六章 配合物的化学键理论

配合物分子中的配体与中心金属离子或原子之间的相互作用称为配位键。关于配位键的解释，曾提出价键理论、晶体场理论、配位场理论和分子轨道理论。较早提出的是价键理论，它继承和发展了价键概念，定性地说明了配合物的几何构型和磁学性质，但因价键理论不涉及激发态，对配合物的紫外-可见光谱以及某些配合物的热稳定性等不能给出合理的解释。因此，目前已基本不用，本章只介绍电价和共价配合物两个概念；由于配体场理论需涵盖较多的基础知识，本章不作介绍，着重介绍晶体场理论以及分子轨道理论初步。本章还介绍了 σ-π 键及有关配合物；并将硼烷与缺电子多中心键的基本内容，也纳入本章介绍。

一、概述

配位化合物简称配合物，又称络合物，它是由中心金属离子（或原子）（M）与若干配位体（L）形成的化合物（ML_n）。一般来说，中心离子（或原子）M 具有空的价轨道，而配位体（简称配体）L 可以是含有孤对电子的原子或含有孤对电子或 π 键的离子或分子。M 与 L 之间通过配位键结合成配位离子（简称配离子），如 $[Co(NH_3)_6]^{3+}$、$[Ag(CN)_2]^-$、…。配离子再与异性电荷的离子结合成配合物，如 $[Co(NH_3)_6]Cl_3$、$K[Ag(CN)_2]$、…。有时中心离子（或原子）与配体直接结合成不带电荷的配合物，如 $[Ni(CO)_4]$ 等。

中心离子（或原子）通常是过渡金属和稀土金属元素。配体主要是周期表中 Ⅴ、Ⅵ、Ⅶ 主族元素，如 N、O、S 及卤素 X（F，Cl，Br，I）等原子以及含有这些元素的化合物，还有含有 π 键的烯烃、炔烃和芳烃分子。配体中直接与中心离子（或原子）键合的原子称为配位原子，如 $[Co(NH_3)_6]^{3+}$ 中 NH_3 是配体，其中 N 原子是配位原子。

配合物分子中只含一个中心离子（或原子）称为单核配合物，含有两个以上的叫多核配合物。在多核配合物中，若中心原子由若干金属原子键合在一起形成的叫做金属原子簇化合物，如 $[Co_6(CO)_{12}]^{4+}$ 等。

如果配体只用一对孤电子与中心离子（或原子）配位成键，叫做一个配位点，这样的配体叫做单齿配体，如 F^-、NH_3 等。如果有两个或两个以上配位点的配体，叫做多齿配体，如 CO_3^{2-}、EDTA 等。在多齿配体中若有两个或两个以上配位点直接和同一个金属离子（或原子）配位，则称为螯合配体，螯合配体与金属离子（或原子）形成螯合物，例如二乙二胺合铜配离子，每个乙二胺（用 en 表示）配体用两个配位点与中心离子 Cu^{2+} 配位。

$$\left[\begin{array}{c} H_2C-H_2N \quad NH_2-CH_2 \\ | \quad\quad Cu \quad\quad | \\ H_2C-H_2N \quad NH_2-CH_2 \end{array}\right]^{2+}$$

过渡金属配合物多数表现出磁性，在固态或溶液中具有绚丽的颜色，具有独特的物理化学特性。鲍林首先应用价键理论解释这些现象。这个理论直观易懂，可定性地说明一些实验事实。但价键理论不涉及激发态，对配合物的紫外-可见光谱及某些配合物的热稳定性不能给出满意的解释。以后人们又提出晶体场理论、配体场理论以及分子轨道理论，来揭示中心离子（或原子）和配位体之间相互作用的实质。

许多配合物在有机合成、聚合反应中是重要的催化剂，形成催化科学领域中的一个分支——配位催化。在分析化学方面，无论定性与定量分析都离不开使用配合物，特别是螯合物的使用，生物体中许多金属元素都是以配合物形式存在。因此，配合物在催化、分析、医药、染色、电镀等方面得到广泛应用。

*二、配合物的价键理论[①]

配合物的价键理论认为配合物可分为电价配合物和共价配合物两类。

电价配合物认为中心离子与配位体依靠静电引力结合，称为电价配键，相应的配合物称为电价配合物，这种配合物相当普遍地存在着。一般中心离子（或原子）与配位原子电负性相差较大时，才易形成电价配键。如配体 F^-、H_2O 常与金属离子结合成电价配合离子。电价配合物中心离子的电子层结构不受配体的影响，即在配合物中的电子排布仍然与相应的自由离子相同，仍然服从洪德规则，因此电价配合物一般有较多的自旋平行的电子，是高自旋配合物。例如 FeF_6^{3-}、$[Fe(H_2O)_6]^{2+}$ 都是电价配合物，其中心离子的 d 电子分别排布为：

$$FeF_6^{3-} \qquad Fe_6^{3-} \qquad d^5 \qquad n=5$$
$$[Fe(H_2O)_6]^{2+} \qquad Fe^{2+} \qquad d^6 \qquad n=4$$

这里 n 为自旋平行电子数。实验测定 FeF_6^{3-} 的磁矩 $\mu=5.88\mu_B$，与按自旋平行电子数 $n=5$ 算得的 $\mu=5.92\mu_B$ 大致相等。磁性测量实验证明 $[Ni(NH_3)_6]^{2+}$、$[Co(NH_3)_6]^{2+}$、$[Mn(NH_3)_6]^{3+}$、$[CoF_6]^{3-}$ 等都是高自旋配合物，认为是电价配合物。

共价配合物是配体的孤对电子与中心离子（或原子）的空价轨道形成 σ 配键的化合物。过渡金属离子（或原子）的结构特点是价电子层有能量相近的未充满的 $(n-1)d$ 轨道和空的 ns 和 np 轨道，中心原子为了尽可能多地成键，d 电子重新排布尽量自旋配对，使更多的空轨道用来接受配体电子对。为了有效地成键，空的 d、s 和 p 价轨道可以发生杂化，从而形成各种不同构型的配合物。例如 $Fe(CN)_6^{3-}$ 配离子中，Fe^{3+} 有 5 个 d 电子，它们挤到三个 d 轨道中，空出两个 d 轨道与空的 s、p 轨道形成 d^2sp^3 杂化轨道，这六个空的杂化轨道接受配体 CN^- 的孤对电子，形成六个共价配键，得到正八面体构型的配离子。由于在共价配合物中，d 电子被挤在一起自旋配对，自旋平行的 d 电子数大大减少，所以是低自旋配合物，磁性测量实验证明 $[Co(NH_3)_6]^{2+}$、$[Co(CN)_6]^{3-}$、$[Co(NO_2)_6]^{3-}$ 等都是低自旋配合物，认为是共价配合物。

通常电价配合物与共价配合物所含的自旋平行电子数不同，因此可以按磁矩大小来区分。然而当配合物中心离子（或原子）的 d 电子，在电价与共价配合物中自旋平行电子数目相同（如正八面体配合物中 d 电子数 $\leqslant3$ 或 $\geqslant8$），就无法用自旋磁矩来判断其键型。还有的从磁性判断是电价配合物，但却具有共价配合物特性。例如具有高自旋的铁乙酰丙酮配合物 $Fe(C_5H_7O_2)_3$，经测定其磁矩 $\mu=5.8\mu_B$，应是电价配合物，但它却具有易挥发、易溶于有机溶剂等共价化合物性质。事实上电价与共价并无截然界限、因此逐渐放弃了配合物按电价与共价分类法，认为所有配合物都是共价配合物。

配合物的价键理论对于解释配合物的配位数与几何构型、某些配合物的磁学性质以及反应活性等问题取得一定成功，但是无法解释配合物的紫外-可见光谱、配合物的稳定性等。因此逐渐被晶体场理论所取代。

三、晶体场理论

晶体场理论由贝特（Bethe）于 1929 年针对晶体提出来的。1930 年范弗莱克（van

[①]　在本章以下内容，凡提到中心离子，即包括了中心原子，把中心原子看成零价离子。

Vlack）把这一理论引到过渡金属配合物中，解释中心离子与配体之间的相互作用。

晶体场理论是静电作用模型，其基本要点是：认为中心金属离子与配体之间的作用类似于离子晶体中正负离子的静电作用，使之结合成配合物。中心离子 d 轨道中的电子与配体负电荷（孤对电子）或偶极子负端的静电排斥作用，使原来简并的 d 轨道能级发生分裂，分裂的程度和方式与配合物几何结构的对称性、中心金属离子的种类、价态有关；中心离子（或原子）与配体的作用完全是静电作用，无共价作用。

晶体场理论只考虑中心金属离子价层 d 轨道能级的分裂，因为通常过渡金属 3d 电子能量比 4s 低，在许多情况下，3d 轨道不参与成键，仅受配体静电场的影响。

配合物的几何结构可通过 X 射线、光谱和磁性质的测量得到。

1. 中心离子 d 轨道能级的分裂

过渡金属离子的 d 轨道，在没有配体作用时，能量是相同的，当配体以一定方向接近中心金属离子时，若配体电荷或偶极子负端电荷是球形分布的，即球壳上的电荷是均匀的，这时若中心离子位于球心，则 d 轨道上的电子受到配体电荷或偶极子负端电荷的排斥作用是相等的，d 轨道的能量由原来自由离子时的能量 E_0 升高到 E_s，E_s 是配合物在球对称场中 d 轨道的总能量，即能级不发生分裂时 d 轨道的总能量。如果配体负电荷或偶极子负端电荷不是球形分布，而是位于八面体或四面体各顶点，由于 d 轨道空间极大值的方向各不相同，距离配体远近不同，因此能量升高的程度有所不同。距配体较近的 d 轨道，受到较大的静电斥力，能量升高较多，高于 E_s；另一些距离较远的 d 轨道受到的静电排斥较小，能量升高较低，低于 E_s，于是便产生了能级的分裂。

（1）正八面体场中 d 轨道能级的分裂

正八面体配合物是六配位的，过渡金属离子位于正八面体中心，现设六个相同的配体 L 各沿 x、y、z 三个坐标轴的正、负方向接近中心金属离子，形成具有 O_h 点群的晶体场（如图 6-1），d_{z^2} 和 $d_{x^2-y^2}$ 轨道极大值正处于和配体迎头相碰的位置，受到强烈的静电排斥作用，使这两个轨道的能量升高较大，高于 E_s。而 d_{xy}、d_{yz}、d_{xz} 的最大值方向，正好都穿插在配体间，因而受到配体较弱的排斥作用，故这些轨道能量升高较少，低于 E_s。所以在正八面体场中，中心离子的 d 轨道分裂为两组：一组是能量较高的 d_{z^2} 和 $d_{x^2-y^2}$ 轨道，按 O_h 点群的特征标表，它们属于 e_g 不可约表示，被称为 e_g 轨道；另一组是能量较低的 d_{xy}、d_{yz}、d_{xz} 轨道，属于 t_{2g} 不可约表示，叫做 t_{2g} 轨道。图 6-2 表示出正八面体场中 d 轨道能级的分裂。

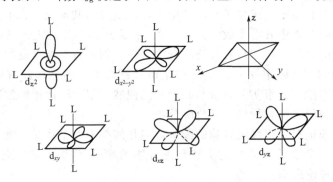

图 6-1 正八面体场中的 d 轨道和配位体

量子力学证明，如果一组简并的轨道由于纯静电性质的微扰而引起分裂，则微扰后的能级，其平均能量不变（能量重心不变规则），所以在外场作用下，d 轨道能量的平均值不变。因此分裂前和分裂后五个 d 轨道总能量相等。选取球形场（与配位体总电荷相等）中 d 轨道的能量 E_s 作为零点，则有：

$$2E_{e_g} + 3E_{t_{2g}} = 0 \qquad (6\text{-}1)$$

设 e_g 和 t_{2g} 轨道的能级间隔为 Δ（Δ 称为分裂能），将 Δ 分为 10 等份，即 $\Delta = 10D_q$，则有：

$$E_{e_g} - E_{t_{2g}} = \Delta = 10D_q \qquad (6\text{-}2)$$

联立解式(6-1) 和式(6-2)，得 e_g 和 t_{2g} 轨道的能量：

$$E_{t_{2g}} = -\frac{2}{5}\Delta = -4D_q \qquad (6\text{-}3)$$

$$E_{e_g} = \frac{3}{5}\Delta = 6D_q \qquad (6\text{-}4)$$

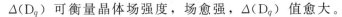

图 6-2　正八面体场中 d 轨道能级的分裂

$\Delta(D_q)$ 可衡量晶体场强度，场愈强，$\Delta(D_q)$ 值愈大。

（2）正四面体场中 d 轨道能级的分裂

中心离子位于正四面体的中心，四个配体 L 处于正四面体的顶角，形成具有 T_d 点群的晶体场。图 6-3 示出 $d_{x^2-y^2}$、d_{xy} 两个轨道与配体的相对位置。由图可见 $d_{x^2-y^2}$ 轨道的极大值指向立方体的面心，d_{z^2} 轨道与之类似，均距配体较远，受到排斥作用较弱；而 d_{xy} 轨道的极大值指向立方体四个棱的中心，d_{yz}、d_{xz} 也是如此，均距配体较近，受到的排斥作用较强。因而在正四面体场中，中心离子的 d 轨道能级分裂为两组：一组是能级较高的 d_{xy}、d_{yz}、d_{xz} 轨道，按 T_d 点群特征标表，它们属于 t_2 不可约表示，被称为 t_2 轨道；另一组是能级较低的 d_{z^2} 和 $d_{x^2-y^2}$ 轨道，它们属于 e 不可约表示，称为 e 轨道（因为正四面体无对称中心，故不含脚标 g）。图 6-4 示出正四面体场中 d 轨道能级的分裂。

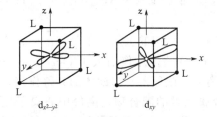

图 6-3　正四面体场中的 d_{xy} 和 $d_{x^2-y^2}$ 轨道

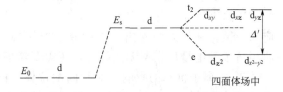

图 6-4　正四面体场中 d 轨道能级的分裂

$$E_{t_2} - E_e = \Delta'$$

$$3E_{t_2} + 2E_e = 0$$

解得：

$$E_{t_2} = \frac{2}{5}\Delta'$$

$$E_e = -\frac{3}{5}\Delta'$$

在正四面体场中，不管是 t_2 轨道还是 e 轨道，都没有像在正八面体场中那样与配体迎头相碰，因此可以推知正四面体场中受配体的排斥作用不如正八面体场中强烈，即 $\Delta' < \Delta$。计算表明，配体相同而且配体和中心离子的距离也相同时，正四面体场中 d 轨道能级分裂间隔 Δ' 仅是正八面体场中间隔 Δ 的 4/9，所以：

$$E_{t_2} = \frac{2}{5}\Delta' = \frac{2}{5} \times \frac{4}{9} \times 10D_q = \frac{16}{9}D_q = 1.78D_q$$

$$E_e = -\frac{3}{5}\Delta' E_{e_g} = -\frac{3}{5} \times \frac{4}{9} \times 10D_q = -\frac{8}{3}D_q = -2.67D_q$$

按同样的方法，可以得到在其他对称场中 d 轨道能级的分裂，这些结果列在表 6-1 中。由表中所列结果看出，当场的对称性降低时，d 轨道分裂的组数则相应增加。

表 6-1　d轨道在不同对称性的配位场中的相对能量

配位数	配体场的类型	d_{z^2}	$d_{(x^2-y^2)}$	d_{xy}	d_{zx}	d_{yz}
1	直线形	5.14	−3.14	−3.14	0.57	0.57
2	直线形	10.28	−6.28	−6.28	1.14	1.14
3	平面三角形	3.21	5.46	5.46	−3.85	−3.85
4	平面正方形	−4.28	12.28	2.28	−5.14	−5.14
	正四面体	−2.67	−2.67	1.78	1.78	1.78
5	三角双锥体	7.07	−0.82	−0.82	−2.72	−2.72
	四方锥体	0.86	9.14	−0.86	−4.57	−4.57
6	正八面体	6.00	6.00	−4.00	−4.00	−4.00
	三棱柱体	0.96	−5.84	−5.84	5.36	5.36
7	五角双锥体	4.93	2.82	2.82	−5.28	−5.28
8	正方体	−5.34	−5.34	3.56	3.56	3.56
	正方反棱体	−5.34	−5.34	3.56	3.56	3.56
9	面心三棱柱体	−2.25	−0.38	−3.8	1.51	1.51

（3）影响分裂能的因素

分裂能大小可衡量场的强度，标志着配位场的强弱。它与配合物的构型、中心金属离子和配体的种类、金属的价数、中心金属离子所在的周期等有关。下面由实验总结出一些规律。

① 配体的影响　对同一中心金属离子，Δ 值随配体不同而变化，大致顺序为：

$CN^- > NO_2^- > $ 1,10-邻二氮菲 $>$ 联吡啶 $> SO_3^{2-} >$ 乙二胺 $>$ 吡啶 $\sim NH_3 > NCS^- > H_2O > C_2O_4^{2-} > OH^- >$ 尿素 $> F^- > SCN^- > Cl^- > Br^- > I^-$

由于这个顺序从光谱实验得出，常称为光谱化学序列。不同的金属离子稍有不同，应用时应当谨慎。从序列中看出，中性分子配体如 NH_3、H_2O 的排斥作用大于 OH^-、$F^- \cdots$，只应用简单静电排斥模型无法解释，还需要考虑中心离子（或原子）与配体的共价作用。

② 中心离子价态的影响　对相同配位体，同一金属元素的配合物，高价中心离子比低价的 Δ 值大。表 6-2 列出一些第一长周期过渡金属元素二价、三价离子的 Δ 值，可供比较。但对于同价态和同周期不同元素配合物的 Δ 值也有变化，不像价态影响那样明显。

表 6-2　第四周期某些二价、三价离子的 Δ 值　　　　单位：cm^{-1}

离子	$[V(H_2O)_6]^{2+}$	$[Cr(H_2O)_6]^{2+}$	$[Mn(H_2O)_6]^{2+}$	$[Fe(H_2O)_6]^{2+}$	$[Co(H_2O)_6]^{2+}$	$[Co(NH_3)_6]^{2+}$
Δ 值	12600	13900	7800	10400	9300	10100
离子	$[V(H_2O)_6]^{3+}$	$[Cr(H_2O)_6]^{3+}$	$[Mn(H_2O)_6]^{3+}$	$[Fe(H_2O)_6]^{3+}$	$[Co(H_2O)_6]^{3+}$	$[Co(NH_3)_6]^{3+}$
Δ 值	17000	17400	21000	13700	18600	23000

③ 周期表中周期数的影响　同配位体、同价数的同族元素配离子的 Δ 值，随所处周期数的增大而增大，第二过渡元素比第一过渡元素 Δ 值增大约 $40\% \sim 50\%$，第三周期过渡金属元素比第二周期过渡金属元素又增大约 $20\% \sim 25\%$。

2. 中心离子 d 电子的排布——高自旋态和低自旋态

已知中心离子的 d 轨道能级在配体作用下发生分裂，将 d 电子填入分裂后的轨道中，并按照能量最低原理、泡利不相容原理和洪德规则排布。但需要考虑影响能量的两个因素：d 轨道分裂能与电子配对能的大小；当自旋平行的单占据两个轨道的电子占据同一轨道自旋配对时所需要的能量，称为成对能，用 P 表示。

洪德规则指出：在能量相同的轨道上，电子分占不同轨道，且自旋平行，体系能量最低。这意味着不分占轨道，自旋相反配对时体系能量就会升高。说明了成对能的存在。

分裂能的影响，驱使电子优先占据能量较低的轨道，电子配对能的影响，则要求各个电子尽可能分占不同的 d 轨道并自旋平行。当这两个因素不相矛盾时，只能得到一种电子排布；而当这两个因素发生矛盾时，则可能得到两种电子排布。例如在八面体场中，当中心离子的电子数为 1、2、3、8、9 和 10 时，两种因素对 d 电子排布的影响是一致的，见表 6-3。但在 d 电子数为 4、5、6 和 7 时，需要考虑哪种因素起决定作用。

表 6-3　八面体配离子中中心离子的 d 电子排布

d 电子数	弱场中的排布		未成对电子数	强场中的排布		未成对电子数
	t_{2g}	e_g		t_{2g}	e_g	
1	↓		1	↓		1
2	↓ ↓		2	↓ ↓		2
3	↓ ↓ ↓		3	↓ ↓ ↓		3
4	↓ ↓ ↓	↓	4	↑↓ ↓ ↓		2
5	↓ ↓ ↓	↓ ↓	5	↑↓ ↑↓ ↓		1
6	↑↓ ↓ ↓	↓ ↓	4	↑↓ ↑↓ ↑↓		0
7	↑↓ ↑↓ ↓	↓ ↓	3	↑↓ ↑↓ ↑↓	↓	1
8	↑↓ ↑↓ ↑↓	↓ ↓	2	↑↓ ↑↓ ↑↓	↓ ↓	2
9	↑↓ ↑↓ ↑↓	↑↓ ↓	1	↑↓ ↑↓ ↑↓	↑↓ ↓	1
10	↑↓ ↑↓ ↑↓	↑↓ ↑↓ ↑↓	0	↑↓ ↑↓ ↑↓	↑↓ ↑↓ ↑↓	0

（1）$\Delta > P$ 低自旋态

分裂能大于配对能，电子将尽可能配对，即电子将尽可能占据能量低的 t_{2g} 轨道，由于同一轨道中的两个电子必须自旋相反，这就出现了配合物的低自旋态（见表 6-3）。

（2）$\Delta < P$ 高自旋态

分裂能小于配对能，电子将尽可能分占不同的 d 轨道并保持自旋平行，这就出现了配合物的高自旋态，见表 6-3。

例如，Co^{3+} 共有 6 个 d 电子，在 $[CoF_6]^{3+}$ 中，$\Delta(13000cm^{-1}) < P(21000cm^{-1})$，所以是高自旋配合物，即 $(t_{2g})^4(e_g)^2$；而在 $[Co(NH_3)_6]^{3+}$ 中，$\Delta(23000cm^{-1}) > P$ $(21000cm^{-1})$，所以是低自旋配合物，即 $(t_{2g})^6(e_g)^0$。表 6-4 列出了某些中心离子的 Δ 和 P 值。

四面体场的分裂能 Δ' 较小 $\left(\Delta' = \dfrac{4}{9}\Delta\right)$，一般不超过成对能 P，所以一般为弱场，d 电子排布为高自旋态。

表 6-4　一些八面体配合物的 Δ 和 P 值

配离子	d 电子数	中心离子	P/cm^{-1}	配位体	Δ/cm^{-1}	预测自旋类型	实测自旋类型
$[Cr(H_2O)_6]^{2+}$	4	Cr^{2+}	23500	$6H_2O$	13900	高	高
$[Mn(H_2O)_6]^{3+}$	4	Mn^{3+}	28000	$6H_2O$	21000	高	高
$[Mn(H_2O)_6]^{2+}$	5	Mn^{2+}	25500	$6H_2O$	7800	高	高
$[Fe(H_2O)_6]^{3+}$	5	Fe^{3+}	30000	$6H_2O$	13700	高	高
$[Fe(H_2O)_6]^{2+}$	6	Fe^{2+}	17600	$6H_2O$	10400	高	高
$[Fe(CN)_6]^{4-}$	6	Fe^{2+}	17600	$6CN^-$	33000	低	低
$[CoF_6]^{3-}$	6	Co^{3+}	21000	$6F^-$	13000	高	高
$[Co(H_2O)_6]^{3+}$	6	Co^{3+}	21000	$6H_2O$	16750	低	低
$[Co(NH_3)_6]^{3+}$	6	Co^{3+}	21000	$6NH_3$	23000	低	低
$[Co(CN)_6]^{3-}$	6	Co^{3+}	17800	$6CN^-$	34000	低	低

3. 晶体场稳定化能

配合物的稳定性用其晶体场稳定化能（简称 CFSE）的大小衡量。在配位场中，中心离子 d 电子进入分裂后的 d 轨道，结果使体系的能量低于未分裂的 d 轨道能量 E_s，引起能量降低的总值，称为晶体场稳定化能。CFSE 的大小与配合物的几何构型、中心离子的 d 电子数和所在周期数、配位场分裂能及电子成对能 P 的大小密切相关。

目前，一般算法是按 d 电子在 $\Delta > P$ 与 $\Delta < P$ 中电子排布，以及不同配体中能级分裂后 d 轨道的能量值（以 D_q 作单位）来计算。例如正八面体场中 $E_{t_{2g}} = -4.00 D_q$，$E_{e_g} = 6.00 D_q$，Co^{3+} 的 d^6 在正八面体 $\Delta > P$ 的电子排布为 $(t_{2g})^6$，而在正八面体 $\Delta < P$ 的电子排布为 $(t_{2g})^4 (e_g)^2$，因此这两种情况下晶体场稳定化能（设 E_s 值为零）为：

$$\Delta < P \quad CFSE = 0 - (4E_{t_{2g}} + 2E_{e_g}) = 0 - [4 \times (-4D_q) + 2 \times 6D_q] = 4D_q$$
$$\Delta > P \quad CFSE = 0 - (6E_{t_{2g}} + 2P) = 0 - [6 \times (-4D_q) + 2P] = 24D_q - 2P$$

在正四面体场中，d 轨道分裂为 t_2 和 e 两组轨道，$E_e = -2.67 D_q$，$E_{t_2} = 1.78 D_q$。d 电子在正四面体场中的电子排布取高自旋态。Ni^{2+} 的 d^8 在正四面体弱场的电子排布为 $(e)^4 (t_2)^4$。

$$\Delta < P \quad CFSE = 0 - (4E_{t_2} + 4E_e) = 0 - [4 \times (-2.67D_q) + 4 \times 1.78D_q] = 3.56D_q$$

各种晶体场中 d^N 配合物的稳定化能大小见表 6-5。可利用表 6-1 的数据来计算。

表 6-5　各种晶体场中 d^N 离子的 CFSE　　　　单位：D_q

d^N	$\Delta < P$			$\Delta > P$		
	正八面体	正四面体	平面正方	正八面体	正四面体	平面正方
d^0	0	0	0	0	0	0
d^1	4	2.67	5.14	4	2.67	5.14
d^2	8	5.34	10.28	8	5.34	10.28
d^3	12	3.56	14.56	12	8.01	14.56
d^4	6	1.78	12.28	16	10.68	19.70
d^5	0	0	0	20	8.90	24.84
d^6	4	2.67	5.14	24	7.12	29.12
d^7	8	5.34	10.28	18	5.34	26.84
d^8	12	3.56	14.56	12	3.56	24.56
d^9	6	1.78	12.28	6	1.78	12.38
d^{10}	0	0	0	0	0	0

4. 姜-泰勒（John-Teller）效应

配位数为 6 的配合物是八面体构型，其中有些并非是正八面体，而是变形的八面体构型。以 d^9 的水合配离子为例，d 电子具有两种可能的排布：第一种是 $(t_{2g})^6 (d_{x^2-y^2})^2 (d_{z^2})^1$，第二种是 $(t_{2g})^6 (d_{x^2-y^2})^1 (d_{z^2})^2$。这两种排布具有相同的能量，简并度为 2。

1937 年，姜-泰勒指出：在对称的非线型分子中，体系不可能在简并状态下保持稳定，构型一定要发生畸变，使一个轨道能量降低来消除这种简并性。这种效应叫做姜-泰勒效应。

Cu^{2+} 水合配离子具有姜-泰勒效应。d^{10} 结构的配合物应有理想的八面体构型，当失去 $d_{x^2-y^2}$ 轨道上的一个电子之后，电子排布成为 $(t_{2g})^6 (d_{x^2-y^2})^1 (d_{z^2})^2$，这就减少了对 x 和 y 轴上配体的推斥力，使 $\pm x$ 和 $\pm y$ 方向上的四个配体向中心离子靠近，形成四个较短的键，变成拉长了的八面体。这样畸变的结果使 d_{z^2} 轨道能级下降，消除了简并性；若失去 d_{z^2} 轨道上的一个电子，则电子排布成为 $(t_{2g})^6 (d_{x^2-y^2})^2 (d_{z^2})^1$，这就减少了对 z 轴上配体的推斥力，使 $\pm z$ 方向上两个配体向中心离子靠近，形成两个短键，变成压扁了的八面体。畸变结果使 d_{z^2} 轨道能级上升，$d_{x^2-y^2}$ 轨道能级下降，消除了简并性。实验发现 Cu^{2+} 的配离子绝大多数是拉长八面体。

晶体场理论提出了 d 轨道能级分裂和稳定化能概念，在解释配合物的构型、稳定性、磁性、光谱等方面取得了很大成功。但是把配体与中心离子的作用仅仅看做是点电荷或偶极子之间的静电排斥作用，模型过于简单化，不能反映出两者相互作用的真实情况。事实上配体的原子轨道与中心离子的原子轨道或多或少发生重叠，即具有共价作用。不考虑这一点是不全面的。因此晶体场理论不能很好地解释光谱序列、有机不饱和烃配合物的形成、羰基配合物的稳定性等问题，需要对晶体场理论进行改进。

四、配合物的分子轨道理论初步

分子轨道理论与晶体场理论不同，考虑的是中心离子的原子轨道与配体原子轨道之间的重叠，形成离域分子轨道，也就是形成共价键。分子轨道理论的基本观点：配合物的分子轨道可以表示成中心离子的原子轨道与配体的群轨道的线性组合，即：

$$\psi = c_M \phi_M + \sum c_L \phi_L$$

其中 ϕ_M 包括过渡金属 M 的价轨道：$(n-1)d$、ns、np 共 9 个原子轨道，$\sum c_L \phi_L$ 可以看作配体的群轨道。

配体的群轨道是将配体的分子轨道线性组合成离域的对称性匹配函数，通称为群轨道。

为了使中心离子与配体的群轨道有效组合成分子轨道，要满足对称性匹配、轨道最大重叠、能级相近条件（其中对称性匹配起突出作用）；分子轨道中的电子在整个配离子中运动。

1. 金属离子的原子轨道分组

现以 ML_6 型八面体配合物为例来说明。如 $[Co(NH_3)_6]^{3+}$、$[Ni(H_2O)_6]^{2+}$ 都是正八面体配合物。中心离子 M 处于对称中心位置，呈 O_h 点群对称性。设中心离子位于直角坐标系原点，6 个配体 L 位于坐标轴上，其中 L_1、L_2、L_3 分别位于 x、y、z 轴正方向，L_4、L_5、L_6 位于 x、y、z 轴的负方向（图 6-5）。

中心离子 M 有 9 个价轨道，分别为 $3d$($d_{x^2-y^2}$，d_{z^2}，d_{xy}，d_{yz}，d_{xz}）、$4s$、$4p$(p_x，p_y，p_z)。凡是价轨道极大值方向沿三个坐标轴指向配体 L，都可以与配体 σ 型分子轨道重叠，形成沿轴圆柱形对称的 σ 分子轨道——σ 键。为了有效地形成分子轨道，这种组合必须对称性匹配。从图 6-6 看出，中心离子的价轨道 s、p_x、p_y、p_z、$d_{x^2-y^2}$、d_{z^2} 的极大值方向沿着 x、y、z

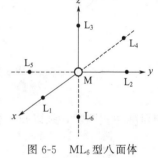

图 6-5　ML_6 型八面体配合物中配体的取向

三个坐标轴指向配体 L，因此，中心离子可形成 σ 分子轨道的价轨道有

$$\sigma：s，p_x，p_y，p_z，d_{x^2-y^2}，d_{z^2}$$

中心离子 M 的价轨道 d_{xy}、d_{yz}、d_{xz} 的极大值方向与配体 L 的 σ 轨道错开，不能形成 σ 分子轨道，可形成 π 分子轨道——π 键。

$$\pi：d_{xy}，d_{yz}，d_{xz}$$

2. 配体的 σ 群轨道

中心离子可形成 σ 分子轨道的 6 个价轨道的对称类型并不相同。为了有效地形成分子轨道，配体的组合轨道必须与中心离子的原子轨道对称性匹配，根据这一原则，对于中心离子不同的原子轨道，相应配体的 σ 型轨道组成的群轨道应有所不同，参照中心离子原子轨道的对称性（图 6-6）组成相应配体群轨道。

（1）金属离子的 s 轨道

如图 6-6(a) 所示中心离子的 s 轨道是球对称的。配体 σ 轨道编号 σ_1、σ_2、σ_3、σ_4、σ_5、σ_6，与 L 的编号相同。把 6 个配体 σ 轨道线性组合，从图中看出，它很接近 s 轨道，即两者

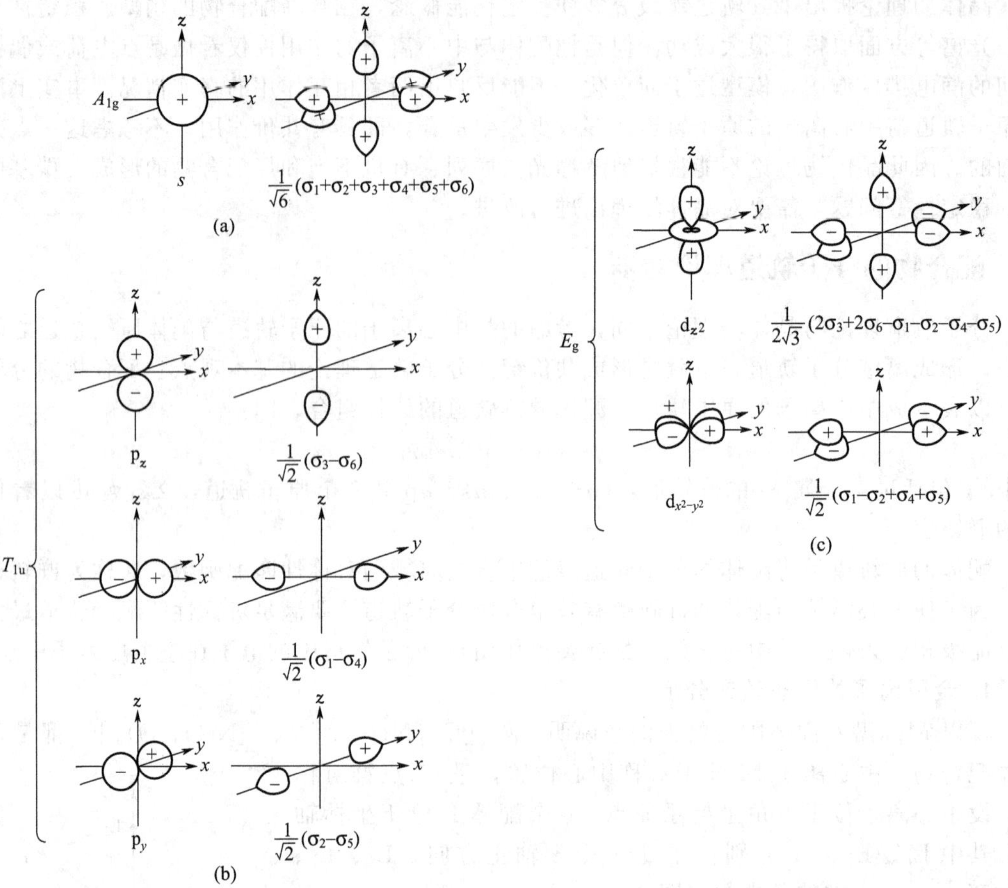

图 6-6　形成 σ 分子轨道对称性匹配的中心离子轨道与配体群轨道示意图
（正八面体配合物）

的对称性相匹配，乘以归一化因子，组成配体的群轨道，用 ψ_s 标记。

$$\psi_s = \frac{1}{\sqrt{6}}(\sigma_1 + \sigma_2 + \sigma_3 + \sigma_4 + \sigma_5 + \sigma_6)$$

（2）中心离子 p 轨道

图 6-6(b) 中心离子的 p_x 轨道，其正瓣在 x 轴正方向，其负瓣在 x 轴负方向。把配体的 σ 轨道组成 $\sigma_1 - \sigma_4$（因为 yz 平面为 p_x 的节面，在这个平面上的 σ 轨道不出现在线性组合中），从图中看出两者的对称性匹配。类似的线性组合 $\sigma_2 - \sigma_5$ 与 p_y 轨道对称性匹配。$\sigma_3 - \sigma_6$ 与 p_z 轨道匹配。把 3 个线性组合分别乘以归一化因子，即得到相应的匹配的群轨道为：

$$\psi_{p_x} = \frac{1}{\sqrt{2}}(\sigma_1 - \sigma_4)$$

$$\psi_{p_y} = \frac{1}{\sqrt{2}}(\sigma_2 - \sigma_5)$$

$$\psi_{p_z} = \frac{1}{\sqrt{2}}(\sigma_3 - \sigma_6)$$

（3）中心离子的 d 轨道

从图 6-6(c) 看出，中心离子的 $d_{x^2-y^2}$ 与配体 σ 轨道线性组合 $(\sigma_1 - \sigma_2 + \sigma_4 - \sigma_5)$，具有相同对称性，乘以归一化因子，得到配体群轨道为：

$$\psi_{d_{x^2-y^2}} = \frac{1}{2}(\sigma_1 - \sigma_2 + \sigma_4 - \sigma_5)$$

中心离子的 d_{z^2} 轨道的角度部分可以表示为：

$$2z^2 - x^2 - y^2 = (z^2 - x^2) - (y^2 - z^2)$$

仿照上面的组合，把配体的 σ 轨道线性组合成具有相同对称的群轨道为：

$$(\sigma_3 + \sigma_6 - \sigma_1 - \sigma_4) - (\sigma_2 + \sigma_5 - \sigma_3 - \sigma_6) = 2\sigma_3 + 2\sigma_6 - \sigma_1 - \sigma_2 - \sigma_4 - \sigma_5$$

乘以归一化因子得：

$$\psi_{d_{z^2}} = \frac{1}{\sqrt{3}}(2\sigma_3 + 2\sigma_6 - \sigma_1 - \sigma_2 - \sigma_4 - \sigma_5)$$

通过以上分析可以看出，在组成配合物的 σ 分子轨道时，配体轨道需与中心离子的原子轨道对称性匹配，而单一配体的 σ 轨道不可能匹配，这就是配体采用群轨道的原因。

中心离子的 6 个原子轨道与上述 6 个配体的群轨道进行线性组合，共产生 12 个分子轨道，其中一半是成键轨道，其能量低于低能量的原子轨道，另一半是反键轨道，其能量比高能量的原子轨道能量还高，对这些轨道用群论的对称性符号标记，标有星号的为反键轨道。分子轨道能级见图 6-7。例如，中心离子 s 轨道与配体的群轨道 ψ_s 对称性相匹配，组合成成键分子轨道 a_{1g} 和反键分子轨道 a_{1g}^*；中心离子的三重简并轨道 p_x、p_y、p_z 则分别与配体的三重简并群轨道 ψ_x、ψ_y、ψ_z 对称性相同，组合成三重简并的成键分子轨道 t_{1u} 和三重简并的反键分子轨道 t_{1u}^*。中心离子二重简并轨

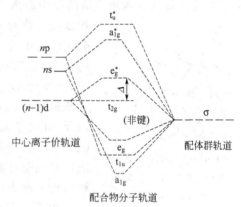

图 6-7　八面体配合物中 σ 分子轨道能级

道 d_{z^2}、$d_{x^2-y^2}$ 分别与配体二重简并的群轨道 $\psi_{d_{z^2}}$、$\psi_{d_{x^2-y^2}}$ 组合成二重简并的成键分子轨道 e_g 和反键的分子轨道 e_g^*。由于 t_{2g} 轨道（d_{xy}，d_{xz}，d_{yz}）三个轨道极大值方向都是夹在轴间，不能和配体的 σ 型群轨道组成分子轨道，因此其能级不变，属于非键轨道。

理论上已经证明，当两个不同能级的原子轨道组成分子轨道时，成键轨道含有较多成分的低能级的原子轨道，而反键轨道则含有较多成分高能级的原子轨道。

由图 6-7 可以看出，成键分子轨道中的电子主要具有配体电子的性质，但在一定程度上也具有中心离子电子的性质；反键分子轨道中的电子主要具有中心离子电子的性质，配体电子的性质居次要地位。非键轨道 t_{2g} 本来就是中心离子的轨道，因此 e_g^* 与 t_{2g} 轨道能级之差为分裂能 Δ：

$$E_{e_g^*} - E_{t_{2g}} = \Delta(10D_q)$$

式中的 Δ 与晶体场理论中的分裂能相当，这是从配合物分子轨道理论中得到的 d 轨道的能级分裂。

分子轨道理论没有像晶体场理论那样只考虑静电作用，但也得到晶体场理论的重要结果——d 轨道能级的分裂，说明配体场效应不应视为晶体场理论的特殊结论，而应视为适用于过渡金属配合物的一般原理。

3. π 分子轨道

中心离子的 t_{2g} 轨道虽然不能和配体 σ 型轨道形成 σ 分子轨道，但若遇到配体有 π 型轨道且对称性匹配时，不管其中有无电子，都能和中心离子的 t_{2g} 轨道组合成 π 分子轨道——π 键。

为了满足对称性匹配条件，配体也要形成 π 型群轨道，此节不做介绍，只简单地介绍中心离子与配体形成 π 键的示意图与能级图。

配体所提供的 π 轨道可以是配位原子的 p 或 d 原子轨道，也可以是配位基团的 π 分子轨道，见图 6-8。中心离子的 t_{2g} 轨道和配体的 p 轨道之间的重叠如图 6-9 所示，形成了 $\pi(p-d_{xy})$ 键。

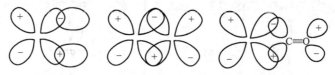

图 6-8　中心离子的 d 轨道与配体的 p、d、π 轨道之间的 π 键

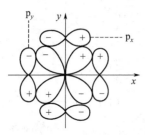

图 6-9　中心离子的 d_{xy} 轨道和配体的 p_x、p_y 轨道形成的 $\pi(p-d_{xy})$ 键

① 当配体的 π 轨道能量高于中心离子的 t_{2g} 轨道，而且配体 π^* 轨道是空的，它们之间组成配合物的 π 分子轨道，能级图如图 6-10(a) 所示。配合物 π 分子轨道中的反键的 $t_{2g}^*(\pi^*)$ 分子轨道的能量高于 π^*，成键的 t_{2g} 分子轨道的能量低于中心离子的 t_{2g}。由于配体 π^* 轨道上无电子，这时低能量的中心离子 t_{2g} 轨道中的电子将进入 t_{2g} 分子轨道，使能量降低，增大了分裂能 Δ 值。如膦（其中 P 元素有 3d 轨道，但无 3d 电子）、砷（其中 As 元素有 4d 轨道，但无 4d 电子），CN^- 和 CO 等都属于这类配体，因为 Δ 值很大，是强场，故常生成低自旋配合物。由于金属离子提供电子，配体接受电子，因此称这种 π 键为反配位 π 键或反馈键。

② 若配体的 π 轨道比中心离子 t_{2g} 原子轨道能量低，而且 π 轨道已有电子占据，它们之间组成配合物的 π 分子轨道的能级图如图 6-10(b) 所示。在配合物 π 分子轨道中成键的 t_{2g} 分子轨道能量低，与配体 π 轨道的能量接近，故配体 π 轨道上电子进入 t_{2g} 分子轨道，而反键的 t_{2g}^* 分子轨道的能量高，与中心离子的 t_{2g} 轨道相接近，故 t_{2g} 轨道中电子进入 t_{2g}^* 分子轨道，则 t_{2g}^* 与 e_g^* 的能量差减少，降低了分离能 Δ，故是高自旋配合物。如卤素离子和水等属于这类配体。这样由配体提供电子，为正常共价 π 配键。

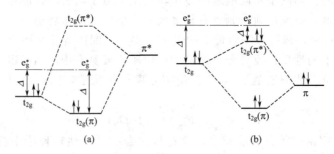

图 6-10　正八面体型配合物中 π 分子轨道的形成对 Δ 的影响

通过配合物分子轨道理论的分析，可以看出分裂能受配体与中心离子组成的 π 键轨道类型的影响，配体影响的顺序为：

π 接受体＞无 π 作用配体＞π 给予体

这样就有助于理解光谱化学序列：像 CN^-、NO_2 这样的配体，因具有能与过渡金属离子 d 轨道相互作用的空的 π 轨道，成为 π 接受体，使分裂能增大，排在光谱化学序列的强场部分；而 NH_3、H_2O 这类配体，仅能与过渡金属离子形成 σ 键，无 π 作用配体，因此对分裂能的影响居于中间顺序；对于像碳酸根（CO_3^{2-}）、卤素配体，因能与过渡金属离子 d 轨道相互作用的 π 轨道已被电子占据，是 π 的给予体，降低了分裂能，排在光谱化学序列的弱场部分。

五、σ-π 配键及有关配合物

羰基配合物、含有烯烃和炔烃的 π 配合物以及金属夹心配合物中，配体与中心离子除形成 σ 键外，还可以形成反馈 π 键，这种双重键合称为 σ-π 配键或称电子授受配键。这种 σ-π 配键的形成有利于配合物的稳定性，同时还可以活化配体，因此这种键型在催化反应中很重要。

1. 金属羰基配合物中的 σ-π 配键

过渡金属与 CO 形成的配合物称为金属羰基配合物，如 $Ni(CO)_4$、$Fe(CO)_5$、$Cr(CO)_6$ 等。

在羰基配合物中金属元素表现为零价甚至是负价，例如 $HCo(CO)_4$ 是强酸，可以解离成 $Co(CO)_4^-$ 离子，Co 是负价。这种配合物的形成显然不能用静电作用来解释，金属原子与 CO 之间可能是共价结合。

以 $Cr(CO)_6$ 为例来讨论 CO 分子端基配位成键情况。Cr 原子的电子组态为 $3d^5 4s^1$，由于 $Cr(CO)_6$ 是八面体构型，6 个电子填在 $t_{2g}(d_{xy}，d_{yz}，d_{xz})$ 轨道上，根据价键理论 Cr 原子采取 d^2sp^3 杂化，按配位 σ 键形成条件，参与杂化的原子轨道为 $d_{x^2-y^2}$，d_{z^2}，s，p_x，p_y，p_z，六个空的杂化轨道分别指向八面体六个角顶，分别接受一个 CO 分子的 5σ 轨道一对电子，形成正常的 σ 键，现只取一个键讨论，如下图所示（网格部分表示电子占据轨道）。

$$Cr \underset{d^2sp^3}{(+)} + C\equiv O: \longrightarrow Cr\ C\equiv O$$

同时，Cr 原子的占有电子的 d_{xy} 轨道与 CO 的 $2\pi^*$ 空轨道对称性匹配、组合成 π 型分子轨道。Cr 原子 d_{xy} 上电子进入配体 CO 的 $2\pi^*$ 空轨道上，这样形成的键叫反馈 π 键，如图 6-11 所示。同样 Cr 原子中 d_{xy} 轨道也可以和 CO 另一个空的 $2\pi^*$ 轨道，再形成一个反馈 π 键。

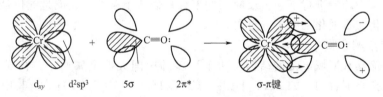

$$\underset{d_{xy}\qquad d^2sp^3}{} \qquad \underset{5\sigma \qquad 2\pi^*}{} \qquad \underset{\sigma\text{-}\pi\text{键}}{}$$

图 6-11　σ-π 电子授受配键

可见 $Cr(CO)_6$ 中既有 σ 配键，又有反馈 π 键，这两种键合称为 σ-π 配键，亦称电子授受键。

中心金属和配体之间 σ 配键和反馈 π 键的形成是同时进行的，而且 σ 配键的形成增加了中心原子的负电荷，对反馈 π 键的形成有利，反馈 π 键的形成则可减少中心原子的负电荷，对 σ 配键的形成更加有利。两者互相促进，常称为"协同作用"，其效果比单独一种类型的成键作用强得多，因此可形成稳定配合物。

反馈 π 键的形成使电子进入 CO 的反键 π^* 轨道，必然削弱 CO 键的强度。这一点可从 CO 键长的变化数据中看出，没有配位的 CO 键长是 112.9pm，而配位的 CO 键长增长。例如 $Cr(CO)_6$ 中 CO 键长是 113.7pm。

许多过渡金属配合物具有催化作用，就是因为 σ-π 反馈配键的形成，活化了配体，加速了反应的进行。例如属于羰基合成的氢甲酰反应，是以 $Co_2(CO)_8$ 为催化剂，烯烃增加一个氧原子生成醛的反应。羰基合成是一个重要催化反应领域，催化剂一般是过渡金属配合物。

2. π 配合物的 σ-π 配键

烯烃、炔烃可以和 d^{10} 或 d 电子较多的过渡金属离子 Ag^+、Cu^+、Pt^{2+}、Hg^{2+} 等形成稳定配合物；在这种配合物中，烯、炔等不饱和烃配体是以其 π 电子和 π 轨道参与配位作用，所以这种配合物称为 π 配合物。例如，乙烯与 Pt^{2+} 形成的配合物 $K[Pt(C_2H_4)Cl_3]$ H_2O 就是蔡斯（Zeise）盐，它是铂的乙烯配合物。

晶体结构的实验测定表明，在此配合物中 Pt^{2+} 具有按正方形排列的四个配体，其中三个是 Cl，一个是乙烯，乙烯的 C＝C 键与 $PtCl_3^-$ 所组成的平面垂直，而且两个碳原子与 Pt^{2+} 的距离相等，如图 6-12 所示。

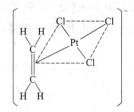

图 6-12 $[Pt(C_2H_4)Cl_3]^-$ 配离子的结构

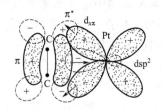

图 6-13 乙烯和 Pt^{2+} 间的成键情况

现在用配合物的分子轨道理论来分析 $PtCl_3(C_2H_4)^-$ 的成键情况。Pt^{2+} 电子组态为 $5d^8$，故有一个空的 $5d_{x^2-y^2}$ 轨道，还有 6s、$6p_x$、$6p_y$ 3 个空轨道，可组成正方形 dsp^2 杂化轨道。其中三个 dsp^2 杂化轨道接受三个 Cl^- 的一对电子形成三个 σ 配键，剩下的一个 dsp^2 杂化轨道与乙烯 π 轨道形成由乙烯提供 π 电子的 σ 键。这个 σ 键指向乙烯 π 键的中心，这种键也称为 μ 键；另外 Pt^{2+} 中已填充电子的 d_{xz} 轨道与乙烯的反键 $π^*$ 轨道对称性一致，可相互重叠，形成一个由 Pt^{2+} 提供电子的反馈 π 键，总的成键情况如图 6-13 所示，形成 σ-π 配键。这一成键加强了 Pt^{2+} 与乙烯间的成键作用，但是有电子进入乙烯反键 $π^*$ 轨道，使乙烯活化，使双键容易打开，为乙烯进行下一步反应（如聚合）创造了条件，这就是配位催化乙烯的一种机理。配位催化在石油化工中十分重要。

3. 金属夹心配合物

某些环多烯具有离域 π 键的结构。两个环多烯中间夹着金属原子（离子）形成的配合物，称为金属夹心配合物，如 $Fe(C_5H_5)_2$、$Cr(C_6H_6)_2$、$V(C_8H_8)_2$ 等。其中，最典型的是二茂铁，又称环戊二烯铁 $Fe(C_5H_5)_2$。它可以看成两个环戊二烯自由基与 Fe 原子形成的配合物，也可以看成环戊二烯阴离子 $C_5H_5^-$ 与 Fe^{2+} 形成的配合物。此物质很稳定，以至于可以汽化而不分解。

X 射线衍射研究证实，Fe 原子对称地夹在两个茂环平面之间，所有的 C—C 键长都相等，所有 Fe—C 键长也都相等，但茂环可以采取重叠型（两个 C_5H_5 平行）或交错型（两个 C_5H_5 反平行）构象（见图 6-14）。一般在晶体状态时采取交错型，两个反平行的 C_5H_5 垂直于五重轴，两环相距 332pm，C—C 键长 140pm，Fe 原子与 10 个碳原子等距离为 204pm。交错式构型的二茂铁属于 D_{5d} 点群。在气相中二茂铁采取重叠型构型，属于 D_{5h} 点

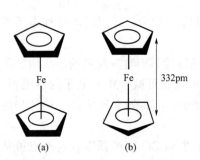

图 6-14 二茂铁的重叠型（a）
与交错型（b）

群。但两种构型的能量很接近，其旋转势垒只有（4±1）kJ/mol，故 C_5H_5 基本可以自由旋转。

关于 Fe 原子与茂环 C_5H_5 的键合，应用二中心二电子键无法解释，应用分子轨道理论却获得了成功。图 6-15 给出茂基的五个离域 π-MO 图形以及对应的能级。

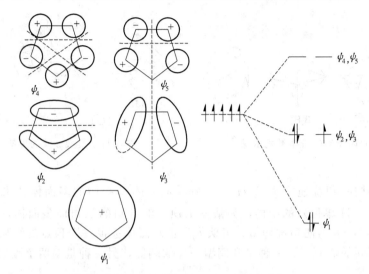

图 6-15 茂基的离域 π-MO 和对应能级

环戊二烯还可以和其他过渡金属，如 Co、Ni、Mn、Cr 等形成类似的夹心配合物。

分子轨道理论认为中心离子与配体之间形成共价键，配合物的价电子在分子轨道中运动，即在整个配合物分子中运动。得到相应配合物的分子轨道、能级，较好地解释了光谱化学序列和电子扩展效应等。与其他几种配合物化学键理论相比，处理配合物是最成功的，但是需要进行复杂的计算，因此限制了它的应用。

本章讨论了配合物的价键理论、晶体场理论、分子轨道理论。实际上在配合物中配体主要以两种不同方式影响中心离子，一个是静电作用，另一个是共价作用。两者在不同配合物中作用是不一样的，强调以静电场为主是晶体场理论，强调共价键是分子轨道理论。晶体场理论在研究配合物性质和光谱方面取得较大成就，由于没有考虑中心离子与配体之间的共价结合，因而在解释化学序列等方面显得无能为力；为此提出一种改进的晶体场理论，引入一些电子排斥参数考虑共价作用，称为配体场理论；分子轨道理论把中心离子或原子和配体当作相互联系的整体来考虑，理论上是严格的，然而对较复杂的配合物定量计算很困难，在计算过程中不得不引进近似处理，因而也只能得到近似结果，故在应用上受到一定的限制。目前，在处理比较复杂的配合物体系时，只能几个理论并用，互相取长补短，来对配合物的结构和性质做出较为满意的说明。

六、硼烷与缺电子多中心键

1. 硼烷的定义与分类

硼氢化合物统称为硼烷，早在 1910～1930 年，斯道克（Stock）就合成出 B_2H_6、B_4H_{10} 等硼烷。后来发现硼烷可作高能燃料而促进了对它的研究。在 20 世纪 50 年代以后，硼烷化学发展迅速，相继合成出硼烷负离子、碳硼烷、夹心金属硼烷等，新的硼烷衍生物不断被发现。对硼烷的研究促使原子簇化学的形成与发展。

简单型硼烷可分为三种基本结构类型：闭型、巢型和网型。

（1）闭型

具有这类结构的硼烷通式为 $B_n H_n^{2-}$，由三角面组成完整的多面体，硼原子在多面体的各个顶点上，每个硼原子都与一个 H 原子键合，这种 H 称为端氢，其总数有 n 个。5～8 个顶点的封闭型硼烷负离子的结构如图 6-16 所示。

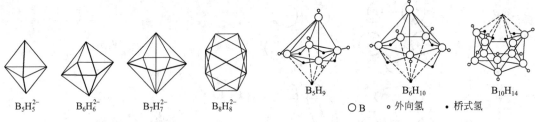

$B_5H_5^{2-}$ $B_6H_6^{2-}$ $B_7H_7^{2-}$ $B_8H_8^{2-}$

B_5H_9 B_6H_{10} $B_{10}H_{14}$

○B ○外向氢 ●桥式氢

图 6-16　封闭型硼烷骨架结构示意　　　　图 6-17　巢型硼烷的骨架结构示意

（2）巢型

具有这种结构的硼烷通式为 $B_n H_{n+4}$。可看成封闭型结构的多面体移去一个顶点（即 $B_{n'} H_n^{2-}$ 移去一个 BH 单位）的结构，为缺一个顶点的开口的三角面多面体，其形状如鸟巢（图 6-17）。例如 B_5H_9 为四角锥构型，可认为是正八面体去掉一个顶点的结果。在巢式硼烷分子中有两种不同的氢原子，一种是和闭型一样的端氢，另一种是与两个硼原子成键的桥式氢原子。

（3）网型

具有这种结构的硼烷通式为 $B_n H_{n+6}$，可看成闭型结构的多面体去掉两个顶点而形成

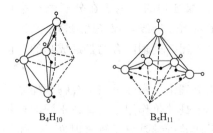

B_4H_{10} B_5H_{11}

图 6-18　网型硼烷的骨架结构示意

的，其形状像蜘蛛网（图 6-18）。在网型硼烷分子中有三种不同的氢原子，除了与巢型硼烷相同的端氢和桥氢外，还有一种切向的 B—H 键，其端氢原子称为切向氢原子。

巢型和网型硼烷都是中性硼烷，其结构的多面体是不封闭的，它们总称为开放型。

2. 三中心双电子键

（1）BHB 三中心双电子键

应用 X 射线衍射和电子衍射实验测定二硼烷的分子结构如图 6-19（a）所示。核磁共振确定有两类氢：端氢和桥氢。端氢形成 B—H 键，其键长 119.2pm，桥氢生成桥式 B—H—B键，其中 B—H 键长 132.9pm。关于 B—H—B 键，目前普遍接受的观点是朗奎特-希金斯（Longuet-Higgins）提出的三中心双电子键模型。B 原子的价电子组态是 $2s^2 2p^1$，有三个价电子。B_2H_6 中 B 原子采用 sp^3 杂化，形成四个杂化轨道，其中两个杂化轨道分别与 H 原子形成两个端 B—H 键。这样 B 原子用去两个电子，还有一个电子及剩下的两个杂化轨道可进一步成键。注意这两个轨道平面同 BH_2 平面互相垂直［图 6-19（b）］。两个 B 原子各用一个 sp^3 杂化轨道与氢原子的 1s 轨道重叠，形成桥式 B—H—B 键，此种三中心键有两个。这时总共有四个电子（两个 B 原子各有一个电子，两个氢原子各有一个电子），因此每个B—H—B都是三中心双电子键（简写成 3c-2e），沿 B—H—B 有最大的电子密度。三中心的 B—H 键弱于端 B—H 键。端 B—H 键长远小于三中心的 B—H 键长说明了这一点。这种形成的三中心双电子键被称为桥式三中心键，又称为开放型三中心键，又称桥氢键。

三中心双电子键属于缺电子多中心键。

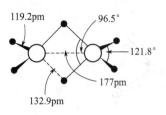
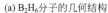
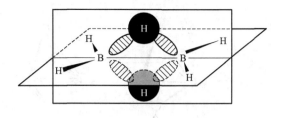

(a) B_2H_6分子的几何结构

(b) B_2H_6的三中心双电子键

图 6-19 B_2H_6 分子

（2）对形成三中心双电子键原因的分析

某些原子的价电子数等于价轨道数，通常称为等电子原子，如氢、碳为等电子原子。用碳原子来说明，碳原子的电子组态为 $1s^2 2s^2 2p^2$，有 4 个价电子，同时也有 4 个价轨道（1个 2s 轨道，3 个 2p 轨道），价电子数等于价轨道数。价电子数多于价轨道数的原子，如氧、氮等为多电子原子。以氧原子为例，氧原子的电子组态为 $1s^2 2s^2 2p^4$，有 6 个价电子，但只有 4 个价轨道（1 个 2s 轨道，3 个 2p 轨道），价电子数多于价轨道数。价电子数少于价轨道数的原子，如硼、铝、铍等为缺电子原子。以硼原子为例，硼原子的电子组态为 $1s^2 2s^2 2p^1$，有 3 个价电子，却有 4 个价轨道，价电子数少于价轨道数。当缺电子原子与等电子原子组成共价键时，按经典化学键模型，分子的价电子组数满足不了成键原子间双中心两电子键的要求，形成了三中心双电子键。这样的分子称为缺电子分子。如由缺电子原子硼与等电子原子氢组成共价键分子 B_2H_6 就是缺电子分子，B_2H_{12} 有 12 个价电子，却有 14 个价轨道，所以 B_2H_{12} 形成了三中心双电子键，它是缺电子分子。具有 3c-2e 键的分子不限于硼烷分子，还有烷基铝分子，如 $Al(CH_3)_3$、$Al(C_2H_5)_3$、…。如果把烷基 $\cdot CH_3$、$\cdot C_2H_5$ 等看成等价于一个 H 原子，那么烷基铝的成键情况就与 B_2H_6 相同，所以烷基铝也是缺电子分子。

3. 惠特规则

英国化学家惠特（Wade）于 1971 年运用分子轨道法处理硼烷结构，成功地解决了简单硼烷分子的电子结构与立体结构之间的关联问题，找出了构成闭型、巢型、网型的硼烷多面体形状与骨架成键电子对数关系的规律性，普遍称为惠特规则。

硼烷的结构都是以硼原子为骨架原子组成的三角多面体（或多面体碎片）构型。惠特发现了各类硼烷多面体骨架结构与骨架成键电子对数之间有一定的规律性，于 1971 年提出关系式，以后称为惠特规则。

每个硼烷有 n 个顶点，每个顶点有一个端 B—H 键，它们用去了 $2n$ 个价电子，其余价电子称为骨架成键电子，认为每个骨架键用去两个电子，称为骨架成键电子对。骨架成键电子对数就是骨架成键分子轨道数。

惠特规则如下：①封闭型硼烷负离子 $B_nH_n^{2-}$ 的骨架键电子对数等于 $n+1$；②巢型硼烷 B_nH_{n+4} 的骨架键电子对数等于 $n+2$；③网型硼烷 B_nH_{n+6} 的骨架键电子对数等于 $n+3$。

由于巢型和网型硼烷都可以由相应的封闭型多面体去掉一个或两个顶点而产生，所以对于封闭型具有八面体结构的 $B_6H_6^{2-}$，去掉一个顶点得巢式 B_5H_9（四方锥），去掉两个相邻的顶点得网型 B_4H_{10}（图 6-20）。

根据惠特规则计算 $B_6H_6^{2-}$、B_5H_9 和 B_4H_{10} 的骨架键电子对数为：

项 目	$B_6H_6^{2-}$	B_5H_9	B_4H_{10}
n	6	5	4
键电子对数	$6+1=7$	$5+2=7$	$4+3=7$

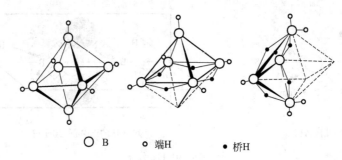

○ B ○ 端H ● 桥H

图 6-20 $B_6H_6^{2-}$（封闭型）、B_5H_9（巢型）和 B_4H_{10}（网型）的结构关系

可见，它们的骨架电子对数都等于 7，所以惠特规则还可以简洁地表示为骨架键电子对数等于完整多面体顶点数 n' 加 1，即 $n'+1$（n' 为完整多面体的顶点数）。

惠特规则的预测都与实验测定结果一致，它不仅适用于封闭型，也适用于巢型和网型硼烷，并推广到了金属碳硼烷，因而被广泛引用。但是它不适用于解释稠合型硼烷，特别是氢原子数少于硼原子数的硼烷。

七、基本例题解

（1）预测一个 d^6 八面体配合物在强场与弱场时的磁矩大小。

解 在弱场 d^6 八面体配合物的电子排布为 $(t_{2g})^4(e_g)^2$，有四个未成对电子。在强场时电子排布为 $(t_{2g})^6(e_g)^0$，无未成对电子，因此弱场是顺磁性的有磁矩，强场时是反磁性的无磁矩。

（2）计算 d^4 高自旋型八面体配合物与四面体配合物之间配体场的稳定化能之差。

解 d^4 八面体高自旋型电子排布为 $(t_{2g})^3(e_g)^1$，有四个未成对电子，稳定化能为：

$$CFSE = 0 - (3E_{t_{2g}} + E_{e_g}) = 0 - [3 \times (-4D_q) + 1 \times 6D_q] = 6D_q$$

四面体构型高自旋型电子排布为 $(t_2)^2(e)^2$，有：

$$CFSE = 0 - (2E_{t_2} + 2E_e) = 0 - [2 \times 1.78D_q + 2 \times (-2.67D_q)] = 1.78D_q$$

$$CFSE_{八面体} - CFSE_{四面体} = 6D_q - 1.78D_q = 4.22D_q$$

（3）已知 F^- 是弱配位体，但配合物 $[NiF_6]^{2-}$ 却是反磁性的，为什么？

解 $[NiF_6]^{2-}$ 中 Ni^{4+} 是正四价离子，随着价数的增加，分裂能 Δ 增大，尽管 F^- 是弱配体，由于 Ni^{4+} 起主要作用，因此 $\Delta > P$ 是强场低自旋，所以 $(t_{2g})^6(e_g)^0$ 是反磁性的。

（4）写出八面体配合物 $[Fe(H_2O)_6]^{2+}$ 和 $[Fe(CN)_6]^{4-}$ 的 d 电子排布，说明其原因。

解 由表 6-4 查得两配合物的分裂能 Δ 和成对能 P 的数值如下：

$$[Fe(H_2O)_6]^{2+} \qquad \Delta(10400cm^{-1}) < P(17600cm^{-1}) \qquad 弱场$$

$$[Fe(CN)_6]^{4-} \qquad \Delta(33000cm^{-1}) > P(17600cm^{-1}) \qquad 强场$$

因此 $[Fe(H_2O)_6]^{2+}$ 为高自旋配合物，即 $(t_{2g})^4(e_g)^2$。而 $[Fe(CN)_6]^{4-}$ 为低自旋配合物，即 $(t_{2g})^6(e_g)^0$。

（5）正八面体配离子 $[Ni(H_2O)_6]^{2+}$ 和 $[Ni(en)_3]^{2+}$ 的吸收光谱见图 6-21 所示，说明配离子的颜色（en 表示乙二胺）。

解 $[Ni(H_2O)_6]^{2+}$ 的吸收光谱如图中实线所示，在可见光区有两个吸收峰，分别对应可见光区的蓝、红区域，而对绿、黄区域几乎不吸收，因此配离子应为浅绿色。

$[Ni(en)_3]^{2+}$ 配离子的吸收光谱如图中虚线所示，在可见光区有一个吸收峰，对应于可见光区的绿、黄区域，所以配离子应为紫色。

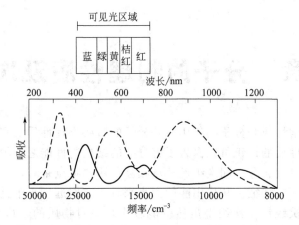

图 6-21　$[Ni(H_2O)_6]^{2+}$（实线）和 $[Ni(en)_3]^{2+}$（虚线）的吸收光谱
（光谱在可见光区域的颜色在图的上方）

习　　题

6-1　解释分裂能 Δ 按下列顺序增加的原因。

(a) $[CrCl_6]^{3-}$，$[Cr(NH_3)_6]^{3+}$，$[Cr(CN)_6]^{3-}$

(b) $[Co(H_2O)_6]^{2+}$，$[Co(H_2O)_6]^{3+}$，$[Rh(H_2O)_6]^{3+}$

6-2　为什么正四面体 Co^{2+} 配合物比 Ni^{2+} 配合物稳定？

6-3　推测下列配离子的颜色，它们吸收峰的波数为 $[CrF_6]^{3-}$（14900cm^{-1}、22700cm^{-1}），$[Cu(NH_3)_4]^{2+}$（14000cm^{-1}），FeO_4^{2-}（12700cm^{-1}，19600cm^{-1}）。

6-4　在下面的各对配合物中，选出 Δ 值比较大的一个，并说明选择的根据。

(a) $[Fe(H_2O)_6]^{2+}$ 和 $[Fe(H_2O)_6]^{3+}$

(b) $[CoCl_6]^{4-}$ 和 $[CoCl_4]^{2-}$

(c) $[CoCl_6]^{3-}$ 和 $[CoF_6]^{3-}$

(d) $[Fe(CN)_6]^{4-}$ 和 $[Os(CN)_6]^{4-}$

6-5　说明 $[Co(CN)_6]^{3-}$ 稳定而 $[Co(CN)_6]^{4-}$ 不稳定的原因。

6-6　解释锌的大多数配合物无色的原因。

6-7　在下列每对配合物中，推测哪一个配合物具有较低能量的 d-d 跃迁。

(a) $[Pt(NH_3)_4]^{2+}$ 和 $[Pd(NH_3)_4]^{2+}$

(b) $[V(H_2O)_6]^{2+}$ 和 $[Cr(H_2O)_6]^{3+}$

(c) $[RhCl_6]^{3-}$ 和 $[Rh(CN)_6]^{3-}$

(d) $[Ni(H_2O)_6]^{2+}$ 和 $[Ni(NH_3)_6]^{2+}$

6-8　$[Ru(H_2O)_6]^{2+}$ 和 $[RuCl_6]^{3-}$ 分裂能几乎相同，请说明原因。

6-9　$[CoCl_4]^{2-}$ 是正四面体构型，而 $[CuCl_4]^{2-}$ 是压平四面体的原因。

6-10　$Ni(PCl_3)_4$、$Pd(PR_3)_4$ 等零价金属配合物是怎样成键的？

6-11　画出乙硼烷 B_2H_6 的分子结构，并分析 B—H—B 为三中心双电子键。

6-12　将以下硼烷分类：B_5H_9，B_5H_{11}，B_6H_{10}，$B_6H_6^{2-}$，$B_{12}H_{12}^{2-}$，B_4H_{10}。

第七章 分子的物理性质及次级键

分子的电学、磁学性质和分子间作用力是分子的重要物理性质，它们与分子结构有密切的关系。通过对这些性质的认识可以深入了解分子的结构与性能之间的关系。

次级键主要是指氢键、分子间次级键。从相互作用的特点来看，它们具有方向性和饱和性，表现出化学键的一些特征。从作用能的大小来看，它们远远小于化学键能，同分子间作用能接近，所以称为次级键。次级键虽然键能较小，但对物质的物理化学性质却有较大的影响。

一、分子的电学性质

1. 偶极矩

分子由原子组成，原子由原子核和电子组成。因此，每个分子也可以看成是由电子和原子核组成。由于正负电荷电量相等，整个分子是电中性的，然而正负电荷中心可以重合也可以不重合。重合者称为非极性分子，不重合者称为极性分子。

分子的极性大小用偶极矩 μ 来量度。若分子的正负电荷电量分别为 $+q$ 与 $-q$，两中心相距为 l，则分子偶极矩 μ 定义为：

$$\mu = q \cdot l \tag{7-1}$$

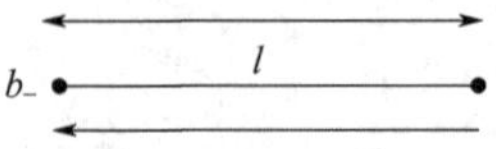

偶极矩 μ 是一个矢量，方向从正电荷中心至负电荷中心（见图 7-1）。偶极矩的 SI 单位是库仑·米（C·m）。习惯用德拜（D）表示：

$$1D = 3.336 \times 10^{-30} C \cdot m$$

图 7-1 分子偶极矩

为纪念最早提出偶极矩概念的荷兰物理学家德拜（P. Debye，1912 年提出）而命名。若电荷 q 为电子电荷 $1.6022 \times 10^{-19} C$，l 为 100pm（0.1nm）时，则：

$$\mu = (1.6022 \times 10^{-19} C) \times (1 \times 10^{-10} m) = 1.6022 \times 10^{-29} C \cdot m \approx 4.8D$$

小分子的偶极矩大小约为这个数量级。

2. 小分子的极化

（1）极性分子的取向极化

极性分子虽然有永久偶极矩，在无外电场时由于分子热运动，偶极矩指向各个方向的机会相同，所以大量分子的平均结果，总的偶极矩为零。当受到外电场作用时极性分子要顺着电场方向取向，只有偶极矩方向与外电场方向相反排列，体系的能量才能最低。所以极性分子有按外电场方向相反排列的趋势。而热运动则扰乱这种排列，图 7-2 示出大量极性分子置于平行板电容器之间的情形。当达到热力学平衡时，分子具有一定的平均偶极矩 $\bar{\mu}_\mu$，这一现象称为取向极化。可以证明，这种取向平均偶极矩 $\bar{\mu}_\mu$ 的大小与分子所在处的有效电场强度成正比，同绝对温度 T 成反比，随分子永久偶极矩的增大而增大，即：

$$\bar{\mu}_\mu = \alpha_\mu E \tag{7-2}$$

$$\alpha_\mu = \frac{\mu^2}{3kT} \tag{7-3}$$

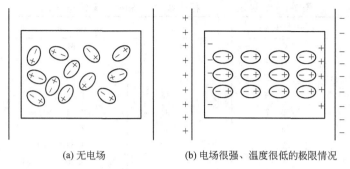

(a) 无电场   (b) 电场很强、温度很低的极限情况

图 7-2 极性分子的取向极化

式中比例系数 α_μ 为取向极化率，在数值上等于单位电场强度时的取向偶极矩 $\overline{\mu}_\mu$。因为 E 的单位是 $\mathrm{V\cdot m^{-1}}$，所以 $\overline{\alpha}_\mu$ 的单位是 $\mathrm{C\cdot V^{-1}\cdot m^2}$，$k$ 是玻尔兹曼（Boltzmann）常数。

非极性分子由于无永久偶极矩存在，在电场作用下不会产生取向极化。

（2）极性分子和非极性分子的变形极化

非极性分子的特点是正负电荷中心重合，但是在电场作用下正电中心向电场负极方向位移，而负电中心向电场正极位移，造成正负电中心分离，使正负电中心距离大于零。而极性分子在电场作用下正负电荷中心距离增大，这种在电场作用下使正负电中心距离增大的现象，称为变形极化。变形极化的结果产生诱导偶极矩 $\overline{\mu}_\mathrm{d}$，它与分子所处的有效电场强度 E 成正比：

$$\overline{\mu}_\mathrm{d}=\alpha_\mathrm{d}E \tag{7-4}$$

式中，α_d 为变形极化率。

分子在电场作用下变形极化分两种情况，一种是分子骨架（分子中的原子核及内层电子）发生变形；另一种是分子骨架不变，电子云相对分子骨架发生位移。因此 α_d 由两部分组成：

$$\alpha_\mathrm{d}=\alpha_\mathrm{e}+\alpha_\mathrm{a} \tag{7-5}$$

式中，α_a 表示第一种变形称为原子极化率；α_e 表示第二种变形称为电子极化率，两者都不随温度而变化。

显然，对于极性分子的极化作用应包括取向极化和变形极化，所以其总的平均偶极矩 $\overline{\mu}$ 为：

$$\overline{\mu}=\overline{\mu}_\mu+\overline{\mu}_\mathrm{d}=\alpha_\mu E+\alpha_\mathrm{d}E=\alpha E$$

$$\alpha=\alpha_\mu+\alpha_\mathrm{d}=\frac{\mu^2}{3kT}+\alpha_\mathrm{e}+\alpha_\mathrm{a} \tag{7-6}$$

α 称为分子极化率，它等于取向极化率和变形极化率之和。一般随温度而变化的取向极化率所占比率较大。

对于非极性分子，没有取向极化，$\alpha_\mu=0$。极化率只等于变形极化率 α_d：

$$\alpha=\alpha_\mathrm{d}=\alpha_\mathrm{e}+\alpha_\mathrm{a} \tag{7-7}$$

由式(7-2)、式(7-4) 极化率的定义式可以看出，因为偶极矩 μ 的单位是 $\mathrm{C\cdot m}$，电场强度的单位是 $\mathrm{V/m}$，所以极化率 α 的单位是 $\mathrm{C\cdot m^2/V}$。这一单位使用起来不太方便，若定义 $\alpha'=\alpha/4\pi\varepsilon_0$，由于 ε_0 的单位为 $\mathrm{C/(V\cdot m)}$，所以 α' 的单位是 $\mathrm{m^3}$，因此常称 α' 为极化率体积，见表 7-1。

偶极矩和极化率是分子的重要物理性质，在讨论分子间作用力以及拉曼光谱时极化率是有用的。

表 7-1 偶极矩（μ）、极化率（α）和极化率体积（α'）

分 子 式	$\mu/10^{-30}\mathrm{C}\cdot\mathrm{m}$	μ/D	$\alpha'/10^{-30}\mathrm{m}^3$	$\alpha/(10^{-40}\mathrm{C}\cdot\mathrm{m}^2/\mathrm{V})$
H_2	0	0	0.82	0.91
N_2	0	0	1.77	1.97
CO_2	0	0	2.63	2.93
CO	0.39	0.18	1.98	2.20
HF	6.37	1.91	0.51	5.67
HCl	3.60	1.08	2.63	2.93
HBr	2.67	0.80	3.61	4.01
HI	1.40	0.42	5.45	6.06
H_2O	6.17	1.85	1.48	1.65
NH_3	4.90	1.47	2.22	2.47
CCl_4	0	0	10.50	11.70
$CHCl_3$	3.37	1.01	8.50	9.46
CH_2Cl_2	5.24	1.57	6.80	7.57
CH_3Cl	6.24	1.87	4.53	5.04
CH_4	0	0	2.60	2.89
CH_3OH	5.70	1.71	3.23	3.59
CH_3CH_2OH	5.64	1.69		
C_6H_6	0	0	10.40	11.60
$C_6H_5CH_3$	1.20	0.36		
$o\text{-}C_6H_4(CH_3)_2$	2.07	0.62		
He	0	0	0.20	0.22
Ar	0	0	1.66	1.85

3. 克劳修斯-莫索第方程与德拜方程

可以证明，化合物相对电容率 ε_r[❶]与极化率 α 之间存在如下所示的关系：

$$\frac{\varepsilon_r-1}{\varepsilon_r+2}\times\frac{M}{\rho}=\frac{1}{4\pi\varepsilon_0}\times\frac{4}{3}\pi L\alpha=\frac{L\alpha}{3\varepsilon_0} \tag{7-8}$$

式中，M 为摩尔质量；ρ 为温度 T 时电介质的密度；L 为阿伏伽德罗常数，q_0 为真空电容率。

对于非极性分子，由式(7-8)，有：

$$\frac{\varepsilon_r-1}{\varepsilon_r+2}\times\frac{M}{\rho}=\frac{L}{3\varepsilon_0}(\alpha_e+\alpha_a) \tag{7-9}$$

式(7-9) 称为克劳修斯-莫索第（Clausius-Mosotti）方程式。

对于极性分子，由式(7-6)，有：

$$\frac{\varepsilon_r-1}{\varepsilon_r+2}\times\frac{M}{\rho}=\frac{L}{3\varepsilon_0}\left(\alpha_e+\alpha_a+\frac{\mu^2}{3kT}\right) \tag{7-10}$$

此方程首先由德拜导出，故称为德拜方程式。

令：

$$P=\frac{L}{3\varepsilon_0}\left(\alpha_e+\alpha_a+\frac{\mu^2}{3kT}\right) \tag{7-11}$$

式中，P 称为摩尔极化度。

根据式(7-5)，对德拜方程稍加改写得：

---

❶ 按 1996 年全国自然科学名词审查委员会公布的物理学名词 ε、ε_0、ε_r 分别又称介电常量、真空介电常量和相对介电常量，这些名词均为不推荐用名。

$$P=\frac{\varepsilon_r-1}{\varepsilon_r+2}\times\frac{M}{\rho}=\frac{L}{3\varepsilon_0}\alpha_d+\frac{L\mu^2}{9\varepsilon_0 k}\times\frac{1}{T} \quad (7\text{-}12)$$

在一系列给定温度下测得样品 ε_r 和 ρ，计算出摩尔极化度 P，再以 P 对 $\frac{1}{T}$ 作图，由直线的截距和斜率可求出 α_d 与 μ。图 7-3 示出 HCl、HBr、HI 的 P-$\frac{1}{T}$ 图，从直线的斜率算得它们的偶极矩分别为 1.03D、0.79D 和 0.38D。因为截距是由 $\frac{1}{T}\rightarrow 0$ 外推求得的，即 $T\rightarrow\infty$，此时强烈的热运动使极性分子排列完全无序，以至于取向偶极矩平均结果为零，极化作用完全取决于变形极化，所以求得的是变形极化率 α_d。

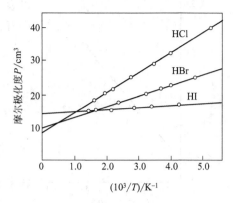

图 7-3 摩尔极化度与温度的关系

德拜方程适用于极性分子在非极性溶剂中的稀溶液。

某些物质的相对电容率见表 7-2。

表 7-2 一些物质的相对电容率 ε_r

标准状态下的气体	ε_r	25℃的液体	ε_r
空气	1.000583	C_6H_6(苯)	2.2725
He	1.000074	$CHCl_3$	4.724
CH_4	1.000886	CH_3OH	32.60
SO_2	1.009930	$C_6H_5NO_2$	34.89
		H_2O	79.45
		HCN	107

【例 7-1】 在 10 个不同温度下，测得樟脑的相对电容率为：

$T/℃$	0	20	40	60	80	100	120	140	160	180
ε_r	12.5	11.4	10.8	10.0	9.5	8.9	8.1	7.6	7.1	6.2

求出分子偶极矩 μ、分子的变形极化率 α_d 和极化率体积 α'。

解 在 0℃时樟脑的密度 $\rho=0.99\times10^3\,\text{kg/m}^3$，分子量 $M=152.23\times10^{-3}\,\text{kg/mol}$，由德拜方程得：

$$\frac{\varepsilon_r-1}{\varepsilon_r+2}\times\frac{M}{\rho}\times\frac{3\varepsilon_0}{L}=\alpha_d+\frac{\mu^2}{3kT}$$

令：

$$A=\frac{3\varepsilon_0 M}{\rho L}=\frac{[3\times8.8542\times10^{-12}\,\text{C}/(\text{V}\cdot\text{m})]\times(152.23\times10^{-3}\,\text{kg/mol})}{(0.99\times10^3\,\text{kg/m}^3)\times(6.626\times10^{23}/\text{mol})}$$

$$=6.16\times10^{-39}\,\text{C}\cdot\text{m}^2/\text{V}$$

将所有数据列表如下：

$T/℃$	0	20	40	60	80	100	120	140	160	180
$\frac{1}{T}/(10^3/\text{K})$	3.66	3.41	3.19	3.00	2.83	2.68	2.54	2.42	2.31	2.11
ε_r	12.5	11.4	10.8	10.0	9.5	8.9	8.1	7.6	7.1	6.2
$\frac{\varepsilon_r-1}{\varepsilon_r+2}A/(10^{-39}\,\text{C}\cdot\text{m}^2/\text{V})$	5.39	5.26	5.19	5.09	5.01	4.91	4.87	4.81	4.73	4.68

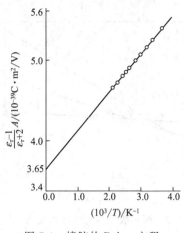

图 7-4 樟脑的 Debye 方程

以表中的数据作图，见图 7-4。求得截距为 3.65，所以有：

$$\alpha_d = 3.65 \times 10^{-39} C^2 \cdot m^2 / J$$

$$\alpha' = \frac{\alpha_d}{4\pi\varepsilon_0}$$

$$= \frac{3.65 \times 10^{-39} C^2 \cdot m^2 / J}{4 \times 3.14 \times 8.8542 \times 10^{-12} C^2 /(m \cdot J)}$$

$$= 3.28 \times 10^{-29} m^3$$

$$= 3.28 \times 10^{-23} cm^3$$

斜率为 0.480，所以：

$$\frac{\mu^2}{3k} = 0.480 \times \frac{10^{-39} C^2 \cdot m^2 / J}{10^{-3} / K}$$

$$= 0.480 \times 10^{-36} (C^2 \cdot m^2 \cdot K / J)$$

因此

$$\mu = \sqrt{3 \times (1.3807 \times 10^{-23} J/K) \times [0.480 \times 10^{-36} (C^2 \cdot m^2 \cdot K/J)]}$$

$$= 4.46 \times 10^{-30} C \cdot m \approx 1.34D$$

说明：有关此结果的奇异行为是，樟脑到 175℃ 才熔化，取向极化的存在说明樟脑分子即使在固体状态也在旋转。

4. 劳伦兹-劳伦茨方程

以上讨论的都是静电场对分子的极化作用。当外加电场振荡（交变电场）时，极化作用随振荡频率在一定范围变化而改变。对于低频电场（$\nu < 10^{10}$ Hz），例如频率在 50～500kHz 的无线电波，分子的取向、电子和原子极化都能发生。在中频电场（ν 在 $10^{10} \sim 10^{14}$ Hz 之间），极性分子来不及随电场的快速变化而取向，所以取向极化不存在，$\alpha_\mu = 0$。对于高频电场（$\nu > 4 \times 10^{14}$ Hz），例如可见光区，原子极化跟不上电场变化，$\alpha_a = 0$，只有质量很轻的电子能够适应外电场快速变向，于是仅存在电子极化率。可见随着电场振荡频率的增加极化作用变小，见图 7-5。

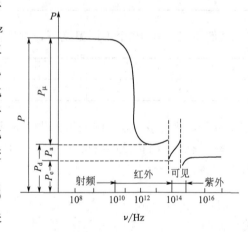

图 7-5 摩尔极化度与电场频率的关系

在光频范围，某频率 ν 下的相对电容率 $\varepsilon_r(\nu)$ 与该频率时的介质折射率 $n(\nu)$ 之间存在的关系为：

$$\varepsilon_r(\nu) = n^2(\nu) \qquad (7\text{-}13)$$

通常用可见光（高频）来测量折射率 n，此时只有电子极化率起作用，代入克劳修斯-莫索第方程式，得：

$$P_e = R_m = \frac{n^2 - 1}{n^2 + 2} \cdot \frac{M}{\rho} = \frac{L\alpha_e}{3\varepsilon_0} \qquad (7\text{-}14)$$

式(7-14) 被称为劳伦兹-劳伦茨（Lorentz-Lorenz）方程式。习惯上用 R_m 表示由折射率 n 求得的电子极化度 P_e，R_m 称为摩尔折射度。这样在可见光范围内，仅由测得样品的折射率 n 就可以确定电子极化率 α_e。常用的几种物质折射率 n 见表 7-3。

表 7-3 20℃ 时相对于空气的折射率 n

物 质	$\lambda=434nm$	$\lambda=589nm$	$\lambda=656nm$
水	1.3404	1.3330	1.3312
苯	1.5236	1.5012	1.4965
四氯化碳	1.4729	1.4607	1.4579
二硫化碳	1.6748	1.6276	1.6182
氯化钾	1.5050	1.4904	1.4873
碘化钾	1.7035	1.6664	1.6581

【例 7-2】 水在 20℃ 对波长 589nm 光的折射率是 1.3330。问在此频率下水分子的极化率是多少？

解 水的 $M=18.015\times10^{-3}\,kg/mol$，$\rho=0.9982\times10^3\,kg/m^3$，$n=1.3330$，代入式 (7-14) 得：

$$\frac{n^2-1}{n^2+2}=\frac{1.3330^2-1}{1.3330^2+2}=0.2057$$

$$\frac{3\varepsilon_0 M}{\rho L}=\frac{3\times[8.8542\times10^{-12}\,C^2/(J\cdot m)]\times(18.015\times10^{-3}\,kg/mol)}{(6.022\times10^{23}/mol)\times(0.9982\times10^3\,kg/m^3)}$$

$$=7.9606\times10^{-40}\ (C^2\cdot m^2/J)$$

所以

$$\alpha_e=(7.9606\times10^{-40}\,C^2\cdot m^2/J)\times0.2057=1.6375\times10^{-40}\,C^2\cdot m^2/J$$

$$\alpha'=\frac{\alpha_e}{4\pi\varepsilon_0}=\frac{1.6375\times10^{-40}\,C^2\cdot m^2/J}{4\times3.14\times8.8542\times10^{-12}\,C^2/(m\cdot J)}=1.4725\times10^{-30}\,m^3$$

说明：水对波长 434nm 的光折射率为 1.3404，重复相同的计算得到 $\alpha'=1.5013\times10^{-30}\,m^3$。这表明在较高频率时，由于水分子可从入射光中得到更多的激发能而容易极化。

*二、分子的磁学性质

物质的磁性用磁化率表示，磁化率表示物质的宏观磁性质。物质由分子组成，分子具有磁矩，它是认识物质磁现象的基础，分子磁矩表示微观磁性质。分子磁矩与顺磁化率有定量关系，能够确定未配对电子数，可用来研究分子的构型与化学键类型。

物质的磁化率，分子的磁矩，以及两者之间的关系是本节介绍的主要内容。

1. 磁化率

将物质置于磁场中，能够影响磁场的物质称为磁介质。在磁场的作用下，磁介质处于磁化状态，产生一个附加磁场，形成附加的磁感应强度，如果用 B' 表示磁介质的附加磁感应强度，B_0 表示真空中磁感应强度，B 表示有磁介质的磁感应强度，则有：

$$B=B_0+B' \tag{7-15}$$

在真空中：

$$B_0=\mu_0 H \tag{7-16}$$

表示真空磁感应强度 B_0 与磁场强度 H 成正比，B 的单位是 T（特斯拉，1 特斯拉 $=10^4$ 高斯）。

可以导出，附加磁感应强度 B' 与磁化强度 M 成正比：

$$B'=\mu_0 M \tag{7-17}$$

两式的比例系数都是 μ_0，μ_0 是真空磁导率，$\mu_0=4\pi\times10^{-7}\,N/A^2$。

磁化强度 M 表示磁介质在磁场中的磁化程度，磁化程度愈高，M 的值愈大。M 被定义为单位体积分子磁矩的矢量和。实验证明，对于非铁磁性均匀的磁介质，磁化强度与磁场强度 H 成正比。

$$M=\chi H \tag{7-18}$$

比例系数 χ 称为单位体积磁化率，由于 M 是单位体积的磁矩，所以 χ 可以看作单位磁场强度下单位体积的磁矩。它是大量原子或分子整体的宏观性质。在 SI 单位中，M 与 H 的单位相同都是 A·m，A 是电流强度单位安培，m 是长度单位米。所以 χ 无单位。

化学常用比磁化率 χ_g，定义为：

$$\chi_g = \frac{\chi}{\rho} \tag{7-19}$$

式中，ρ 为密度，kg/m^3；χ_g 是单位质量物质磁化能力的量度，m^3/kg。

另外，还有摩尔磁化率 χ_m，定义为：

$$\chi_m = \chi_g M = \chi \frac{M}{\rho} = \chi V_m \tag{7-20}$$

式中，M 为摩尔质量；V_m 为摩尔体积；χ_m 为 1mol 物质磁化能力的量度，m^3/mol。

测量磁化率的方法很多，常用古埃（Gaug）的磁天平法。

2. 物质的磁性分类

按磁化率 χ 可将物质分为三类：抗磁质、顺磁质、铁磁质；从物质的磁性来说，又分别称为抗磁性、顺磁性、铁磁性。

（1）抗磁质

通常称 $\chi < 0$ 的物质为抗磁质（也称反磁质）。即在磁场的作用下，物质被磁化后，产生的附加磁感应强度 B' 的方向与外磁场强度 H 的方向相反。从而削弱了外磁场，所以抗磁质具有抗磁性。一般抗磁质的磁化率约为 $10^{-5} \sim 10^{-6}$。

（2）顺磁质

通常称 $\chi > 0$ 的物质为顺磁质。即在磁场作用下，物质被磁化后所产生的附加磁感应强度 B' 的方向与外磁场强度 H 的方向相同，使介质内的磁场增加，所以顺磁质具有顺磁性。典型的顺磁质的磁化率约为 10^{-3}。

（3）铁磁质

有少数物质的 χ 值特别大（$\chi \gg 1$），可达 $10^3 \sim 10^4$，称为铁磁质。铁磁质的主要特征：①在外场放入铁磁质，可使磁场增强 $10^2 \sim 10^4$ 倍；②在撤去外磁场后，铁磁质仍能保持部分磁性。补充内容见本节第 4 部分。

在化学上感兴趣的是顺磁质与抗磁质。不仅抗磁质有抗磁化率，而且顺磁质也有抗磁化率。不过顺磁质的顺磁化率比抗磁化率大得多，所以才显出顺磁性。由于所有物质都有抗磁化率，所以顺磁物质的摩尔磁化率 χ_m 等于摩尔顺磁化率 χ_p 与摩尔抗磁化率 χ_s 之和：

$$\chi_m = \chi_p + \chi_s \tag{7-21}$$

3. 分子磁矩

先介绍原子的磁矩，进而介绍分子的磁矩。显然，原子与分子的磁矩是微观性质。

原子由原子核和电子组成，原子中的电子有轨道运动、自旋以及原子核的自旋。带电粒子的轨道运动、自旋分别等效于一个圆电流，如同一个载流小线圈，具有磁矩 $\mu_m = IS$。其中 I 为载流线圈的电流强度，S 为线圈面积，μ_m 为相应的磁矩。这就是说，将分别产生电子的轨道磁矩、电子自旋磁矩与核自旋磁矩。由于核磁矩比电子的磁矩小三个数量级，因此在解释分子的磁性质时，核磁矩的贡献可忽略不计。

磁矩 μ_m 是矢量，常用单箭头（→）表示（也可用黑体表示），磁矩的单位是 A·m^2 或 J/T，A 为电流强度，m^2 是面积单位。

由此可见，一定电荷系统，如果有角动量，就一定有磁矩。

　　分子由原子组成，每个原子又含有多个电子，所以一个分子的磁矩应是所有电子的轨道磁矩与自旋磁矩的矢量和，称为分子磁矩。

　　现从分子磁矩的角度分析抗磁质与顺磁质。

　　对于抗磁质，其分子是闭壳层结构。分子中的电子都是自旋成对的，它们没有永久磁矩。在外加磁场作用下，电子自旋仍然双双耦合在一起，净的自旋磁矩为零。但是，电子的轨道运动在外磁场作用下，将产生一个与外场方向相反的净轨道磁矩，这种磁矩是在磁场诱导下产生的，磁场撤除以后，随即消失。闭壳层分子的电子都具有轨道运动，在外加磁场作用下产生诱导磁矩，宏观上表现为抗磁性。因为一切分子都具有闭壳层（如内层电子），所以一切分子都具有抗磁性质。

　　若分子中有未成对电子（开壳层分子），则具有净的磁矩，这样的分子具有永久磁矩（固有磁矩）。分子的永久磁矩是产生顺磁性的原因，对于有永久磁矩的分子，由于分子热运动，分子杂乱无章取向，所有分子的磁矩的矢量和为零，总的不显示磁性。但在外磁场作用下，分子磁矩沿外场方向较有规则的排列，其顺磁性大于抗磁性，表现出顺磁性。在宏观上呈现与外磁场方向相同的附加感应磁场强度 B'，使 $B > B_0$。对于分子的外层轨道上未配对电子，由于电子被紧紧地束缚在分子骨架上，阻止电子轨道运动沿外磁场方向定向，所以轨道磁矩的贡献很小，可以认为分子的永久磁矩几乎全部都是不成对电子自旋磁矩的贡献。可以导出，磁矩表示式为：

$$\mu_m = 2\sqrt{S(S+1)}\mu_B \tag{7-22}$$

μ_B 为玻尔磁子，是磁矩的自然单位，$\mu_B = e\hbar/2m_e$，见式（2-49）。在 SI 单位中，其值为 $9.274 \times 10^{-24} A \cdot m^2$。自旋量子数 $S = n \times \dfrac{1}{2}$，$n$ 是未成对电子数，$\dfrac{1}{2}$ 为电子的自旋量子数，代入上式，可得：

$$\mu_m = \sqrt{n(n+2)}\mu_B \tag{7-23}$$

例如氧分子的 $n = 2$，由式（7-23）计算求得 $\mu_m = \sqrt{8}\mu_B$。也可根据实验测得的 μ_m，由式（7-23）计算分子的未配对电子数 n。表 7-4 列出了由未配对电子数 n 计算得到的顺磁物质的磁矩 μ_m（以 μ_B 为单位）。

表 7-4　由未配对电子数计算得到分子的磁矩

未配对电子数 n	1	2	3	4	5	6	7
分子的磁矩 μ_m/μ_B	1.73	2.83	3.87	4.90	5.92	6.93	7.93

4. 铁磁性、反铁磁性与亚铁磁性

　　在上一节讨论顺磁质时，只考虑原子或分子永久磁矩之间的相互作用。当具有永久磁矩的原子或分子聚集成固体时，由于存在着磁矩相互平行或反平行的相互作用，因而在临界温度以下，磁矩取向呈现某种类型的长程有序，其中铁磁性、反铁磁性和亚铁磁性是三种典型的有序分布。

　　（1）铁磁性

　　在临界温度以下，在没有外磁场作用的情况下，固体中原子的永久磁矩因相互作用而自发平行排列，使固体处于磁化状态，磁化强度不为零，称为自发磁化。物质的磁矩具有自发平行分布特征，称为铁磁性，见图 7-6(a)。

　　铁磁性与顺磁性相比是一种极强的磁性，铁磁性材料在极低的磁场强度下，即可处于饱和磁化状态，且磁性随外场强度的增加而急剧增大。在去掉外磁场后，磁性并不消失，呈现

滞后现象。

典型的铁磁性元素有 Fe、Co、Ni 及稀土元素 Gd。

（2）反铁磁性

在临界温度下，如果物质的各个相邻原子的磁矩呈现相等的反平行排列，则总的自发磁化强度为零，如图 7-6(b)。这个临界温度称为奈耳（Neel）温度，即自发的反平行排列磁矩消失的温度。

反铁磁性材料，由于存在相等的反平行磁矩排列，不产生有效的自发磁化，磁化特征表现为顺磁性。磁化率-温度曲线如图 7-7 所示，出现一个尖峰，在低于峰值温度一侧，磁化率随温度的升高而增加，这是由于随着温度的升高，反平行磁矩抵制磁化发生的作用逐渐减弱，磁化率则不断增加，表现为顺磁性。磁化率尖峰峰值位于自发反平行排列磁矩消失的温度，这就是奈耳温度。在奈耳温度以上，磁化率随温度的升高而减少。

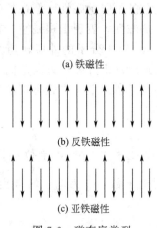

图 7-6　磁有序类型

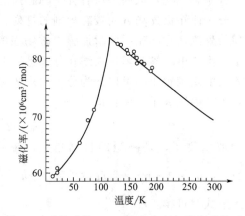

图 7-7　反铁磁体 MnO 的磁化率与温度的关系

很多金属以及一些金属氧化物、氟化物还有过渡金属卤化物等是反铁磁的，如 Cr、α-Mn、MnO、FeO、CoO、MnF_2、FeF_2 等。

（3）亚铁磁性

如果原子反平行磁矩排列并不相等，产生不等于零的磁化强度，这类磁矩有序排列特性称为亚铁磁性。可以认为亚铁磁性是未完全抵消的反铁磁性，如图 7-6(c) 所示。亚铁磁性物质具有铁磁性相似的宏观性质。

铁氧体磁性材料是一类技术上有实际应用价值的亚铁磁性物质。所谓铁氧体是指由铁及其他一种或多种金属氧化物组成的复合氧化物，如 $CoFe_2O_2$、$NiFe_2O_2$ 等。

5. 摩尔顺磁磁化率与磁矩的关系

摩尔顺磁磁化率 χ_p 是大量原子、分子或离子整体所表现的宏观性质，它与表示单个原子、离子或分子的微观性质的磁矩之间有着密切的内在联系，已导出关系式为：

$$\chi_p = \frac{L\mu_m^2\mu_0}{3kT} = \frac{C}{T} \tag{7-24}$$

这是居里（P. Curie）实验发现的，所以称为居里定律。C 称为居里常数；k 是玻尔兹曼常数；L 是阿伏伽德罗常数；T 是绝对温度；μ_0 为真空磁导率。将式(7-23) 代入，得：

$$\chi_p = \frac{Ln(n+2)\mu_B^2\mu_0}{3kT} \tag{7-25}$$

n 是未配对电子数。未配对电子数与摩尔顺磁磁化率的对应关系如表 7-5。

表 7-5 未配对电子数与摩尔顺磁磁化率（25℃）

未配对电子数 n	1	2	3	4	5
摩尔顺磁磁化率/（m^3/mol）	1.58×10^{-8}	4.22×10^{-8}	7.90×10^{-8}	12.68×10^{-8}	18.46×10^{-8}

根据对摩尔顺磁磁化率的测定，可由式(7-25) 确定分子的未配对电子数，进而可知结构。例如 25℃测得氧（O_2）的摩尔顺磁磁化率 $\chi_p = 4.22\times10^{-8}\,m^3/mol$，这表明有两个未配对电子，因而氧不是双键结合的，而是一个 σ 键与两个三电子 π 键结合的。又如镍离子（Ni^{2+}）的电子构型 $3d^8$，有两个未配对电子，可与配体形成四配位两种立体构型的配合物：一种是四面体构型，另一种是平面正方形构型。对于四面体构型采用 sp^3 杂化，仍保留 d 轨道两个未配对电子，故有顺磁性。而平面正方形构型采用 dsp^2 杂化，无未配对电子，故为反磁性。可由磁性的测定确定其立体构型。例如磁化率测定表明 $Ni(NH_3)_4SO_4$、$Ni(N_2H_4)_2SO_4$ 是四面体配合物，而 $K_2Ni(CN)_4$ 是平面正方形配合物。

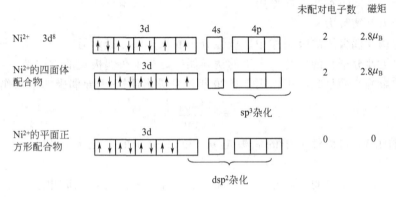

三、分子间作用力

分子中原子间强烈的相互作用，作用能在 $120\sim600kJ/mol$，称为化学键，如离子键、共价键和金属键。分子间还存在着较弱的相互作用，其特点是作用能在几十千焦每摩尔以下，比化学键能小一、二个数量级；作用范围 $300\sim500pm$ 远大于化学键，称为长程作用；不需要电子云重叠，一般无饱和性和方向性；在分子间普遍存在。这种分子间较弱的相互作用，实为分子间作用势能，本质上是静电作用，通常称为分子间作用力。

荷兰物理学家范德华（Van der Waals）早在 1873 年就提出分子间有引力存在，因此人们称分子间引力为范德华力。实际上范德华力指的是分子间吸引势能，不过现在仍习惯称为范德华力。关于范德华力，分别由葛生（W. H. Keeson）、德拜（P. Debye）和伦敦（F. Landon）做了比较深入的研究。我国量子化学家唐敖庆和孙家钟，对范德华力作了比较全面的处理，使葛生力、德拜力和伦敦力包含在他们的统一处理之中。

1. 范德华力的组成

（1）取向力❶（葛生力）

极性分子永久偶极矩间的静电吸引作用。相互作用势能的大小与极性分子的相对取向有关，当两个分子偶极矩方向一致，处在同一直线上，势能最低，体系最稳定。因此，极性分子尽量趋向于取向一致地排列，所以称这种作用为取向力。

---

❶ 有的书称为静电力，作者认为没有反映出这一作用的特点。因为化学键的主要作用就是静电作用，包括原子核与电子之间的作用、电子与电子之间的作用、正负离子之间的作用等。甚至分子间力的诱导力、色散力也是静电作用。所以作者采用取向力这一名称。

1921 年葛生给出这种平均静电作用能为:

$$V_K = -\frac{2}{3}\frac{\mu_1^2\mu_2^2}{(4\pi\varepsilon_0)^2 kTR^6} \tag{7-26}$$

式中, μ_1、μ_2 为相互作用分子的永久偶极矩; R 为偶极矩中心距离; k 为玻尔兹曼常数; T 为热力学温度。负值表示吸引作用使体系能量降低。

由式(7-26)看出, 取向作用能 V_K 随 R^{-6} 成比例变化, 这一点已被分子束实验证实。

为使体系势能降低, 极性分子有按吸引取向、规则排列的趋势, 而分子热运动则要打乱这种取向, 在常温下偶极矩的取向作用大于无序热运动, 因而 $V_K < 0$; 在高温时则热运动破坏了偶极取向, 使 $V_K \to 0$, 这时取向力已不存在, 因此 V_K 与 T 成反比。

对于同类分子, $\mu = \mu_1 = \mu_2$, 则有:

$$V_K = -\frac{2}{3}\frac{\mu^4}{(4\pi\varepsilon_0)^2 kTR^6} \tag{7-27}$$

显然非极性分子之间不存在取向作用力。

(2) 诱导力 (德拜力)

偶极矩与诱导偶极矩的吸引作用。极性分子的永久偶极矩对另一个分子 (可以是极性分子也可以是非极性分子) 的极化, 产生的诱导偶极矩与永久偶极矩的方向是一致的。不需要考虑热运动的影响, 而且是吸引作用。1920 年德拜导出偶极-诱导偶极的平均作用能 V_D 为:

$$V_D = -\frac{\alpha_2\mu_1^2}{(4\pi\varepsilon_0)^2 R^6} \tag{7-28}$$

从式(7-28)看出 V_D 与极性分子的偶极矩 μ_1、另一分子的极化率 α_2 成正比, 也与 R^{-6} 成正比。

对于两个极性分子之间的相互作用, 除了取向作用能之外, 同时也会产生诱导作用能, 在这种情况下, 式(7-28)即成为:

$$V_D = -\frac{\alpha_1\mu_2^2 + \alpha_2\mu_1^2}{(4\pi\varepsilon_0)^2 R^6} \tag{7-29}$$

若为同种极性分子, 则 $\mu_1 = \mu_2 = \mu$, $\alpha_1 = \alpha_2 = \alpha$, 即:

$$V_D = -\frac{2\alpha\mu^2}{(4\pi\varepsilon_0)^2 R^6} \tag{7-30}$$

(3) 色散力 (伦敦力)

取向作用、诱导作用中至少有一个分子是极性分子, 然而许多非极性分子仍然有吸引作用存在, 并且作用能不算小。极性分子间相互作用能, 由取向作用和诱导作用能计算的结果小于实验测定值, 这些都说明分子间还存在第三种作用能——色散能。

非极性分子虽然没有永久偶极矩, 因为电子与原子核的运动, 其运动方向和位移在不断变化, 因此可能产生瞬时正、负电荷中心不重合, 形成瞬时偶极矩。若某分子产生瞬时偶极矩为 μ_1, 它可以诱导另一个分子出现瞬时偶极矩 μ_2, 彼此发生瞬时吸引, 其吸引能大小取决于第一个分子的电离能 I_1, 还取决于另一个分子的极化率 α_2, α_2 的大小反映出了该分子被极化的程度, 即与诱导偶极矩 μ_2 的大小有关。由于每个分子都可能产生瞬时偶极矩, 因此, 这种影响是相互的, 所以也与第一个分子的极化率 α_1、另一个分子的电离能 I_2 有关。1930 年伦敦得出非极性分子间相互作用能的表示式, 其中包括的数学项与光的色散公式相似, 因此称色散能。它的精确式十分复杂, 采用合理的近似得出:

$$V_L = -\frac{3}{2}\left(\frac{I_1 I_2}{I_1 + I_2}\right)\frac{\alpha_1\alpha_2}{(4\pi\varepsilon_0)^2 R^6} \tag{7-31}$$

对于同类分子有:

$$V_L = -\frac{3}{4}\frac{\alpha^2 I}{(4\pi\varepsilon_0)^2 R^6} \tag{7-32}$$

式中，I 为分子电离能，kJ/mol 或 eV；其他符号同前。

例如两甲烷分子相距为 300pm，甲烷的电离能近似为 670kJ/mol（7eV），$\alpha' = \frac{\alpha}{4\pi\varepsilon_0} = 2.6\times10^{-30}\mathrm{m}^3$，于是由式（7-32）得到甲烷分子的色散能为 $V_L = -4.7\mathrm{kJ/mol}$。

显然极性分子之间也存在着色散能。

（4）三种作用能的比较

根据以上分析，范德华引力有三种：取向力、诱导力和色散力。分子间总的作用能为：
$$V = V_K + V_D + V_L \tag{7-33}$$
对于同类分子，分子间作用能为：
$$V = \frac{2}{(4\pi\varepsilon_0)^2 R^6}\left(\frac{\mu^4}{3kT} + \alpha\mu^2 + \frac{3}{8}\alpha^2 I\right) \tag{7-34}$$

表 7-6　范德华引力的分配

分子	偶极矩 /$(10^{-30}\mathrm{C\cdot m})$	极化率 /$(10^{-40}\mathrm{C\cdot m\cdot V^{-1}})$	V_K /$(\mathrm{kJ\cdot mol^{-1}})$	V_D /$(\mathrm{kJ\cdot mol^{-1}})$	V_L /$(\mathrm{kJ\cdot mol^{-1}})$	V /$(\mathrm{kJ\cdot mol^{-1}})$
Ar	0	1.81	0.000	0.000	8.49	8.49
CO	0.40	2.21	0.003	0.008	8.74	8.75
HI	1.27	6.01	0.025	0.113	25.8	25.9
HBr	2.60	3.98	0.686	0.502	21.9	23.1
HCl	3.43	2.93	3.30	1.00	16.8	21.1
NH_3	5.00	2.46	13.3	1.55	14.9	29.8
H_2O	6.14	1.65	36.3	1.92	8.99	47.2

从表 7-6 可以看出三种作用能在某些物质的分配情况，对于极性分子三种作用能都存在，对于非极性分子只存在色散能。对于大多数分子而言，色散能是主要的。只有偶极矩很大的分子，如水、氨等其取向力才是主要的。

2. 兰纳-琼斯（Lennard-Jones）势

分子间作用力应包括吸引与排斥两种作用能，上一节只讨论了分子间吸引势能即范德华引力，是不全面的。兰纳-琼斯考虑了这两个方面的因素，给出了分子间作用能表达式被称为兰纳-琼斯势，记为 [LJ(12-6)]，表示为：
$$V(R) = 4\varepsilon\left[\left(\frac{\sigma}{R}\right)^{12} - \left(\frac{\sigma}{R}\right)^6\right] \tag{7-35}$$

由式（7-35）看出当 $V(R) = 0$ 时，$\frac{\sigma}{R} = 1$，即 $\sigma = R$，所以 σ 是当 $V(R) = 0$ 时两分子的距离，ε 是势阱深度。见图 7-8，由图中看出，式（7-35）中第一项表示短程排斥能，当 $R < \sigma$ 时，$\left(\frac{\sigma}{R}\right)^{12}$ 比 $\left(\frac{\sigma}{R}\right)^6$ 大得多，第一项起支配作用，表现为排斥能。当 $R > \sigma$ 时，$\left(\frac{\sigma}{R}\right)^{12}$ 比 $\left(\frac{\sigma}{R}\right)^6$ 小得多，第二项起支配作用，$V(R)$ 为负值，表现为吸引作用，吸引作用发生在比化学键长大得多的范围。

ε 与 σ 可由实验求出，ε 一般常用 ε/k 表示，其单位是绝对温度 K，式中 k 是玻尔兹曼常数，见表 7-7。

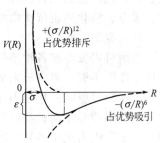

图 7-8　兰纳-琼斯势

表 7-7　兰纳-琼斯势的参数

物　质	$(\varepsilon/k)/K$	σ/pm	物　质	$(\varepsilon/k)/K$	σ/pm
He	10.22	258	O$_2$	113	343
Ne	35.7	279	N$_2$	91.5	368
Ar	124	342	Cl$_2$	357	412
Xe	229	406	Br$_2$	520	427
H$_2$	33.3	297	CO$_2$	190	400

对于不同分子 A 与 B 的 ε_{AB}、σ_{AB} 可由式(7-36) 和式(7-37) 计算：

$$\frac{\varepsilon_{AB}}{k}=\left(\frac{\varepsilon_A}{k}+\frac{\varepsilon_B}{k}\right)^{\frac{1}{2}} \tag{7-36}$$

$$\sigma_{AB}=\frac{1}{2}(\sigma_A+\sigma_B) \tag{7-37}$$

如果缺少 ε/k 和 σ 时，可由式(7-38) 和式(7-39) 近似估算：

$$\frac{\varepsilon}{k}=0.75T_c \tag{7-38}$$

$$\sigma=\frac{5}{6}V_c^{\frac{1}{3}} \tag{7-39}$$

式中，T_c 为临界温度 K；V_c 为临界体积 cm^3/g。

兰纳-琼斯势函数是表示分子间相互作用势能的一种近似模型。与分子作用势能的实验值相比，仍然有一定差距，特别是用不同实验方法求得的 ε/k，σ 相差较大，因此在选用数据进行计算时要用同一方法测得的数据。

3. 分子间作用力对物质物理性质的影响

物质的许多物理性质，如熔点、沸点、熔化热、汽化热、吸附、黏度等都与分子间作用力有关。

(1) 对熔点、沸点、熔化热、汽化热的影响

分子可以聚集成固体、液体和气体。同一种物质按分子间作用力大小，固体＞液体＞气体。一般，液体的许多性质更接近于固体，如密度、热容、压缩系数等与固体接近，例如固体苯的热容为 112J/(mol·K)，而液体苯的热容为 126J/(mol·K)，两者相差不大。因为通常固体熔化成液体时只破坏了分子的近程有序，分子间距离大约增加了 3％～4％，所以分子间作用力只是部分削弱，降低值不是很大。而物质汽化后，分子间距离比液体增大好多倍，分子间作用力几乎大部分消失。因此同一物质的汽化热比熔化热大得多。例如金属钠熔化热为 2.64kJ/mol，而汽化热为 97.5kJ/mol。但因实际气体分子间仍有作用力存在，所以实际气体偏离理想气体。

通常是固体分子间作用力愈大，熔点愈高，熔化热愈大；液体的分子间作用力愈大，沸点愈高，汽化热愈大。例如 F$_2$、Cl$_2$、Br$_2$、I$_2$ 的极化率和色散能依次增大，其熔点、熔化热、沸点、汽化热也依次增大。

(2) 吸附

吸附可以发生在各种不同的相界面，如气-固、液-固、气-液和液-液等界面上。按吸附作用力性质不同，可将吸附分为物理吸附和化学吸附。

产生物理吸附的作用力是分子间力，由于它普遍存在于分子之间，因此，一般吸附剂往往可以吸附许多不同种类的气体，使物理吸附不具有选择性。因为吸附剂与吸附质种类的不同，分子间引力大小各异，可使吸附量千差万别。例如 288K 时，在活性炭上二氧化碳吸附量是氢的 10 倍以上。

物理吸附很类似于蒸气的凝聚和气体的液化。经验表明，愈易液化的气体，即分子间作用力大的气体，愈容易被吸附。总之，由于分子间作用力较弱，被吸附的分子结构变化不大，接近于气体的分子状态，因此它对再碰撞上去的分子，仍保持分子间作用力，所以物理吸附可以发生单分子层吸附，也可以发生多分子层吸附，正由于分子间力较弱，解吸也较容易。

常用的吸附剂有分子筛、硅胶、活性炭，分子筛和硅胶表面有很强的极性基团（Si—O，Si—OH 等），对极性分子，如水，有很强的吸附力，对非极性分子如氮和有机溶剂吸附力很弱，工业上常用这些物质做干燥剂，脱除氮、氩气体或有机溶剂中的水分，活性炭多用于脱色。

4. 原子的范德华半径

已指出分子间作用力包括吸引与排斥两种力，兰纳-琼斯关系式较全面地概括了分子间的相互作用，当分子间距离很小时表现为排斥力，当分子间距离较大时表现为吸引力。当引力与斥力达到平衡时分子间势能最低，它们对应的分子间的距离即为平衡距离。分子处在平衡距离时，相邻分子间相距最近的原子间距离，即为两原子的范德华半径之和。通常认为晶体分子处于平衡状态，所以一般可用 X 射线衍射测得范德华半径。同一元素的原子在不同化合物和晶体中，范德华半径的数值可能不同，而且在外界的温度、压力条件不同时范德华半径也会不同，有时同一晶体中不同部位的范德华半径也会不同。这些变化一般在 5% 以内。例如氯在足够低的温度下，它结晶成为分子晶体，晶体中氯分子作层状排列，在同一层相邻氯分子间最近的两氯原子（Cl—Cl）的距离是 334pm，在相邻两层分子之间相邻氯分子的距离是 369pm，因此氯的范德华半径是 334pm/2 与 369pm/2 之间，一般取 180pm。而在同一晶体氯分子中氯氯原子间距离是 202pm，这是氯分子的共价键长，所以氯原子的共价半径是 101pm，见图 7-9。可以看出范德华半径比共价半径大得多。

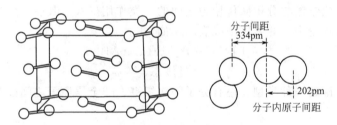

分子间距
334pm

202pm
分子内原子间距

图 7-9 氯的晶体结构

范德华半径比共价半径大，变动范围也大。现在应用最广泛的是鲍林（Pauling）给出的数值。而数值最全、被一些人认为比较合适的范德华半径是由宾迪（Bondi）给定的数值。表 7-8 列出一些原子的范德华半径。人们可根据需要，选用其中的一套，但不宜混用。

根据鲍林所给的范德华半径值，卤素原子 X 和 O、S、Se、Te 等原子的范德华半径，分别和它们相应的一价负离子 X^- 和二价负离子 O^{2-}、S^{2-}、Se^{2-}、Te^{2-} 的离子半径相近。例如氯（Cl）原子的范德华半径为 180pm，氯负离子（Cl^-）半径是 181pm，氧（O）原子的范德华半径为 140pm，氧负离子（O^{2-}）的半径为 140pm。这是由于在离子晶体中，氯负离子（Cl^-）间的接触情况与含氯的分子中氯原子在非键方向电子云的状况相似。

在分子晶体中，分子内原子间距离是共价半径，而分子间距离是范德华半径，这两个数据一起使用，才能说明分子晶体的结构。

表 7-8　一些原子的范德华半径　　　　　　　　　　　　　　单位：pm

原子	r_B	r_P	原子	r_B	r_P	原子	r_B	r_P
H	(120)	120	N	155	150	Ar	188	192
Li	(182)		P	180	190	Kr	202	198
Na	(227)		As	185	200	Xe	216	218
K	(275)		Sb	190	220	Cu	(143)	
Mg	(173)		Bi	187		Ag	(172)	
B	(213)		O	152	140	Au	(166)	
Al	(251)		S	180	184	Zn	139	
Ga	(251)		Se	190	200	Cd	162	
In	(255)		Te	206	220	Hg	170	
Tl	(196)		F	147	135	Ni	(163)	
C	(170)	172	Cl	175	180	Pd	(163)	
Si	210		Br	185	195	Pt	(175)	
Ge	219		I	198	215			
Sn	(227)		He	140	140			
Pb	(202)		Ne	154	154			

注：r_B 表示由 Bondi 所给的值，加括号表示精确度较差，参看 A. Bondi, *J. Phys. Chem*, 68，441（1964），80，3006（1966）；r_P 表示 Pauling 所给的值，参看 L. pauling, "The Nature of the Chemical Bond", 3rd. ed., (1960)。

四、次级键

在分子内部基团之间或分子之间存在一类相互作用形式，其作用强度弱于化学键，却比范德华力强，通常具有方向性和饱和性，文献上称为弱键或半键等。自从 Alcock 于 1972 年，在总结百余个无机晶体结构特征的基础上，提出次级键（Secondary Bond）概念以来，逐渐被人们所接受，现在正趋向于采用次级键这一名称。

次级键是介于化学键与分子间作用力之间的一类作用形式，其表现多种多样，较早出现在化学反应过渡态理论中，并常用虚线表示，如：

$$A + BC \longrightarrow A \cdots B \cdots C \rightarrow AB + C$$
$$（过渡态）$$

显然，氢键是次级键的一种类型，还有分子间次级键、非金属原子之间以及金属原子之间的次级键等。

1. 氢键

（1）氢键的特点

氢原子在与电负性很大的原子 X 以共价键相结合的同时，还可以同另外一个电负性大的原子 Y 形成一个弱键，X—H⋯Y 这种键称为氢键，X、Y 可以是 F、O、N 等电负性大、半径小的原子，但在某些特殊情况下 Cl、C 原子也可以形成氢键。表 7-9 列出一些氢键的键能和键长。

氢键的特点是：键能一般为 $50kJ/mol$，比化学键能小得多，但比分子间力大些；氢键长，即 X—Y 之间距离比范德华半径之和小，但比共价半径之和大得多，例如甲酸氢键 O⋯H⋯O 中的 O—O 之距为 267pm，氧原子的范德华半径之和是 350pm，共价半径之和是 162pm；在绝大多数氢键中，氢原子不正好位于 X—H⋯Y 中点，而是偏近一个原子，例如甲酸氢键中 O—H 距离为 104pm，H⋯O 距离为 163pm；氢键 X—H⋯Y 可以为直线形，$\theta = 180°$；也可以为弯曲形，$\theta < 180°$。虽然直线形氢键最强，但是在很多情况下受其他作用的影响所限制，不可能在一条直线上；氢键与分子间作用力最大的差别在于它有饱和性和方向性，即每个氢在一般情况下，只能邻近两个电负性大的 X、Y 原子。

表 7-9　一些氢键的键能和键长

氢　键	化 合 物	键能/(kJ/mol)	键长 X-Y/pm
F—H···F	气体$(HF)_2$	28.0	255
	固体$(HF)_n, n>5$	28.0	270
O—H···O	水	18.8	285
	冰	18.8	276
	$CH_3OH, CH_3CH_2OH,$	25.9	270
	$(HCOOH)_2$	29.3	267
N—H···F	NH_4F	20.9	268
F—H···N	NH_3	5.4	338

（2）F—H···F 氢键的主要相互作用

最近对 $(HF)_2$ 量子力学研究结果给出，至少有四种类型的作用对氢键有贡献。

① 在氟化氢（HF）分子中，因氢原子只有一个电子，而半径又小，氟原子具有较大的电负性，氟化氢分子是具有很大偶极矩的分子，因此氟化氢分子之间有较强的取向力存在，这种作用使 F—H···F 呈直线排列。

② 一个氟化氢分子的 HOMO 与另一个分子的 LUMO 之间发生电荷转移作用。

③ 氟化氢分子间的电子云重叠排斥作用。

④ 氟化氢分子之间诱导偶极作用。

计算结果表明，取向力作用能最重要，约 $-25kJ/mol$，电荷转移作用能约 $-12.5kJ/mol$，电子排斥作用能约 $12.5kJ/mol$，几乎与电荷转移作用能相抵消。诱导偶极作用能只能使二聚物稍加稳定，因此 $(HF)_2$ 中总的氢键作用能约为 $-25kJ/mol$。对于其他一些氢键体系的计算，一般也认为取向作用能是主要的。

通过以上分析可以看出氢键的本质：X—H 基本上是共价键，而 H···Y 具有分子轨道的重叠作用，发生电荷转移，这说明了键的饱和性和方向性；同时 H···Y 还具有取向力、诱导力和电子间排斥力，这说明氢键包含分子间作用力成分。

（3）氢键的类型

根据氢键的形成方式将氢键分为分子间氢键和分子内氢键两种类型。

分子间氢键是一个分子的 X—H 与另一个分子的 Y 作用而形成的氢键。前面提到的气相 $(HF)_2$、$(HCOOH)_2$、$HF·NH_3$，液相中的水、醇、酸以及固相中的 $(HF)_n$、冰等都是分子间氢键。在冰中每个氧原子按四面体与其他四个氧原子相邻接，而在每两个氧原子的连线上有一个氢原子，但氢原子不在连线的中点，如图 7-10 所示。因此冰的结构比较疏松，密度亦比水小。冰融化成水时，部分氢键遭到破坏。结构趋于致密，因此水的密度比冰大。但水中仍保存大量的氢键，水中仍有小的四面体结构集团，这些小集团可以不断改组，水比硫化氢等沸点高很多，就是由于形成分子间氢键的缘故。

分子内氢键，一个分子的 X—H 与分子内部的 Y 作用而形成的氢键。通常在苯酚的邻位上有 —NO_2、—COOH、—CHO、—$CONH_2$、—$COCH_3$ 等基团可以形成分子内氢键，而取代基

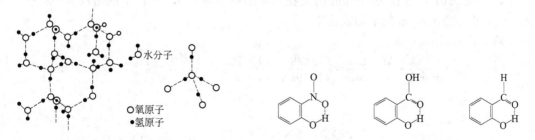

图 7-10　冰中氢键的四面体骨架结构　　　　　　图 7-11　分子内氢键示例

位于间、对位，因距离太远不易形成氢键。分子内氢键不可能在一条直线上，见图7-11。

氢键的形成条件不像共价键那样严格，结构参数如键长、键角等可在一定范围内变化，具有一定的适应性与灵活性，有时分子内氢键与分子间氢键同时存在，共同对物质的性能产生影响。

2. 其他种类的次级键

次级键的种类多种多样，下面仅举例介绍非金属原子之间、金属原子之间的次级键。

（1）$(NO)_2$

NO分子可通过N⋯N键形成二聚分子$(NO)_2$（如下图所示），实验测定不论是单体NO还是二聚物$(NO)_2$中的N=O键长都是115pm。N⋯N间的距离在晶体中的测定值为218pm，在气相中的测定值223.7pm，都比N—N共价单键键长150pm长得多，而比范德华半径之和300pm短得多，这说明N⋯N之间的作用为次级键，它属于非金属原子之间的次级键。

（2）Au⋯Au

Au可以形成多种次级键，如Au⋯N、Au⋯H—C、Au⋯π和Au⋯Au等。其中以Au⋯Au次级键最有特点。以二聚来说，至今发现如下图所示主要Au⋯Au成键方式，Au⋯Au距离一般在320pm。注意Au的共价半径之和为300pm，Au的原子半径之和为288pm，范德华半径之和为332～340pm。Au⋯Au之间的次级键属于金属原子之间的次级键。

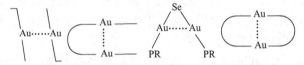

五、基本例题解

（1）甲烷在标准条件下，相对电容率为$\varepsilon_r=1.00086$，求甲烷分子的极化率体积。

解 理想气体
$$V_m=\frac{RT}{P}$$

由式(7-8)得：

$$\frac{\varepsilon_r-1}{\varepsilon_r+2}\cdot\frac{M}{\rho}=\frac{L\alpha}{3\varepsilon_0}$$

$$\frac{M}{\rho}=V_m=\frac{RT}{P}$$

$$\frac{\varepsilon_r-1}{\varepsilon_r+2}\cdot\frac{RT}{P}=\frac{L\alpha}{3\varepsilon_0},\quad \alpha=3\varepsilon_0\frac{(\varepsilon_r-1)RT}{(\varepsilon_r+2)PL}$$

$$\alpha'=\frac{\alpha}{4\pi\varepsilon_0}=\frac{3(\varepsilon_r-1)}{4\pi(\varepsilon_r+2)}\cdot\frac{kT}{P}=\frac{3\times(1.00086-1)\times1.381\times10^{-23}\times273}{4\times3.14\times(1.00086+2)\times101.32\times10^3}=2.55\times10^{-30}\,m^3$$

（2）在298K，波长为600nm的光在苯中的折射率为1.498，苯的密度$\rho=0.874\times10^3$ kg/m³，求苯在600nm的平均极化率。

解 由式(7-14)得：

$$R_m=\frac{n^2-1}{n^2+2}\cdot\frac{M}{\rho}=\frac{L\alpha_e}{3\varepsilon_0}=\frac{(1.498^2-1)\times78.1\times10^{-3}}{(1.498^2+2)\times0.874\times10^3}=26.2\times10^{-6}\,m^3/mol$$

$$R_m=\frac{L\alpha_e}{3\varepsilon_0}$$

$$\alpha_e=\frac{3\varepsilon_0R_m}{L}=\frac{3\times26.2\times10^{-6}\times8.854\times10^{-12}}{6.02\times10^{23}}=1.16\times10^{-39}\,C\cdot m^2/V$$

（3）氙的电离能 $I_1 = 12.13\text{eV}$，极化体积 $\alpha' = \dfrac{\alpha}{4\pi\varepsilon_0} = 4.00 \times 10^{-30}\text{m}^3$，求一对氙原子相距 350pm（约是氙晶体在 100K 时的原子间距）时的伦敦作用能。

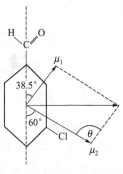

图 7-12　苯甲醛的数据图

解　对于同种原子，伦敦力［见式(7-32)］为：

$$V_L = -\frac{3}{4} \frac{\alpha^2 I}{(4\pi\varepsilon_0)^2 R^6}$$

$$= -\frac{3 \times 12.3 \times 1.60 \times 10^{-19} \times (4.00 \times 10^{-30})^2}{4 \times (350 \times 10^{-12})^6}$$

$$= -1.28 \times 10^{-20}$$

$$= -7700 \ (\text{J/mol})$$

（4）根据图 7-12 数据，求出间氯苯甲醛的偶极矩。

解　由图 7-12 得出 $\theta = 98.5°$，查得苯甲醛偶极矩 $\mu_1 = 9.94 \times 10^{-30}\text{C} \cdot \text{m}$，氯苯偶极矩 $\mu_2 = 5.30 \times 10^{-30}\text{C} \cdot \text{m}$，代入下式得：

$$\mu^2 = \mu_1^2 + \mu_2^2 + 2\mu_1\mu_2\cos\theta = [(9.94)^2 + (5.30)^2 + 2 \times 9.94 \times 5.30\cos98.5°] \times 10^{-60}$$

$$\mu = 11.93 \times 10^{-30}\text{C} \cdot \text{m}$$

习　题

7-1　在低、中、高电场中，各存在何种分子极化率？在可见光区存在哪种分子极化率？

7-2　什么是极化率体积？它与分子体积的关系如何？

7-3　为什么分子的永久磁矩几乎全部由电子自旋产生？

7-4　指出下列分子哪些是极性分子？哪些是非极性分子：

CO，CO_2，NO，NO_2，SO_2，SF_4，CCl_4，（萘），$CH_3CH = CH_2$，$(CH_3)_2CO$，NH_2-（苯环）$-NH_2$，$(CH_3)_3-CH$

7-5　甲醚的键角为 110°，偶极矩为 $4.31 \times 10^{-30}\text{C} \cdot \text{m}$，已知环氧乙烷的 C—O—C 键角为 61°（忽略 C—H 键矩效应），求环氧乙烷的偶极矩。

7-6　由题 7-5 数据，写出 CH_3OH 的偶极矩 μ 为 C—O—H 键角的函数。若实验测得 $\mu = 5.46 \times 10^{-30}\text{C} \cdot \text{m}$，$\mu_{OH} = 5.02 \times 10^{-30}\text{C} \cdot \text{m}$，求键角。

7-7　甲苯的偶极矩为 0.4D，估算三种二甲苯的偶极矩。

7-8　氯苯的偶极矩为 1.51D，体积极化率为 $1.23 \times 10^{-23}\text{cm}^3$，取密度为 1.1732g/cm^3，试计算在 25℃ 时的相对电容率。

7-9　已知氯苯、苯甲醛、对氯苯甲醛的偶极矩分别为 $5.30 \times 10^{-30}\text{C} \cdot \text{m}(\mu_1)$、$9.94 \times 10^{-30}\text{C} \cdot \text{m}$ (μ_2)、$6.67 \times 10^{-30}\text{C} \cdot \text{m}(\mu)$，求 μ_1 与 μ_2 的夹角 θ。

7-10　在 298K、波长 600nm 的光在苯中的折射率为 1.498，已知苯的密度 $\rho = 0.847 \times 10^3\text{kg/m}^3$，求苯的平均极化率。

7-11　$O_2(g)$ 的顺磁磁化率遵守居里定律，在 300K、101.32kPa 压力下，磁化率 $\chi_p = 3.45 \times 10^{-3}$ cm^3/mol，求 $O_2(g)$ 的永久磁矩 μ_m 是多少？它表示多少个未配对电子？

7-12　25℃，$CuSO_4 \cdot 5H_2O$ 的磁化率 $\chi_p = 1.46 \times 10^{-3}\text{cm}^3/\text{mol}$，$Cu^{2+}$ 离子的电子组态如何？

7-13　水的极化率体积 $\alpha' = \dfrac{\alpha}{4\pi\varepsilon_0} = 1.48 \times 10^{-30}\text{m}^3$，两个水分子距离 $R = 325\text{pm}$ 时，求其诱导作用能。

7-14　氮分子间作用能 $V = AR^{-6} + BR^{-9}$，已知 $A = 1.99 \times 10^{-77}\text{J} \cdot \text{m}^6$，$B = 9.90 \times 10^{-106}\text{J} \cdot \text{m}^9$，求氮分子间作用能为 $1kT$、$10kT$ 时两分子的最近距离为多少？

7-15　求 1mol 氮分子在 200K 和 10MPa 时氮分子间的平均距离，再求 1mol 氮分子的兰纳-琼斯作用能。

第八章　结构分析方法简介

结构化学主要研究内容有：原子如何形成分子-化学键理论；结构与性质的关系；测定结构的方法。这三点内容各有其特点，又相互关联。譬如，只有了解分子的结构、键能等，才有可能验证化学键理论，才能够研究结构与性能的关系。本书已经介绍了前两点内容，本章主要介绍结构的测定方法和原理。

现代测定物质结构的方法主要有分子光谱、波谱（核磁共振谱和顺磁共振谱）、质谱、能谱、X射线衍射法等。这些方法也是当代化学研究工作中常用的分析方法。本章主要介绍分子光谱、能谱、核磁共振谱。X射线衍射法在第九章晶体结构中介绍。

一、分子光谱

1. 概述

分子光谱是对由分子发射出来的光或被分子所吸收的光进行分光得到的光谱。它是测定分子结构、对物质进行定性、定量分析的重要实验手段。分子光谱的一些实验结果成功地验证了量子力学的某些推断，分子轨道理论就是在分子光谱的实验数据基础上建立和发展起来的。

分子光谱和分子内部运动密切相关。分子除了像原子那样具有核能 E_n、电子运动能 E_e 和质心在空间的平动能 E_t 外，还有三种形式的能量：原子核之间的相对振动能 E_v，整个分子绕质心的转动能 E_r 和分子基团之间的内旋转能量 E_i。其中 E_n 在一般化学反应的实验条件下，不发生变化；E_i 又比较小，可以不去考虑；E_t 是连续变化的，不产生光谱，故在讨论分子光谱时其能量不计入。因此只需考虑整个分子的转动能 E_r，分子中原子核之间的相对振动能 E_v，分子中电子的运动能 E_e（主要是价电子）。

如果再考虑分子的转动、振动以及电子运动之间彼此的相互作用，那将是一个十分复杂的问题，但是分子光谱实验告诉我们，这些运动状态之间的作用关系并不十分密切，基本上可以分别考虑，因此可近似认为分子的能量 E 是这三种运动能量之和。

$$E = E_e + E_v + E_r \tag{8-1}$$

分子的转动、振动和电子运动能量的变化是量子化的。当分子吸收或发射光时，能使分子从一个转动（或振动或电子）状态变化到另一个状态，发生能级之间的跃迁，产生相应的分子光谱。

分子转动能级之间的跃迁产生转动光谱。分子转动能级的间隔很小，其数量级约为 $10^{-4} \sim 0.05\text{eV}$，波数 ν（波长的倒数）为 $1 \sim 400\text{cm}^{-1}$，对应光的波长 λ 约为 $1 \sim 0.0025\text{cm}$。这种光谱在远红外或微波区，故称为远红外光谱或微波谱。

分子振动能级之间的跃迁产生的光谱称为振动光谱。分子振动能级的间隔一般为 $0.05 \sim 1\text{eV}$，波数 ν 为 $400 \sim 10^4\text{cm}^{-1}$，对应光的波长为 $25 \sim 1\mu\text{m}$。这种光谱在近与中红外光区，一般称为红外光谱，文献中简记为 IR（即 Infrared）。

分子中电子运动能级之间的跃迁产生的光谱称为电子光谱。分子中电子能级间隔的数量级为 $1 \sim 20\text{eV}$，波数为 $10^4 \sim 10^5\text{cm}^{-1}$，对应光的波长为 $1000 \sim 100\text{nm}$。这种光谱位于紫外光区（$\lambda < 400\text{nm}$）和可见光区（$\lambda = 400 \sim 800\text{nm}$），文献上简记为 UV（即 Ultra Violet）。

对转动、振动和电子能级的间隔进行比较可以发现，振动能级的间隔比转动能级约大 $20\sim500$ 倍，电子能级间隔又比振动能级约大 $10\sim20$ 倍，见图 8-1。

当用能量很低的远红外光照射分子时，分子吸收或发射光的能量很低，有可能只引起转动能级的变化，得到转动光谱。但是当用能量较高的近红外光照射分子可能引起振动能级变化时，当然也能引起转动能级的变化，这样有两个振动能级之间的变化，就不止产生一条谱线，而是同时有许多条密集谱线（间隔与转动能级相当），组成一个光谱带，整个分子的振动光谱可包含若干个谱带，实际上是振动-转动光谱。

用能量更高的紫外光或可见光照射分子引起电子能级变化时，必然伴随着分子的振动、转动能级发生变化，实际上是电子-振动-转动光谱。这样两个电子能级的跃迁，得到的就不只是一条谱带，而是一系列谱带，整个分子的电子光谱可包含若干个谱带系，称为带状光谱。

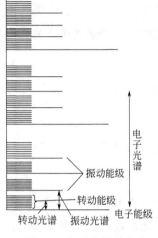

图 8-1　分子能级示意

综上所述，当分子的转动、振动和电子能级发生变化时，伴随着吸收或发射一定波长范围的光，从而得到分子光谱。分子光谱包括电子光谱（紫外及可见光谱），振动光谱（红外光谱），转动光谱（远红外光谱、微波谱）。表 8-1 列出了分子光谱的各光谱区及波长范围。

表 8-1　光谱区和波长范围

光谱区	λ	$\tilde{\nu}/cm^{-1}$	E/eV
微 波	$100\sim10^{-1}\,cm$	$0.01\sim10$	$1.2\times10^{-6}\sim1.2\times10^{-3}$
远红外	$1000\sim25\,\mu m$	$10\sim400$	$1.2\times10^{-3}\sim5\times10^{-2}$
中红外	$25\sim2.5\,\mu m$	$400\sim4000$	$5\times10^{-2}\sim5\times10^{-1}$
近红外	$2.5\sim0.8\,\mu m$	$4000\sim12500$	$0.5\sim1.55$
可 见	$800\sim400\,nm$	$1.25\times10^{4}\sim2.5\times10^{4}$	$1.55\sim3.1$
近紫外	$400\sim200\,nm$	$2.5\times10^{4}\sim5\times10^{4}$	$3.1\sim6.2$
远紫外	$200\sim10\,nm$	$5\times10^{4}\sim1\times10^{6}$	$6.2\sim12.4$

研究分子光谱的方法主要是吸收光谱，所用仪器一般称分光光度计，光谱仪品种很多，其主要部件通常包括光源、样品池、分光器、检测记录器等，如图 8-2 所示。光源产生波长连续变化的光，通过样品之后，一部分被吸收，一部分透过，经过分光器中棱镜或光栅将各种波长的光分开之后，在检测器上测量出各种波长的光被吸收多少，便得到吸收光谱。

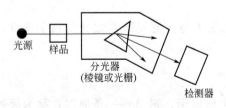

图 8-2　分光光度计示意

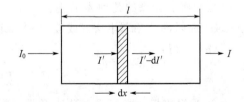

图 8-3　介质薄层 dx 对光的吸收

2. 吸收光谱的几种表示法

（1）光的吸收基本定律——朗伯-比尔（Lambert-Beer）定律

吸收光谱的各种表示是以朗伯-比尔定律为基础的，这个定律是由实验观察而得到的。

如图 8-3 所示。当一束波长为 λ、强度为 I' 的单色光，通过厚度为 dx 的薄液层（吸收层），溶液是浓度为 c 的样品，则有一部分光被吸收（若溶剂不吸收光），透过薄层后光强度减弱为 $(I'-dI')$。实验指明，被薄层吸收的光强度 $-dI'$ 与入射光强度 I'、样品浓度 c、液层厚度 dx 成正比，令 α 为比例系数，则有：

$$-dI'=\alpha cI'dx \tag{8-2}$$

式中负号表示被吸收的光强度。将式(8-2) 积分得：

$$-\int_{I_0}^{I} \frac{dI'}{I'} = \alpha c \int_0^l dx$$

得

$$\ln \frac{I_0}{I}=\alpha cl$$

也可以写成：

$$\lg \frac{I_0}{I}=\frac{\alpha}{2.303}cl=E^* cl \tag{8-3}$$

式中，l 为样品池厚度；I_0 为入射光强度；I 为透射光强度；E^* 为样品对波长为 λ 光的吸光系数，它的值愈大，表示样品对波长为 λ 光的吸收能力愈大，它同入射光的波长、溶液的性质、温度有关。

当 c 以 mol/dm^3，l 以 cm 为单位时，则 E^* 记作 ε，称为摩尔吸光系数（或消光系数），其单位为 $dm^3/(mol \cdot cm)$，表示物质的浓度为 $1mol/dm^3$、液层厚度为 $1cm$ 时溶液的吸光度。这时式(8-3) 变为：

$$\lg \frac{I_0}{I}=\varepsilon cl \tag{8-4}$$

为了简单起见，用 A 表示 $\lg \frac{I_0}{I}$，则式(8-4) 可表示为：

$$A=\lg \frac{I_0}{I}=\varepsilon cl$$

或

$$A=\varepsilon cl \tag{8-5}$$

A 称为吸光度（也称为光密度 D 或消光度 E）。式(8-5) 表明，当一束单色光通过溶液时，其吸光度与溶液的浓度和厚度成正比。这个定律通常称为光的吸收基本定律，也常称为朗伯-比尔定律。

摩尔消光系数不能直接取 $1mol/dm^3$ 这样高浓度的有色溶液进行测量，而只能通过计算求得。

（2）吸收光谱的几种表示法

① 透射率 T 和波长 λ（或波数 $\tilde{\nu}$） 定义透射光强 I 与入射光强 I_0 之比为透射率 T，代入式(8-4) 得：

$$T=\frac{I}{I_0}=10^{-\varepsilon cl} \tag{8-6}$$

若选 T 为纵坐标（常写成百分比形式 $T\%$），以 $\tilde{\nu}$ 为横坐标，则得到一条曲线，称为吸收光谱曲线。

② 吸光度 A 和波长 λ（或波数 $\tilde{\nu}$） 若以吸光度 A 为纵坐标，以波长 λ 为横坐标，则得出如图 8-4 所示的吸收光谱曲线。由式(8-5) 看出 A 与样品浓度 c 及厚度 l 成正比，这在定量分析中应用比较方便。

③ ε（或 lgε）和波长 λ（或波数 ṽ） 由式（8-5）摩尔吸光系数 ε 可表示为：

$$\varepsilon = \frac{A}{cl} \qquad (8-7)$$

可以看出，ε 实际上是单位浓度（mol/dm³）、单位厚度（cm）时的吸光度。它由样品的本性决定，与样品的浓度和厚度无关。当 ε 变化幅度很大时，用 lgε 作纵坐标比用 ε 方便。

上述几种表示法中，横坐标除用波长 λ 表示外，也常用波数 ṽ 表示。

$$\tilde{v} = \frac{1}{\lambda} \qquad (8-8)$$

其单位用 cm^{-1}，称倒易厘米，物理意义是 1cm 中所包含波长的数目。波数的优点，在于它和光子的能量成正比关系，并且比例系数是 hc。

$$E = h\nu = h\frac{c}{\lambda} = hc\tilde{v} \qquad (8-9)$$

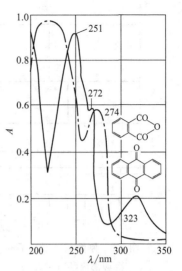

图 8-4 蒽醌及邻苯二甲酸酐的紫外吸收光谱

【例 8-1】 已知含 Fe^{2+} 浓度为 $500\mu g/dm^3$ 的溶液用邻二氮菲比色测定铁，比色皿长度为 2cm，在波长 508nm 处测得吸光度 $A = 0.19$，计算摩尔吸光系数。

解 Fe 的相对原子质量为 55.85，则有：

$$[Fe^{2+}] = \frac{500 \times 10^{-6}}{55.85} = 8.9 \times 10^{-6} mol/L$$

$$A = 0.19 = \varepsilon cl = \varepsilon \times 2 \times 8.9 \times 10^{-6}$$

$$\varepsilon = \frac{0.19}{2 \times 8.9 \times 10^{-6}} = 11 \times 10^4$$

3. 双原子分子的转动光谱

（1）刚性转子模型

为了便于讨论双原子分子转动光谱，从最简单的刚性转子模型开始：将分子中质量为 m_1 和 m_2 的两个原子视为体积忽略不计的质点；原子核间距离 R_e 恒定，$R_e = R_1 + R_2$；系统绕通过质心并垂直质点连线的轴转动。这种系统称为刚性转子，见图 8-5。若再假定分子是不受外力的自由转动，则称为自由刚性转子。

根据质心的性质，有：

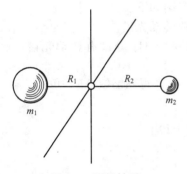

图 8-5 刚性转子

$$R_e = R_1 + R_2 \quad m_1 R_1 = m_2 R_2 \qquad (8-10)$$

由式（8-10），可以导出：

$$R_1 = \frac{m_2 R_e}{m_1 + m_2} \quad R_2 = \frac{m_1 R_e}{m_1 + m_2} \qquad (8-11)$$

系统的转动惯量为：

$$I = m_1 R_1^2 + m_2 R_2^2 = \frac{m_1 m_2}{m_1 + m_2} R_e^2 = \mu R_e^2 \qquad (8-12)$$

式中，μ 为折合质量。

式（8-12）表明刚性转子的转动惯量是常数。

从图 8-5 可以看出，刚性转子的旋转轴有三个，其中绕通过原子核连线的分子轴旋转

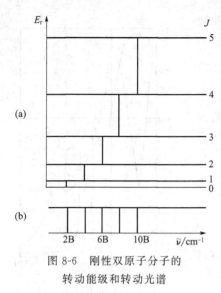

图 8-6 刚性双原子分子的
转动能级和转动光谱

时，原子的位置没有发生变化，转动惯量等于零，而另外两个轴是等值的，故仅考虑一个就可以。

假设讨论的是自由刚性转子，系统势能 $V=0$，则只有动能。已知经典力学对于转动惯量为 I、角速度为 ω 的刚性转子，它的角动量 $l=I\omega$，转动能 $T=\frac{1}{2}I\omega^2=\frac{1}{2I}l^2$，则体系转动的能量为 $E=T$。根据假设 2 自由刚性转子的哈密顿算符可写成：

$$\hat{H}=\frac{1}{2I}\hat{l}^2 \tag{8-13}$$

自由刚性转子的薛定谔方程为：

$$\frac{1}{2I}\hat{l}^2\psi=E_r\psi \tag{8-14}$$

在式(8-14) 中，因 E_r 是常数，所以这一方程也是 $\hat{l}^2$ 的本征值方程。解方程求得本征值——系统转动能 E_r 为：

$$E_r=J(J+1)\frac{h^2}{8\pi^2 I} \quad J=0,1,2,3,\cdots \tag{8-15}$$

J 为转动量子数。这表明转动能量是量子化的。刚性双原子分子的转动能级如图 8-6(a) 所示，转动光谱如图 8-6(b) 所示。

（2）转动跃迁的选择定则

当刚性转子吸收或发射光时，会从一个能级跃迁到另外一个能级。但不是任何刚性转子都能发生这种跃迁，而是要遵守一定的规则，这个规则称为选择定则。

由图 8-7 看出，极性分子转动时，就像一个振荡的偶极子，它可以吸收或发射一定波长的光，使分子在不同转动状态间产生跃迁，形成转动光谱。对于非极性分子，偶极矩为零，不能产生振荡，因此不能吸收或发射光、观察不到转动光谱。

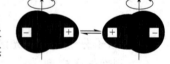

图 8-7 极性分子转动示意

先由实验归纳，后由量子力学证明，分子转动跃迁选择定则如下。

极性分子 $\Delta J=\pm1$，只有相邻能级间才能产生跃迁，形成转动光谱。

根据这一选择定则，可知非极性分子，如 H_2、O_2、CO_2、CH_4 等没有转动光谱，而 HCl、NO、CO、CH_3Cl 等有转动光谱。

将选择定则应用于能量公式(8-15)，由允许的跃迁 $J\rightarrow J+1$，得到能级 ΔE_r 为：

$$\begin{aligned}\Delta E_r &= E_r(J+1)-E_r(J)\\&=\frac{h^2}{8\pi^2 I}[(J+2)(J+1)-J(J+1)]\\&=\frac{h^2}{4\pi^2 I}(J+1)\end{aligned}$$

跃迁时吸收光的波数为：

$$\tilde{\nu}=\frac{\Delta E_r}{ch}=\frac{h}{4\pi^2 Ic}(J+1)=2B(J+1) \tag{8-16}$$

其中：

$$B=\frac{h}{8\pi^2 Ic}=\frac{h}{8\pi^2 \mu R_e^2 c} \tag{8-17}$$

B 称为转动常数，它表征分子的特性，由式(8-16)看出当 $J=0$，1，2，3，…时，分子转动所吸收光的波数为 $2B$、$4B$、$6B$…，相邻谱线间的波数差 $\Delta\tilde{\nu}$ 是相等的，见图 8-6(b)。

$$\Delta\tilde{\nu}=2B \tag{8-18}$$

由式(8-16)可估计转动光谱出现的波段，因分子的折合质量 μ 的数量级为 $(1\sim100)\times1.6\times10^{-27}$ kg，而 R_e 一般为 10^{-10} m，所以转动惯量数量级为 10^{-47} kg·m²，代入式(8-16)，得

$$\tilde{\nu}=\frac{6.6262\times10^{-34}}{4\times(3.14)^2\times10^{-47}\times3\times10^8}=5.6\times10^3\,\mathrm{m}^{-1}=56\,\mathrm{cm}^{-1}$$

由此可以判断转动光谱在微波区或远红外区。

采用刚性转子模型，根据式(8-16)计算转动光谱的波数，同实验结果对比，见表 8-2。从表中看出理论计算相邻谱线的波数间隔是等距的 $\Delta\tilde{\nu}=20.68\mathrm{cm}^{-1}$，以此值计算谱线的波数 $\tilde{\nu}$（计算）与实验测得 $\tilde{\nu}$（实验）基本上一致，这表明刚性转子模型基本上与实验值相符合，但两者仍存有差值，且 $\Delta\tilde{\nu}$ 随波数的增加，略有减少。这说明刚性转子模型还不能完全确切地反映双原子分子转动，因为实际分子不是真正的刚性转子，分子中的核间距随转动能量的增加而有微小增加，只能近似看做常数。这一现象叫离心变形。由于离心变形的存在，核间距不为常数，考虑这一因素之后的转子模型称为非刚性转子模型，据此模型可以得到和实验更一致的结果。

表 8-2　HCl 的远红外吸收光谱

J	$\tilde{\nu}$（实验）/cm⁻¹	$\Delta\tilde{\nu}$（实验）/cm⁻¹	$\tilde{\nu}$（计算）/cm⁻¹
0	……		20.68
1	……		41.36
2	……		62.04
3	83.03		82.72
4	104.15	21.1	103.40
5	124.30	20.2	124.08
6	145.03	20.73	144.76
7	165.51	20.48	165.44
8	185.86	20.35	186.12
9	206.38	20.52	206.80
10	226.50	20.12	227.48

转动光谱的重要性，在于可以计算双原子分子的转动惯量和分子核间距。由测定转动光谱的谱线波数间隔 $\Delta\tilde{\nu}$ 可计算 B，从而可计算转动惯量 I 与核间距 R_e。

【例 8-2】 HCl³⁵ 的吸收光谱在远红外区，当发生 J 由 0→1 跃迁时吸收光的波数为 $20.60\mathrm{cm}^{-1}$，求核间距 R_e。

解 设 HCl 是自由刚性转子，当发生 J 由 0→1 跃迁时，由式(8-18)得：

$$\Delta\tilde{\nu}=2B，\quad B=\frac{\Delta\tilde{\nu}}{2}=\frac{20.60}{2}=10.30\mathrm{cm}^{-1}$$

据式(8-17)，可导出下式：

$$I=\frac{h}{8\pi^2 Bc}=\frac{6.6262\times10^{-34}}{8\times(3.14)^2\times10.30\times10^2\times2.998\times10^8}=2.718\times10^{-47}\,\mathrm{kg\cdot m}^2$$

$$\mu=\frac{m_{Cl}m_H}{m_{Cl}+m_H}=\frac{\dfrac{M_{Cl}}{L}\cdot\dfrac{M_H}{L}}{\dfrac{M_{Cl}}{L}+\dfrac{M_H}{L}}=\frac{M_{Cl}\cdot M_H}{M_{Cl}+M_H}\cdot\frac{1}{L}=\frac{34.97\times1.008\times10^{-3}}{(34.97+1.008)\times6.02\times10^{23}}=1.627\times10^{-27}\,\mathrm{kg}$$

$$I=\mu R_e^2$$

$$R_e = \left(\frac{2.718 \times 10^{-47}}{1.627 \times 10^{-27}} \right)^{\frac{1}{2}} = 129.3 \text{pm}$$

4. 双原子分子的振动光谱

(1) 谐振子模型

双原子分子在其平衡核间距附近的振动（见图 8-8）可近似视为谐振动，通常称为谐振子模型。采用谐振子模型的依据是双原子势能曲线，在平衡核间距附近与谐振子势能曲线十分接近（见图 8-12）。

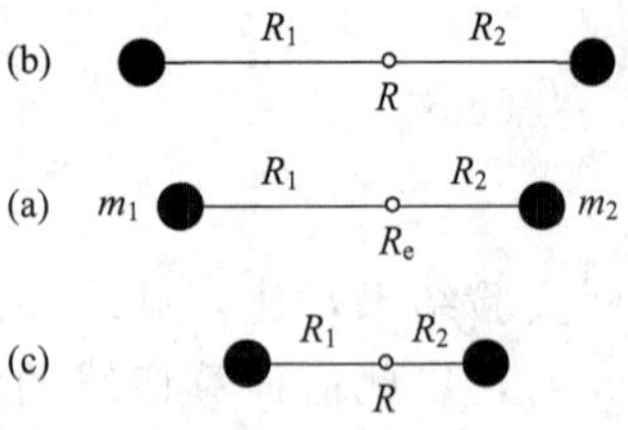

经典谐振子势能 V 为：

$$V = \frac{1}{2} K (R - R_e)^2 \tag{8-19}$$

图 8-8 双原子分子振动
（a）平衡位置；（b）（c）伸缩振动（○为质心）

式中，K 是弹力常数，或简称力常数，力常数是谐振子单位位移的恢复力，相当于化学键的结合力，因此力常数愈大，化学键愈强，键能愈大。一般单键力常数约 $(3\sim9)\times10^2 \text{N/m}$，双键力常数约 $(9\sim14)\times10^2 \text{N/m}$，三键力常数约 $(15\sim20)\times10^2 \text{N/m}$。

经典谐振子固有振动频率为：

$$\nu_e = \frac{1}{2\pi} \sqrt{\frac{K}{\mu}} \tag{8-20}$$

式中，μ 为折合质量。

已知经典谐振子动能 $T_x = \frac{P_x^2}{2\mu}$。若令 $R - R_e = x$，由式(8-19) 可得势能：

$$V = \frac{1}{2} K x^2$$

故经典谐振子的能量：

$$E = T + V = \frac{P_x^2}{2\mu} + \frac{1}{2} K x^2$$

相应的薛定谔方程为：

$$-\frac{\hbar^2}{2\mu} \frac{d^2 \psi}{dx^2} + \frac{1}{2} K x^2 \psi = E_v \psi \tag{8-21}$$

解此薛定谔方程，求得振动能 E_v 为：

$$E_v = \left(v + \frac{1}{2} \right) \frac{h}{2\pi} \left(\frac{K}{\mu} \right)^{\frac{1}{2}} \tag{8-22}$$

由式(8-22) 看出，$\frac{h}{2\pi} \left(\frac{K}{\mu} \right)^{\frac{1}{2}}$ 部分正好是经典谐振子的固有频率 ν_e，所以有：

$$E_v = \left(v + \frac{1}{2} \right) h \nu_e \quad v = 0, 1, 2, 3, \cdots \tag{8-23}$$

式中，v 为振动量子数。

式(8-23) 表明谐振子能量是量子化的，当 $v=0$ 时得：

$$E_0 = \frac{1}{2} h \nu_e \tag{8-24}$$

这是量子力学谐振子的最低能量，叫做零点振动能，简称零点能。它表明即使温度下降到绝对零度，振动能也不为零。但是经典力学谐振子最低能量为零，而量子力学结果与实验结果相符合。

（2）振动跃迁选择定则

如图 8-9(a) 所示极性分子振动时由于化学键的伸缩或弯曲，能使偶极矩发生变化，形成振荡偶极子，引起电磁场振荡，从而能够吸收或发射光，形成光谱。对于像氮、氧这样的非极性分子［见图 8-9(b)］，偶极矩为零，某些振动虽然能使分子变形，但无偶极矩形成，它不会产生振动光谱。即使极性分子，若偶极矩不发生变化，也不能产生光谱，只有伴随偶极矩发生变化的振动，才能吸收或发射光，形成光谱。

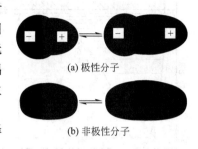

(a) 极性分子

(b) 非极性分子

图 8-9 振动分子示意

量子力学证明，对于双原子分子谐振子模型，其选择定则为：

极性分子　　　　　　　$\Delta v = \pm 1$

这表明对于极性分子，只有相邻能级间的跃迁才能产生振动光谱。

将选择定则用于式(8-23)，允许跃迁为 $v \to v+1$，得到能级差为：

$$\Delta E_v = E(v+1) - E(v) = \left(v+1+\frac{1}{2}\right)h\nu_e - \left(v+\frac{1}{2}\right)h\nu_e = h\nu_e \qquad (8\text{-}25)$$

所以吸收光的波数为：

$$\tilde{\nu} = \frac{\Delta E}{hc} = \frac{\nu_e}{c} = \tilde{\nu}_e = \frac{1}{2\pi c}\sqrt{\frac{K}{\mu}} \qquad (8\text{-}26)$$

从 (8-26) 看出，$\tilde{\nu}_e$ 与振动量子数 v 无关，等于分子的固有振动频率 ν_e 除以光速 c，这表明任何两相邻能级间跃迁所得谱线的波数都是相同的，见图 8-10。由图可见作为谐振子的双原子分子，其振动能级的改变，只能吸收或发射一种波长的光，振动光谱只有一条谱线，其波数为 $\tilde{\nu}_e$，相应的频率 $\nu_e = c\tilde{\nu}_e$，正好等于式(8-20) 经典谐振子的振动频率。

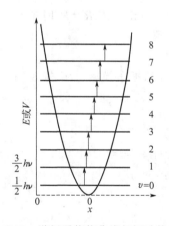

图 8-10 谐振子势能曲线与振动能级

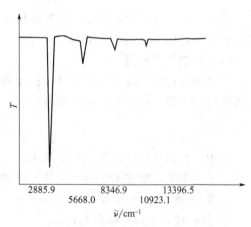

图 8-11 氯化氢的近红外光谱

图 8-11 示出氯化氢分子的近红外吸收光谱，由图可见共有 5 条谱线。强度最大的一条中心位置的波数 $\tilde{\nu}_e = 2885.9\,\text{cm}^{-1}$，称为基本谱带，其余谱带的波数分别近似为基本谱带波数的二、三、四或五倍，称为泛音谱带，依次称为第一泛音带、第二泛音带、…，泛音谱带的强度迅速减弱，比基本谱带弱得多。这表明谐振子模型只能解释基本谱带，无法解释其余谱带，因此说谐振子模型大致符合双原子分振动情况。

（3）双原子分子势能曲线

图 8-12 中的实曲线显示出了典型双原子分子实验势能曲线和振动能级，给出了势能 V 随核间距 R 的变化关系。曲线最低点表明分子处于稳定状态，对应的核间距称为平衡核间

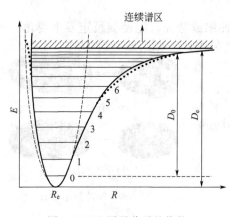

图 8-12　双原子分子的势能
曲线和振动能级
（虚线为谐振子势能曲线）

距，用 R_e 表示，即键长。若分子核间距 R 偏离 R_e，则势能曲线都上升。也就是说当 $R > R_e$ 时势能 V 沿右边曲线上升，当 $R < R_e$ 时，势能 V 沿左边的曲线上升。当分子的振动能高于某一定数值就会解离成原子，出现连续谱，在图中用竖斜线标出，从图中看出，D_e 是从势能曲线极小值至振动最高能级，即分子刚好解离时所需的能量，称为平衡离解能。D_0 是从最低振动能级（振动量子数 $v = 0$）至分子刚好离解所需的能量，一般称为离解能。D_e 与 D_0 相差零点振动能 LE_0。

$$D_e = D_0 + LE_0 \qquad (8\text{-}27)$$

式中，L 为阿伏伽德罗常数。

在常温常压下，大约 99% 的分子处于最低振动能级，所以实验测得的是离解能 D_0，因此也称 D_0 为实验离解能，常用 D 表示，单位是 kJ/mol。对于氢分子 $D_e = 458.06$ kJ/mol，$LE_0 = 26.32$ kJ/mol，$D_0 = 431.74$ kJ/mol。

图中的虚线是经典谐振子势能曲线，呈抛物线形。可见谐振子近似只在平衡核间距 R_e 附近的很小范围，同实验曲线相符合。当分子振动比较激烈，即 $R - R_e$ 的差值较大时，已经明显地偏离了实验曲线。这说明采用谐振子势能式(8-19)表示双原子实际振动势能，偏差太大。要想取得满意的结果，应该选用与分子振动势能相符合的势能函数，其中之一是莫斯势能（Morse）函数，表达式为：

$$V = D_e \{1 - \exp[-\beta(R - R_e)]\}^2 \qquad (8\text{-}28)$$

式中，D_e 为平衡离解能，β 为莫斯参数。由式(8-28)看出，当 $R = R_e$ 时 $V = 0$，莫斯势能函数曲线如图 8-12 中的点线所示。它与实验曲线很一致。

（4）非谐振子模型

以莫斯势能函数作为双原子分子振动势能模型属于非谐振子模型。用式(8-28)做势能，求解薛定谔方程，得到振动能公式为：

$$E_v = \left(v + \frac{1}{2}\right)h\nu_e - \left(v + \frac{1}{2}\right)^2 hx_e\nu_e \qquad (8\text{-}29)$$

式中，x_e 为非谐性常数，其值很小，$x_e < 1$，例如氯化氢 $x_e = 0.01723$。

量子力学给出非谐振子模型振动光谱的选择定则为：

① 极性分子 $\Delta v = \pm 1, \pm 2, \pm 3, \cdots$；

② 非极性分子没有振动光谱。

由此导出非谐振子从振动量子数 v 跃迁到 v'（v' 是较高振动能级量子数）时所吸收光的波数 $\tilde{\nu}$：

$$\tilde{\nu} = \frac{E'_v - E_v}{hc} = (v' - v)\tilde{\nu}_e - \left[\left(v' + \frac{1}{2}\right)^2 - \left(v + \frac{1}{2}\right)^2\right]x_e\tilde{\nu}_e \qquad (8\text{-}30)$$

对于相邻能级间 $v \to v+1$ 的跃迁，其波数为：

$$\tilde{\nu} = [1 - 2x_e(v+1)]\tilde{\nu}_e \qquad v = 0,1,2,3,\cdots \qquad (8\text{-}31)$$

可以看出能级间隔不是等距的，随着量子数增加，波数变小，谱带靠近。这与谐振子模型具有等间隔能级不同。

考虑到大多数分子在常温时，99.9% 的分子处在最低振动能级（$v=0$），故令 $v=0$，由

式(8-30) 得

$$\tilde{\nu}=(\tilde{\nu}_e-x_e\tilde{\nu}_e)v'-x_e\tilde{\nu}_ev'^2=[1-(v'+1)x_e]\tilde{\nu}_ev' \quad v'=1,2,3,\cdots \quad (8-32)$$

由式(8-32) 可以计算，分子从 $v=0$，分别跃迁到 $v'=1$，2，3…时吸收光的波数：

基本谱带	$\tilde{\nu}_{0\to1}=\tilde{\nu}_e(1-2x_e)$	最强
第一泛音带	$\tilde{\nu}_{0\to2}=2\tilde{\nu}_e(1-3x_e)$	较弱
第二泛音带	$\tilde{\nu}_{0\to3}=3\tilde{\nu}_e(1-4x_e)$	很弱
第三泛音带	$\tilde{\nu}_{0\to4}=4\tilde{\nu}_e(1-5x_e)$	很弱
	…	

通常非谐性常数 x_e 很小，所以一、二、三、…等泛音带的波数分别近似等于基本谱带波数的 2、3、…倍。

已知室温时大部分分子处于振动基态，又由于 $\tilde{\nu}_{0\to1}$、$\tilde{\nu}_{0\to2}$、$\tilde{\nu}_{0\to3}$、$\tilde{\nu}_{0\to4}$ 跃迁的能级依次增大，所以 $\tilde{\nu}_{0\to1}$ 的跃迁概率最大，故基本谱带最强，其余跃迁的强度应逐渐减弱。

理论上从 $v=1$ 到 $v=2$、$v=3$ 等的跃迁也是允许的，由于在常温下处于 $v>0$ 的振动能级的分子数目很少。以致相应的谱线极弱。但是在较高温度下，这些谱带也可能存在。

以上这些都是按非谐振子模型、对双原子分子振动光谱得出的结果，符合实验结果。

【例 8-3】 氯化氢（HCl）的近红外吸收光谱在 2886cm^{-1} 有一强带，在 5668cm^{-1} 有弱带，求基本谱带吸收波数 $\tilde{\nu}$ 和非谐性常数 x_e，力常数 K 和零点能 E_0。

解 参考图 8-11 可知两谱带为振动量子数从 0→1 和 0→2 的跃迁，从式(8-32) 得：

$$\tilde{\nu}_{0\to1}=\tilde{\nu}_e(1-2x_e)=2886\text{cm}^{-1} \qquad ①$$

$$\tilde{\nu}_{0\to2}=2\tilde{\nu}_e(1-3x_e)=5668\text{cm}^{-1} \qquad ②$$

解①与②联立方程，得：

$$x_e=0.0174$$

将 x_e 代入①式得：

$$\tilde{\nu}_e=\frac{2886}{1-2\times0.0174}=2990\text{cm}^{-1}$$

由式(8-20) 得：

$$K=4\pi^2\mu\nu_e^2$$

根据式(8-9)，有：

$$\nu_e=c\tilde{\nu}_e$$

$$K=4\pi^2\mu(c\tilde{\nu}_e)^2$$

$$\mu=\frac{m_{Cl}m_H}{m_{Cl}+m_H}=\frac{M_{Cl}M_H}{M_{Cl}+M_H}\cdot\frac{1}{L}=\frac{35.453\times1.008\times10^{-3}}{35.453+1.008}\times\frac{1}{6.02\times10^{23}}=1.628\times10^{-27}\text{kg}$$

$$K=4\times(3.14)^2\times1.628\times10^{-27}\times(2990\times10^2\times2.998\times10^8)^2=516.0\text{N/m}$$

$$E_0=\frac{1}{2}h\nu_e=\frac{1}{2}\times6.626\times10^{-34}\times2990\times10^2\times2.998\times10^8=2.97\times10^{-20}\text{J/molec}=19.87\text{kJ/mol}$$

5. 多原子分子的振动光谱

含有两个原子以上的分子称为多原子分子。由于多原子分子的组成与结构都比双原子分子复杂，因此多原子分子的振动也比双原子分子复杂。但是，通过力学分析，可将多原子分子的振动分解成若干基本振动之和，称基本振动为简正模式或简正振动，简正模式的数目等于分子振动自由度的数目。

简正模式表示分子中每个核在它的平衡位置附近，以相同的频率，相同位相进行的简谐振动。同位相含意是每个核在同一时刻通过其平衡位置，然而不同核的振幅可以不同。

把复杂的振动分解成若干简单的谐振动就便于研究了。

(1) 简正模式的数目

多原子分子的核运动（不考虑电子运动），可近似地分解为平动、转动、振动之和。一个含有 N 个原子的分子，每个原子需要 x、y、z 三个坐标来确定其位置，表示全部原子的位置总数为 $3N$ 个坐标。每个原子都可以用其坐标的改变来表示位置的变换，因此说 N 个原子具有 $3N$ 个自由度，即 $3N$ 个独立运动。但是分子中 N 原子由化学键联结而成为一个整体，描述其质心的平动需要三个自由度。对于非线型分子还有 3 个描写分子转动的自由度，对于线型分子少 1 个绕分子轴转动的自由度，只需要 2 个转动自由度。

平动与转动一般都不会改变分子中原子间的距离，而振动则有可能改变原子间的相对位置。所以从总自由度数中减去平动、转动自由度就是振动自由度。因此对于非线型分子有 $3N-6$，对于线型分子有 $3N-5$ 个振动自由度。一个振动自由度表示一种简正模式，因此对于非直线分子具有 $3N-6$、直线分子具有 $3N-5$ 个简正模式。

每个简正模式有相对应的振动频率。各种简正模式的类型和频率取决于分子的几何形状、核的质量和力常数。

(2) 简正模式的类型

多原子分子振动的简正模式可分为两大类：伸缩振动和弯曲振动。

① 伸缩振动 使分子键长改变、键角不变的振动称为伸缩振动（用 v 表示）。伸缩振动分为对称伸缩（用 v_s 表示）和反对称（或不对称）伸缩（用 v_{as} 表示）。伸缩振动可使化学键电子云密度较大地偏离稳定态，所以伸缩振动比弯曲振动能量高。对于具有 N 个原子的非环状化合物，因为具有 $N-1$ 个键，每个键都可以独立伸缩振动，所以有 $N-1$ 个伸缩振动。例如二氧化碳分子，$N=3$，则有 $3-1=2$ 个伸缩振动；一氧化碳分子 $N=2$，则有 $2-1=1$ 个伸缩振动。

② 弯曲振动 弯曲振动是键长不变键角改变的振动，称为弯曲振动或变形振动。

面内弯曲振动。在几个原子所构成的平面内进行的弯曲振动，称为面内弯曲振动。它又分为两种：一种是在振动过程中键角的变化类似剪子的"开""闭"的振动，称为剪式振动（用 δ_s 表示）；另一种是整个基团在平面内摇摆的振动，称为摇摆振动（用 ρ 表示）。

面外弯曲振动。垂直于由几个原子构成的平面所进行的弯曲振动，称为面外弯曲振动。它又分为两种：一种是面外摆动振动，指两个原子同时向面上或面下摆动的振动形式（用 ω 表示）；另一种是扭曲振动，指一个原子向面上，另一个向面下摆动的振动形式称为扭动（用 τ 表示）。

图 8-13 示出二氧化碳分子的各种简正模式。二氧化碳有 $3\times3-5=4$ 种简正模式，其中包括 $3-1=2$ 种伸缩振动和 $4-2=2$ 种弯曲振动。

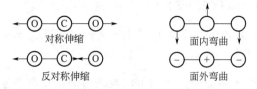

图 8-13 二氧化碳的各种简正模式

（正号和负号分别表示从纸平面向外和向里运动）

对称伸缩中碳原子核不动；在反对称伸缩中所有的核都动，从弯曲振动可以看出，只要一种振动模式绕分子轴旋转 $90°$，就可以变成另一种振动模式。很明显，这两种模式有相同的振动频率。

图 8-14 示出水分子各种简正模式。水分子有 $3\times3-6=3$ 种简正模式，其中包括 $3-1=2$ 个伸缩振动和 $3-2=1$ 个弯曲振动。

图 8-15 是—CH_2—的各种简正模式。

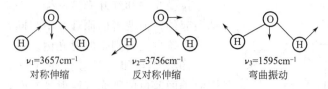

图 8-14 水分子的各种简正模式

（重的氧原子比轻的氢原子振幅小得多）

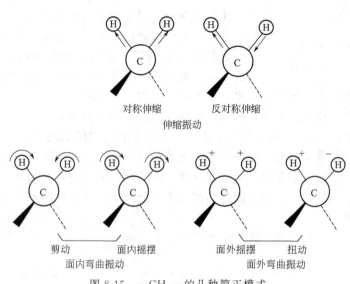

图 8-15 —CH₂—的几种简正模式

（3）红外光谱的应用

分子振动能级之间跃迁产生的光谱称为振动光谱。振动光谱在近红外与中红外区（见表 8-1），一般称为红外光谱。已知转动能级间隔较振动能级间隔小得多（约为振动能级间隔的 1%），所以实际观察到的振动光谱应该是振动-转动光谱。由于一般光谱仪的分辨率较低以及样品的转动态寿命很短，一般观察不到转动光谱，振动光谱呈现一定宽度的谱带，它是带状光谱。中红外区是研究和应用最多的区域。

常用的红外光谱仪为红外分光光度计，测试样品可以是气体、液体和固体，其中以固体样品最方便。但在进行定量分析时普遍采用溶液试样。

红外光谱主要用于物质的鉴定和基团与分子结构的测定，具有简便快速等优点。红外光谱也用于定量分析，但不如紫外光谱灵敏度高。

① 鉴定样品 每种物质都有特征的红外光谱，几乎没有发现两种物质具有相同的红外光谱。因此，在相同的测试条件下，若两种样品的谱图完全相同，则可以断定它们是同一物质。最好用标准样与被测样品在相同条件下测定，然后进行对照。如无标准样，可选用标准谱图进行比较，鉴定未知样品。

② 定量分析 红外吸收光谱图纵坐标一般取透射率而不取吸光度。由于应用红外光谱进行定量分析时，普遍采用溶液试样，在分析试样之前，先配制不同浓度的一系列标准溶液，逐一在分析波数处测出透射率，以透射率为纵坐标、以浓度为横坐标，绘制工作曲线，将未知样品在同一波数处测出透射率，对照工作曲线即可求出试样浓度。

6. 拉曼光谱简介

（1）拉曼光谱原理

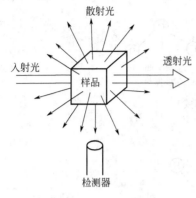

图 8-16　Raman 散射

拉曼光谱和红外光谱一样，都是由分子的振动和转动引起的，但两者的原理并不相同，红外光谱是吸收光谱，而拉曼光谱则是散射光谱。

1921 年当印度学者拉曼（Raman）第一次看到地中海美丽蓝色的乳光（散射光）时，就下决心致力于液体散射光的研究。七年后以 435.8nm 汞蓝线光束照射液体苯，大部分入射光透过液层，方向与频率不发生变化；少部分入射光沿不同角度散射。在垂直入射光方向上，用光谱仪分析散射光，发现有两种情况：其中多数散射光的频率与入射光的频率相同，称为瑞利（Rayleigk）散射；少数散射光中有的频率略低于入射光的频率和有的频率略高于入射光的频率，称为拉曼散射（见图8-16）。

以后实验发现不仅液体样品，固体、气体样品也有同样的现象。

根据光子理论，一定频率的单色入射光，完全由能量相同的光子组成，光束穿越样品时，一些光子与分子发生碰撞，碰撞结果是光子可以弹性地或非弹性地被分子所散射。在弹性散射中，光子的方向发生变化，但能量不变；在非弹性散射中，有的光子将部分能量转移给分子，有的光子从分子得到部分能量。因此光子的能量会减少或增加。非弹性散射光是拉曼光谱研究的对象。

设入射光的波数为 $\tilde{\nu}_i$，拉曼散射光的波数为 $\tilde{\nu}_s$，则：

$$\Delta\tilde{\nu} = \tilde{\nu}_s - \tilde{\nu}_i \tag{8-33}$$

$\Delta\tilde{\nu}$ 称为拉曼波数位移。当散射光的 $\tilde{\nu}_s = \tilde{\nu}_i$ 时称为瑞利线，当 $\tilde{\nu}_s < \tilde{\nu}_i$ 时称为斯托克斯（Stokes）线，当 $\tilde{\nu}_s > \tilde{\nu}_i$ 时称反斯托克斯线。$\Delta\tilde{\nu}$ 一般为 $100\sim3000\text{cm}^{-1}$，分别相当于远红外和中红外光谱的频率，对应于样品分子转动能级与振动能级的变化。

$\Delta\tilde{\nu}$ 不随入射光频率而变化，而与样品分子的振动、转动能级有关，这就是利用拉曼光谱进行分子结构分析和定性测量的依据。因此拉曼光谱是表征分子转动、振动能级特性的一个物理量，这种研究非弹性散射光的方法称为拉曼光谱法。

图 8-17 是氧的振动-转动拉曼光谱，中间为频率与入射光相同（$\tilde{\nu}_i$）的瑞利散射线，左侧为斯托克斯线（$\tilde{\nu}_s = \tilde{\nu}_i - \Delta\tilde{\nu}$），右侧为反斯托克斯线（$\tilde{\nu}_s = \tilde{\nu}_i + \Delta\tilde{\nu}$）。

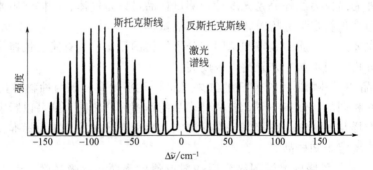

图 8-17　氧的振动-转动拉曼光谱

原则上拉曼光谱的光一般能用可见光与紫外光，$\Delta\tilde{\nu}$ 的数值在远红外或中红外区，由式（8-33）可以看出散射光 $\tilde{\nu}_s$ 会在可见光区或紫外光区检测到。

光的散射与光的吸收产生的机理不同，前者与分子的极化率变化有关，后者与分子的偶极矩变化有关。

分子在振动过程中若极化率恒定不变，无振动拉曼光谱。实际上在振动过程中极化率总要发生变化，故无论是极性分子还是非极性分子都有振动拉曼光谱。

分子的极化率可由三个互相垂直的分量组成。无论极性分子或非极性分子，只要这三个分量不同，在转动过程中就有拉曼光谱。但若三个分量相同，如球形对称分子（CH_4，CCl_4）在转动过程中无拉曼光谱。因为具有各向异性极化率的分子，在转动过程极化率才能发生变化，所以有转动拉曼光谱。

（2）拉曼光谱仪

拉曼光谱仪所用光源一般为可见光或紫外光，由于紫外光不仅会被很多物质吸收，而且会引起分子离解，通常比较少用，故常用强的单色可见光（如"汞蓝色"435.8nm）为光源。样品可为无色液体或溶液，因固体（大单晶除外）、气体样品的研究比较困难，较少使用。

观察弹性散射峰和非弹性散射峰的频率之差，以了解分子的振动与转动能级的情况。由于非弹性散射光很弱，大约只有入射光的百万分之一，因此拉曼光谱信号较弱，难以观测。但激光技术的发展，使得一度陷于停滞的拉曼光谱又获得新的活力，灵敏度和分辨率大大提高。图 8-18 是激光拉曼光谱仪示意。

（3）拉曼光谱的特点

拉曼光谱最适于研究分子中同种原子之间的非极性键的振动；而红外光谱最适于研究分子中不同种原子之间极性键的振动，二者相辅相成，同红外光谱相比，拉曼光谱有以下特点。

① 拉曼光谱低波数测量范围宽，常规测量范围为 $40\sim4000cm^{-1}$，特别是低于 $650cm^{-1}$ 的低频区，红外光谱测定有困难，但拉曼光谱仪可以方便地测定。

② 激光拉曼光谱在可见光区域内研究分子振动光谱，而红外光谱则是在红外光区进行光谱的吸收研究。这样，激

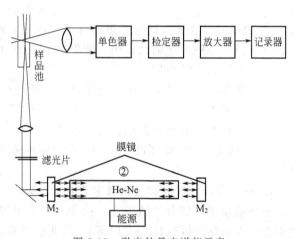

图 8-18　激光拉曼光谱仪示意

光拉曼光谱仪较红外光谱仪大大降低了对样品池、单色仪和检测器等光学元件的要求。由于玻璃能够全部透射拉曼散射光，所以就可以用普通玻璃做样品池进行测试，这是红外光谱所不及的。

③ 水的拉曼光谱很弱，因此拉曼光谱适于水溶液体系的研究。由于水是优良溶剂，有些样品不能脱离水介质，这样就可以很方便地测试水溶液样品的激光拉曼光谱。水对红外光吸收很强，能产生强烈干扰，故不宜用红外光谱仪测水溶液样品。

④ 拉曼光谱带一般较红外谱带更锐，简单和易于解析。

⑤ 拉曼光谱特别适于确定高聚物碳链骨架结构，是目前其他光谱方法无法比拟的。

7. 紫外-可见光谱及其应用

（1）概述

分子中电子在能级间跃迁时，吸收或发射的光位于紫外及可见光区，波段在 $200\sim760nm$ 范围，所得到的分子光谱称为紫外-可见光谱（电子光谱）。所谓电子跃迁，主要是价电子（包括成键电子、反键电子、非键电子等）的跃迁，因为内层电子能量低，在紫外光照射下不易激发（对价电子的认识是以分子轨道理论为基础的）。

由于电子跃迁能级差远大于振动跃迁，因此常伴随振动与转动能级的变化。如果是气体样品，在光谱上能分辨出振动结构，同时在振动谱带中又包含着转动谱线，因此气体样品的电子光谱是非常复杂的。但对于液体或固体样品，由于分子间相互作用较强，观察不到转动光谱，而振动谱带又合并成一个宽的吸收带，因而电子光谱一般都是宽峰。

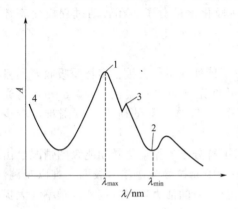

图 8-19　紫外吸收光谱示意

图 8-19 是典型紫外吸收光谱的示意，图中曲线的峰 1 称为吸收峰，它所对应的波长称最大吸收波长（λ_{max}），曲线的谷 2 所对应的波长称最低吸收波长（λ_{min}）；在峰旁边一个小的曲折 3 称为肩峰；在吸收曲线的波长最短一端，吸收相当大但不成峰形的部分 4 称为末端吸收。整个吸收光谱的形状是鉴定化合物的标志。

纵坐标以吸光度 A 表示，也可以用百分透光率 $T\%$ 表示，也有以摩尔吸光系数表示的。横坐标以波长表示，也有以波数或频率表示的，但较少见。

紫外-可见光的能量和化学键能量相当，因此电子光谱的研究可以提供有关分子结构的信息。但紫外-可见光谱的吸收峰数目与光谱的特征性远不如红外光谱，故在推断分子结构方面，远不如红外光谱，一般只起辅助作用。紫外-可见光谱主要用于物质的定量分析。

（2）电子跃迁的类型

分子紫外吸收光谱主要由价电子能级间跃迁产生的，根据分子轨道理论，价电子跃迁主要有以下几种类型：$\sigma\text{-}\sigma^*$、$\pi\text{-}\pi^*$、$n\text{-}\sigma^*$、$n\text{-}\pi^*$ 跃迁，还有 d-d、f-f 跃迁以及电荷转移引起电子在配位体与中心离子相应轨道的跃迁。

① 有机化合物的电子跃迁类型　化合物的紫外-可见光谱主要是由分子中价电子的跃迁产生的。

a. $\sigma\text{-}\sigma^*$ 跃迁　在成键 σ 轨道中的电子，吸收一定频率的光可以跃迁到反键 σ^* 轨道，也可跃迁到能量更高的分子轨道上。由于 σ 轨道中的电子能级比较低，$\sigma\rightarrow\sigma^*$ 跃迁能差大，产生的光谱在远紫外区（150nm 以下）。因此烷烃在近紫外及可见光区没有吸收带，在测定紫外光谱中可用来做溶剂，这类基团一般称为非生色基。如 CH_4、C_2H_6 的 $\sigma\rightarrow\sigma^*$ 跃迁分别在 125nm 和 135nm 有吸收峰，饱和烃类吸收峰波长一般都小于 150nm，超出一般仪器的检测范围。

b. $\pi\text{-}\pi^*$ 跃迁　含有双键的基团中除 σ 轨道外，还有能级较高的 π 轨道，π 电子吸收光能后可以跃迁到反键 π^* 轨道上，即 $\pi\rightarrow\pi^*$ 跃迁。产生的吸收峰大都在 200nm 左右，在紫外区或接近紫外区。摩尔吸光系数（ε）很大，属于强吸收。例如乙烯吸收峰在 165nm，ε 为 10^4。

c. $n\text{-}\pi^*$ 跃迁　含有杂原子的不饱和基团（如 C=O、C=S 以及—N=等），杂原子上的孤对电子处在非键轨道上，用 n 表示。它的能级较高，可跃迁到 π^* 轨道上，即 $n\rightarrow\pi^*$ 跃迁，所需能量较少，产生的吸收峰在 200nm 以上，不过 $n\rightarrow\pi^*$ 跃迁摩尔吸光系数小，属弱吸收。例如丙酮，除有 $\pi\rightarrow\pi^*$ 跃迁的强吸收以外，还有吸收峰在 280nm 左右的 $n\rightarrow\pi^*$ 跃迁，ε 只有 10～30。

d. $n\text{-}\sigma^*$ 跃迁　当饱和烃中的氢被含有孤对电子的杂原子（O、N、Si、卤素等原子）取代后，处在非键轨道 n 上的孤对电子，即非键电子，它的能量比 σ 轨道能量高些，非键电子可跃迁到 σ^* 轨道上，即 $n\rightarrow\sigma^*$ 跃迁，所需能量与 $\pi\rightarrow\pi^*$ 跃迁相近，吸收峰接近紫外区或进入紫外区。如甲醇，除 $\sigma \rightarrow \sigma^*$ 跃迁的吸收峰外，其 $n \rightarrow \sigma^*$ 跃迁的吸收峰在 183nm，ε 为 150；又如三甲基胺 $(CH_3)_3N$ 的 $n \rightarrow \sigma^*$ 跃迁，吸收峰在 227nm，ε 约 900，属于中强吸收。

综上所述，电子由基态跃迁到激发态时所需要的能量是不同的，所以吸收不同波长的光。它们所需要的能量大小示意于图 8-20。其中，$n-\pi^*$ 跃迁所需的能量在可见光区和紫外光区，吸收的波长可用紫外可见分光光度计测定。孤立双键的 $\pi-\pi^*$ 与 $n-\pi^*$ 跃迁所需的能量大小差不多，它们都靠近 200nm，有的吸收峰大于 200nm，有的小于 200nm，它们在吸收光谱上常呈现末端吸收。另外，$\pi-\pi^*$ 跃迁的摩尔吸光系数比 $n-\pi^*$ 大得多，表明前者电子跃迁概率较大，在浓度相同的两种物质中，$\pi-\pi^*$ 跃迁的吸收峰比 $n-\pi^*$ 跃迁高。

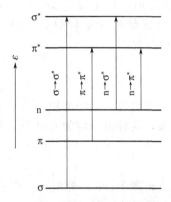

图 8-20　分子中价电子能级及跃迁类型

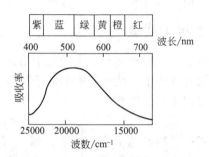

图 8-21　$[Ti^{3+}(H_2O)_6]^{3+}$ 的吸收光谱

② 无机化合物的电子跃迁类型

a. d-d 跃迁　中心离子的 d 轨道在配体作用下能级发生分裂，只有不同能级 d 轨道之间才有可能发生电子跃迁，这种跃迁称为 d-d 跃迁。当 d 轨道能级分裂为两组时，分裂能 Δ 值即吸收峰所对应的频率。由于 d-d 能级差较小，所以 d-d 跃迁频率一般在近紫外区和可见区，所以过渡金属配合物一般都具有颜色。所显现的颜色为吸收光的补色。例如水溶液中的配离子 $[Ti^{3+}(H_2O)_6]^{3+}$ 在波数为 20400cm^{-1} 处有一最大吸收峰，见图 8-21。对这一结果解释如下：因为 Ti^{3+} 只有一个 d 电子，在八面体 $[Ti^{3+}(H_2O)_6]^{3+}$ 中占据低能量的 t_{2g} 轨道，当电子发生如下跃迁：

$$t_{2g} \rightarrow e_g$$

所吸收的能量，就是最大吸收峰对应的波数，即 $\Delta = 20400cm^{-1}$。因为 $[Ti^{3+}(H_2O)_6]^{3+}$ 吸收了蓝绿光，所以它呈现紫红色。

d-d 跃迁主要用于研究化合物的结构。

b. f-f 跃迁　这种跃迁只发生于具有未充满 f 轨道的镧系（4f）和锕系（5f）元素的离子中，当它们吸收适当频率的光时，就会产生 f 电子从基态到激发态的跃迁，产生的吸收光谱在紫外可见区。由于 f 轨道被全充满的内层轨道屏蔽，所以 f-f 电子跃迁产生的吸收光谱很少受到溶剂和配体的影响。

c. 电荷转移跃迁　过渡金属配合物吸收光谱一般如图 8-22 所示。在 10000～25000cm^{-1} 范围内，通常可观测到一种或几种强度相当低的谱带，这些谱带被认为是 d-d 跃迁。在 25000cm^{-1} 以上范围，即在近紫外区和紫外区，光谱大多数含有几个很强的谱带，其消光系数 ε 的值从 $10^4 \sim 10^5$，这些谱带被认为是电子由基本为配体特征的分子轨道跃迁至基本为中心离子特征的分子轨道，或相反过程。这类跃迁叫荷移跃迁，相应的吸收光谱称为电荷转移跃迁光谱，简称荷移（CT）光谱。

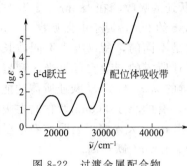

图 8-22 过渡金属配合物
吸收光谱的概貌

这表明 CT 光谱产生途径主要有两种类型，一种是"配体→金属"，即 L→M 的荷移跃迁

$$M^{n+} - L^- \longrightarrow M^{(n-1)+} L$$

另一种是"金属→配体"，即 M→L 的荷移跃迁

$$M^{n+} - L \longrightarrow M^{(n+1)+} L^-$$

在两类荷移跃迁中，目前对前者了解较多，对后者了解较少。比较荷移跃迁与 d-d 跃迁，前者能量比后者能量高，前者的谱带强度也比后者大。

紫外-可见光谱常用的仪器是紫外-可见分光光度计。主要用于测定分子结构和定量分析。但是在测定结构方面不如红外光谱应用普遍，在定量分析方面优于红外光谱。

二、光电子能谱（PES）

分子轨道理论将分子中的电子用分子轨道描述，分子轨道有一定的能量，当一定频率的光照射到物质上，使分子中的电子从分子轨道中电离出来，这种电子称为光电子。光电子产生的过程为光致电离：

$$M + h\nu \rightarrow M^{+*} + e \tag{8-34}$$

式中，M 代表分子或原子；M^{+*} 表示激发态的分子或离子；e 是光电子。显然，光电子产生需要一定的能量，其中一部分能量使原子轨道或分子轨道中的电子电离，称为电离能或结合能，另一部能量变成电子的动能。用 I_i 表示从第 i 原子轨道或分子轨道电离出光电子的电离能，用 E_k 表示电子动能。

根据能量守恒定律，当能量为 $h\nu$ 的光子与分子碰撞，参照爱因斯坦光电子方程可有：

$$h\nu = E_k + I_i \tag{8-35}$$

式中，E_k 是光电子动能。

用电子检测器测定从不同分子轨道上电离出来的一系列光电子的动能及对应信号强度（正比于光电子数目）称为电子强度，将分子的电离能或电子结合能为横坐标、光电子强度为纵坐标，便得到光电子能谱（PES）。吸收峰的位置、形状和相对强度等都与物质结构有关，因此通过光电子能谱可以了解样品的组成和原子、分子的电子结构。

库普曼（Koopmans）定理指出，分子某一分子轨道的电离能，等于该分子轨道能量的负值。由于电子从分子轨道电离的过程速度很快，其余电子的状态来不及调整，能量几乎不发生变化，此时的电离能几乎等于该轨道能量的负值。这表明光电子能谱直接给出了分子轨道能级和有关信息。这样 PES 为分子轨道理论提供了实验基础。

根据光电子能谱激发源的不同，有两种主要的光电子能谱：X 射线光电子能谱（XPS）和紫外光电子能谱（UPS）。

1. X 射线光电子能谱（XPS）

XPS 用 X 射线激发，即用 X 射线作用到原子上，使原子中的电子电离，这时原子处于激发态。原子中的电子具有不同的能量，分别占在原子不同能级的原子轨道（s，p，d，f 等）上。由于光电子能谱仪所用 X 射线能量较高，它既可以激发价电子，也可以激发内层电子成为光电子。

X 射线激发源必须产生单色 X 射线，主要由灯丝、栅极和阳极靶构成，灯丝发射的电子被阳极高压电场加速，打到阳极靶上产生 X 射线，X 射线的能量由靶材料决定。根据研究工作需求，常用 MgKα、AlKα 和 CuKα 的 X 射线能量分别为 1254eV，1487eV 和

8048eV，其能量都在几千电子伏特以上，能量比较高。它既能电离价电子，也能电离内层电子，甚至最内层 1s 电子都能电离出来。由于内层电子一般不参与成键，所以内层电子的电离能主要取决于原子核的作用，因而不同元素内层轨道的能量各不相同，各元素都具有特征的电离能。例如 400eV 附近的峰，可以肯定有氮原子存在；而 530eV 附近的峰，必然为来自氧原子 1s 轨道的光电子。因此，X 射线光电子能谱能够鉴定样品所含有的各种元素，用于定性分析。表 8-3 列出某些 1s 轨道的电离能。

表 8-3　某些原子 1s 轨道的电离能

原子	能量/eV	原子	能量/eV	原子	能量/eV	原子	能量/eV
Li	50	N	400	Na	1070	P	2150
Be	110	O	530	Mg	1305	S	2470
B	190	F	690	Al	1560	Cl	2823
C	280	Ne	867	Si	1840	Ar	3203

分子中处于不同化学环境的同种原子，其内层轨道的电离能也不相同，在一定范围内变化，这种变化称为化学位移。研究化学位移与化学环境的关系，可以用来了解原子的化合价和电子分布的信息，也有助于化合物的鉴定。例如图 8-23 所示氯代甲酸乙酯分子中碳的 1s 电子的 X 射线光电子能谱，该分子中的碳原子存在三种不同的化学环境，从而出现了三个峰，表明碳的 1s 电子电离能的化学位移。

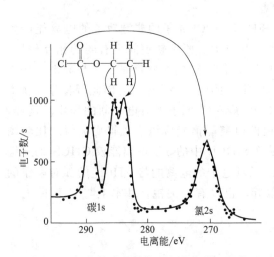

图 8-23　氯代甲酸乙酯的光电子能谱（局部）

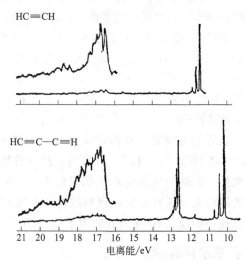

图 8-24　乙炔和联乙炔的光电子能谱

2. 紫外光电子能谱（UPS）

UPS 用紫外光激发，最常用的紫外灯是冷阴极放电管，用石英玻璃做成。阴极和阳极加高压（1～5kV），管内充稀有气体。当管内放电后，使气体原子激发或电离，并产生紫外线。最常用的气体是氦，产生 He I 紫外线（21.2eV）和 He II 紫外线（40.8eV），单色性比 X 射线好，因此，紫外光电子能谱的分辨率比 X 射线光电子能谱法高；它的另一个特点是紫外线能量小于 X 射线能量，因而它只能电离分子中外层电子，即价电子。故 UPS 可测定价轨道的电离能以及振动能级的结构，研究分子的成键情况。

分子中电子的电离，必然引起分子振动和转动能级间的跃迁，但是，由于转动能级差比较小，对于气体样品，用 He I 和 He II 不能分辨转动能级间的跃迁，可以分辨振动能级间的跃迁。对于固体样品，由于分子间距离较小，分子间作用能较大，分子间的相互作用使能级加宽，造成 UPS 不易分辨样品的振动精细结构。

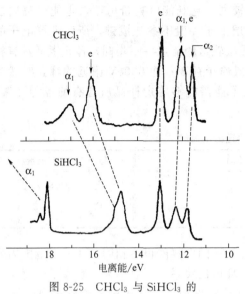

图 8-25　CHCl$_3$ 与 SiHCl$_3$ 的
He I 光电子能谱

（1）π 轨道相互作用的研究

乙炔和联乙炔的光电子能谱示于图 8-24。在乙炔的谱图中位于 11.8eV 的能谱峰指认为处于最外层 π 电子（价电子）的电离能谱峰。在联乙炔谱图中电离能位于 10～13eV 之间有两个能谱峰，恰好对称地分布在乙炔光电子能谱峰两边，这可认为联乙炔中两个联结的 π 轨道发生相互作用，一个能量降低，另一个能量升高，产生两个新轨道，它们对应于联乙炔两条光电子能谱峰。

（2）SiHCl$_3$ 的光电子能谱

考察 SiHCl$_3$ 中 Si 原子的 d 轨道是否参与成键，为了说明这一问题，选取 CHCl$_3$ 做比较。

CHCl$_3$ 与 SiHCl$_3$ 的 He I 光电子能谱如图 8-25 所示。从图中看出，由于孤对电子的电离能较低，它位于图的右侧，大约在 12～13eV 之间。σ 键电离能较高，位于谱图的左侧。在 CHCl$_3$ 谱图中位于 16eV 附近，而在 SiHCl$_3$ 谱图中位于 15eV 附近，后者的 σ 键电离能低于前者。

如果 Si 原子的 d 轨道参与成键，它应该对 SiHCl$_3$ 中 Cl 原子的非键轨道的电离能产生影响。由于 Cl 与 Cl 原子间的非键轨道相互作用，并与中心原子轨道间也有弱的相互作用，必然解出 Cl 原子非键轨道的简并性。利用这点反过来推断 Si 的 d 轨道是否参与成键。如果 d 轨道不参与成键，则由碳到硅将有以下改变：①因 Si 的电负性小于 C，因此所有等效轨道的电离能应该变小；②由于 Si 的体积比 C 大，减少了各 Cl 原子孤对电子间的作用。这样，孤对轨道的电离能彼此间应该靠近，且孤对轨道的电离能谱峰应该表现得更尖锐。比较图 8-25 中 CHCl$_3$ 与 SiHCl$_3$ 两谱图，能够看到，尽管 SiHCl$_3$ 中的 σ 键电离能较 CHCl$_3$ 的 σ 键电离低，但孤对轨道电离能都变化不大，SiHCl$_3$ 孤对电子的电离能与 CHCl$_3$ 的孤对电子的电离能相近，孤对电离能谱峰彼此间并无明显靠近，也没有变尖锐，基本上与 CHCl$_3$ 的一致。这些都说明有 Si 的 d 轨道参与作用。

三、基本例题解

（1）有一种蓝色染料，其吸收带出现于可见光谱区 700nm 处；试计算以 erg/molec、kJ/mol、eV、cm^{-1}、Hz 为单位跃迁的能量。

解　$\lambda = 700nm = 7 \times 10^{-5}cm$，$h = 6.626 \times 10^{-27}erg \cdot s$，代入公式得：

$$E = \frac{hc}{\lambda} = (6.626 \times 10^{-27}erg \cdot s) \times (3 \times 10^{10}cm/s) \times \left(\frac{1}{7 \times 10^{-5}cm}\right)$$

$$= 2.84 \times 10^{-12} erg/molec$$

$$= (2.84 \times 10^{-12} erg/molec) \times \left(\frac{1eV}{1.602 \times 10^{-12}erg/molec}\right)$$

$$= 1.773eV$$

$$= (2.84 \times 10^{-12} erg/molec) \times \left(\frac{1J}{10^7 erg}\right) \times \left(\frac{6.022 \times 10^{23} molec}{1mol}\right)$$

$$= 1.71 \times 10^5 J/mol = 1.71 \times 10^2 kJ/mol$$

$$= (2.84 \times 10^{-12}\,\text{erg/molec}) \times \left(\frac{1\,\text{MHz}}{6.626 \times 10^{-21}\,\text{erg/molec}}\right) \times \left(\frac{10^6\,\text{Hz}}{1\,\text{MHz}}\right)$$

$$= 4.28 \times 10^{14}\,\text{Hz}$$

$$= \left(\frac{1}{700\,\text{nm} \times 10^{-7}\,\text{cm/nm}}\right) = 1.429 \times 10^4\,\text{cm}^{-1}$$

（2）一氧化碳在微波光谱区，吸收能量为 $1.153 \times 10^5\,\text{MHz}$，该吸收归属于 $J=0 \to J=1$ 的跃迁，试计算一氧化碳分子的核间距及转动惯量。

解 已知由 $J=0 \to J=1$ 跃迁时，$\nu = 1.153 \times 10^5\,\text{MHz} = 1.153 \times 10^{11}\,\text{s}^{-1}$，由式 (8-16) 知：

$$\nu = \frac{h}{4\pi^2 I} \quad (\nu = c\tilde{\nu})$$

$$I = \frac{h}{4\pi^2 \nu} = \frac{6.626 \times 10^{-34}\,\text{J} \cdot \text{s}}{4 \times (3.142)^2 \times (1.153 \times 10^{11}\,\text{s}^{-1})} = 1.455 \times 10^{-46}\,\text{kg} \cdot \text{m}^2$$

假设一氧化碳由 ^{12}C 与 ^{16}O 构成，则：

$$\mu = \frac{m_C m_O}{m_C + m_O} = \frac{M_C M_O}{M_C + M_O} \times \frac{1}{L} = \frac{12 \times 16}{12 + 16} \times \frac{1}{6.022 \times 10^{23}} \times 10^{-3} = 1.139 \times 10^{-26}\,\text{kg}$$

因 $I = \mu r^2$，故：

$$r = \sqrt{\frac{I}{\mu}} = \sqrt{\frac{1.455 \times 10^{-46}\,\text{kg} \cdot \text{m}^2}{1.139 \times 10^{-26}\,\text{kg}}} = 1.131 \times 10^{-10}\,\text{m} = 113.1\,\text{pm}$$

（3）试计算 C—H、C—D 键振动的零点能比。假设键振动遵循式 (8-19)，而且 C—H、C—D 键的力常数相等。

解 谐振动零点能为：

$$E_0 = \frac{1}{2}h\nu_e, \quad \text{其中 } \nu_e = \frac{1}{2\pi}\sqrt{\frac{k}{\mu}}$$

$$E_{0,\text{C-H}} = \frac{1}{2}h \cdot \frac{1}{2\pi}\sqrt{\frac{k_{\text{C-H}}}{\mu_{\text{C-H}}}}$$

$$E_{0,\text{C-D}} = \frac{1}{2}h \cdot \frac{1}{2\pi}\sqrt{\frac{k_{\text{C-D}}}{\mu_{\text{C-D}}}}$$

假设 $k_{\text{C-H}} = k_{\text{C-D}}$ 得：

$$\frac{E_{0,\text{C-H}}}{E_{0,\text{C-D}}} = \sqrt{\frac{\mu_{\text{C-D}}}{\mu_{\text{C-H}}}}$$

由于：

$$\mu_{\text{C-H}} = \frac{m_C m_H}{m_C + m_H} = \frac{12}{13L}$$

$$\mu_{\text{C-D}} = \frac{m_C m_D}{m_C + m_D} = \frac{24}{14L} = \frac{12}{7L}$$

则：

$$\frac{E_{0,\text{C-H}}}{E_{0,\text{C-D}}} = \sqrt{\frac{\mu_{\text{C-D}}}{\mu_{\text{C-H}}}} = \sqrt{\frac{12}{7L} \times \frac{13L}{12}} = \sqrt{\frac{13}{7}} = 1.36$$

（4）CO 的近红外光谱中 $2144\,\text{cm}^{-1}$ 有一强谱带，试计算：

① CO 的基本谱带频率。

② 振动周期。

③ 力常数。

④ CO 的零点能。

解 ①光谱中强度最大的一条谱带称为基本谱带，其频率为：

$$\nu = c\tilde{\nu} = 2144 \times 3 \times 10^{10} = 6.432 \times 10^{13} \, s^{-1}$$

② 振动周期为：

$$T = \frac{1}{\nu} = \frac{1}{6.432 \times 10^{13}} = 1.555 \times 10^{-14} \, s$$

③ 力常数为：

$$K = 4\pi^2 \nu^2 \mu$$

其中 μ 为 CO 的折合质量，为：

$$\mu = \frac{m_C m_O}{m_C + m_O} = \frac{M_C M_O}{M_C + M_O} \cdot \frac{1}{L} = 1.139 \times 10^{-26} \, kg$$

所以得到：

$$K = 4\pi^2 \nu^2 \mu = 4 \times (3.142)^2 \times (6.432 \times 10^{13})^2 \times 1.139 \times 10^{-26} = 1861 \, N/m$$

④ CO 零点能

$$E_0 = \frac{1}{2} h\nu_e = \frac{1}{2} \times 6.626 \times 10^{-34} \times 6.432 \times 10^{13} = 2.13 \times 10^{-20} \, J = 128 \times 10^2 \, J/mol$$
$$= 12.8 \, kJ/mol$$

习　题

8-1　产生红外吸收的条件是什么？是否任何分子振动都会产生红外吸收？

8-2　以亚甲基—CH_2—为例说明分子的基本振动模式。

8-3　CO 的一个基本振动模式，产生 $2144 cm^{-1}$ 的红外吸收，计算 CO 的振动频率、力常数及零点能。

8-4　—NH_2 基的转动惯量为 $1.68 \times 10^{-47} \, kg \cdot m^2$，求 $J = 2 \rightarrow 3$ 跃迁所吸收光的波长、波数、频率。

8-5　一个未知分子 XY 的振动波数 $\tilde{\nu} = 2331 cm^{-1}$，力常数 $K = 2245 N/m$，双原子氧化物 XO 的 $\tilde{\nu} = 1876 cm^{-1}$，$K = 1550 N/m$，确定 XY 分子。

8-6　(a)写出一维谐振子 $V = \frac{1}{2} Kx^2$ 的哈密顿算符 $\hat{H}$。

　　(b) 证明 $\hat{H}$ 的本征函数是 $\psi_1 = \exp[-ax^2]$ 和 $\psi_2 = x\exp[-ax^2]$。

　　(c) 证明 ψ_1 与 ψ_2 是正交波函数。

　　(d) 若本征值 $E = \left(v + \frac{1}{2}\right) h\nu_e$，求振动量子数 ν 值。

8-7　N_2O 的红外光谱三个基本振动频率为 $589 cm^{-1}$、$128.5 cm^{-1}$ 和 $2224 cm^{-1}$，求所对应的 N_2O 的简振模式。

8-8　用光径长 2mm 的小池，装满溴的四氯化碳溶液，光通过后，测得下列数据，问溴在所用波长下的消光系数是多少？

$[Br_2]/(mol \cdot dm^{-3})$	0.001	0.005	0.010	0.050
透射率/%	81.4	35.6	12.7	3×10^{-5}

8-9　碘化氢的纯转动光谱由间距 $13.10 cm^{-1}$ 谱线组成，分子的键长是多少？

8-10　氯化氢气体的转动吸收光谱有如下位置：$83.32 cm^{-1}$，$104.13 cm^{-1}$，$124.73 cm^{-1}$，$145.37 cm^{-1}$，$165.89 cm^{-1}$，$186.32 cm^{-1}$，计算分子的转动惯量和键长是多少？

8-11　证明由质量 m_A 和 m_B 两个原子组成的双原子分子其键长为 R 时转动惯量为 $\frac{m_A m_B}{m_A + m_B} R^2$，氢分子（$H_2$）和碘分子（$I_2$）的转动惯量是多少？（$R_{H_2} = 0.074 nm$，$R_{I_2} = 0.2666 nm$）

8-12　给出下列物质简正振动的数目 (a) SO_2，(b) CCl_4。

8-13 非那西汀与咖啡因在氯仿中 λ_{max} 分别为 250nm 及 275nm，在含有上述两组分的氯仿溶液中，在 250nm 及 275nm 处测得吸光度为 0.795 和 0.280。用 10mg/L 的标准非那西汀溶液在 250nm 和 275nm 处测得吸光度为 0.767 和 0.200，用同样浓度标准的咖啡因溶液在 250nm 和 275nm 测得吸光度为 0.177 和 0.518，设吸收池厚度为 1cm，求两种化合物浓度。

8-14 $Mo(PF_3)_6$ 与配体 PF_3 的 He I 紫外光电子能谱如图 8-26 所示，比较两谱图（12~20eV 区域），能否看出 PF_3 能谱峰基本完好地保留在 $Mo(PF_3)_6$ 图谱中，这说明什么？

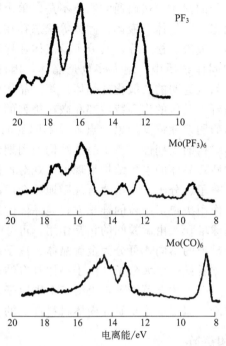

图 8-26 $Mo(PF_3)_6$ 和配体 PF_3 的 He I 紫外光电子能谱

（注：请参阅王建祺，杨忠志，紫外光电子能谱学，科学出版社，1988：306）

第九章　晶体结构

前几章介绍了原子、分子的性质。然而通常物质不是以单个原子或分子状态存在，而是以大量原子、分子的聚集状态——气体、液体、固体等状态存在。固体物质可以分为晶体和无定形体两大类。无定形体如玻璃、松香等，其分子像液体那样不规则地排列着，可以看做过冷状态的液体。自然界的固体物质中，绝大多数是晶体，因此对晶体的研究是非常重要的。常见的晶体有食盐、水晶（透明的二氧化硅晶体）等。晶体中的微粒（原子、离子、分子等）在空间有规律地排列着，晶体的许多特性都和微粒排列的规律性即结构周期性有关。

为了深入认识晶体结构的周期性将其抽象为点阵，不同的晶体可能有不同的点阵结构，点阵是从几何角度研究晶体结构的周期性。基于晶体结构的周期性，晶体具有对称性。晶体的规则外形呈现出宏观对称性；晶体的点阵结构呈现出微观对称性。

大量微观粒子（原子、离子、分子）紧密地有规则地结合成晶体的原因是微粒之间存在一定的相互作用，这些相互作用决定了微粒的堆积方式与晶体的结构。微粒的堆积方式可分为等径圆球堆积和不等径圆球堆积。由微粒间的相互作用，可分为共价键、离子键、金属键以及次级键。根据晶体结合键型的不同，可分为金属晶体、离子晶体、共价晶体、分子晶体和次级键晶体等。如果把晶体看做一个大分子，由于晶体具有结构周期性，使晶体中电子的运动受到限制，只有晶体的价电子才有可能不再束缚于个别原子，在晶体中共有化运动。采用单电子近似可得到能带理论。能带理论是研究固体材料性能的理论基础。

一、晶体结构的周期性和点阵

1. 晶体的宏观通性

（1）具有确定的熔点

将晶体加热只有达到一定温度才开始熔化，直到晶体全部熔化后温度才开始上升，这个温度就是熔点。非晶体如玻璃，随着温度升高逐渐变软，进而变成流动性较高的液体，没有固定的熔点。晶体与非晶体这种差别是由于晶体具有结构周期性决定的。因为晶体各部分按同一方式排列，使得构成晶体的微粒间有一定的结合能，当温度升高到微粒的热运动达到结合能时晶体开始熔融，故有一定的熔点。

非晶体由于无结构周期性，因此无固定熔点。

（2）各向异性与均匀性

晶体的某些物理性质与方向有关，如电导率、折射率、机械强度等，在不同的方向上具有不同的值。仅以石墨的电导率为例，在与层平行方向上的数值约为层垂直方向上的 10^4 倍。晶体的这种特性称为各向异性。但是晶体也有一些物理性质与方向无关。例如密度在各个方向都相同，晶体的这种性质称为均匀性。

晶体的各向异性和均匀性，都取决于晶体结构的周期性，由于使不同方向上微粒的排列方式不同，在宏观上表现为各向异性。但与方向无关的物理量的测定是统计平均结果，在宏观上表现为均匀性。

（3）对称性

晶体外形往往具有一定的对称性，这也是晶体结构周期性在宏观上的反映。

（4）封闭性

晶体具有自发形成封闭几何多面体外形的性质。例如氯化钠在理想的生长环境中可以结晶成一个完整的立方体，它由 6 个正方平面组成，表面的每一个平面称为晶面，两个晶面相交的直线称晶棱，由多个晶面组成的有限封闭体称为晶体多面体。

2. 晶体结构的周期性

晶体有固定的熔点、有各向异性和均匀性，用肉眼可以观察到规则的外形，具有一定的对称性，晶体的这些宏观特性都取决于晶体结构的周期性。X 射线衍射结果指出，无定形固体是无序的，而晶体是有序结构。晶体中的微粒（原子、离子或分子）在空间做有规律的排列，按着同一结构单位及取向周期重复，这个特点叫做晶体结构的周期性。周期重复的结构单位，就是在空间排布上，每隔相同的距离重复出现的微粒或由微粒按一定结构组成的集团，它是周期重复的最小单位，称为结构基元，简称基元。在整个晶体中基元的环境是相同的；重复的取向就是周期重复的方向。结构基元的特点：具有相同的化学组成、相同的结构、相同的空间取向和相同的周围环境。由此可见，所谓结构周期性的含意包括基元与方向两部分内容。晶体不同，周期重复的内容（基元与方向）就有可能不同。

以 NaCl 晶体结构的周期性为例，见图 9-1，图中把 Na$^+$ 与 Cl$^-$ 离子用圆球表示，并以晶体中两种离子的半径比画成，能够看出 Na$^+$ 与 Cl$^-$ 离子交替地规则排列着。在空间 a、b、c 三个方向上，最近两个 Na$^+$ （或 Cl$^-$）离子之间的距离为 562.8pm，这个距离称为结构周期或重复周期。每个 Na$^+$ 离子周围对称排着 6 个 Cl$^-$ 离子，稍远

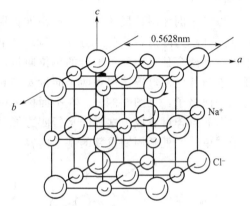

图 9-1　NaCl 晶体结构的周期性

一些则有 12 个对称排布着的 Na$^+$ 离子等。显然，该晶体中所有 Na$^+$ 离子的周围环境（指物质及几何环境两个方面）都相同。同样，所有 Cl$^-$ 离子的周围环境也相同。但任何一个 Na$^+$ 离子与任何一个 Cl$^-$ 离子的周围环境却不相同。因此 NaCl 晶体的基元由一个 Na$^+$ 离子或由一个 Cl$^-$ 离子组成。同样分析，得出 Cu 晶体的基元是一个 Cu 原子，Zn 晶体的基元由两个 Zn 原子组成，CO_2 晶体的基元由四个 CO_2 分子组成。

3. 点阵

为了便于认识晶体结构的周期性，将结构基元抽象为几何点，不考虑基元的差别，即不考虑基元的组成和结构，集中研究这些几何点排布的规律——周期性重复方式，就可以深入认识晶体结构的周期性，这是几何学的研究方法。这些几何点在空间按一定规律排列（周期重复），就构成了点阵。晶体不同，所对应的点阵结构不一定相同，即点阵的重复周期的大小及方向不一定相同，但它们都有一个共同的性质，连接其中任何两点所决定的向量，进行平移都能够复原。点阵是反映晶体结构周期性的几何形式。由点阵的共同性质可知，点阵是无限的。

因为负离子的半径显著大于正离子，在许多情况下都是负离子形成晶体结构骨架，正离子填入骨架空隙，所以在某些晶体结构中，一般将负离子组成的基元抽象为点阵点（简称阵点）。

空间点阵学说，正确地反映了晶体结构的周期性特征。

（1）直线点阵

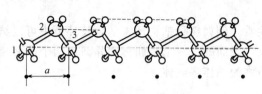

图 9-2 聚乙烯分子及直线点阵

无数个阵点排列为一直线的点阵，称为直线点阵。以伸展的聚乙烯分子-$(CH_2-CH_2)_{\overline{n}}$为例，见图 9-2。从图中看出，聚乙烯分子由—$CH_2$—排列而成，但当从碳原子 1 向 2 移动或沿此方向进一步移动时，却不复原，因此这个方向的—CH_2—不是基元。可以看出碳原子 1 和 3 之间的距离 a 是重复周期，若将—CH_2—从碳原子 1 出发，沿 a 的方向移动 na 距离（n 为整数），必然终止到等价的—CH_2—位置上，因此可选相距为 a 的—CH_2—为聚乙烯分子的基元，a 的方向为取向，以黑点表示抽象出来的阵点（图 9-2）。这些能使阵点复原的平移集合构成一个群，称为平移群。直线点阵中相邻两个阵点构成的向量 $\boldsymbol{a}$ 是直线点阵单位，向量长度 $a=|\boldsymbol{a}|$。

（2）平面点阵

以沿平面无限伸展的等径圆球密堆积层为例，见图 9-3(a)。每个等径圆球是一个基元，将基元抽象为阵点，这些点分布在同一平面上，称为平面点阵，见图 9-3(b)。在平面点阵中可找到两个独立而互不平行的单位向量，如在图 9-3(b) 中任取三个不共线的点，将其中任一点与其他两点连接得到两个向量 $\boldsymbol{a}$ 与 $\boldsymbol{b}$。若沿 $\boldsymbol{a}$ 和 $\boldsymbol{b}$ 的方向将点阵用直线连接起来，则得到平面格子，见图 9-3(c)。在平面格子中，平面点阵划分成无数个并置的平行四边形，或者说平面点阵可看成由这样的平行四边形平移而成。这个平行四边形可作为平面点阵单位，这个"单位"就是周期重复的基本内容。

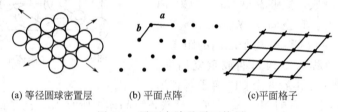

(a) 等径圆球密置层   (b) 平面点阵   (c)平面格子

图 9-3 平面点阵及平面格子

（3）空间点阵

由晶体结构得到的点阵，应该是空间点阵，一定能找出三个互相不平行的单位向量 $\boldsymbol{a}$、$\boldsymbol{b}$、$\boldsymbol{c}$，按 $\boldsymbol{a}$、$\boldsymbol{b}$、$\boldsymbol{c}$ 向量将点阵互相连接起来，可将空间点阵划分为空间格子，见图 9-4(b)。它由无数完全相同的平行六面体并置而成。或者说由平行六面体在空间平移而形成空间点阵。这样的平行六面体称为空间点阵单位。由图可见，每个角顶处的阵点为八个同样的平行六面体共用，该点对每个平行六面体的平均贡献为 $\frac{1}{8}$ 点，因此只有 8 个角顶有阵点的平行六面体包含 $8\times\frac{1}{8}=1$ 个阵点；若阵点位于棱边中点，它被四个同样的平行六面体共有，平均对每个平行六面体的贡献为 $\frac{1}{4}$ 个；在平行六面体面上的阵点，为两个同样的平行六面体共用，对每个平行六面体的贡献为 $\frac{1}{2}$；在平行六面体内部的阵点贡献为 1。由此可以计算每个平行六面体分摊到多少个阵点。阵点数目为 1 的平行六面体叫做素单元，多于 1 的平行六面体称为复单元。

由于单位向量 $\boldsymbol{a}$、$\boldsymbol{b}$、$\boldsymbol{c}$ 的取法有多种，因而所构成的平行六面体也可有许多种，见图 9-4(a)。

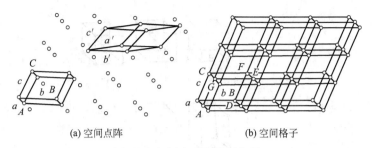

(a) 空间点阵 　　　　　　　　(b) 空间格子

图 9-4　空间点阵和空间格子

4. 十四种空间点阵型式

（1）选择平行六面体点阵单位的原则

空间点阵单位是以单位向量 a、b、c 为棱边的平行六面体。由于选择单位向量不同，划分的方式不同，可以构成许多种平行六面体。为了从多种平行六面体中挑选出一个能代表点阵特征的平行六面体，提出如下原则：

① 所选的平行六面体对称性和点阵对称性一致；

② 在平行六面体各棱之间直角数目尽量多；

③ 在遵守以上两条后，平行六面体的体积尽量小。

（2）十四种空间点阵型式的确定

布拉维运用数学（拓扑学与代数）方法，在 1866 年证明存在 14 种空间点阵类型，称为布拉维点阵或布拉维点阵型式[1]。并且运用上述三条原则确定了十四种点阵型式最小体积的空间点阵单位——平行六面体。所划分的平行六面体具有一定的规则形状，可用平行六面体的边长 a、b、c 及夹角 α、β 和 γ 来表示。a、b、c 及夹角 α、β 和 γ 为点阵参数。这样，又分成六类，分别称为三斜、单斜、六方、正交、四方、立方。

在空间点阵型式分类中没列出三方，而是将其包含在六方点阵型式中，把六方分成简单六方点阵型式（P）和 R 心六方点阵型式（R）[2]，式中 R 表示三方菱面体按六方点阵单位表达时的带心情况，见图 9-5。

在点阵单位中只含有一个阵点的，即素单位，称为简单点阵型式，用符号 P 表示，叫做简单（P）。在七种类型中各有一个素单位，所以每个都有一种简单点阵型式。在点阵单位中，包含两个或两个以上阵点的，称为复单位。点阵单元也可以选取复单元，有的在平行六面体的体心位置有阵点，用符号 I 表示，称为体心（I）；在六个面心处有阵点，用符号 F 表示，称为面心（F）；在上下底面心处有阵点，用符号 C 表示，称为

---

[1]　点阵是由晶体抽象出来，从几何角度来研究晶体结构的周期性。将符合三个准则的平行六面体作为点阵单位，导出 14 种空间点阵型式。它源于晶体，又不同于晶体，且高于晶体，可对晶体周期性的研究做出指导。但是不能以空间点阵型式划分晶系。因为晶系是对晶体进行分类，它是实际的，不是抽象的几何点。

历史上曾出现过从布拉维点阵型式给出七个晶系，现在认为不妥，已将这种"晶系"正名为布拉维系，并建议不用"晶系"这一名称。

在点阵中引入"晶格"一词，定义晶格为空间点阵按点阵单位划分出来的格子，我们认为称为空间格子（简称格子）比较合适。因为晶格一词易造成点阵与晶体的混淆，以为点阵中又出现晶体内容。有时还把晶格误认为晶体中的概念，如出现"晶格原子"、"离子渗入晶格"等错误。如果把"晶格"定义为空间点阵型式中的平行六面体单位，也不合适，有多余之感。

[2]　有些教材在 14 种空间点阵形式中列有三方点阵型式。但本书考虑到三方点阵型式的对称性也满足六方点阵型式的对称性，可以证明六方点阵型式只有一个简单六方点阵型式，而三方点阵型式一部分是简单六方，另一部分是 R 心六方点阵型式。故采用将三方点阵型式按六方点阵单位表达。这样，在空间群的表述和晶体学的各种计算上比较方便。

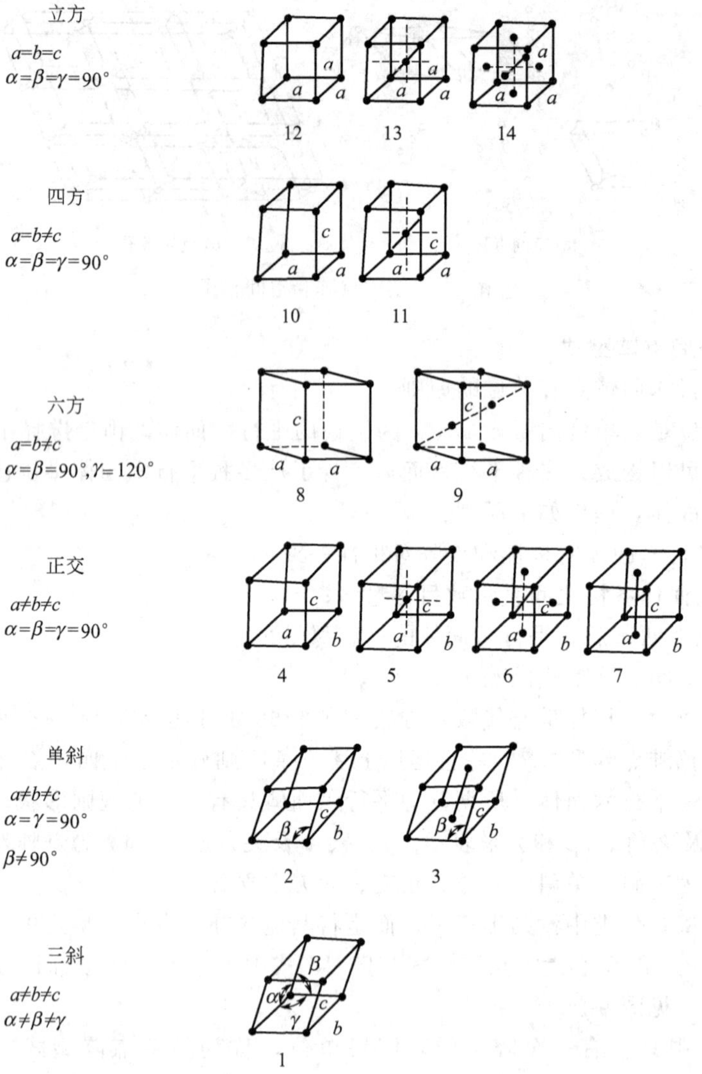

立方
$a=b=c$
$\alpha=\beta=\gamma=90°$

12   13   14

四方
$a=b\neq c$
$\alpha=\beta=\gamma=90°$

10   11

六方
$a=b\neq c$
$\alpha=\beta=90°,\gamma=120°$

8   9

正交
$a\neq b\neq c$
$\alpha=\beta=\gamma=90°$

4   5   6   7

单斜
$a\neq b\neq c$
$\alpha=\gamma=90°$
$\beta\neq90°$

2   3

三斜
$a\neq b\neq c$
$\alpha\neq\beta\neq\gamma$

1

图 9-5　十四种布拉维点阵型式

1—简单三斜（P）；2—简单单斜（P）；3—底心单斜（C）；4—简单正交（P）；5—体心正交（I）；
6—面心正交（F）；7—底心正交（C）；8—简单六方（P）；9—R 心六方（R）；10—简单四方（P）；
11—体心四方（I）；12—简单立方（P）；13—体心立方（I）；14—面心立方（F）

底心（C）。

二、晶胞、晶棱和晶面

1. 晶胞和晶胞中微粒的位置

（1）晶胞的定义

晶胞是晶体结构的基本重复单位，它的构型是代表晶体结构周期性的平行六面体，由晶胞并置而成实际晶体，实际晶体是有限的。晶胞与空间点阵单位相对应。晶胞的形状和大小可用平行六面体的三个互不平行的单位向量 **a**、**b**、**c** 及其夹角 α、β、γ 来确定。a、b、c 和 α、β、γ 称为晶胞参数。晶胞参数也应该与点阵参数相对应。晶胞由组成晶体的微粒（原子、离子或分子）排列而成。

图 9-6 示出 CsCl 的晶胞与空间点阵单位，点阵单位由阵点排列而成，晶胞由 Cs^+ 和 Cl^- 离子排列而成。

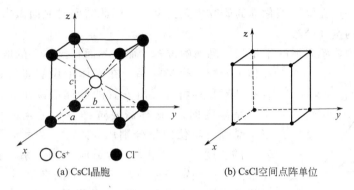

(a) CsCl晶胞　　　　　(b) CsCl空间点阵单位

图 9-6　CsCl 晶胞与空间点阵单位

对于晶胞的描述有两个要素：一是晶胞的大小和形状，它由晶胞参数来表征；二是晶胞中所含微粒的分布情况，它由微粒的分数坐标表示。

（2）分数坐标

晶胞中微粒的相对位置，可以用它所处的坐标来表示，为此首先选晶胞的一个顶点为原点，以晶胞的三个单位向量 a、b、c（结晶轴）所决定的直线为坐标轴（不一定是直角坐标系），以晶胞参数 a、b 和 c 为量度单位。当晶胞中某微粒 P 的坐标为 $(xa，yb，zc)$ 时，由于 P 点在晶胞内，必有 $x \leqslant 1$、$y \leqslant 1$、$z \leqslant 1$，将 $(x，y，z)$ 称为微粒 P 的分数坐标，见图 9-7(a)。晶胞中有几个微粒就应该有几组分数坐标。例如，对于 CsCl 晶胞，见图 9-7(b)，若选择 1 (Cl^-) 为原点，任取离子 2、5、9，从图上可以看出它们的坐标依次为 $(1a，0，0)$、$(1a，1b，0)$、$\left(\dfrac{1}{2}a，\dfrac{1}{2}b，\dfrac{1}{2}c\right)$，所有这些离子的分数坐标分别为 $(1，0，0)$、$(1，1，0)$、$\left(\dfrac{1}{2}，\dfrac{1}{2}，\dfrac{1}{2}\right)$。

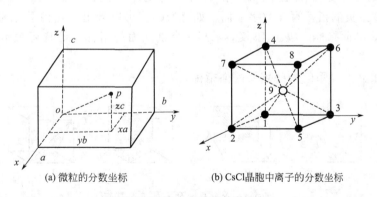

(a) 微粒的分数坐标　　　　　(b) CsCl晶胞中离子的分数坐标

图 9-7　晶胞中微粒的分数坐标

CsCl 晶胞实际具有的离子数为 2，虽然位于角顶的 Cl^- 离子有 8 个，但是晶胞中只有 $8 \times \dfrac{1}{8}$ 个 Cl^- 离子。应该强调，不论原点怎样选择，用分数坐标表示晶体中原子的相对位置是不变的。

2. 晶面指标

晶体具有一定的几何多面体外形，各个晶面在空间的分布是用来确定晶体宏观对称性的主要依据；而且晶体不同方向的晶面，由于原子密度、原子的排列不同，因而具有不同的物理化学性质。这一点在固体催化剂的研究中尤为突出。因此需要对晶面做出定量标记，来表示晶面在晶体上的空间分布。

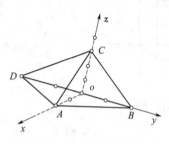

图 9-8　晶面指标表示法

在结构化学中，感兴趣的不是某一晶面的位置，而是晶面在晶体上的取向，所以需要在晶体上建立一个坐标系。在晶体中设置坐标系，原则上要符合晶体对称性特征，所安置的晶体应满足相应的空间取向关系（晶体定向），这样需要选择三根适当的坐标轴（晶轴），三个晶轴的单位向量分别用 a、b、c 表示，称为轴单位，a、b、c 的长度不一定相等。为适应不同晶系，各晶系按其对称元素的特点确定坐标轴，三个晶轴的夹角不一定是 90°，原点应位于晶体的中心，见图 9-8。设晶面与三个晶轴交于 A、B、C 三点，设截距分别为 $u=pa$，$v=qb$，$\omega=rc$，其中 p、q、r 分别为截距系数。当晶面与坐标轴平行时，在该轴上的截距为 ∞，不便应用，因而改用截距的倒数之连比表示，则为 $\dfrac{a}{pa}:\dfrac{b}{qb}:\dfrac{c}{rc}=\dfrac{1}{p}:\dfrac{1}{q}:\dfrac{1}{r}=h:k:l$，式中 $h:k:l$，即晶面在三个坐标轴上截距的倒数之比，作为晶面指标写成 (hkl)，其中 h、k、l 是互质的整数比，它是国际上通用的米勒（Miller）符号，也叫密勒指数。这种符号代表某一晶面的取向，例如，图 9-8 中 ABC 晶面的截距分别为 $2a$、$2b$、$3c$，其截距系数倒数之连比为：

$$\frac{1}{2}:\frac{1}{2}:\frac{1}{3}=3:3:2$$

则 ABC 晶面指标为 $3:3:2$，写（332）。图中的另一晶面 ADC 的指标可记作 $(3\,\bar{3}2)$，因其截距分别为 $2a$、$-2b$、$3c$，其倒数连比为：

$$\frac{1}{2}:\frac{1}{-2}:\frac{1}{3}=3:\bar{3}:2$$

(hkl) 中的三个数如有公约数，晶体学中要求约去公约数，如（222）→（111），（422）→（211）。负的指标写在数字上面，如（$\bar{1}10$）。可以看出，互相平行的所有晶面的指标相同，因此，晶面指标 (hkl) 不仅表示某一个别晶面的指标，而且还表示一组平行晶面的指标。

图 9-9 示出立方晶系的一些重要晶面指标。

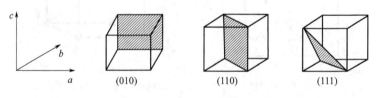

(010)　　　　(110)　　　　(111)

图 9-9　立方晶系的一些重要晶面

对于六方晶系，由于对称的特殊性，为了方便通常引入一个附加晶轴，称为四轴定向（$xyuz$）。四轴定向的晶面符号用 $(hkil)$ 表示，其中对应 u 轴的晶面指数 i 不是独立的参数，存在着 $h+k+i=0$ 的关系。

平面点阵族中相邻两个点阵平面的间距用 d_{hkl} 表示。

3. 晶棱指标

晶体外形上的晶棱，可以是两个实际或可能存在晶面的交线。晶面指标是表示晶棱方向的符号，以三个简单互质整数 u、v、ω 并以方括号 $[uv\omega]$ 形式表示。它不涉及晶棱具体位置，即所有平行的晶棱具有同一晶棱符号。显然，晶棱符号可以表达晶体中某方向的量，如对称轴等。

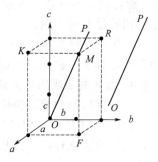

图 9-10　晶棱 $[1\,2\,3]$ 的示意

任何晶棱直线都可以平移，使之通过坐标轴 a、b、c 的交点（坐标原点），轴单位为 a、b、c，通过坐标原点的直线 op，在坐标轴 a、b、c 上截取的长度为 MR、MK 和 MF，与相应轴单位的比值为：

$$r = u : v : \omega = \frac{MR}{a} : \frac{MK}{b} : \frac{MF}{c} = 1 : 2 : 3$$

故而 op 的晶棱指标为 $[1\,2\,3]$，如图 9-10 所示。

4. 点阵与晶体之间的对应关系

通过以上讨论可以看出，晶体与点阵之间有一定的相互对应关系，列于表 9-1。

表 9-1　晶体与点阵之间的对应关系

空间点阵(无限)	阵点	空间点阵单位	平面点阵	直线点阵	点阵参数	抽象的
晶体(有限)	基元	晶胞	晶面	晶棱	晶胞参数	具体的

一个按点阵周期性在三维空间无限伸展的晶体称为理想晶体。实际晶体不是理想晶体，实际晶体含有缺陷，微粒的排列不是完全规则的，由于热运动的存在，微粒间的距离时时在变化，而且实际晶体是有限的。但是对晶体结构的周期性（晶体的主要特征）的影响是可以忽略的。例如铜的晶胞为边长 361pm 的立方体，在 1mm 长度上可以排列 2.8×10^6 个晶胞，可见实际晶体所含晶胞数目相当大，所以用点阵来描述晶体，能反映出晶体结构周期性的特征。

三、晶体的宏观对称性

晶体一般都具有规则的外形，常以多面体形式出现。例如食盐晶体是立方体，石英（SiO_2）晶体是六角柱体，方解石（$CaCO_3$）晶体是棱面体。一般多面体都具有一定对称性。晶体的宏观对称性，就是晶体外形的对称性。而无定形体则不具有对称性。对晶体宏观对称性的研究有助于了解晶体内部结构；由晶体所具有的一组对称元素组成的对称元素系是对晶体分类的基础。

晶体的宏观对称性，它是由晶体微粒规则排列引起的，是晶体结构的周期性在宏观上的反映，因此晶体宏观对称性与分子对称性有不少相似之处。晶体的宏观对称性与分子的对称性一样都是点对称的，具有点群的性质，所以只有四种对称元素与对称操作：

① 旋转轴和旋转操作；

② 镜面和反映操作；

③ 对称中心和反演操作；

④ 反轴和旋转反演操作。

前三种同分子对称性一致。习惯上第④种在晶体对称性中采用，而在分子对称性中则常用象转轴和旋转反映操作。但是，由于晶体是宏观物体，可抽象为空间点阵，因为结构的限制，使晶体的对称性与分子的对称性又有一定的不同，表现之一是晶体中只存 <u>1</u>、<u>2</u>、<u>3</u>、<u>4</u>、

$\underline{6}$ 重旋转轴,不存在 $\underline{5}$ 重轴,而在分子中不受这一限制。在表示对称元素和对称操作时习惯上所用符号有所不同。

在第三章已介绍了分子的对称性,本节对晶体对称性做简单介绍,而着重介绍的是晶体对称性与分子对称性的区别。

1. 晶体的宏观对称元素与对称操作

(1) 旋转轴和旋转操作

如图 9-11 所示,用符号 $\underline{n}$ 表示旋转轴的轴次。当基转角为 α 时旋转操作用符号 $L(\alpha)$ 标记,连续两次旋转操作且基转角均为 α 则写成 $L(\alpha)\,L(\alpha)$。

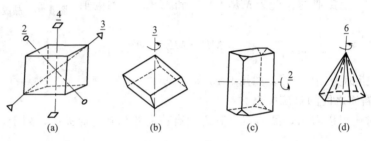

图 9-11　晶体旋转轴示意图

晶体的外形对称性共有 $\underline{n}=1$,2,3,4,6 五种旋转轴,见图 9-11(a),(b),(c),(d)。不能有 $\underline{n}=5$ 与 $\underline{n}>6$ 的旋转轴。

证明如下。

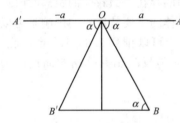

图 9-12　晶体结构中
旋转轴次的推引

从空间点阵中截取一平面点阵,见图 9-12,使其位于纸面上。晶体学可以证明,任何镜面必须与一组直线点阵垂直,而在其中一定可找出 $\underline{n}$ 次轴,通过直线点阵中的 O 点且垂直纸面(空间点阵制约表现之一)。设 A 与 A' 分别为直线点阵上与 O 点相邻的两个阵点。绕 $\underline{n}$ 次轴将整个点阵顺时针旋转 $\alpha=2\pi/n$,则 A 点旋转到 B;再将上述点阵绕 $\underline{n}$ 逆时针旋转 $\alpha=2\pi/n$,则 A' 点旋到另一点 B',它们应该是阵点,否则与 $\underline{n}$ 次旋转轴相矛盾。

显然,由沿长 BB' 得到的直线点阵同沿长 a 得到直线点阵平行。在同一平面点阵中,平行直线点阵的基向量应该相等。因此 BB' 应等于 a 的整数倍,即:

$$|BB'|=m|a|=ma$$

式中,m 为整数。由图可知:

$$\frac{1}{2}|BB'|=|OB|\cos\alpha$$

$$BB'=2a\cos\alpha$$

$$ma=2a\cos\alpha$$

$$\cos\alpha=\frac{m}{2}\leqslant 1$$

在 $m=0$,± 1,± 2,…情况下,满足上式的 α 只有表 9-2 中所列的五个数值,并求得相应的 $\underline{n}=1$、2、3、4、6 五种轴次。

这是因为晶体宏观对称性受到点阵规律的制约,所以晶体中宏观对称元素不是任意的,如旋转轴 $\underline{n}$ 只能取 1、2、3、4、6 五种数值。

表 9-2 晶体对称轴的轴次及旋转角

m	$\cos\alpha$	α	$n=\dfrac{360°}{\alpha}$
-2	-1	$180°$	2
-1	$-\dfrac{1}{2}$	$120°$	3
0	0	$90°$	4
1	$\dfrac{1}{2}$	$60°$	6
2	1	$360°$	1

（2）镜面与反映操作

图 9-13 示出了正八面的两个镜面，镜面用 m 标记，反映操作用 M 表示，垂直主轴的镜面用 m_h 表示，包含主轴的镜面用 m_v 表示，包含主轴且等分两个副轴夹角用 m_d 表示。

（3）对称中心与反演操作

如图 9-14 所示，对称中心用 i 标记，反演操作用 I 表示。

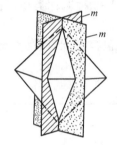

图 9-13 晶体的镜面示意

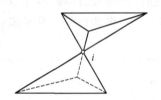

图 9-14 对称中心示意

（4）反轴和旋转反演操作

如果晶体绕某轴旋转 α 角后，接着对该轴上的一个定点进行反演操作，得到等价构型，则称它具有 n 次反轴，用 $\bar{n}$ 标记，旋转反演操作用 $L(\alpha)\,I$ 表示。显然这是一个旋转与反演的复合操作，即旋转与反演两个操作紧密联系而不可分割。反轴和旋转轴一样，也有 $\bar{1}$、$\bar{2}$、$\bar{3}$、$\bar{4}$、$\bar{6}$ 五种反轴，无 $\bar{5}$ 次反轴。但只有 $\bar{4}$ 反轴是独立存在的对称元素，其余反轴均可用其他对称元素或它们的组合代替，实际上 $\bar{1}=i$，$\bar{2}=m_h$，$\bar{3}=\underline{3}+i$，$\bar{6}=\underline{3}+m_h$。图 9-15 示出具有 $\bar{4}$ 反轴的晶体模型，先旋转 $90°$ 然后再进行反演操作，得到等价构型，而非复原。$\bar{4}$ 反轴无法用其他对称元素组合来代替，而 $\bar{4}$ 反轴只有在无对称中心 i 的晶体中才有可能存在。

图 9-16 是对 $\bar{2}=m_h$ 的证明：将点 1 旋转 $180°$ 到达点 2，再以该轴上的 i 点进行反演操作达到点 3，则得到点 1 的等价图形。也可以看出点 1 与点 3 之间具有镜面 m_h，故：

$$\bar{2}=m_h$$

这说明点 1 与点 3 之间所具有 $\bar{2}$ 反轴，不是独立存在的对称元素。其他非独立存在的反轴也可用类似方法证明。

2. 晶体的 32 种宏观对称类型

根据上述的讨论，晶体的宏观对称元素只有 8 种：对称轴 $\underline{1}$、$\underline{2}$、$\underline{3}$、$\underline{4}$、$\underline{6}$，镜面 m，对称中心 i 和四次反轴 $\bar{4}$。实际晶体具有的宏观对称元素可能是其中的一种或几种的组合，但组合时要遵守两个条件：两种对称元素组合必然产生第三种对称元素，此对称元素只能是 8 种对称元素中的一种；由于晶体外形是有限的，各对称元素组合至少必须通过一个公共点，否则将会产生无穷多个对称元素，这与晶体外形是有限图形矛盾。例如当两个镜面相互平行时，通过反映操作就会出现无穷多个镜面，这种晶体不存在。

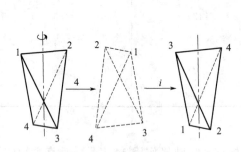

图 9-15 $\bar{4}$ 反轴的对称操作示意

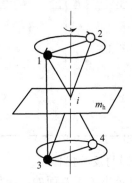

图 9-16 $\bar{2}=m_h$ 的证明

由于晶体所具有的对称元素至少相交于一点，故在进行对称操作时，晶体中至少这一点不动，因此称晶体的宏观对称操作（旋转、反映、反演、旋转反演）为点操作。

8 种宏观对称元素合理组合的方式，只有 32 种，即所谓 32 种对称类型，称为 32 种晶体学点群。

尽管晶体的外形是多种多样的，就其对称类型来看，必包含在 32 种对称类型之中。表 9-3 列出 32 种点群的序号、符号和点群包含的对称元素。

表 9-3 晶体的 32 个点群

所属晶系	序号	熊夫里记号	国际记号	对称元素[①]
三斜	1	C_1	1	—
	2	C_i	$\bar{1}$	i
单斜	3	C_2	2	$2\,\underline{2}$
	4	C_s	m	m
	5	C_{2h}	$\dfrac{2}{m}$	$\underline{2},m,i$
正交	6	D_2	222	$3\,\underline{2}$
	7	C_{2v}	$mm2$	$\underline{2},2m$
	8	D_{2h}	$\dfrac{2}{m}\dfrac{2}{m}\dfrac{2}{m}$	$3\,\underline{2},3m,i$
四方	9	C_4	4	$\underline{4}$
	10	S_4	$\bar{4}$	$\underline{\bar{4}}$
	11	C_{4h}	$\dfrac{4}{m}$	$\underline{4},m,i$
	12	D_4	422	$\underline{4},4,\underline{2}$
	13	C_{4v}	$4mm$	$\underline{4},4m$
	14	D_{2d}	$\bar{4}2m$	$\underline{\bar{4}},2\,\underline{2},2m$
	15	D_{4h}	$\dfrac{4}{m}\dfrac{2}{m}\dfrac{2}{m}$	$\underline{4},4\,\underline{2},5m,i$
三方	16	C_3	3	$\underline{3}$
	17	C_{3i}	$\bar{3}$	$\underline{\bar{3}},i$
	18	D_3	32	$\underline{3},3\,\underline{2}$
	19	C_{3v}	$3m$	$\underline{3},3m$
	20	D_{3d}	$\bar{3}\dfrac{2}{m}$	$\underline{3},3\,\underline{2},3m,i$

所属晶系	序号	熊夫里记号	国际记号	对称元素[①]
六方	21	C_6	6	$\underline{6}$
	22	C_{3h}	$\bar{6}$	$\bar{6}(3,m)$
	23	C_{6h}	$\dfrac{6}{m}$	$\underline{6},m,i$
	24	D_6	622	$\underline{6},6\,\underline{2}$
	25	C_{6v}	$6mm$	$\underline{6},6m$
	26	D_{3h}	$\bar{6}\,m2$	$\bar{6}(3,m),3\,\underline{2},4m$
	27	D_{6h}	$\dfrac{6}{m}\dfrac{2}{m}\dfrac{2}{m}$	$\underline{6},6\,\underline{2},7m,i$
立方	28	T	23	$4\,\underline{3},3\,\underline{2}$
	29	T_h	$\dfrac{2}{m}\bar{3}$	$4\,\underline{3},3\,\underline{2},3m,i$
	30	O	432	$4\,\underline{3},3\,\underline{4},6\,\underline{2}$
	31	T_d	$\bar{4}3m$	$4\,\underline{3},3\,\underline{4},6m$
	32	O_h	$\dfrac{4}{m}\bar{3}\dfrac{2}{m}$	$4\,\underline{3},3\,\underline{4},6\,\underline{2},9m,i$

① 对称元素符号前的数字代表该对称元素的数目，未注数字的表示为 1。

3. 七个晶系

晶体的宏观对称类型只有 32 种，从它们所含对称元素的特点中归纳出七类特征对称元素，每类反映出一部分晶体对称性的特征，根据特征对称元素将晶体分为七个晶系。例如凡含有四个 $\underline{3}$ 的晶体归为一类，称为立方晶系，这四个 $\underline{3}$ 就是立方晶系的特征对称元素。如果不含有四个 $\underline{3}$ 而含有一个 $\underline{6}$ 或一个 6 次反轴 $\bar{6}$，就是六方晶系的特征对称元素。这样将晶体分为如下七个晶系：

立方晶系，含四个 3 次轴（$\underline{3}$）的晶体；

六方晶系，含有一个 6 次轴（$\underline{6}$）或一个 6 次反轴（$\bar{6}$）的晶体；

四方晶系，含有一个 4 次轴（$\underline{4}$）或一个 4 次反轴（$\bar{4}$）的晶体；

三方晶体，含有一个 3 次轴（$\underline{3}$）或一个 3 次反轴（$\bar{3}$）的晶体；

正交晶系，含有三个相互垂直的 2 次轴（$\underline{2}$）（不含其他高次轴）或两个相互垂直镜面的晶体；

单斜晶系，只含有一个 2 次轴（$\underline{2}$）（不含其他高次轴）或一个镜面的晶体；

三斜晶系，无特征对称元素。

高次轴就是二次轴以上的对称轴，晶体含有高次轴的多少，反映其对称性的高低，也就是反映出晶体排列规则性的强弱。

七个晶系还可以按所含高次轴的多少再分成三个晶族：立方晶系含有 4 个高次轴，所以它的对称性最高，称为高级晶族；六方、四方、三方晶系，只含有一个高次轴，称为中级晶族；正交、单斜、三斜无高次轴，称为低级晶族。

根据特征对称元素，可从晶体外形决定它所属的晶系。一般遵循的步骤是按表 9-4 从上到下的顺序：先找有无 4 个 $\underline{3}$，如有，则属于立方晶系；如没有，再找有无 $\underline{6}$ 或 $\bar{6}$，如有，则属于六方晶系；若没有，再找有无 $\underline{4}$ 或 $\bar{4}$，若有，则是四方晶系；以此类推，最后找到三斜晶系。

晶胞是组成晶体的最小单位，晶胞前后左右并置起来组成晶体，所以晶体外形对称性一定是晶胞对称性的反映。据此可以推断各晶系与其对应晶胞具有同样的特征对称元素。例如立方晶系的晶胞应该是立方体，晶胞三个边长相等并且互相垂直（$a=b=c$，$\alpha=\beta=\gamma=90°$）。沿立方晶胞四个体对角线方向各有一个三次轴，即有 4 个 $\underline{3}$，它是立方晶胞的特征对称元素。同样它也是立方晶系的特征对称元素。

通过以上分析可以看出,只要从晶体外形找出其特征对称元素,就可以划分属于何类晶系,就可知其晶胞参数,对称性高低。现将这种对应关系列表于 9-4 中。

表 9-4 七个晶系

晶族	晶 系	特征对称元素	晶胞参数	例 子
高级	立方	4 $\underline{3}$	$a=b=c$ $\alpha=\beta=\gamma=90°$	氯化钠
中级	六方	$\underline{6}$ 或 $\overline{6}$	$a=b\neq c$ $\alpha=\beta=90°,\gamma=120°$	石墨
	四方	$\underline{4}$ 或 $\overline{4}$	$a=b\neq c$ $\alpha=\beta=\gamma=90°$	白锡
	三方	$\underline{3}$ 或 $\overline{3}$	$a=b=c$ $\alpha=\beta=\gamma\neq90°$	方解石
低级	正交	3 2 或 $2m$ (都相互垂直)	$a\neq b\neq c$ $\alpha=\beta=\gamma=90°$	正交硫
	单斜	$\underline{2}$ 或 m	$a\neq b\neq c$ $\alpha=\gamma=90°,\beta\neq90°$	单斜硫
	三斜	无	$a\neq b\neq c$ $\alpha\neq\beta\neq\gamma$	重铬酸钾

四、晶体的微观对称性

晶体不仅外形上具有对称性即宏观对称性,晶体所具有的点阵结构也具有对称性,被称为微观对称性。由于晶体外形对称性是点阵结构对称性的宏观表现,所以晶体所具有的宏观对称元素也应该是晶体的微观对称元素。另外,因为点阵结构是无限图形,所以能使这种无限图形得到等价构型或复原的对称操作与对称元素,除包括在晶体外形中已经出现过的宏观对称操作与对称元素外,还包括无限图形中所特有的平移、平移与旋转、平移与反映构成的组合操作,分别为平移操作、螺旋旋转操作、滑移反映操作。只得到两个新的对称元素:螺旋轴和滑移面,平移操作没有形成新的对称元素。

(1)平移轴与平移操作

点阵是反映晶体结构周期性的几何形式,点阵是无限的,其表现为连接其中任何两点所决定的向量,沿此向量平移能使各阵点复原。在晶体学中的平移,总是与晶体学轴方向相关,即沿轴方向平移,这样的平移称为平移操作,$T(t)$ 表示,其中 t 表示平移量。进行平移操作要凭借直线进行,该直线称为平移轴。平移轴是对称元素。

平移操作只有沿平移轴才能进行,是一个变化的过程,平移轴只有通过平移操作才能表现出来,它是对称元素。但是平移轴与旋转轴一样都是直线,而平移又不是复合操作,所以平移轴不是新的对称元素。

平移操作或平移是点阵结构具有的特征对称操作,反映了晶体的微观对称性。平移操作的集合叫平移群,它与晶体外形对称性不同,后者是晶体结构周期性在宏观上的反映,由于晶体外形是有限的,所以晶体的宏观对称操作构成了点群。

(2)螺旋轴与螺旋旋转操作

将旋转操作与平移操作组成的复合操作称为螺旋旋转操作,即先绕轴旋转 $L(2\pi/n)$,再沿此轴线平移 $T(t)$。当然也可以先平移后旋转。进行螺旋旋转操作所凭借的轴线,称为螺旋轴,它是对称元素。由于螺旋轴是旋转操作与平移操作复合所形成的对称元素,所以是一个新的对称元素。

螺旋轴用 n_m 表示，n 表示点阵旋转的最小角度 $2\pi/n$，n 可以是 1、2、3、4、6 次轴。m/n 表示沿旋转轴平移量 $t = \dfrac{m}{n}a$，a 为单位向量，即为平移的单位数。图 9-17 示出由所有黑点构成的图形 I 是一个具有螺旋轴的图形。该图形单独绕轴线旋转 $2\pi/4$ 不能复原，单独平移 $a/4$ 也不能复原。a 是在轴线方向进行平移能使其复原的单位向量。但先旋转 $2\pi/4$，再平移 $a/4$ 能复原。螺旋旋转的效果与旋转和平移进行的先后顺序无关。可以看出该图所示的螺旋轴为 4_1。图 9-18 给出了具有 4_2、4_3、4_4 的图形。

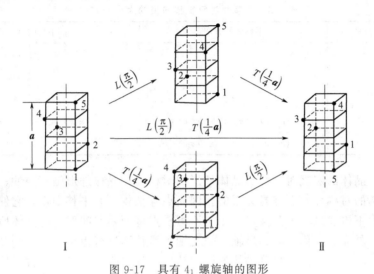

图 9-17　具有 4_1 螺旋轴的图形

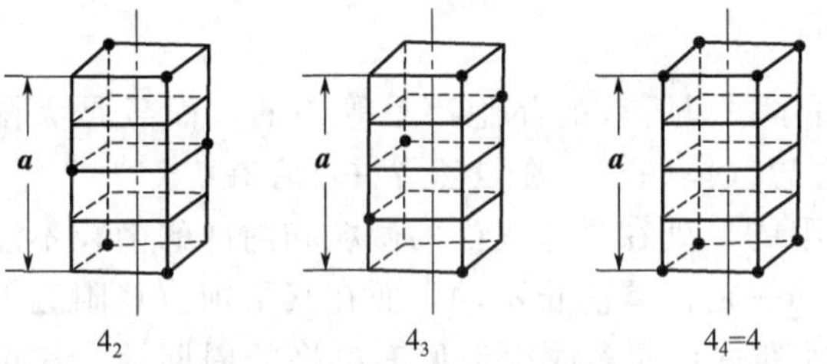

图 9-18　具有 4_2、4_3、4_4 螺旋轴的图形 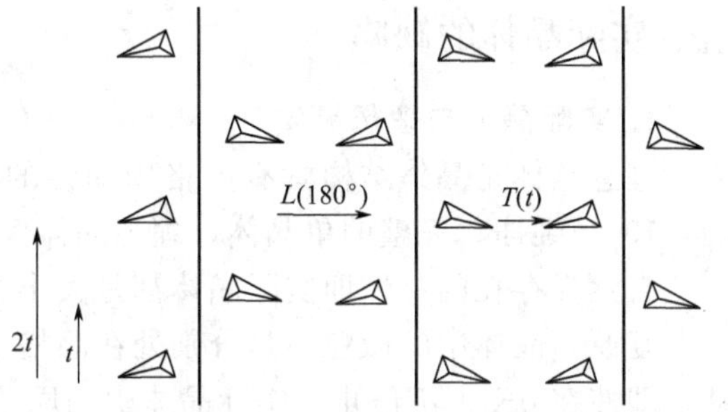　　　　图 9-19　具有滑移面的对称图形

一般而言，$n=m$ 的螺旋轴就是 n 重旋转轴，所以 n_4 就是四重轴。因此对于四重螺旋轴来讲只有 4_1、4_2、4_3 三种，六重螺旋轴只有 6_1、6_2、6_3、6_4、6_5 五种。

具有螺旋轴的图形至少在轴的方向是无限的。

（3）滑移面与滑移反映操作

由反映与平移操作组成的复合操作称为滑移反映操作，即先通过镜面 m 进行反映操作 M，再做平移操作 $T(t)$，当然也可以先反映后平移。进行滑移反映操作所凭借的镜面称为滑移面，它是对称元素。由于滑移面是反映操作与平移操作复合所形成的对称元素，所以是一个新的对称元素。在图 9-19 中左边的图形经反映操作 M 后并未复原，再经平移操作 $T(t)$ 被复原（如图右边所示）。

根据平移向量的大小和方向，可将滑移面分为五种，分别用 a、b、c、n、d 表示。又可将这五种分为三类：第一类滑移面是经反映后，各沿着 a、b、c 方向平移 $\frac{a}{2}$ 或 $\frac{b}{2}$ 或 $\frac{c}{2}$，分别称为 a、b、c 轴滑移面；第二类滑移面是经反应操作后沿着 a 与 b 轴或 a 与 c 轴或 b 与 c 轴对角线方向，平移 $\frac{1}{2}$ 个单位，称对角线滑移面，记为 n；第三类滑移面是在金刚石结构中操作的滑移面，经反映后沿 $(a+b)$ 或 $(a+c)$ 或 $(b+c)$ 方向平移 $\frac{1}{4}$ 个单位，称 d 滑移面或金刚石滑移面，见表 9-5。

表 9-5　滑移面对应平移向量的大小和方向

滑移面名称与符号	平移向量方向	平移向量大小
a 轴滑移面　a	a	$\frac{1}{2}a$
b 轴滑移面　b	b	$\frac{1}{2}b$
c 轴滑移面　c	c	$\frac{1}{2}c$
对角滑移面　n	$(a+b)$ 或 $(a+c)$ 或 $(b+c)$	$\frac{1}{2}(a+b)$ 或 $\frac{1}{2}(a+c)$ 或 $\frac{1}{2}(b+c)$
金刚石滑移面　d	$(a+b)$ 或 $(a+c)$ 或 $(b+c)$	$\frac{1}{4}(a+b)$ 或 $\frac{1}{4}(a+c)$ 或 $\frac{1}{4}(b+c)$

已经指出，晶体的宏观对称性是晶体外形的对称性，晶体外形是有限的；晶体的微观对称性是点阵结构的对称性，点阵是无限的。因而点阵结构具有平移操作，它使点阵结构具有的对称元素至少不再通过一个公共点，于是不再是点群而是空间群。将晶体所有的微观对称元素：旋转轴、晶面、对称中心、反轴、螺旋轴和滑移面进行组合，可得到 230 种微观对称类型，也称为 230 种空间群。尽管晶体的微观结构多种多样，但必须包含在这 230 种空间群之中。

五、实际晶体的缺陷

1. 实际晶体与理想晶体

理想晶体是晶体结构具有严格周期性的晶体，即所有的晶胞都是等同的，而且是无限的，100% 纯净、完整的单晶体。理想晶体像理想气体一样，在自然界并不存在。

自然界存在的晶体即实际晶体都是大小有限的，处在晶体表面的微粒和内部的微粒不能平移复原。晶体中的微粒不是分别处在晶格中的一定位置静止不动，而在其平衡位置附近振动，即使在 0K 也不停止。实际晶体中的原子排列总是或多或少地偏离严格的周期性。这可能是因为晶体中原子的热运动，杂质进入晶体，也可能是其他原因，引起晶体结构周期性的破坏，形成缺陷。

实际晶体有这样或那样的缺陷，只是在一定程度上偏离了理想晶体；尽管实际晶体是有限的，由于结构周期非常小，通常数量级在 10^{-10} m，所以实际晶体从总体上看，仍然存在着结构周期性。晶体中的微粒虽然不停地振动，但其振幅比微粒间距离小得多，因此，实际晶体可近似地看成理想晶体，可应用点阵理论来近似描述。实践表明，用理想晶体点阵模型推出的一些规律性，再结合具体情况进行修正，往往更便于解决实际问题。

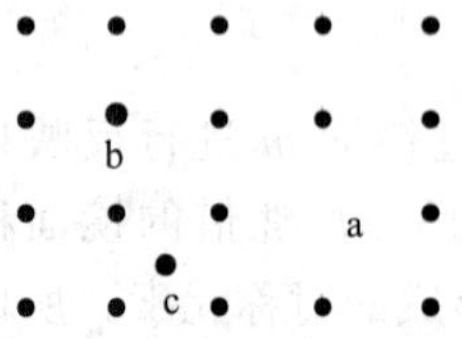

图 9-20　晶体内部点缺陷
a—空位缺陷；b—杂质微粒缺陷；c—填隙缺陷

实际晶体含有缺陷，虽然不改变晶体的基本结构类型，但对其物理性质有很大影响，有的甚至带来新的性质，例如晶体表面的催化活性。

2. 实际晶体的缺陷

（1）点缺陷

晶体中原子尺寸大小的缺陷称为点缺陷。点缺陷的基本类型是空位缺陷，杂质微粒、填隙微粒缺陷。晶体中按周期排列应该出现微粒的位置没有微粒出现，称为空位缺陷，如图9-20a所示；杂质微粒占据晶体平衡位置，称为杂质微粒缺陷，如图9-20b。微粒占据了晶体中原来不应该有原子的空隙位置，称为填隙缺陷，如图9-20c。这些缺陷引起晶体结构周期性的破坏，发生在一个或几个晶胞参数的限度范围内。

① 热缺陷　晶体中的原子由于热振动的能量起伏可能离开其平衡位置，从而产生空位或间隙原子，这样形成的点缺陷称为热缺陷。

晶体中原子在平衡位置附近振动，一点的振动和周围各点的振动有密切联系，这使振动的能量有涨落（起伏），当能量大到某一程度时，原子离开平衡位置而跑到邻近的原子空隙中去，当它失去多余的动能之后，就被束缚在那里，产生一个空位和一个填隙原子，这样的缺陷称为弗仑克尔（Frenkel）缺陷，见图9-21(a)。若原子脱离平衡位置后，并不在晶体内部构成填隙原子，而跑到晶体表面上正常原子位置构成新的原子层，这时只在晶体内部留下空位。在一定的温度下，晶体内部的空位和表面上的原子处于平衡状态，以这种方式形成的缺陷称为肖脱基（Schottky）缺陷，见图9-21(b)。

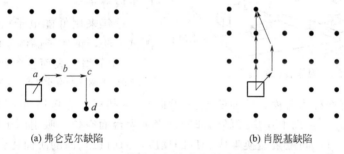

(a) 弗仑克尔缺陷　　　　　　　(b) 肖脱基缺陷

图9-21　弗仑克尔缺陷和肖脱基缺陷

由于原子热运动而产生的缺陷称为热缺陷。弗仑克尔缺陷和肖脱基缺陷是热缺陷的两种类型。缺陷的浓度随温度的升高呈指数地上升。对于某一特定材料在一定温度下都具有一定平衡浓度的热缺陷。

② 杂质缺陷　外来原子进入晶体，可以占据晶体的间隙位置形成填隙原子；也可以替代晶体原子形成替代原子。外来原子进入晶体的难易程度与晶体结构和外来原子的大小及性质有关。

由外来原子进入晶体而产生的缺陷称为杂质缺陷，多半是由制备过程产生的。杂质缺陷是一种很重要的缺陷。与热缺陷不同的是杂质缺陷的浓度与温度无关，即当杂质含量一定时，温度变化，缺陷的浓度并不发生变化。

（2）线缺陷

当晶体周期性的破坏发生在晶体内部一条线的周围，就称为线缺陷。位错就是线缺陷。在一条线附近，原子的排列偏离了严格晶体结构的周期性，这条线叫位错线。典型的位错线有刃位错和螺旋位错两种。刃位错，半个晶面挤到一组平行晶面之间，其晶面一端（下端）宛如刀刃（位错线好似刀刃），称为刃型位错线，简称刃位错，如图9-22(a)中 HE 表示为半个晶面，E 处是一个刃位错，并以符号⊥表示。

当晶体存在螺旋位错时，原来平行晶面就变成好像以单个晶面的螺旋阶梯，在晶体表面出现台阶，如图9-22(b)所示。

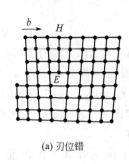
(a) 刃位错

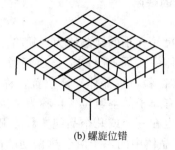
(b) 螺旋位错

图 9-22　位错示意

大量事实证明，晶体是存在着位错的，并且可以通过电镜观察到，它影响着晶体的力学、电学、光学等性质，并且直接关系到晶体的生长过程，所以位错是一种普遍存在的晶体缺陷。

（3）表面缺陷

理想晶体应该是无限的，也就是说没有表面存在，但实际晶体是有限的，晶体表面总是存在的，造成晶体结构周期性在表面中断，使表面原子化合价不饱和，能够吸附其他原子或分子。

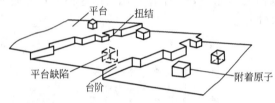

图 9-23　固体表面的模式

近年来用低能电子衍射、俄歇能谱等测试方法，证实了晶体表面存在着台阶面，图 9-23 是固体表面台阶面模型，图上指出一些特殊部位的名称，每一台阶平面称为台面，台阶的竖直面称为阶面，阶面凹进去的部分称为扭折，它包括两个竖面与底面，这个角落可称为"坑角"。台面上用虚线画的部分，表示为台面空位，吸附原子用小立方体表示。

实验发现 $H_2 + D_2$ 同位素交换生成 HD 的反应，Pt(111) 面的阶面比台面的催化活性高几个数量级，据此认为活性中心主要在阶面。由于晶体表面的台面、阶面、扭折以及台面空位处原子的环境不同，原子的不饱和程度不同，因而吸附原子的活化能也不相同，表现出不同的催化活性。它们往往成为催化剂的活性中心。所以研究晶体表面结构及其状态，对认识固体催化剂的催化作用是极为重要的。

3. 单晶体、多晶体、微晶体

有些实际晶体基本上保持结构的周期性，缺陷甚少，这样的晶体称为单晶，例如石英硅等单晶体。许多实际晶体，由许多取向不同的单晶体小颗粒拼结而成，则叫多晶体，例如由化学反应制得的粉末状晶体。还有一些实际晶体由极微小的单晶体组成，其晶体的棱长只有十几或几十个晶胞的棱长，因而具有比表面高、吸附性能强、表面活性突出的特点，这样的晶体被称为微晶体，例如炭黑就是石墨微晶，土壤中也含有高岭土微晶等。有人把这类微晶说成是"无定形物质"，严格地讲是不正确的。它们是以微晶状态存在的物质，有明显固定熔点的晶体特征。

六、X 射线晶体结构分析原理

目前人们关于晶体的认识，即关于晶胞的形状和大小、晶胞中原子分布的认识，绝大多数都是通过 X 射线分析取得的。因为 X 射线的波长可同晶胞中原子间距离相比拟（数量级都是 100pm），在晶体中能够产生衍射，而衍射波的方向又可由劳埃（Laue）或布拉格（Bragg）方程确定。知道了衍射方向就可决定晶胞的形状和大小，通过对 X 射线衍射花样强度的分析，可得到晶胞中原子的分布，所以研究晶体结构主要靠 X 射线衍射法。

1. X 射线的产生

在真空管内，由炽热钨丝电极发射出来的电子流，被高压电场加速成高速电子束流，撞击到铜、钼等金属制成的靶极上突然改变速度，电子部分动能转化为 X 射线。这部分 X 射线具有多种连续变化的波长，称为白色 X 射线。当电压高到一定数值，电子的能量超过一定临界值时，除产生白色 X 射线外，还产生与阳极靶金属种类有关的单色 X 射线（单一波长的 X 射线），称为特征 X 射线。它是因为在高能量的电子束流轰击下，将金属原子内层电子激发出现空位，使原子处于激发态，这是一种不稳定状态，外层电子迅速跃迁填补空位，同时发射出来的具有特征波长的电磁波，使原子重新恢复到稳定态。这种特征的电磁波，即特征 X 射线。

由如上分析可以看出白色 X 射线与特征 X 射线产生的机理不同。

用大写字母 K、L、M 等表示主量子数 $n=1$，2，3，…的各个状态，并分别称 K 层、L 层、M 层等。当 K 层电子被击出后（称为 K 层激发态），由外层电子包括 L、M 等层电子可跃迁到 K 层空位，由 L 层电子跃入 K 层而产生的特征 X 射线称为 K_α 线，由 M 层电子跃入 K 层而产生的特征 X 射线称为 K_β 线，K_β 线比 K_α 线能量高一些，波长短一些。

L 激发态所发生的特征 X 射线，如 L_α、L_β 等，统称 L 系谱线；还有 M 激发态所产生的特征 X 射线，如 M_α、M_β 等，统称 M 系谱线。

特征 X 射线能量比较高，一般在 1～15keV，逸出深度通常 1 到几个微米。

2. X 射线衍射的基本原理

X 射线是波长很短的电磁波，穿透能力很强。通常波长 1～1000pm，用于晶体衍射的 X 射线的波长范围 50～250pm。这个范围的 X 射线波长与晶体点阵面的间距大致相当，因此，晶体可作为 X 射线衍射光栅。当 X 射线照射晶体时，入射的 X 射线常常是一种平面电磁波。它与晶体中的原子（或离子、分子）所含有的电子发生作用，在 X 射线周期性变化的电磁场作用下电子随之而振动，这样振动着的电子，也就成为发射球面波的次生波源，可以发生相干散射，即产生的 X 射线，其波长、频率、周期同入射 X 射线一致，因为由平面波变成了球面波，故其传播方向发生了改变，这样的现象称为散射。晶体中每个原子都有一定数目的电子，在 X 射线作用下，每个原子都成为 X 射线球面波的次生波源，这些波源是相干波源，当两个相邻的波源在某个方向上的波程差 Δ 等于波长 λ 的整数倍时，则它们所发生的波位相一致，互相最大程度地增强，而在其他方向位相不同，则互相减弱，结晶学中将这种波的最大增强称为衍射，相应的方向称为衍射方向，在衍射方向上前进的波称为衍射波。

3. 布拉格方程

布拉格方程是确定衍射方向的方程。衍射方向就是晶体中的原子或分子形成的次生 X 射线，相应的电磁波相互作用加强的方向。它取决于晶体中微粒的分布规律和晶体的对称性。布拉格方程从平面点阵出发讨论衍射方向，根据衍射方向，可求出晶系、晶胞参数等。

把空间点阵看成由互相平行且间距相等的一系列平面点阵组成。现有一束单色 X 射线，沿与点阵面夹角为 θ 的方向照射到两晶面距为 d 的一组晶面 $(h\,k\,l)$ 上，由于 X 射线可穿透晶体几百万层晶面的深度，取晶体中相邻两层的晶面，例如 N 与 N+1 层（见图 9-24）。波程差为：

$$\Delta = MB + BN = 2d\sin\theta$$

对于任选的许多 θ 值，波程差并不是波长的整数倍，位相不同相互减弱，只有使波程差恰好是波长整数倍的角度 θ，且

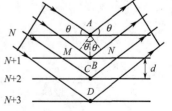

图 9-24　$(h\,k\,l)$ 各晶面的衍射

在衍射角等于入射角 θ 的方向上，位相相同，产生最大程度的增强。两相邻晶面产生最大增强的条件为：

$$2d_{hkl}\sin\theta_{nhnknl}=n\lambda \tag{9-1}$$

为了纪念 X 射线结晶学先驱之一，布拉格（Bragg）父子，通常称此条件为布拉格条件。也称为布拉格方程。式中 n 称为衍射级数，可取 1，2，3，…；θ 为衍射角，指标（h k l）为一组晶面，d 为晶面间距离。

式（9-1）是描述晶体对 X 射线衍射的公式，它把衍射方向（θ）、一组晶面（h k l）的间距 d_{hkl} 与 X 射线波长 λ 定量联系起来。只有满足布拉格条件才能发生衍射。

当入射 X 射线波长 λ 一定时，对一定的晶面组（h k l）来说（d_{hkl} 一定），在对应于 $n=$ 1，2，3，… 的角 θ_1，θ_2，θ_3，…，的方向上都有衍射线，衍射指标为 h k l，$2h$ $2k$ $2l$，$3h$ $3k$ $3l$，…，依次称为一级、二级、三级、…衍射。

目前通用的是一级衍射情况，即：

$$2d_{hkl}\sin\theta_{hkl}=\lambda \tag{9-2}$$

【例 9-1】 某晶体两相邻平行晶面的间距为 404pm，使用 CuKα X 射线衍射仪（波长 154pm）时，问在什么角度发生衍射？若改用 MoKα X 射线衍射仪（$\lambda=70.8$pm）时，衍射角为何值？

解 利用式（9-1）

对于一级衍射：

$$\sin\theta=\frac{\lambda}{2d_{hkl}}=\frac{154\times10^{-12}\,\mathrm{m}}{2\times404\times10^{-12}\,\mathrm{m}}$$
$$\theta=10°99'$$

对于二级衍射：

$$\sin\theta=\frac{2\times154\times10^{-12}\,\mathrm{m}}{2\times404\times10^{-12}\,\mathrm{m}}$$
$$\theta=22°41'$$

同样当 $\lambda=70.8$pm
一级衍射 $\theta=5°3'$
二级衍射 $\theta=10°9'$
可见入射光波长 λ 越短，衍射角也越小。

从图 9-24 可以发现，布拉格衍射从方向上看很像反射，但本质上是不同的。两者的区别主要有两点：反射是表面作用，而 X 射线则深入到晶体内部，晶体的深层原子（或离子、分子）也参与作用；反射可以选择任意入射角，而 X 射线的衍射则受到布拉格条件的制约。

布拉格条件主要是用来计算两平行晶面间的距离 d，或者通过 d 再来计算晶胞参数。一般是在已知入射光波长 λ 的情况下，确定最大衍射强度的角度 θ，可以很方便地求得 d。由于计算方法简单，广泛用于 X 射线结构分析。

例如，对于立方晶体有 $a=b=c$，已导出两平行晶面间距 d 与晶面指标（hkl）的关系为：

$$d_{hkl}=\frac{a}{\sqrt{h^2+k^2+l^2}} \tag{9-3}$$

代入式（9-2）得：

$$\sin^2\theta=\frac{\lambda^2}{4a^2}(h^2+k^2+l^2) \tag{9-4}$$

根据式（9-1），已知入射 X 射线波长 λ，测得衍射角 θ，就可以计算出晶胞参数 a。

4. 常用 X 射线衍射分析方法

用 X 射线衍射法测定晶体结构可分为单晶法和多晶法。单晶结构分析法应用比较广泛且为有效的分析方法。但是由于晶体中缺陷的存在，许多固体材料有时难以获得满足单晶结构分析所需要的尺寸和质量，而且获得完整理想的单晶体也是很困难的。通常新型材料以及常用的固体材料大部分属于多晶体。为加快研究工作，复合材料和纳米材料等都只能在多晶状体下测定其晶体结构，因此，多晶结构分析法成为提供晶体结构信息的重要手段。

（1）单晶结构分析法

单晶体是基本上保持结构的周期性，缺陷甚少的晶体。单晶结构分析需要制备一定尺寸和质量的单晶体作为样品。根据纪录晶体对 X 射线衍射谱的方式不同，分为两类，一类是用感光胶片记录的方法，称为照相法，照相法又分为劳埃法、回摆法、周相法、魏森堡法等。另一类是用 X 射线探测器（计数器）记录衍射方向与强度，称为单晶衍射仪法。

单晶衍射仪用 X 射线光子计数器测量衍射光强度，大大地提高了测量精度，用四圆测角仪调节单晶体所产生的衍射，并予以接收。

目前国际上广泛地使用四圆衍射仪对单晶体进行结构分析。它是 20 世纪 60 年代发展起来的，其组成可分为四部分：①X 射线光源；②四圆测角仪；③X 射线测量与记录系统；④计算机控制。四圆衍射仪结构示意图见图 9-25。单晶体安放在仪器中心，通过仪器中心的轴线称为仪器中轴。四个圆分别称为 Φ(phi) 圆、χ（chi）圆、ω（omega）圆和 2θ (2-theta)圆。Φ 圆是指围绕安置晶体的中轴旋

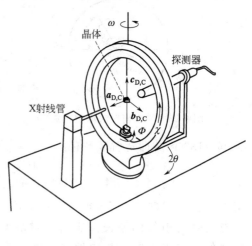

图 9-25　四圆衍射仪结构示意

转的圆；χ 圆是通过仪器中心的垂直圆；ω 圆是绕中轴转动的圆；2θ 与 ω 圆一样绕中轴并带着探测器一起转动的圆。每个圆都有一个独立的马达带动运转，四个马达由计算机控制。Φ 和 χ 圆的作用是共同调节单晶体中某特定的点阵面族 $(h_0k_0l_0)$ 到适当的取向，使它的面法线处于水平面上与入射 X 射线束共面。ω 圆的作用是使这一面族与入射束的夹角为特定的 θ_{hkl}，从而此面族发生第 n 级衍射。最后 2θ 圆的作用是在另一个圆上绕着中轴转动到 $2\theta_{hkl}$ 角度，将探测器带到衍射束的位置上，把面族的第 n 级衍射记录下来。计算机会逐个地将需收集的衍射强度，通过探测器连同它的衍射指标记录下来。

（2）多晶结构分析法

测定多晶体结构用粉末法。分类为粉末照相法与粉末衍射仪法。

① 粉末衍射法的基本原理　用单色 X 射线照射多晶体样品，产生衍射图，从而测定晶体结构。粉末法的样品是多晶体粉末，由取向任意的大量的小晶体组成。由于样品中实际上包含各种取向的小晶体，当单色 X 射线照射到样品时，总会找到某取向合适的小晶体，其晶面（hkl）与入射 X 射线的交角 θ 满足布拉格条件，产生衍射，则衍射方向与入射线的夹角为 2θ，见图 9-26。由于粉末样品包含结构一样而又杂乱无章排列着细小晶体，拥有对 X 射线的一切可能的取向，因此对入射角为 2θ 的衍射线，可构成一个顶角为 4θ 的圆锥面。可用感光胶片或 X 射线衍射仪记录衍射角度和衍射线强度。

② 粉末照相法　用照相底片记录试样衍射线的位置和强度，称为粉末照相法。通常是围绕样品放置圆形感光片，则衍射构成的圆锥面在照相底片形成一对感光圆弧线，见

图 9-27(a)。在底片上其他一对对弧线都是由其他角度的圆锥面形成。所以粉末法获得的衍射图为成对的弧形线，被称为粉末线，其衍射图被称为粉末图，见图 9-27(b)。

若在底片上量得一对弧线间的距离为 $2L$，粉末照相机的半径为 R，对于 $4\theta < 180°$ 区域即正射区，有：

$$2L = 4\theta_{度} \, R \, \frac{\pi}{180°}$$

$$\theta_{度} = \frac{2L}{4R} \frac{180°}{\pi} \tag{9-5}$$

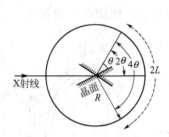

图 9-26　粉末衍射法原理示意

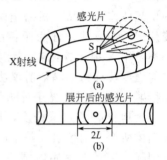

图 9-27　粉末照相（a）与粉末衍射线（b）示意

对于 $4\theta > 180°$ 区域即背射区，有：

$$4\theta'_{度} = 360° - 4\theta_{度}$$

$$\theta'_{度} = 90° - \theta_{度} \tag{9-6}$$

应用式(9-5)、式(9-6) 可求得角度 θ 或 θ'。

当入射 X 射线的波长一定时，对晶面指标为 (hkl) 的一组晶面来说，n 值不同，衍射线的方向也不同，相应地有一级、二级……衍射。为了区别各种不同的衍射方向，通常把衍射方向用一组数 $nh\,nk\,nl$ 加以标记，称为衍射指标，衍射指标 $nh\,nk\,nl$ 与相应的平面组的晶面指标 (hkl) 为 n 倍的关系，例如，晶面指标为 (110) 这一组面，由于与入射 X 射线的取向不同，可以产生的衍射指标为 110、220、330、…等衍射线，对每条相应的粉末线标上它的衍射指标，称为粉末线指标化。有了衍射指标的概念，布拉格方程可以写成：

$$2d_{hkl} \sin\theta_{nhnknl} = n\lambda \tag{9-7}$$

可以看出，只有将粉末线指标化，才能知道由式(9-5) 或式(9-6) 求得的 θ 应标注的符号，才能应用式(9-7) 进行计算。

20 世纪 50 年代以前，由于照相法设备比较简单，造价低廉，X 射线衍射分析仍主要利用照相底片记录衍射线的位置、强度和峰形。现代粉末衍射仪法已基本取代了粉末照相法。

③ 粉末衍射仪法　用 X 射线衍射仪记录试样衍射线的位置和强度称为衍射仪法。衍射仪由 X 射线源，测角仪和衍射探测仪组成。测角仪和 X 射线探测仪替代了粉末照相机和感光胶片。其工作过程是：从 X 射线源发出的电磁波经发散狭缝成为扇形光束，照射在平板样品上，衍射线经接受狭缝进入探测器，被转换为电讯号，用电子记录仪逐一地将不同 2θ 值处衍射强度记录下来，进一步得出晶面间距离 d 的数值。

粉末衍射仪法是 20 世纪 50 年代发展起来的，目前广泛地用于化学、物理学、地质、矿物、冶金和材料学等学科领域。

粉末法的优点是不需要制备单晶，所需样品数量很少（几毫克）。不足的是一般粉末衍射线比较拥挤，必须指标化才能计算晶胞参数。通常用于难以制备单晶的物质。粉末法不仅适用于纯物质，也可鉴定化合物中的不同组分。当前 X 射线粉末衍射仪法成为提供固体物质结构信息的重要手段，并在实际工作中得到广泛应用。

七、固体能带理论

关于晶体性质的理论研究，目前主要有两种方法：一种是研究固体材料中的许多可以直接测量的性质（如热导率、电导率等），原则上都可由固体中电子能级及其波函数得到，而无需详细考虑固体中电子间、电子与核之间的相互作用的细节，即可做出理论计算与分析，这就是能带理论方法。另一种是研究晶体结构与化学成分之间的关系。已指出晶体由原子、离子或分子在空间做有规则排列而成。晶体结构取决于微粒的空间结构及堆积形式（在第八节中介绍等径圆球的密堆积与最密堆积空隙）。根据微粒之间形成的化学键性质不同，将晶体分为原子晶体、离子晶体、分子晶体和金属晶体，这就是晶体化学研究方法。本章主要介绍离子晶体与金属晶体（见九、与十、）。

本节仅介绍固体能带理论。

固体能带理论是目前研究固体材料中电子运动的一个主要理论基础，是应用量子力学来分析晶体中的电子运动。固体的能带理论是在 20 世纪 20 年代末和 30 年代初，即在量子力学确立之初，应用量子力学研究晶体中电子的运动逐步发展起来的。固体能带理论是描述固体中原子价电子运动的一种理论，能带理论虽然是一个近似理论，但是该理论可以解释固体的许多性质，尤其是较好地说明半导体的性质。

实际晶体中的电子不是"自由"的，它在周期性排列的原子（或离子）和其他电子所产生的势场中运动。电子的势能不能视为常数而是位置的函数。由于 $1cm^3$ 的晶体包含 $10^{23} \sim 10^{25}$ 数量级的原子和电子，这样复杂的多体问题无法严格求解，只能将问题简单化，一般常做以下近似处理。

① 将晶体抽象为空间点阵，反映晶体有严格的周期性。

② 晶体中的价电子不再束缚于个别原子（或离子）实，而是在晶体中做共有化运动，各个价电子基本上是相互独立的。这表明能带理论采用了单电子近似。

实际上不管晶体属于何种类型，原子的价电子都被不同程度地共有化了。这表明第②点近似有一定的根据。

价电子的共有化运动，受到邻近原子电场的作用，这种作用使电子的能级发生分裂而形成带，本节对能带的形成做简要定性介绍。

1. 晶体中电子的能带

原子处于孤立状态（单个原子）时，电子的能量是不连续的，以能级的形式出现，但随着原子相互接近，结合成晶体时价电子共有化，电子受到多个原子（或离子）实的作用，这些电子的原有能级就分裂成与原子个数相同的能级，若晶体含有 N 个原子时，则每个电子原有的一个能级分裂成 N 个能级，原子（或离子）的数目 N 越大，分裂的能级越多，能级越密集，从而扩展成能带，每个能带由 N 个能级组成。

为了帮助理解，粗略地分析如下：以金属钠为例，钠原子的电子组态是 $1s^2 2s^2 2p^6 3s^1$。首先考虑两个钠原子结合在一起，形成 Na_2，在另一个 Na 原子的作用下，原来 Na 原子的 3s 电子的能量为 E，分裂为两个能级 E_1 和 E_1^*，根据泡利不相容原理、能量最低原理，两个电子填在 E_1 能级上，如图 9-28(a) 所示。当 4 个 Na 原子形成 Na_4 时，如图 9-28(b) 所示，原来 Na 原子的 3s 电子能级 E，在其余 3 个 Na 原子的作用下，分裂成 4 个能级 E_1、E_2、E_1^*、E_2^*，4 个电子两两填充在 E_1、E_2 两个能级。12 个 Na 原子形成 Na_{12} 时，如

图 9-28(c)所示，$E(3s)$ 分裂成 12 个能级，12 个电子两两填充在 $E_1 \sim E_6$ 各个能级。

可以看出，随着组成"分子"的 Na 原子数目的增加，轨道能级差逐渐缩小。

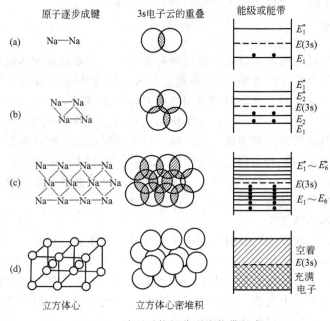

图 9-28　钠原子能级分裂为能带示意

当 Na 原子的数目增大到 N 时，原来 Na 原子的 $E(3s)$ 能级可分裂为 N 个能级，由于 N 的数量级为 10^{23}，数目很大，故相邻分子轨道的能级差非常微小，即 N 个能级实际上构成一个具有一定上限和下限的能带，能带的下半部分充满了电子，上半部分则空着，见图 9-28(d)。这就是金属结构的能带模型。

图 9-28 表明孤立的钠原子结合成钠晶体时，电子能量由能级转变为能带的情况。

一个能带中的各能级都被电子填满，这样的能带称为满带。满带中无空的能级，电子在各能级上的排布方式只有一种，没有任何改变的可能。所以有无外电场作用，都不会产生净的电子流，即对导电无贡献。

由价电子能级分裂成的能带称为价带，通常价带为能量最高的能带，价带可能被填满成为满带，也可能未被填满。例如钠的价带是 3s 能带，共有 N 个能级，可容纳 $2N$ 电子，但只有 N 个 3s 电子，所以仅能半充满，像这样的未充满的能带叫做导带。然而对于金属镁，它的电子组态为 $1s^2 2s^2 2p^6 3s^2$，N 个镁原子晶体的 3s 带共有 N 个分能级，它被 $2N$ 个电子全部填满，是满带。

价带上方的激发态能带，在未发生激发的情况下，没有电子填入，称为空带。如钠的 3p、4s、3d 就是空带。

位于半充满或部分充满的导带中的电子，在外电场作用下，有可能在该能带中的不同能级改变其分布状况，可以得到净的电子流，即可以导电。这也正是部分填充的能带叫做导带的原因。

空带中由于没有电子，当然不可能产生电子流，即对导电无贡献。但如果空带和导带重叠（如金属镁）或相距很近，满带中的电子可以流入或跃迁入空带。则此时空带有了电子，变成了导带；原来满带缺少了电子，也变成了导带。

在两个相邻的能带之间，可能有一个能量间隔，在这个能量间隔中，不存在电子的稳定量子态，这个能量间隔称为禁带。

能带的宽度与晶体的类型、元素的类别、能量的高低均有关系，其数量级约为几个电子伏特。而每个能带中包含的能级数总等于晶体所包含的原子总数 N。

由能带理论计算出的金属和半导体性质与实验符合得很好，利用实验可以测量出能带的宽度。

2. 绝缘体、导体、半导体

按导电性的不同，固体可以分为绝缘体、导体和半导体三大类，可用能带理论给予说明。

（1）绝缘体

绝缘体的特征是只有满带和空带，显然，价带都被电子填满，成为满带。而满带与空带之间的禁带宽度 ΔE_g 较大（约 $3\sim6\mathrm{eV}$），在一般条件下，满带中的电子不会跃入空带，如图 9-29(b) 所示。大多数离子晶体（如 NaCl，KCl，…）和分子晶体（如 Cl_2，CO_2，…）都是绝缘体。

（2）导体

各种金属都是导体，它们的能带结构大致有两种情形。

① 价带中只填入部分电子，未被电子填满，在电场作用下，电子很容易在该能带内从低能级跃迁到高能级，从而形成电流。如图 9-29(a) 所示。例如金属锂参与导电的是未填满能带中的电子。

② 有些金属价带虽已被电子填满，但此满带与空带相连或部分重叠或相距很近，满带中的电子易于流入或跃迁到空带，则此时空带有了电子，原来的满带缺少了电子，这时电子都能参与导电，形成电流，成为良导体。如图 9-29(a) 所示。

（3）半导体

导电性介于导体与绝缘体之间的一大类物质称为半导体。例如锗和硅。半导体的能带结构与绝缘体的能带结构很相似，只是被填满的价带（满带）与其相邻空带之间的禁带宽度 ΔE_g 与绝缘体相比要小得多，约 $0.1\sim1.5\mathrm{eV}$，用不大的能量激发就可把满带中的电子激发到空带中去。使空带有电子，满带缺电子，都能参与导电。虽然 ΔE_g 值不大，却使电子跳跃不如导带那么容易，因而半导体的电阻率比导体高得多。一般导体的电阻率为 $10^{-8}\Omega\cdot\mathrm{m}$，绝缘体电阻率约为 $10^{14}\sim10^{20}\Omega\cdot\mathrm{m}$，半导体介于两者之间约为 $10^{-4}\sim10^{7}\Omega\cdot\mathrm{m}$。见图 9-29(c)。

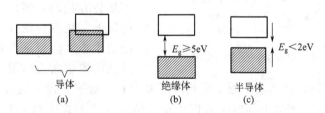

图 9-29 三种类型固体的能带结构

3. 半导体的能带结构

半导体有两类，一类是本征半导体，另一类是杂质半导体。

（1）本征半导体

没有杂质和缺陷的理想半导体，其导电机理属于电子和空穴混合导电，这种导体称为本征半导体。

在 0K 时，半导体的能量较低的能带都被电子完全充满，如图 9-30(a) 所示。在一定温度下，电子因热运动从满带顶激发至空带中，使空带有电子，见图 9-30(b)，称此电子为准自由电子。空带中的准自由电子在外场作用下，能从该带中一个能级跃迁至另一个能级，这就是半导体导电的原因，因此空带变成了导带。

从图 9-30(b) 还可以看出，每当一个电子从满带激发至空带后，满带就出现一个空穴，用符 O 表示，该空穴被称为准自由空穴。在外场作用下，空穴可从此能带中一个能级跃迁至另一个能级，实际上就是电子交换位置（图 9-31），这是半导体导电的另一个原因。靠准自由电子与准自由空穴导电的半导体，称为本征半导体。

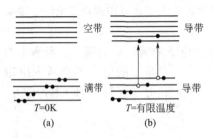

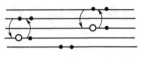

图 9-30　电子从满带激发到空带　　　　　图 9-31　空穴跃迁

本征半导体虽然具有导电性，但电导率很低，一般没有多少实用价值。

（2）杂质半导体

在纯净的半导体晶体中掺入微量其他元素的原子，将会显著地改变半导体的导电性能。例如在半导体锗中掺入百万分之一的砷，其电导率将提高数万倍。所掺入的原子对半导体而言为杂质，掺有杂质的半导体称为杂质半导体。

因为杂质原子的能级不同于晶体中原有原子的能级，由于这种差异，杂质原子的电子不参与晶体中的电子共有化，即杂质原子的能级不处于半导体的能带中，而处于禁带中，就因为这一不同，使杂质能级对半导体的导电性能产生重要的影响。半导体掺入不同杂质，杂质能级在禁带中的位置不同，而使杂质半导体的导电机理不同。若杂质的能级靠近导带，杂质成为施主，施主所束缚的电子基本上不是公有化的，该电子基本上处在施主能级上，从图9-32（a）可以看出，电子由施主能级激发到导带变成准自由电子远比由满带激发容易（特别是施主能级

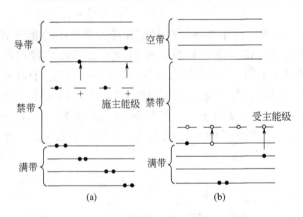

图 9-32　半导体中施主、受主的作用

距导带底很近的情形），虽然杂质原子的数目不多，但常温下导带中的自由电子的浓度却比同温下纯净的半导体的导带中的电子浓度大很多倍，这就大大提高了半导体的导电性。因此，主要含施主杂质的半导体导电取决于由施主热激发到导带中的电子，这种主要依靠电子导电的半导体，称为 n 型半导体。

如图 9-32(b) 所示，杂质的能级也在禁带中，而且杂质的能级靠近满带，同时，杂质束缚一定的空穴。电子由满带激发到杂质能级比激发到导带容易得多，杂质成为受主。受主所束缚的空穴基本上处于受主能级上。满带中的电子可以激发至受主能级，减少了受主所束缚的空穴。同时在满带留下准自由空穴，则半导体的导电性主要依靠它们。这种主要依靠空穴导电的半导体称为 P 型半导体。

半导体的电导与导体不同，它随温度升高而增加。

八、等径圆球的密堆积与最密堆积空隙

1. 等径圆球的密堆积

构成晶体的粒子如原子、离子或分子可视为具有一定体积的圆球，同一种物质的粒子可视为半径相等的圆球。等径圆球堆积有最密堆积和密堆积两种形式。

（1）六方最密堆积（A_3）和立方最密堆积（A_1）

这是常见的两种最密堆积的结构。

一层等径圆球的紧密排列，只有如图 9-33 中 A 所示的一种方式，每一球与周围六球紧密接触，其间留有六个空隙，叫做密置层。第二层在第一层之上的堆积，为了保持最密堆积，应放在第一层的空隙上，由于球体积的限制，只可能有三个空隙被第二层占用，即图中的 B 位置，另外三个空隙（即 C 处）无法占据。第三密置层在第二层上的堆积，则可有两种方式：一是第三层重复第一层的投影位置，第四层又重复第二层，依此类推。这样的堆积方式叫做 A_3 型最密堆积，可用…ABABAB…来表示，如图 9-34(a)。从这种密堆积中，可以分出六方晶胞，如图 9-34(b) 所示，图中上部和下部为 A 密置层，中部为 B 密置层，故称为六方最密堆积。

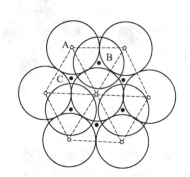

图 9-33　圆球的密堆积（投影）

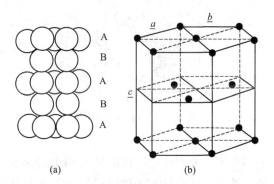

图 9-34　A_3 型最密堆积及其晶胞

另一种堆积方式是第三层置于与空隙 C 相对应位置，然后第四、五、六层分别重复第一、二、三层的投影位置；依此类推。这样的堆积方式叫做 A_1 型最密堆积，可用…ABCABC…来表示。

A_1 型最密堆积方式如图 9-35(a)，从这种密堆积中，可以分出面心立方晶胞，如图 9-35(b) 所示，故称为立方最密堆积。

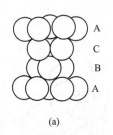

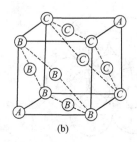

图 9-35　A_1 型最密堆积及其晶胞

(a) 体心立方晶胞

(b) 堆积图示

图 9-36　体心立方点阵及其晶胞

A_1 和 A_3 型最密堆积，每个球都直接与另外十二个球接触，同层有六个，上层三个，下层三个，故配位数为 12。这两种密堆方式是最紧密的，空间利用率最高，均为 74.05%。它们都会有两种空隙，分别为正四面体空隙和正八面体空隙。

（2）体心立方密堆积（A_2）和金刚石型堆积（A_4）

体心立方堆积（A_2 型）不是最密堆积，从这种堆积中可以分出体心立方晶胞，其结构如图 9-36 所示。每个圆球均有 8 个最近的配位圆球，处于正方体的 8 个顶点处，该圆球位于立方体中心。配位数为 8，空间占有率为 68.02%。

金刚石（四面体）型堆积（A_4）。A_4 型如图 9-37 所示为金刚石堆积的立方晶胞，图中画有斜线的原子表示在晶胞内部，其他各球均处在晶胞的 8 个顶点和 6 个面心位置。这种结构在许多共价型的原子晶体中广泛存在，如硅、锗、锡等半导体物质的晶体结构即属 A_4。A_4 的配位数为 4，空间占有率为 34.01%。不属于密堆积，堆积密度低。

2. 最密堆积空隙

在等径球的最密堆积中，按着空隙周围球的分布情况，可将空隙分为正四面体空隙与正八面体空隙两种类型。一类是处于 4 个球包围之中的空隙，此 4 个球中心连线恰好形成一个正四面体，称为正四面体空隙。另一类是正八面体空隙，处于 6 个球包围之中，此 6 个球中心连线恰好形成一个正八面体，见图 9-38。

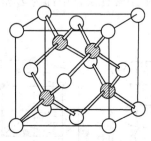

图 9-37　四面体型晶胞

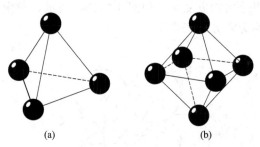

图 9-38　最密堆积中的正四面体空隙（a）和正八面体空隙（b）

为了明确在等径圆球的密堆积中有多少四面体与八面体空隙，先从单层密堆积开始讨论。单层密堆积只有一种形式，一个球周围有 6 个相切的等径球，每个球周围有 6 个等边三角形空隙，分别用 a、b、c、d、e、f 标出，见图 9-39(a)。如果按 A_3 型最密堆积方式，在这一层上再堆积一层形成双层密堆积，见图 9-39(b)。下层为 A 层，上层为 B 层，对于 A 层中的 a，c，e 三个相间的空隙，每个空隙的上面压着 B 层的一个球，分别形成正四面体空隙，一共形成三个正四面体空隙。同样，B 层的三个球形成等边三角形空隙，空隙的下面对着 A 层一个球，也构成一个正四面体空隙。对于双层堆积来说，一个 A 球周围有 4 个正四面体空隙。

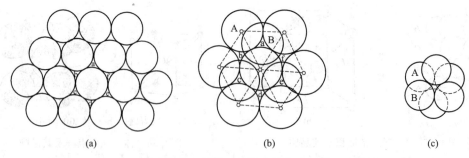

图 9-39　最密堆积双层的四面体空隙与八面体空隙数目

另外，在 3 个等边三角形空隙 b、d、f 处，在每一处可由 A 层的 3 个球构成的三角形与 B 层 3 个球构成的三角形之间形成一个正八面体空隙，见图 9-39(c)。一共可形成 3 个正八面体空隙。这样在两层之间任意一个球周围有 4 个正四面体空隙和 3 个正八面体空隙，当在 A 层的下方按 A_3 的方式再堆上一层，球 A 的周围又形成 4 个正四面体空隙和 3 个正八面体空隙。这样 A_3 型堆积的每一个球的周围都有 8 个正四面体空隙和 6 个正八面体空隙。因为 4 个球构成一个正四面体空隙，每个球分摊到 $\frac{1}{4}$，所以每个球应摊到 $8 \times \frac{1}{4} = 2$ 个正四面体空隙。同理，正八面体空隙由 6 个球构成，每个球应分摊到 $\frac{1}{6}$，所以每个球应分摊到 $6 \times \frac{1}{6} = 1$ 个正八面体空隙。也就是说，在 A_3 型堆积中，正四面体空隙为球数目的 2 倍，正八面体空隙与球数相等。

当球做 A_1 型密堆积时，所形成的空隙的类型和数目与 A_3 型密堆积完全相同，只是位置不同。

对于不等径圆球的堆积，大球按 A_1、A_3 型堆积，小球填充哪类空隙以及填充空隙的多少，要由大球与小球的组成比和半径比来决定，将在二元离子晶体中详细介绍。

九、金属晶体

在 100 多种元素中，金属占 80%。金属具有良好的导电性、有光泽、不透明、延展性和可塑性等。金属原子采用密堆积方式；金属与金属或金属与某些非金属之间能够形成合金；以及金属晶体中原子间结合能较大等特征。这些都由金属原子间结合的方式——金属键的特点所决定的。

1. 金属键

对金属键的认识主要有自由电子模型和能带模型。

（1）自由电子模型

对金属键的认识曾提出"自由电子模型"。这个模型认为金属中的原子按着一定的周期性排列着。金属中的价电子好像理想气体一样，彼此之间无相互作用。它们在周期排列的离子（失去价电子的原子）周围受到力场的作用，这个作用可近似用一个不变的平均力场来描述，即势能为一常数。由于势能零点的选择是任意的，通常取平均势能为零。这表明电子在整个金属中比较"自由"地运动。这些"自由"电子，又同失去价电子的正离子吸引在一起，形成金属晶体，金属的这种结合力称为金属键。

金属键的自由电子模型虽然能够解释金属的许多特性，但该模型过于简单化，它忽略了电子间的排斥作用，当解释金属导电、导热等特性时，按自由电子模型，即假定电子在金属中不受束缚地自由运动；而在解释金属键强度时却必须承认电子与离子间存在着引力，显然这是矛盾的。另外这种模型不能解释不同金属导电性的差别，即不能解释为什么有导体、半导体和绝缘体的差别，以及有的金属电导率各向异性的原因。以后发展为"近自由电子模型"（即在自由电子模型中引入周期势场的微扰），在一定程度上反映了简单金属的实际情况。

（2）能带模型

详细内容已在第一节介绍，这里只简要说明。

金属的价电子在晶体中共有化运动，它决定了金属能带结构的特征，金属具有导带以及满带和空带的部分重叠。金属价电子一般较少，故导带只有部分能级被电子占据，所以导带中的电子易于移动，因此金属具有良好的导电性与导热性；价电子能够吸收可见光并能随即放出光，使金属不透明，具有光泽。由于金属键没有方向性，使金属具有延展性和可塑性。金属之间能够形成不同组成的合金。

金属键的实质是价电子共有化于整个金属大"分子"中的离域多中心键。故金属键无饱和性和方向性；因为遍布整体的多中心离域键的形成，使体系的能量下降较大，稳定性显著增加，因此金属晶体原子间结合能较大。

金属的离域多中心键有别于离域 π 键。

2. 单质金属晶体的结构和金属原子半径

（1）金属单质的结构概况

从 X 射线衍射分析测定，证明大多数金属单质都具有较简单的等径圆球密堆积结构，因此有必要从几何角度来讨论，关于等径圆球的密堆积问题。

金属原子的电子云分布基本上是球形对称的，可以把同一种金属原子看成半径相等的圆球，由于金属键没有方向性，都趋向于在一个金属原子周围排列尽可能多的原子，堆积比较紧密，以使体系势能尽可能低，晶体稳定。因为是密堆积，所得到的结构是结合能最大的稳定结构。因此大多数金属采用立方最密堆积（面心立方晶胞）即 A_1 型最密堆积，或六方最密堆积（六方晶胞）即 A_3 型最密堆积，配位数都是 12。前者如 Cu、Ag、Au、Al 等，后者如 Be、Mg、Zn、Cd 等。另有十多种金属采用立方体心堆积（体心立方晶胞）即 A_2 型堆积，如 Li、Na、K、Mo、W 等，配位数是 8。还有 Ge、Sn 采用金刚石型 A_4 堆积，为金属半导体，立方晶胞配位数是 4。极少数金属单质如 Hg、Ga、Sb 等，具有其他特殊结构型式。表 9-6 列出各种金属单质的结构型式。

表 9-6　金属单质的结构型式和金属的原子半径　　　　　单位：pm

Li	Be												
A2	A3												
152.0	111.2												
Na	Mg											Al	
A2	A3											A1	
185.8	159.9											143.2	
K	Ca	Sc	Ti	V	Cr	Mn	Fe	Co	Ni	Cu	Zn	Ga	Ge
A2	A1	A3	A3	A2	A2	A12	A2	A3	A1	A1	A3	A11	A4
227.2	197.4	162.8	144.8	131.1	124.9	136.6	124.1	125.3	124.6	127.8	133.3	123.3	122.5
Rb	Sr	Y	Zr	Nb	Mo	Tc	Ru	Rh	Pd	Ag	Cd	In	Sn	Sb
A2	A1	A3	A3	A2	A2	A3	A3	A1	A1	A1	A3	A6	A4	A7
247.5	215.2	179.8	158.3	142.9	136.3	135.2	132.5	134.5	137.6	144.5	149.0	162.6	140.5	145.0
Cs	Ba	La	Hf	Ta	W	Re	Os	Ir	Pt	Au	Hg	Tl	Pb	Bi	Po
A2	A2	A3*	A3	A2	A2	A3	A3	A1	A1	A1	A10	A3	A1	A7	C-1
266.2	217.4	187.3	156.4	143	137.1	137.1	133.8	135.7	138.8	144.2	150	170.4	175.0	154.8	167.3

镧系	Ce	Pr	Nd	Pm	Sm	Eu	Gd	Tb	Dy	Ho	Er	Tm	Yb	Lu
	A1	A3*	A3*	A3*	A3″	A2	A3	A3	A3	A3	A3	A1	A3
	182.5	182.5	181.4	181	179.4	199.5	178.6	176.3	175.2	174.3	173.4	172.5	194.0	172.7
锕系	Ac	Th	Pa	U	Np	Pu	Am	Cm	Bk	Ra				
	A1	A1	A6	O-4	O-8	M-16	A3*	A3*	A3*	A2				
	187.8	179.8	160.6	138.5	131	151.3	173	155	170.3	222.9				

（2）金属的原子半径

用 X 射线衍射法可以测得金属单质的晶胞参数，并可进一步算出相邻金属原子间距离，这个距离的一半即为金属原子半径。金属原子半径与晶体结构有关，若一种金属有两种结构，则可能有两种原子半径，这是因为原子间的接触距离取决于原子的配位情况。如配位数为 12 的 A_1 和 A_3 型金属原子半径为 1.00，配位数为 8 的 A_2 型金属原子半径约为 0.97。现将金属原子半径列在表 9-6 中。

【例9-2】　由 X 射线结构分析，测知金属镍为 A_1 型密堆积，晶胞参数 $a=249.2pm$，求镍的原子半径、晶胞体积和空间占有率。

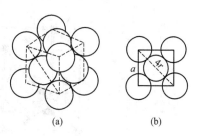

(a)　　　(b)

图 9-40　A_1 型面心立方晶胞

图 9-40(a) 是 A_1 型密堆积和截取的面心立方晶胞。将其中的一个面及其所联系的五个球另外画出，如图 9-40(b)。由图可见，等径圆球相互接触的位置，是在立方晶胞的面对角线的方向上。设圆球半径为 r，则面对角线长为 $4r$；立方晶胞的边长（即其中每个正方形面的边长）为 a。由勾股定理知：

$$\sqrt{2}a=4r$$

$$r=\frac{\sqrt{2}}{4}a=\frac{\sqrt{2}}{4}\times249.2=88.1pm=0.881\times10^{-10}m$$

晶胞体积：$V_{晶胞}=a^3=(2\sqrt{2}r)^3=15.5\times10^{-30}m^3$

晶胞的球数为 4（顶点各 $\frac{1}{8}$，面心各 $\frac{1}{2}$）

则总的球体积为：

$$V_{球}=4\times\left(\frac{4}{3}\pi r^3\right)=\frac{16}{3}\pi r^3=11.45\times10^{-10}m^3$$

于是，空间占有率为：

$$\frac{V_{球}}{V_{晶胞}}=\frac{16}{3}\pi r^3/(16\sqrt{2}r^3)=\frac{\pi}{3\sqrt{2}}=74.05\%$$

十、离子晶体结构

正负离子之间由库仑力（静电力）相互结合在一起，这种化学键称为离子键。因为静电作用没有方向性和饱和性，因此离子键没有方向性和饱和性。离子晶体主要是通过离子键而形成的，因此离子晶体结构特征反映了离子键的特点，据此形成了离子键理论，主要内容包括点阵能、离子半径、离子的堆积、离子的极化、鲍林规则等。

大多数盐类、碱类（金属氢氧化物）及金属氧化物都形成离子晶体。

1. 离子晶体的几种典型的结构型式

离子晶体的结构多种多样，但它们可归结为一些简单结构型式及其变形。

① NaCl 晶型　如图 9-1 所示，属于立方晶系，面心立方点阵。可视负离子（Cl^-）作 A_1 型堆积，正离子（Na^+）填充在全部八面体空隙中。正负离子配位数相同均为 6。

② CsCl 晶型　如图 9-6(a) 所示，属于立方晶系，简单立方点阵，可看做负离子（Cl^-）做简单立方堆积，正离子（Cs^+）填入立方体空隙中，正负离子配位数相同均为 8。

③ 立方 ZnS（闪锌矿）晶型　如图 9-41(a) 所示，属立方晶系，面心立方点阵。负离子（S^{2-}）做 A_1 型密堆积，而正离子（Zn^{2+}）交替地填充四面体空隙的一半，正负离子配位数相同，均为 4。

④ 六方 ZnS（纤锌矿）晶型　如图 9-41(b) 所示，属于六方晶系，简单立方点阵。负离子（S^{2-}）做 A_3 型密堆积，而正离子（Zn^{2+}）填在四面体空隙的一半，正负离子配位数相同，均为 4。

⑤ CaF_2 晶型　如图 9-41(c) 所示，属于立方晶系，面心立方点阵，可看成负离子

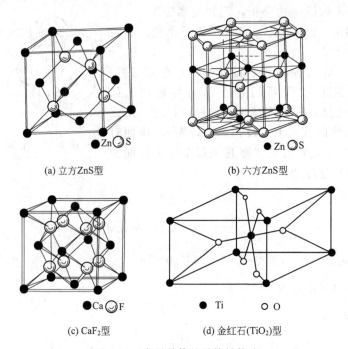

(a) 立方ZnS型　　　　　　　　　(b) 六方ZnS型

(c) CaF₂型　　　　　　　　　(d) 金红石(TiO₂)型

图 9-41　离子晶体的最简结构式

（F⁻）做简单立方堆积，正离子填充立方体空隙的一半，配位数为 8：4（每个 Ca^{2+} 与 8 个 F^- 配位，每个 F^- 与 4 个 Ca^{2+} 配位）。

⑥ 金红石（TiO_2）晶型　如图 9-41(d) 所示，属于四方晶系，简单四方点阵，负离子（O^{2-}）做稍有变形的 A_3 密堆积，正离子（Ti^{4+}）填充八面体空隙的一半，配位数为 6：3（Ti^{4+} 的配位数为 6，O^{2-} 的配位数为 3）。

2. 点阵能的计算

离子键的强度可由点阵能大小来表示，点阵能愈大，表示离子键愈强，晶体愈稳定。点阵能是指在 0 K 时，1mol 离子化合物中正、负离子从相互远离的气态，结合成离子晶体时所放出的能量，即：

$$m M^{2+}(g) + x X^{z-}(g) = M_m X_x(s) + V（点阵能） \tag{9-8}$$

若按上式直接进行实验来测定点阵能较困难。玻恩（M. Born）和哈伯（F. Haber）曾设计热化学循环来求点阵能，叫玻恩-哈伯循环。这种由实验数据进行计算的方法，已在无机化学课中学过了。

离子晶体结合能的理论计算由玻恩、马德隆（Madlung）等在量子力学产生之前建立了。他们根据离子满壳层结构，近似地把组成离子晶体正、负离子看做是球对称的，因此可以把它们作为点电荷来处理。

根据库仑定律，同种电荷之间是排斥能，异种电荷之间是吸引能，作用能与距离 R 成反比，因此对于电荷为 $\omega_+ e$ 和 $\omega_- e$ 的两球形离子，相距为 R 的吸引势能是：

$$V_{吸引} = -\frac{\omega_+ \omega_- e^2}{4\pi\varepsilon_0 R} \tag{9-9}$$

当两个离子接近到 R_e，电子云间发生重叠时，将产生排斥作用。其特点是随 R 增大，排斥作用非常迅速降低，所以玻恩建议用 R 的一个负幂数来描述排斥势能：

$$V_{排斥} = \frac{B}{R^m} \tag{9-10}$$

式中，B 为比例常数；m 为玻恩指数。

这样，一对正、负离子间总势能 V 与距离 R 的关系为：

$$V = -\frac{\omega_+ \omega_- e^2}{4\pi\varepsilon_0 R} + \frac{B}{R^m} \qquad (9-11)$$

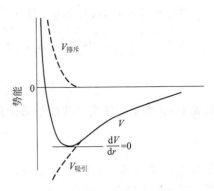

图 9-42 离子对的能量曲线

V 与 R 之间的函数关系如图 9-42 所示，R_e 是势能 V 最小值时两离子之间的距离，即平衡距离。

$$\left(\frac{dV}{dR}\right)_{R=R_e} = \frac{\omega_+ \omega_- e^2}{4\pi\varepsilon_0 R_e^2} - \frac{B}{R_e^{m+1}} = 0 \qquad (9-12)$$

$$B = \frac{\omega_+ \omega_- e^2 R_e^{m-1}}{4\pi\varepsilon_0 m} \qquad (9-13)$$

将式(9-13) 代入式(9-11)，简化后得：

$$V_{R=R_e} = -\frac{\omega_+ \omega_- e^2}{4\pi\varepsilon_0 R_e}\left(1 - \frac{1}{m}\right) \qquad (9-14)$$

玻恩指数 m 可从晶体压缩系数的实验值推算求得，m 值与离子的电子层结构有关，如表 9-7 所示。

表 9-7　玻恩指数

离子的电子结构	He	Ne	Ar,Cu$^+$	Kr,Ag$^+$	Xe,Au$^+$
m	5	7	9	10	12

若正、负离子属于不同类型，则取其平均值，如 NaCl 的 m 为：

$$m = \frac{7+9}{2} = 8$$

从式(9-14) 求得的是一对正、负离子间势能，还不是离子化合物的点阵能 V，因为对于晶体，一个离子周围紧邻有若干异号离子，再远一些又有若干个同号离子，以此类推。离子化合物的点阵能是许多离子对间势能代数和的绝对值。

例如，对于 NaCl 晶体，由其晶体结构可知，当 Na$^+$ 和 Cl$^-$ 最近距离为 R_e 时，每一个 Na$^+$ 离子周围有：6 个距离为 R_e 的 Cl$^-$ 离子；稍远一些有 12 个距离为 $\sqrt{2}R_e$ 的 Na$^+$ 离子；再远一些又有 8 个距离为 $\sqrt{3}R_e$ 的 Cl$^-$ 离子；更远一些有 6 个距离为 $\sqrt{4}R_e$ 的 Na$^+$ 离子。所以对每一个 Na$^+$ 离子，库仑作用能为：

$$V_{Na^+} = -\frac{\omega_+ \omega_- e^2}{4\pi\varepsilon_0 R_e}\left(1 - \frac{1}{m}\right)\left(6 - \frac{12}{\sqrt{2}} + \frac{8}{\sqrt{3}} - \frac{6}{\sqrt{4}} + \cdots\right) = -\frac{\omega_+ \omega_- e^2 a}{4\pi\varepsilon_0 R_e}\left(1 - \frac{1}{m}\right)$$

$$\alpha = \left(6 - \frac{12}{\sqrt{2}} + \frac{8}{\sqrt{3}} - \frac{6}{\sqrt{4}} + \cdots\right) \qquad (9-15)$$

式中，α 为马德隆常数。它是一个与晶体结构有关的常数，在不同的晶体结构型式中其值不同。表 9-8 列出几个典型结构型式的马德隆常数值。

表 9-8　马德隆常数

典型结构型式	离子配位数	马德隆常数 α	典型结构型式	离子配位数	马德隆常数 α
CsCl	8∶8	1.763	立方 ZnS	4∶4	1.638
NaCl	6∶6	1.748	CaF$_2$	8∶4	2.519
六方 ZnS	4∶4	1.641	TiO$_2$(金红石)	6∶3	2.408

考虑到 1mol NaCl 型离子晶体共有 $2L$ 个离子，L 是阿佛伽德罗常数，在求体系总势能时，若将 $\dfrac{-\omega_+\omega_-\,\mathrm{e}^2 a}{4\pi\varepsilon_0 R_\mathrm{e}}$ 项乘以 $2L$，每个离子实际上都被计入两次，所以体系总势能为：

$$-\frac{1}{2}\times 2L\,\frac{\omega_+\omega_-\,\mathrm{e}^2\alpha}{4\pi\varepsilon_0 R_\mathrm{e}}\left(1-\frac{1}{m}\right)$$

形成 1mol 离子晶体的点阵能取势能的绝对值，即：

$$V=\frac{L\alpha\omega_+\omega_-\,\mathrm{e}^2}{4\pi\varepsilon_0 R_\mathrm{e}}\left(1-\frac{1}{m}\right) \tag{9-16}$$

式（9-16）是从理论上导出计算 1mol 离子晶体点阵能的公式。式中 R_e 可由 X 射线衍射法求得，以 m❶ 为单位，电荷 $\mathrm{e}=1.602\times10^{-19}\mathrm{C}$，$\varepsilon_0=8.854\,\mathrm{C}^2/(\mathrm{J\cdot m})$，$L=6.02\times10^{23}$，点阵能以 kJ/mol 计算得到：

$$V=\frac{138.9\times10^{-9}\alpha\omega_+\omega_-}{R_\mathrm{e}}\left(1-\frac{1}{m}\right) \tag{9-17}$$

对于 NaCl 晶体的 m 值可取 7 和 9 的平均值，即按 $m=8$ 计算。根据 NaCl 晶体的结构数据，$\omega_+=1$，$\omega_-=-1$，$\alpha=1.748$，$R_\mathrm{e}=2.82\times10^{-10}\mathrm{m}$，按式（9-17），计算点阵能为：

$$V=-753.4\mathrm{kJ/mol}$$

同实验值 $-766.1\mathrm{kJ/mol}$ 比较接近。

离子晶体的熔点、硬度等物理性质均与点阵能的大小有关，从表 9-9 可知，点阵能越大，热膨胀系数和可压缩系数愈小，而硬度、熔点和沸点愈高。

表 9-9　点阵能和物性

化合物	晶格能 /(kJ/mol)	沸点 /℃	熔点 /℃	热膨胀系数 $\beta/\times10^6$	压缩系数 $\gamma/\times10^6$	莫氏硬度	离子间距 /pm
KI	632	1331	682	135	8.53		353
KBr	665	1381	742	120	6.70		329
NaI	686	1300	662	145	7.70		323
KCl	690	1500	776	115	5.62	2.2	314
NaBr	732	1393	747	129	5.07		298
NaCl	766	1441	804	120	4.26	2.5	282
KF	795	1505	846	110	3.30		266
NaF	849	1695	988	108	2.11	3.2	231
BaS	2707			102	2.95	3.0	319
SrS	2870				2.47	3.3	300
BaO	3041	2000	1923			3.3	276
CdS	3084			51	2.32	4.0	284
SrO	3205		2430			3.5	257
MgS	3347					4.5	284
CaO	3477	2850	2585	63		4.5	240
MgO	3929		2800	40	0.60	6.0	210

在矿物学上，点阵能可以解释许多矿物自溶液或熔融状态中生成的天然过程，研究矿物生成的次序，有助于研究地球的构造和历史。

点阵能可用来计算电子亲和能 Y，用实验方法测定非金属元素的电子亲和能尚有一定困难，因此，利用由计算得到的点阵能，可由玻恩-哈伯循环来计算电子亲和能，也常利用点

---

❶ 此处 m 表示长度单位：米。

阵能数据来计算反应热 Q。

3. 离子半径

对于一个离子，电子云的分布是无限的，按着这样的观点，离子不会有确定的半径了。但是在晶体中的离子，都处于平衡位置，离子间有一定的平衡距离，利用 X 射线可以精确测定其值，这样可以将晶体中相邻的正、负离子中心之间的距离视为离子半径之和，以下将从这一角度来讨论离子半径。由于正、负离子半径不等，如何从正、负离子平衡距离找到正、负离子半径的分界线，不同的划分方法就会得到有差别的结果。

① 哥希密特（Goldschmidt）半径　在 1927 年，哥希密特根据实验测定离子间接触距离的数据，推算出 80 多种离子半径，称为哥希密特离子半径。但是目前大家普遍接受的是鲍林提出来的计算离子半径的方法，所得的离子半径称为鲍林离子半径。

② 鲍林半径　鲍林从五个晶体（NaF、KCl、$RbBr$、CsI 和 Li_2O）核间距的数据出发，应用半经验方法推出大量的离子半径（表 9-10）。他认为离子的大小主要取决于最外层的电子分布，对于相同电子层的离子，其半径应与有效核电荷成反比，有效核电荷等于核电荷 Z 减去屏蔽常数 σ，所以离子半径可由式(9-18)表示：

$$r_1 = \frac{C_n}{Z-\sigma} \tag{9-18}$$

式中，r_1 为单价离子半径；C_n 是由外层主量子数 n 决定的常数，对于主量子数相同的离子取值相同；Z 是原子序数；$(Z-\sigma)$ 表示有效核电荷。屏蔽常数 σ 则取决于离子的电子构型。例如对 NaF 晶体，Na^+ 与 F^- 离子的原子序数为 11 和 9，它们都是 Na 型离子，$\sigma = 4.52$。其外层电子主量子数为 $n=2$，所以 C_n 相同，有

$$r_{Na^+} = \frac{C_n}{11-4.52} \tag{9-19}$$

$$r_{F^-} = \frac{C_n}{9-4.52} \tag{9-20}$$

表 9-10　Pauling 离子半径　　　　　　　　　　　单位：pm

离子名称	离子半径	离子名称	离子半径	离子名称	离子半径	离子名称	离子半径	离子名称	离子半径
Ag^+	126	Co^{3+}	63	Hg^{2+}	110	Nb^{5+}	70	Si^{4+}	41
Al^{3+}	50	Cr^{2+}	84	I^-	216	Ni^{2+}	72	Sr^{2+}	113
As^{3-}	222	Cr^{3+}	69	In^+	132	Ni^{3+}	62	Sn^{2+}	112
As^{5+}	47	Cr^{6+}	52	In^{3+}	81	O^{2-}	140	Sn^{4+}	71
Au^+	137	Cs^+	169	K^+	133	P^{3-}	212	Te^{2-}	221
B^{3+}	20	Cu^+	96	La^{3+}	115	P^{5+}	34	Ti^{2+}	90
Ba^{2+}	135	Cu^{2+}	70	Li^+	60	Pb^{2+}	120	Ti^{3+}	78
Be^{2+}	31	Eu^{2+}	112	Lu^{3+}	93	Pb^{4+}	81	Ti^{4+}	68
Bi^{5+}	74	Eu^{3+}	103	Mg^{2+}	65	Pd^{2+}	86	Ti^+	140
Br^-	195	F^-	136	Mn^{2+}	80	Ra^{2+}	140	Ti^{3+}	95
C^{4-}	260	Fe^{2+}	76	Mn^{3+}	66	Rb^+	148	U^{4+}	97
C^{4+}	15	Fe^{3+}	61	Mn^{4+}	54	S^{2-}	184	V^{2+}	88
Ca^{2+}	99	Ga^+	113	Mn^{7+}	46	S^{6+}	29	V^{3+}	74
Cd^{2+}	97	Ga^{3+}	62	Mo^{6+}	62	Sb^{2-}	245	V^{4+}	60
Ce^{3+}	111	Ge^{2+}	93	N^{3-}	171	Sb^{5+}	62	V^{5+}	59
Ce^{4+}	101	Ge^{4+}	53	N^{5+}	11	Se^{3+}	81	Y^{3+}	93
Cl^-	181	H^-	208*	Na^+	95	Se^{2-}	198	Zn^{2+}	74
Co^{2+}	74	Hf^{4+}	81	NH_4^+	148	Se^{6+}	42	Zr^{4+}	80

注：表中 H^- 数据偏大（208），一般常用 140pm。

实验测得 NaF 离子间距离为：

$$r_{Na^+} + r_{F^-} = 231pm = 2.31 \times 10^{-10} m \tag{9-21}$$

解联立方程式(9-19)～式(9-21)，求得 $r_{Na^+} = 95pm$，$r_{F^-} = 136pm$，$C_n = 6.156$。

用这种方法计算 1-1 价离子晶体所得的半径，称为离子单价半径。在非单价离子的晶体中，对电价为 ω 的离子晶体半径 r_ω，可通过下式由单价半径导出：

$$r_\omega = r_1(\omega)^{-2/(m-1)} \tag{9-22}$$

式中，m 为玻恩指数。

由于鲍林推得的离子半径数据较全，曾经被广泛应用，表 9-10 列出鲍林离子半径的值。

十一、离子晶体结构的鲍林（Pauling）规则与离子晶体举例

1. 鲍林规则

鲍林提出关于复杂离子晶体结构的五个原则，其中一部分是在 1928 年，根据当时测定晶体结构的数据归纳出来的，另一部分是从点阵能方程中推导出来的。

第一规则：关于正离子配位多面体规则。在正离子的周围形成负离子配位多面体，正、负离子距离取决于半径之和，而配位数取决于半径之比。

第二规则：关于离子电价规则。在稳定的离子晶体中，每个负离子的电价 ω_- 等于或近似等于从邻近的正离子至该负离子的各静电键的强度总和。

设 ω_+ 为正离子所带电荷，n 为它的配位数，即正离子周围的负离子数。则正离子与每个配位负离子的静电键的强度 S_i 定义为：

$$S_i = \frac{\omega_+}{n} \tag{9-23}$$

而负离子电荷 ω_- 按这一规则为：

$$\omega_- = \sum_i S_i = \sum_i \frac{\omega_+, i}{n_i}$$

求和 i 表示负离子周围的正离子数，即负离子的配位数。例如 TiO_2 晶体，已知 $\omega_+ = 4$，$n = 6$，则一个 Ti^{4+} 至一个 O^{2-} 离子的静电强度 $S_i = \frac{4}{6} = \frac{2}{3}$，而 O^{2-} 离子的电价为 $\omega_- = 2 = i \times \frac{2}{3}$，得知 $i = 3$，说明 O^{2-} 周围有 3 个 Ti^{4+}，即 O^{2-} 的配位数为 3，因而每个 O^{2-} 是三个配位多面体的共用顶点。

用电价规则来探索氧化物和氧盐的晶体结构可得如下三个原则。

① $\omega_+ > n$ 时，$S_i > 1$，说明正离子与其周围的 O^{2-} 结合很牢，以致 O^{2-} 不能再与其他正离子结合，只好以独立的氧化物或配离子存在于晶体中，例如 CO_2 分子晶体等。

② $\omega_+ = n$ 时，$S_i = 1$，说明结构中每个 O^{2-} 只能为两个配位多面体共用。例如硅酸盐结构中，除少数例外，硅酸盐中 Si 处在硅氧四面体 $[SiO_4]^{4-}$ 中，Si 的配位数为 4，即 $n = 4$，已知 Si 的电价为 4，由鲍林第二规则，得：

$$S_{Si \to O} = \frac{4}{4} = 1$$

因为 O^{2-} 的电价数为 2，$\omega_{O^{2-}} = 2 = 1 + 1 = 2 \times 1$。

说明一个 O^{2-} 可与两个 Si—O 键相连，即硅酸盐结构中一个 O^{2-} 只能被两个硅氧四面体 $(SiO_4)^{4-}$ 共用。

③ $\omega_+ < n$ 时，$S_i < 1$，说明晶体结构中的每个 O^{2-} 可为多个配位多面体共用。例如刚玉

（α-Al$_2$O$_3$）晶体中，$\omega_+ = 3$，$n = 6$，$S_i = \dfrac{1}{2}$，则 $i = 4$，即一个 O^{2-} 可为四个铝氧八面体（AlO$_6$）$^{9-}$ 的共用顶点。

第三规则：关于配位多面体棱和面的规则。在一配位结构中，共用棱，特别是共用面的存在，会降低晶体结构的稳定性，正离子的价数越高，配位数越少，则这一效应越显著。

图 9-43 示出四面体和八面体共用顶点、棱、面时的原子间距离；两四面体共用一个顶点时，设其中心距离为 1，则共用棱时为 0.58，共用面时为 0.33。由库仑定律知，两同种电荷的斥力与其距离平方成反比，与其电荷之积成正比。因此，共用面时斥力最大，共用棱时次之，共用顶点斥力最小。其相应的晶体应以共用顶点时最稳定，所以硅酸盐结构中，两个（SiO$_4$）$^{4-}$ 四面体之间，最多只能共用一个顶点。

从图中可以看出对于八面体的影响较四面体要小些，前者原子间距离连比为 1：0.71：0.58。这说明离子晶体的稳定性强弱是由正离子的库仑斥力引起的。

鲍林规则适用于离子晶体，但对于有一定共价成分的离子晶体也适用。违反鲍林规则的情况，可能是化合物的结构不稳定，或者不属于离子键晶体。

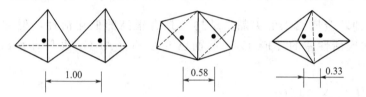

两个四面体共顶、共棱、共面时的中心间距

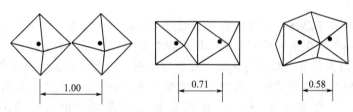

图 9-43 配位多面体共用点、线、面的情形

2. 离子晶体举例——尖晶石结构

对近代科学技术具有重要意义的许多固体材料，如磁性材料，以及催化剂研究中的一些氧化物晶体，一般都具有尖晶石结构。

天然尖晶石成分为 MgAl$_2$O$_4$，其结构有一定的代表性，称为尖晶石结构。已知有一百多种无机物属尖晶石结构，其结构通式为 AB$_2$O$_4$，式中 A^{2+} 可以是 Mg^{2+}、Mn^{2+}、Fe^{2+}、Co^{2+}、Ni^{2+}、Cu^{2+}、Zn^{2+}、Cd^{2+} 等二价金属离子；B^{3+} 可以是 Al^{3+}、Cr^{3+}、Fe^{3+}、Co^{3+} 等三价金属离子。其中 A^{2+} 与 O^{2-} 之间及 B^{3+} 和 O^{2-} 之间主要以离子键结合，所以尖晶石属于离子化合物，而且是氧化物，不是含氧盐。

尖晶石晶体中的 O^{2-} 做 A$_1$ 型密堆积，属于立方晶系、面心立方点阵，其晶胞含有 8 个 AB$_2$O$_4$，晶胞化学式为 A$_8$B$_{16}$O$_{32}$。故每个立方晶胞中含有 32 个 O^{2-}，O^{2-} 密堆积形成 64 个四面体空隙，32 个八面体空隙，见图 9-44。根据 A、B 占据空隙的不同，可分为正常尖晶石和反式尖晶石结构，若 A 离子处于四面体空隙，B 离子处于八面体空隙，属于正常尖晶石结构；若 A 离子处于八面体空隙，B 离子在四面体空隙与八面体空隙都存在，称为反式尖晶石结构。例如合成氨的重要催化剂磁性氧化铁 Fe$_3$O$_4$，就具有反式尖晶石结构，可以

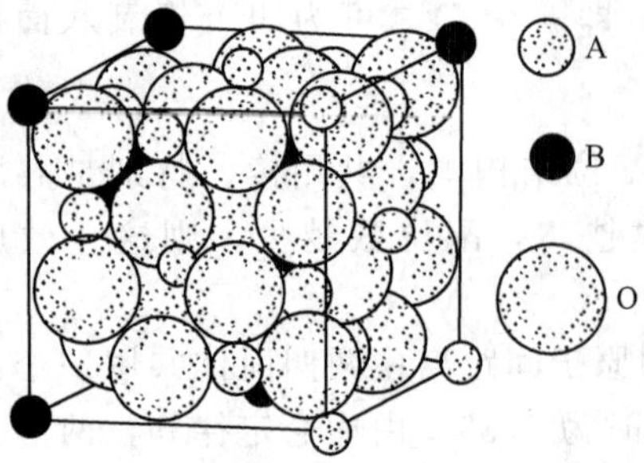

图 9-44 尖晶石（AB_2O_4）的堆积模型

表示成 $Fe^{3+}[Fe^{2+}Fe^{3+}]O_4$，晶胞化学式为 Fe_8^{3+} $[Fe^{2+}Fe^{3+}]_8O_{32}$，8 个 Fe^{3+} 进入 8 个四面体空隙，另外 8 个 Fe^{3+} 和 8 个 Fe^{2+} 离子进入 16 个八面体空隙。

γ-Fe_2O_3 为正常尖晶石结构，由 Fe_3O_4 进一步氧化制得。同样，晶胞中含 32 个 O^{2-}，应有 $8+16=24$ 个空隙被填充。但在 Fe_2O_3 中与 32 个 O^{2-} 对应的只有 $\frac{32}{3} \times 2 = 21\frac{1}{3}$ 个 Fe。所以，24 个空隙中平均有 $2\frac{2}{3}$ 个缺铁空穴。因此它的结构式可表示为 $[Fe_{8/9}^{3+}\square_{1/9}]$ $[Fe_{8/9}^{3+}\square_{1/9}]O_4$，式中 $\square$ 表示空位。尖晶石和反式尖晶石结构对照见表 9-11。

表 9-11　尖晶石与反式尖晶石对照表

尖晶石分类	通式	阴离子	四面体空隙	八面体空隙	示例
正常尖晶石	AB_2O_4	32 个 O^{2-}	8 个 A 离子	16 个 B 离子	$Mg(Al)_2O_4$
反式尖晶石	AB_2O_4	32 个 O^{2-}	8 个 B 离子	A、B 离子各 8 个	$Fe^{3+}[Fe^{2+}Fe^{3+}]O_4$

γ-Fe_2O_3 这种缺金属离子的尖晶石结构，具有很高的催化活性，但它不够稳定，在高温时容易转化成活性差的 α-Fe_2O_3，前面已介绍的 γ-Al_2O_3 也具有 γ-Fe_2O_3 相同的缺位结构。

十二、共价晶体与分子晶体

1. 共价晶体

共价晶体也叫原子晶体。晶体中的原子通过共价键结合起来。由于共价键有饱和性和方向性，因而原子间不能采取密堆积方式，所以在共价晶体中原子的配位数一般都比较小（配位数小于 4）。又因为共价键结合力比离子键结合力强，故共价晶体的硬度和熔点都比较高。

金刚石是最典型的共价晶体，其中每个碳原子通过 sp^3 杂化轨道与其他碳原子形成共价键，故配位数为 4。如图 9-37 所示。金刚石属立方晶系、面心立方点阵，点阵参数 $a=359.9pm$。

同 C 一族的 Si、Ge、Sn（灰锡）也是具有金刚石结构的共价晶体。单质 B（硼）是具有三中心键的共价晶体。重金属硫化物也可看成类似金刚石结构的共价晶体。

AB 型共价晶体的结构主要是立方 ZnS 和六方 ZnS 型两种，配位数都是 4：4。事实上，立方 ZnS 和六方 ZnS 晶体本身都属于共价晶体。其他如碘化银（AgI）、铜的卤化物、金刚砂（SiC）等都具有 ZnS 型结构的共价晶体。

AB_2 型的共价晶体有多种，白硅石（SiO_2）就是典型例子。

2. 分子晶体

绝大多数非金属单质、化合物分子以及有机分子，在温度足够低时易结晶成固体。实验证实在晶体中它们仍保留其单个分子形式。显然形成晶体主要是靠分子之间的范德华力或氢键结合。

分子间结合力很弱，故其熔点低、硬度小。

① 非金属单质晶体　稀有气体以及 H_2、N_2、Cl_2、Br_2、I_2 等，在低温时以范德华力形成分子晶体。因为范德华力没有饱和性和方向性，而这些分子又比较小，接近球形，所以其分子晶体有形成密堆积的趋势。如 He 晶体为 A_3 型，Ne、Ar、Kr、Xe 等晶体为

A_1 型。

② 非金属化合物晶体　非金属化合物中的氢氧化物、卤化物、氢化物、氧化物和硫化物等晶体，以及有机物的晶体，大都属于分子晶体。简单二元非金属化合物的分子可以转动，旋转的范围似球形，能做密堆积，故可构成配位数较大或对称性较高的分子晶体。例如 AX（X 为 F、Cl、Br、I）、CO_2、CH_4 等化合物的晶体，对于复杂的无机化合物和有机物晶体，由于其分子不能看做球形质点，不能做密堆积，因而其晶体的结构较疏，对称性低，一般属于低级晶系的链型或层型分子晶体。

③ 氢键晶体　氢键晶体是指分子靠氢键结合而成的晶体。例如 HF 是链状氢键晶体，$H_2C_2O_4$ 是层状氢键晶体，H_2O 是架状氢键晶体。氢键是弱键，它比一般化学键弱得多，比范德华力稍强，因此相应的晶体也看成是分子晶体。

十三、基本例题解

（1）铁在 25℃ 时晶体为体心立方晶胞，边长 $a_0 = 286.1\text{pm}$，求铁原子间最近的距离。

解　参见图 9-36(a)，以体心立方晶胞一个顶点，其坐标为（000），体心位置原子的分数坐标为 $\left(\dfrac{1}{2}, \dfrac{1}{2}, \dfrac{1}{2}\right)$，此两点为最近的原子间距离。

$$R = \sqrt{(x_1 - x_2)^2 + (y_1 - y_2)^2 + (z_1 - z_2)^2} \cdot a_0$$

$$R = \sqrt{\left(\frac{1}{2} - 0\right)^2 + \left(\frac{1}{2} - 0\right)^2 + \left(\frac{1}{2} - 0\right)^2} \cdot a_0 = \frac{\sqrt{3}}{2} \times 286.1 = 247.8\text{pm}$$

（2）萤石有一面心立方结构，在单位格子中有四个 CaF_2 分子。在 25℃ 时，以 $\lambda = 154.2\text{pm}$ X 射线入射（111）面，得衍射角 $\theta = 14.18°$，求单位格子的边长和 25℃ 时 CaF_2 密度。

解　　　　$\lambda = 2d_{hkl}\sin\theta$,　　　$d_{hkl} = \dfrac{a}{\sqrt{h^2 + k^2 + l^2}}$

经变换得：

$$a = \frac{\lambda\sqrt{h^2 + k^2 + l^2}}{2\sin\theta}$$

代入有关数据得：

$$a = \frac{\sqrt{3} \times 0.1542 \times 10^{-9}\text{m}}{2 \times \sin 14.18°} = 0.545 \times 10^{-9}\text{m}$$

萤石是面心立方晶胞，含有四个 CaF_2 分子。

分子量　　　　　　　　$M = 78.08 \times 10^{-3}\text{kg/mol}$

密度

$$\rho = \frac{4M}{La^3} = \frac{4 \times 78.08 \times 10^{-3}\text{kg/mol}}{6.022 \times 10^{23}/\text{mol} \times (0.545 \times 10^{-9}\text{m})^3} = 3204\text{kg/m}^3 = 3.204\text{g/cm}^3$$

（3）金属铯（相对原子质量 133）为立方晶系，体心立方晶胞，利用波长 $\lambda = 80\text{pm}$ 的 X 射线测得（100）面的一级衍射 $\sin\theta$ 值为 0.133。(a) 计算晶胞边长，(b) 计算金属铯的密度。

解　(a) 由式(9-7) 得：

$$2d_{hkl}\sin\theta = n\lambda \quad \text{已知 } \sin\theta = 0.133, n = 1$$

则：

$$d_{100} = \frac{\lambda}{2\sin\theta} = \frac{80 \times 10^{-12}\text{m}}{2 \times 0.133} = 300 \times 10^{-12}\text{m} = 300\text{pm}$$

因为是体心立方晶胞，（100）晶面的面间距为 $\frac{1}{2}a_0$，所以：

$$a_0 = 2d_{100} = 600\text{pm}$$

（b）如果是体心立方晶胞，晶胞的原子数为2，故密度：

$$\rho = \frac{2 \times 1.33 \times 10^{-3}\text{kg/mol} \times 100}{6.022 \times 10^{23}\text{/mol} \times (600 \times 10^{-12}\text{m})^3} = 2.04 \times 10^3\text{kg/m}^3$$

（4）计算立方晶胞的（100）、（110）、（111）三组晶面的面间距离之比。

解 由式(9-3)知平行晶面间的距离 d：

$$d_{hkl} = \frac{a}{\sqrt{h^2 + k^2 + l^2}}$$

代入相关数据，求得：

$$d_{100} = a, \quad d_{110} = \frac{\sqrt{2}}{2}a, \quad d_{111} = \frac{\sqrt{3}}{3}a$$

则：

$$d_{100} : d_{110} : d_{111} = 1 : \frac{\sqrt{2}}{2} : \frac{\sqrt{3}}{3}$$

（5）已知 MgO 是配位八面体构型 $[\text{MgO}_6]^{10-}$，晶体表面的 Mg、O 原子各有一个 Mg—O 键没有形成，计算 Mg 与 O 原子的过剩电荷。

解 根据鲍林规则，Mg^{2+} 的配位数为 6，化合价为 2，则表面 Mg^{2+} 的过剩电荷为：

$$S_i = \frac{\omega+}{n} = \frac{2}{6} = 0.33\text{e}$$

O^{2-} 的价数 $\omega_- = |-2| = i \times \frac{1}{3}$，$i = 6$ 即 O^{2-} 的配位数为 6，所以表面 O^{2-} 的过剩电荷为：

$$S_i = -\frac{2}{6} = -0.33\text{e}$$

习　题

9-1　写出晶体中可能独立存在的对称元素。

9-2　铁在 25℃结晶成体心立方晶胞，晶胞边长 $a_0 = 286.1\text{pm}$，求铁原子间最近距离？

9-3　在 298K，α-Mn 的密度 $\rho = 7.40 \times 10^3\text{kg/m}^3$，单位格子含 $Z = 2 \times 29\text{Mn}$ 原子，求晶胞边长。

9-4　$\text{Pd}K_\alpha$X 射线波长是 58.6pm，则其 X 射线管负极和正极（靶）间的最小电压 V 是多少？

9-5　一束 $\lambda = 300\text{pm}$ 的 X 射线，使 $a = 500\text{pm}$ 的简单立方晶胞（100）平面产生衍射光束，X 射线的衍射角是多少？

9-6　金刚石为面心立方晶胞，边长 $a = 356.7\text{pm}$，若最邻近原子坐标为 $(0,0,0)$ 和 $\left(\frac{1}{4}, \frac{1}{4}, \frac{1}{6}\right)$，求 C—C 键长。

9-7　金属银晶体具有面心立方晶胞，晶胞参数 $a = 0.4086\text{nm}$，用 $\text{Cu}K_\alpha$ 产生的 X 射线在一组（111）面发生衍射，若入射波长 $\lambda = 0.154\text{nm}$，求衍射角 θ。

9-8　在 25℃，斜方硫晶胞参数 $a = 1.0465\text{nm}$，$b = 1.2866\text{nm}$，$c = 2.4486\text{nm}$，密度 $\rho = 2667\text{kg/m}^3$，求单位晶胞硫的原子数。

9-9　按等径圆球堆积方式，计算 A_1 型密堆积晶体的空间利用率（晶胞中球体积与晶胞体积之比）。

9-10　将下列晶体区分为离子晶体、共价晶体、金属晶体和分子晶体。

（a）Ca　　（b）CO_2　　（c）SiO_2　　（d）BaO　　（e）N_2　　（f）CsNO_3　　（g）Cs

9-11　已知 KCl 晶体结构属于 NaCl 型，晶棱长 6.28Å，计算 KCl 的点阵能，并与下题所示的结果比较。

9-12　对 KCl 晶体而言，用热化学循环求点阵能所需要的数据如下：

热化学数据	$\Delta H_{生成}$	$\Delta H_{升华}$	I_K（电离能）	$\Delta H_{分解}$	Y_{Cl}（电子亲和能）
数值/(kJ/mol)	-435.1	83.7	418.4	242.7	368.2

试求 KCl 晶体的点阵能。

9-13　已知某金属晶体的结构属于 A_3 型堆积，其原子半径为 r，证明它的边长 $b = 2r$，$c = \dfrac{4\sqrt{2}r}{\sqrt{3}}$。

9-14　证明在二元离子晶体中，正负离子的配位数之比等于其电价之比，即 $\dfrac{n_+}{n_-} = \dfrac{\omega_+}{\omega_-}$。

附录 1

表 1　基本常数

常数名称	符号	数值	单位
真空光速	c	2.9979246×10^8	m/s
真空磁导率	μ_0	$4\pi = 12.566370614\cdots$	$10^{-7} \mathrm{NA}^{-2}$
真空电容率	ε_0	$8.8541878 \times 10^{-12}$	$\mathrm{C}^2/(\mathrm{J} \cdot \mathrm{m})$
电子电荷	e	1.60219×10^{-19}	C
普朗克常数	h	6.62618×10^{-34}	J·s
约化普朗克常数	$\hbar$	1.05457×10^{-34}	J·s
阿伏伽德罗常数	L	6.02205×10^{23}	mol^{-1}
电子质量	m_e	9.10953×10^{-31}	kg
质子质量	m_p	1.67265×10^{-27}	kg
中子质量	m_n	1.67495×10^{-27}	kg
玻尔半径	a_0	5.291771×10^{-11}	m
玻尔磁子	μ_B	9.2741×10^{-24}	J/T
核磁子	μ_N	5.0508×10^{-27}	J/T
理想气体摩尔体积(STP)	V_m	22.414×10^{-3}	$\mathrm{m}^3/\mathrm{mol}$
摩尔气体常数	R	8.3144	$\mathrm{J}/(\mathrm{K} \cdot \mathrm{mol})$
玻耳兹曼常数	k	1.38066×10^{-23}	J/K
法拉第常数	F	9.6485×10^4	C/mol

表 2　能量单位换算

erg/mol	eV	cm^{-1}	kJ/mol	kcal/mol	MHz
1	6.242×10^{11}	5.035×10^{15}	6.023×10^{13}	1.4395×10^{13}	1.509×10^{20}
1.602×10^{-12}	1	8.067×10^3	9.649×10	23.0618	2.418×10^8
1.986×10^{-16}	1.240×10^{-4}	1	1.196×10^{-2}	2.8589×10^{-3}	2.998×10^4
1.660×10^{-14}	1.036×10^{-2}	8.359×10	1	23.90	2.506×10^6
6.964×10^{-14}	4.3361×10^{-8}	0.3498×10^{-3}	4.184	1	1.048×10^7
6.626×10^{-21}	4.136×10^{-9}	3.336×10^{-5}	3.990×10^{-7}	9.542×10^{-7}	1

$1\text{Å} = 100\text{pm} = 10^{-8}\text{cm} = 10^{-10}\text{m}$

$1\text{atm} = 760\text{mmHg} = 1.01325 \times 10^5 \mathrm{N/m^2}(\text{Pa})$

$1\text{mmHg} = 133.322\mathrm{N/m^2}$

$1\text{D(Debye)} = 3.33564 \times 10^{-30}\mathrm{C} \cdot \mathrm{m}$

$1\text{erg} = 10^{-7}\text{J}$

$1\text{cal} = 4.184\text{J}$

$1\text{N} = 10^5\text{dyn}$

附录2　参考习题答案

第一章

1-1　动量：$P_1 = 6.626 \times 10^{-27}$ kg·m/s，$P_2 = 6.626 \times 10^{-30}$ kg·m/s，$P_3 = 6.626 \times 10^{-33}$ kg·m/s

质量：$m_1 = 1.1 \times 10^{-35}$ kg，$m_2 = 1.1 \times 10^{-38}$ kg，$m_3 = 1.1 \times 10^{-41}$ kg

1-2　$n = 2.968 \times 10^{20}$ 个/s

1-3　$\Delta v_x = 5.79 \times 10^5$ m/s

1-4　(a) $\lambda = 1.23 \times 10^{-12}$ m，(b) $\lambda = 3.96 \times 10^{-7}$ m，(c) $\lambda = 6.63 \times 10^{-21}$ m

1-5　(a) 系数 $A = \sqrt{\dfrac{2}{l}}$，(b) $A = \sqrt{\dfrac{2}{\pi a_0^3}}$，(c) $A = \sqrt{\dfrac{2}{96\pi a_0^5}}$

1-6　(a) 2，(b) $\sqrt{13}$，(c) 1，(d) $|x|$

1-7　(a) $p_x^3 = \mathrm{i}\hbar^3 \dfrac{\partial^3}{\partial x^3}$，(b) $\hat{L}_z = \mathrm{i}\hbar\left(-x\dfrac{\partial}{\partial y} + y\dfrac{\partial}{\partial x}\right)$

1-8　$\dfrac{\mathrm{d}}{\mathrm{d}x}$ 的本征函数：(b)，$\dfrac{\mathrm{d}^2}{\mathrm{d}x^2}$ 的本征函数：(a)，(b)，(c)

1-10　$\left(-\dfrac{\hbar^2}{2m}\dfrac{\mathrm{d}\psi^2}{\mathrm{d}x^2} + \dfrac{1}{2}kx^2\right)\psi = E\psi$，$m$ 为振子质量，ψ 为振子波函数，E 为振子总能量

1-11　基态能量 $E = \dfrac{1}{2}h\left(\dfrac{1}{2\pi}\sqrt{\dfrac{K}{\mu}}\right)$

1-12　$\lambda = 1.09 \times 10^{-7}$ m

1-13　(a) 0.002，(b) $\dfrac{1}{4} + \dfrac{1}{2n\pi}\sin\dfrac{n\pi}{2}$，(c) $\dfrac{1}{2}$

1-14　$\lambda = 2a$

1-16　$\Delta E_n = 1.81 \times 10^{-19}$ J $= 108.8$ kJ/mol $= 1.13$ eV $= 9.11 \times 10^3$ /cm

1-17　$l = 1.17 \times 10^{-9}$ m

第二章

2-1　(c)，(e)，(f) 正确，其他不对。

2-4　$|\psi_{2s}|^2 = 1.6 \times 10^{-19}$

2-5　$r = \dfrac{a_0}{Z}$ ($Z = 1, 2, 3, \cdots, 10$)

2-6　简并度为 7，$\psi_{4,3,0}$，$\psi_{4,3,1}$，$\psi_{4,3,-1}$，$\psi_{4,3,2}$，$\psi_{4,3,-2}$，$\psi_{4,3,3}$，$\psi_{4,3,-3}$

2-7　$M_1 = 1.49 \times 10^{-34}$ J·s；$M_z = 0$，$\pm 1.055 \times 10^{-34}$ J·s

　　$M_1 = 2.58 \times 10^{-34}$ J·s；$\pm 2.11 \times 10^{-34}$ J·s

2-8　概率：0.042

2-10　$E_n = -122.4$ eV

2-11　(a) ^2S，$^2S_{\frac{1}{2}}$；(b) ^2P，$^2P_{\frac{3}{2}}$，$^2P_{\frac{1}{2}}$；(c) ^2D，$^2D_{\frac{5}{2}}$，$^2D_{\frac{3}{2}}$

2-12　$L = 3$，$S = \dfrac{3}{2}$

2-13　Li：$Z^* = 1.3$，Be：$Z^* = 1.95$

2-14　N 具有最多不成对电子

2-15　$X_m(F) = 3.76$，$X_m(Cl) = 2.98$，$X_m(Br) = 2.74$，$X_m(I) = 2.44$

2-16 $\chi_{Cl}=3.2$，$\chi_{Br}=3.0$

第三章

3-1 S_5^1，$S_5^2=C_5^2$，S_5^3，$S_5^4=C_5^4$，$S_5^5=\sigma_h$，$S_5^6=C_5^1$，S_5^7，$S_5^8=C_5^3$，S_5^9，$S_5^{10}=E$

3-2 (a) E，C_2，$2\sigma_v$；(b) E，$2C_4$，C_2，$4\sigma_v$；(c) E，C_2，$2\sigma_v$；(d) E，C_2，$2\sigma_v$；(e) E，C_3，$2C_2$，σ_h，$3\sigma_v$，S_3；(f) E，C_2，σ_v，σ_v'

3-3 (a) C_{2v}；(b) $D_{\infty h}$；(c) D_{2d}；(d) D_{3d}；(e) D_{3h}

3-4 $2C_3$，$3C_2$；有旋光性 $\mu=0$

3-5 属于 C_{3v}，群元素有 E，C_3，C_3^2，σ_v，σ_v'，σ_v''，乘法表见本书参考文献 [7]，164 页

3-6 (a) D_{3h}；(b) $D_{\infty h}$；(c) D_{6h}；(d) C_{2v}；(e) D_{2h}

3-7 (a) D_{4h}；(b) D_{2d}；(c) D_{3h}；(d) $D_{\infty h}$；(e) D_{5d}；(f) D_{4h}

3-8 (a) C_{2v}；(b) C_{3v}；(c) C_{2v}；(d) C_{2v}；属于 C_{nv} 点群的分子 $\mu\neq 0$

3-9 (a) D_{3d}无；(b) D_{2h}无；(c) $D_{\infty h}$无；(d) D_3 有；(e) D_{4d}无

3-10 $C_2\sigma_h=i$

3-11 $C_2\sigma_v=\sigma_v'$

3-12 C_{2v}，C_{2h}

3-13 C_2 点群，有旋光性，能够产生左旋和右旋异构体

3-14 (a) 为平面三角形；(b)，(c) 为直线形，(d) 为三角双锥

3-15 顺式 C_{2v}，$\mu\neq 0$；反式 C_{2h}，$\mu=0$

第四章

4-1 都不正确

4-2 基态电子组态：$He_2(\sigma_{1s})^2(\sigma_{1s}^*)^2$；第一激发态电子组态：$(\sigma_{1s})^2(\sigma_{1s}^*)^1(\sigma_{2s})^1$

4-4 (1) 比正离子不稳定的有：F_2，O_2，NO

   (2) 比负离子不稳定的有：CN

4-6 $E_1=\alpha+2\beta$，$E_2=\alpha-\beta$，$E_3=\alpha-\beta$

4-7 $p_{12}=0.4472$，$p_{23}=0.7236$，$p_{34}=0.4472$；$\rho_1=1$，$\rho_2=1$，$\rho_3=1$，$\rho_4=1$

4-8 (3)＞(1)＞(2)

4-11 二氯乙烷无顺反异构体，因为 C—C 单键可自由旋转。

二氯乙烯有顺反异构体，因为 C＝C 双键不能自由旋转。

4-12 活泼性：氯丙烯＞氯乙烷＞氯乙烯

4-13 酸性：$RCOOH＞C_6H_5OH＞ROH$

4-15 乙烷有较高的电离能，σ 键键能较大

第五章

5-2 见教材×××页，基本例题解 (3)

5-3 XeF_4平面正方形，XeO_3三角锥形，XeF_2线形，$XeOF_2$跷跷板形

5-4 AsH_3 三角锥形，ClF_3 T 形，$SeCN^-$ 直线形

5-5 (a) 八面体，(b) 跷跷板，(c) 四面体，(d) 平面三角，(e) 直线，(f) V 型，(g) 四面体，(h) 正八面体

5-6 (a) 无孤对电子，(b) 一个孤对电子，(c) 两个孤对电子

5-7 如果 A 是过渡金属，$(n-1)d$、ns、np 参与 d^2sp^3 杂化。如果 A 是 P 区元素，ns、np、nd 参与 sp^3d^2 杂化。

5-8 两个键对，一个孤对，三角型分子，不等性 sp^2 杂化

5-10 CO_2，因为是 sp 杂化。

第六章

6-1 (a) 分裂能顺序为：$CN^- > NH_3 > Cl^-$，所以 $[CrCl_6]^{3-} < [Cr(NH_3)_6]^{3+} < [Cr(CN)_6]^{3-}$；

(b) $Co^{2+} < Co^{3+} < Rh^{3+}$，不同价态，不同周期

6-2 稳定化能：$Co^{2+} > Ni^{2+}$

6-3 分别为：紫红色，紫绿色，紫色

6-4 (a) $[Fe(H_2O)_6]^{2+} < [Fe(H_2O)_6]^{3+}$ 中心离子价态高，分裂能大

(b) $[CoCl_6]^{4-} > [CoCl_4]^{2-}$ $\Delta'(四面体) = \frac{4}{9}\Delta(八面体)$

(c) $[CoCl_6]^{3-} < [CoF_6]^{3-}$ 分裂能 $F^- > Cl^-$

(d) $[Fe(CN)_6]^{4-} < [Os(CN)_6]^{4-}$，周期不同，Fe 在第四周期，Os 在第六周期。

6-5 稳定化能：$Co^{3+} > Co^{2+}$

6-6 多以 Zn^{2+} 为中心离子，$3d^{10}$ 不能发生 d-d 跃迁，因此无色。

6-7 (a) $[Pd(NH_3)_4]^{2+} < [Pt(NH_3)_4]^{2+}$，(b) $[V(H_2O)_6]^{2+} < [Cr(H_2O)_6]^{3+}$，(c) $[RhCl_6]^{3-} < [CoCN_6]^{3-}$，(d) $[Ni(H_2O)_6]^{2+} < [Ni(NH_3)_6]^{2+}$

6-8 价态：$Ru^{2+} < Ru^{3+}$，光谱化学序列：$H_2O > Cl^-$

6-9 Co^{2+} $3d^7$，Cu^{2+} $3d^9$ 能级简并，由姜-泰勒效应产生。

6-10 形成 σ-π 配键

6-11 见图 6-19

6-12 封闭型：$B_6H_6^{2-}$，$B_{12}H_{12}^{2-}$；巢型：B_5H_9，B_6H_{10}；网型：B_4H_{10}，B_5H_{11}

第七章

7-1 低频电场：$\alpha_\mu + \alpha_a + \alpha_e$；中频电场：$\alpha_a + \alpha_e$；高频电场：$\alpha_e$；可见光区：$\alpha_e$

7-2 极化率体积 α'，单位为 m，$\alpha' = \dfrac{\alpha}{4\pi\varepsilon_0}$

7-3 分子中的未成对电子使分子具有永久磁矩。分子外层轨道上的未成对电子，由于束缚在分子骨架上，阻止电子轨道运动沿外磁场方向定向，所以轨道磁矩对磁矩贡献很小，可以认为几乎都是不成对电子电子自旋磁矩的贡献。

7-4 $\mu = 6.48 \times 10^{-30} C \cdot m$

7-5 $\theta = 104.62°$

7-6 $\mu = 4.68 \times 10^{-30} C \cdot m$，$\alpha_d = 1.83 \times 10^{-39} C^2 \cdot m^2/J$

7-7 $\mu(邻) = 0.693D$，$\mu(间) = 0.40D$，$\mu(对) = 0.0D$

7-8 $\varepsilon_r = 2.433$

7-9 $\theta = 141.45°$

7-10 $\alpha = 1.16 \times 10^{-39} C \cdot m^2/V$

7-11 $\mu = 26.68 \times 10^{-24} A \cdot m^2$，2 个未成对电子

7-12 $1s^2 2s^2 2p^6 3s^2 3p^6 3d^9$

7-13 $V_D = -8.63 \times 10^{-22} J$

7-14 两氮分子间最近距离分别为 $4.4 \times 10^{-4} m$；$3.3 \times 10^{-4} m$

7-15 $R = 8.08 \times 10^{-10} m$，$V_D = -4.47 \times 10^{-23} J$

第八章

8-3 $\nu = 6.432 \times 10^{13} s^{-1}$，$K = 1862 N/m$，零点能：$2.13 \times 10^{-20} J$

8-4 $\tilde{\nu} = 100 cm^{-1}$，$\nu = 3 \times 10^{12} Hz$，$\lambda = 10^4 m$

8-5 N_2

8-7　$\leftarrow$N—N=O$\rightarrow$　589，$\leftarrow$N—N$\rightarrow$$\leftarrow$O　2224，　N—N=O　128.5

8-8　$\varepsilon = 452.3 dm^3/(mol \cdot cm)$

8-9　$R_e = 161.0 pm$

8-10　$I = 2.72 \times 10^{-47} kg \cdot m^2$，$R_e = 129.2 pm$

8-11　H_2：$I = 4.58 \times 10^{-48} kg \cdot m^2$；$I_2$：$I = 7.49 \times 10^{-45} kg \cdot m^2$

8-12　(a) 3，(b) 9

8-13　$C_1 = 10 mg/L$，$C_2 = 1.54 mg/L$

8-14　说明形成配合物后，对 F 的孤对轨道和 P—F 成键轨道只有很弱的影响。

第九章

9-1　$\underline{1}$，$\underline{2}$，$\underline{3}$，$\underline{4}$，$\underline{6}$，$\bar{4}$，m，i

9-2　参照本章基本例题解 (1)

9-3　$a = 0.894 \times 10^{-9} m$

9-4　$V = 2.1 \times 10^4 V$

9-5　$\theta = 17.5°$

9-6　$R = 139.5 pm$

9-7　$\theta = 19.1°$

9-8　165 个硫原子

9-9　略

9-10　离子晶体：(d)，(f)；共价晶体：(c)；金属晶体：(a)，(g)；分子晶体：(b)，(c)

9-11　687.3kg/mol

9-12　690.4kg/mol

附录3 索 引

参 考 文 献

[1] 徐光宪，王祥云. 物质结构. 第 2 版. 北京：高等教育出版社，1987.

[2] 江元生. 结构化学. 北京：高等教育出版社，1997.

[3] 周公度，段连运，结构化学基础. 第 4 版. 北京：北京大学出版社，2002.

[4] 东北师范大学，华东师范大学，西北师范大学. 结构化学. 北京：高等教育出版社，2003.

[5] 林梦海，林银钟. 结构化学. 北京：科学出版社，2004.

[6] 罗文秀. 结构化学简明教程. 济南：山东大学出版社，1988.

[7] 张永德，量子力学. 北京：科学出版社，2002.

[8] 夏少武，夏树伟. 量子化学基础. 北京：科学出版社，2010.

[9] 刘若庄. 量子化学基础. 北京：科学出版社，1983.

[10] 常建华，董绮功. 波谱原理及解析. 第 2 版. 北京：科学出版社，2005.

[11] 王建祺，杨忠志. 紫外光电子能谱学. 北京：科学出版社，1988.

[12] 陈敬中. 现代晶体化学——理论与方法. 北京：高等教育出版社，2001.

[13] 秦善. 晶体学基础. 北京：北京大学出版社，2004.

[14] 梁东材. X 射线晶体学基础. 第 2 版. 北京：科学出版社，2006.

[15] 梁敬魁. 粉末衍射法测定晶体结构（上册）. 北京：科学出版社，2003.

[16] 胡盛志. 晶体结构的次级键. 大学化学，2001，16（8）：6-14.

[17] 周公度. 关于晶体学的一些概念. 大学化学，2006，21（6）：12-19.

[18] 吴国庆. 混乱的晶系概念. 大学化学，2000，15（11）：15-18.

[19] House J E. Fundamentals of Quantum Chemistry (Second Edition). Amsterdam Elsevier Academic Press，2004.

[20] Lawe J P，Peterson K A. Quantum Chemistry (Third Edition). New York Elsevier Academic Press，2006.